中国油气开采行业数字化转型与智能化发展论坛优秀论文集

（下册）

郝忠献　朱世佳　主编

石油工业出版社

内 容 提 要

本书收录了2023年中国油气开采行业数字化转型与智能化发展论坛优秀论文92篇，内容包括智能钻井与完井、智能举升与排采、智能分层注采、智能化探索与应用、智能化装备与技术等领域的理论、方法、技术、装备、应用、管理方面的创新成果和进展。上册包括智能化钻井与完井、智能化举升与排采2个部分共计41篇文章；下册包括智能化分层注采、智能化探索与应用、智能化装备与技术3个部分共计51篇文章。

本书适用于油气田开发与采油采气工艺、钻完井工艺、注采智能化工具等工程技术人员阅读，也可供其他相关专业人员参考使用。

图书在版编目(CIP)数据

中国油气开采行业数字化转型与智能化发展论坛优秀论文集．下册 / 郝忠献，朱世佳主编. --北京 ：石油工业出版社，2024. 10. --ISBN 978-7-5183-7078-8

Ⅰ. TE3-39

中国国家版本馆 CIP 数据核字第 2024ZM4723 号

出版发行：石油工业出版社
（北京市朝阳区安华里二区1号楼　100011）
网　址：www. petropub. com
编辑部：（010）64523829　图书营销中心：（010）64523633
经　销：全国新华书店
印　刷：北京中石油彩色印刷有限责任公司

2024年10月第1版　2024年10月第1次印刷
787毫米×1092毫米　开本：1/16　印张：22
字数：560千字

定价：80. 00元

前　言

面对数字经济时代浪潮，油气开采行业的产业数字化已经成为油气行业的共同选择。以信息技术为核心的新一轮科技革命和产业变革加速发展，推动工业经济向数字经济加速转型，为石油石化行业数字化转型带来重大历史机遇。油气开采行业数字化转型与智能化发展已经成为油气田企业增储降本和绿色发展的重要手段，传感器、物联网、云计算、大数据和人工智能等技术与设备集成应用于油气田勘探开发，实现对油气田资源的智能化管理，生产流程的优化与升级，不仅提高了油气开发效率和作业安全性，还实现了节能减排和绿色低碳，推动行业向更加清洁、高效、可持续的方向发展。

为了推动油气开采领域数字化转型、智能化发展与技术进步，助力相关领域理论创新与科技攻关，方便油气开采数字化领域科技工作者与管理人员相互之间交流、学习、总结经验，中国石油学会石油工程专业委员会联合中国石油勘探开发研究院、中国石油新疆油田公司、中国石油大学(北京)和新疆石油学会，组织召开中国油气开采行业数字化转型与智能化发展论坛。论坛组委会从本次论坛征集的论文中筛选92篇优秀论文汇编成册。这些论文涵盖了智能化钻井与完井、智能化举升与排采、智能化分层注采、智能化探索与应用、智能化装备与技术等领域的关键技术，以及油田数智化生产与管理等方面的创新成果、技术产品和解决方案。我们相信，本书的出版必将促进相关领域的技术发展，助力形成油气开采行业内外协同、合作共赢的数字技术发展生态圈。

本书为中国石油勘探开发研究院出版物，希望对广大相关领域科技工作者具有参考价值与借鉴意义。

目　　录

上　　册

智能化钻井与完井

智能化举升与排采

下 册

智能化分层注采

智能化探索与应用

智能化装备与技术

智能化分层注采

深层低渗透油藏注水吞吐一体化工艺及实践

王全宾[1]　孙福超[1]　盖旭波[2]　贾德利[1]　周俊杰[2]

（1. 中国石油勘探开发研究院；2. 中国石油大港油田公司采油工程研究院）

摘　要：“人工油气藏”是实现低渗透油藏规模效益开发的新技术、新方法，应用于深层低渗透油气藏时，在置换驱油与能量补充开采阶段，存在井底温度高，分层注水（简称分注）压力高，油井产量低，分注管柱和采油管柱需要多次转换，作业成本高等问题。本文提出了注水吞吐一体化工艺，优选了桥式同心分注技术，研制了满足测调工具通过需求的专用管式抽油泵，建立了注采管柱的设计方法。现场试验表明，该工艺应用于分注压力不大于 35MPa，井底温度不大于 135℃，日产液量 10~40m^3 的注水吞吐开发时，具有分注测调成功率高，采油管柱交变载荷小，可不动油管实现注水和采油管柱转换的特点，是深层低渗透油藏实现渗吸置换开采的有效技术手段。

关键词：深层低渗透油藏；人工油气藏；渗吸置换；注水吞吐

中国陆上常规油气藏已进入注水开发后期，低渗透剩余储量、难动用储量，以及非常规油气储量已逐渐成为油气勘探开发的主体，但面临动用难度大、产量递减快、采收率低、开采成本高等难题[1-3]。为了实现规模经济开发，邹才能等[4]提出了“人工油气藏”开发理论，其中置换驱油与能量补充开采作为其提高采收率核心技术之一。在深层低渗透油藏开发中，如何实现低成本工程实施已经成为该技术规模化应用的瓶颈。

与常规油气藏开发相比，深层低渗透油气藏具有井下温度高、井斜、产量低、注水压力高、采收率低等特点[5-6]。以大港油田某区块为例，该区块采用笼统注水方式进行水驱开发，井深 3800m 以上，井底温度 130℃左右，油井日产液量 7~20m^3，注水压力 30~35MPa，因油藏渗透性差，无法建立有效的水驱体系，产量递减快，制约了采收率的提高。为了大幅度提高阶段累计产量、快速收回投资，该区块正在探索“体积改造+有效驱替+渗吸采油”新开发方式，破解常规注水开发的技术瓶颈。本文开展注水吞吐一体化工艺的研究和关键配套工具的研发，旨在降低深层低渗透油藏在“有效驱替+渗吸采油阶段”的开发成本，推动“人工油气藏”理论的持续深入研究。

1　有效驱替和渗吸采油开发的特点

即在一个井组内，采用大规模压裂手段使地层形成裂缝—基质系统共存的复杂地层，井间形成缝网驱替，同时单井内形成毛细管渗吸驱油[7-10]，将传统的井间连续注水驱油转变为井间驱替、同井异步注采+渗吸采油的开发方式。图 1 是 1 个井组采油井和吞吐井分布

作者简介：王全宾（1986—），2010 年毕业于中国石油大学（华东）机械工程专业，获硕士学位，现任中国石油勘探开发研究院智能控制与装备研究所高级工程师，主要从事分层注水和人工举升新技术研发工作。通讯地址：北京市海淀区学院路 20 号。E-mail：wqb_upc@ petrochina. com. cn。

示意图，同时若干时间后，根据地层压力情况，采油井和吞吐井互换。图 2 是注水吞吐井三个周期的注采关系示意图。

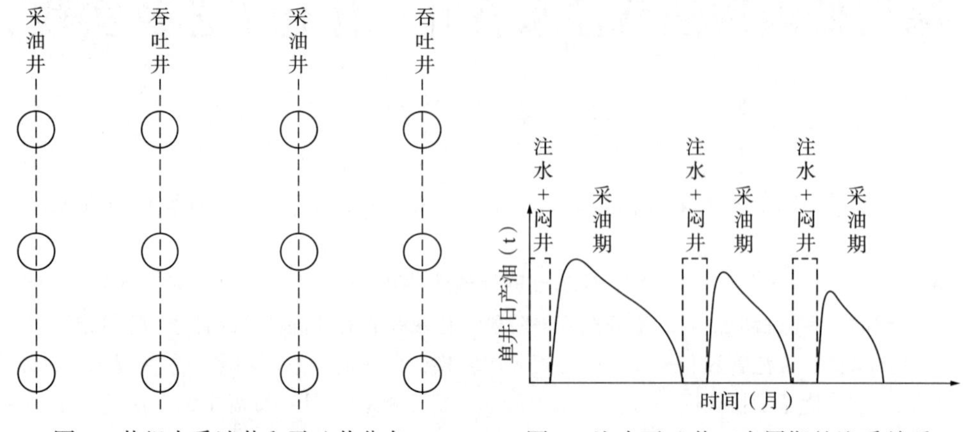

图 1　井组内采油井和吞吐井分布

图 2　注水吞吐井三个周期的注采关系

2　分注工艺的优选和抽油泵的研制

2.1　分层注水工艺的优选

为了满足油田不同开发阶段的技术需求，实现高效注水，分层注水工艺从固定式分层注水、活动式分层注水、常规偏心分注发展到同心集成分注、桥式偏心(同心)分注和预置电缆分注，配套测调技术从钢丝投捞发展到钢管电缆直读测调[11-12]。针对深层低渗透油藏井深、温度高、多采用斜井开采的特点，以技术成熟度、测调方式、斜井一体化管柱测调成功率/效率、小注入量测试性能、耐温性能、耐压性能和一体化管柱起下作业方便性为评价指标，优选出桥式同心调偏心阀分注工艺。油田常用和新型分注工艺的评价结果见表 1。

表 1　不同注水工艺适应性评价

分注工艺	技术成熟度	测调方式	斜井一体化管柱测调成功率/效率	小注入量($5\sim30m^3/d$)测试方式和性能	耐温 150℃性能	耐压 35MPa 性能	一体化管柱起下作业方便性
同心集成	在用数量较少，非常成熟	下钢丝投捞	较低/低	非集流，低	高	高	高
常规偏心	大规模应用，非常成熟	下钢丝投捞	较低/低	非集流，低	高	高	高
桥式偏心	主导技术，非常成熟	下电缆高效测调	低/一般	集流式，高	一般	一般	高
桥式同心调偏心	规模应用，成熟	下电缆高效测调	高/一般	集流式，高	一般	高	高
预置电缆	推广应用，一般	电缆直读直控	最高/最高	集流式，较高	较低	低	低

2.2　大通径管式抽油泵的研制

由于固定阀堵塞管柱中心通道，常规管式抽油泵无法应用于注水吞吐工艺。同时桥式同心调偏心分注工艺采用电缆直读测调仪实现井下分层参数的在线直读和测调[13-15]，下入测调仪时，要求管柱内通径不小于 ϕ46mm，导致抽油泵柱塞直径较大，而低渗透油藏单井日产量，需要匹配小泵径的抽油泵。针对上述矛盾，研制了大通径小排量管式抽油泵，采用三级柱塞，从上到下每级柱塞中心杆直径变大，图 3 是具有一级柱塞抽油泵的工作和结构原理图。

注水期间，抽油泵提出柱塞后，内通径为 ϕ46mm，允许测调仪自由通过。采油期间，由于中心杆的存在，减小了抽油泵的截面积，泵柱塞的等效面积为 42. 2mm^2，泵常数为 2. 03m^3/d，在抽油机冲程长度为 7m、冲次为 1 次/min、泵效 70% 时，油井日产液为 9. 9m^3，对低产井具有较好的适应性。

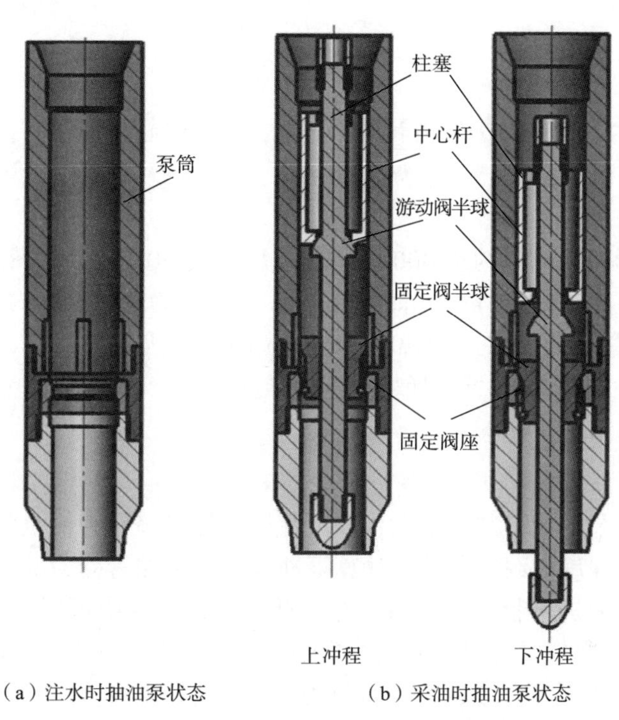

图 3　一级柱塞抽油泵工作和结构原理图

3　注采一体化管柱设计方法

注采一体化管柱设计过程中，以独立桥式同心分层注水管柱设计方法为基础，同时要考虑采油和注水期间的温度和压力变化引起的管柱形变和采油期间油管载荷变化引起的管柱伸缩。

3. 1　注水管柱设计

注水管柱设计时以油管静应力满足耐压和抗拉指标为目标函数，以分层注水层位(即管柱长度)、配注压力为约束条件，则油管受力 F_1 主要有注水产生的轴向拉力 $F_{注}$，水柱产生的轴向拉力 $F_{水}$，管柱重力 $F_{柱1}$ 和环空产生的浮力 $F_{浮1}$，油管受到轴向应力 σ_1[16-17]。同时为了防止注水和采油过程中的温度和压力效应引起管柱蠕动，注水管柱设计时应配套锚定器[18-19]。

$$F_1 = F_{注} + F_{柱1} + F_{水} - F_{浮1} \tag{1}$$

$$F_{注}=p_{注}\times\pi\frac{d^2}{4} \tag{2}$$

$$F_{水}=\rho_{水}g\times\pi\frac{d^2}{4}L_1 \tag{3}$$

$$F_{柱1}=\rho_{油管}g\times\pi\frac{D^2-d^2}{4}L_1 \tag{4}$$

$$F_{浮1}=\rho_{水}g\times\pi\frac{D^2}{4}L_1 \tag{5}$$

$$\sigma_1=\frac{F_1}{A_{油管}}=\frac{4F_1}{\pi(D^2-d^2)} \tag{6}$$

式中：$p_{注}$ 为注水压力，MPa；D 为油管外径，m；d 为油管内径，m；L_1 为管柱长度，m；$\rho_{水}$ 为注入水密度，1000kg/m^3；$\rho_{油管}$ 为油管密度，7850kg/m^3；$A_{油管}$ 为油管截面积，m^2；g 为重力加速度。

深层低渗透油藏平均井深约为4000m，配注压力约30MPa，在满足注水测调、采油和防腐需求的情况下，可供选择的内涂层油管最小规格为2⅞in，内径为62mm，外径为73mm。计算出注水管柱受到拉力为404kN，相应的拉应力为346MPa。考虑安全系数为2时，管柱最大拉应力692MPa，可选择最小抗拉强度为862MPa的P110材质的油管作为注水管柱。油管内屈服压力95.6MPa[20]。

3.2 采油管柱设计

在注水油管和大泵深抽工艺基础上，采油管柱设计以静应力满足抗拉指标为目标函数，以抽油泵参数和泵挂深度为约束条件，计算下冲程过程中油管受力 F_1和应力 σ_2。为了适应油井的低产液量，抽油机作业制度采用长冲程低冲次，计算中可以忽略上下冲程过程中的摩擦载荷、振动载荷、吸入压力作用在柱塞上的载荷、井口回压造成的悬点载荷和惯性载荷[21]，则油管受力为油管重力 $F_{柱2}$，油管浮力 $F_{浮2}$和液柱重力 $F_{液}$。采油工艺中的抽油机和抽油杆的设计可以参照有杆抽油系统设计方法[21-22]。

$$F_2=F_{柱2}+F_{液}-F_{浮2} \tag{7}$$

$$F_{柱1}=\rho_{油管}g\times\pi\frac{D^2-d^2}{4}L_2 \tag{8}$$

$$F_{浮2}=\rho_{液}g\times\pi\frac{D^2-d^2}{4}(L_2-h) \tag{9}$$

$$F_{液}=\rho_{液}g\times\pi\frac{d^2}{4}H \tag{10}$$

$$\sigma_2=\frac{F_2}{A_{油管}}=\frac{4F_2}{\pi(D^2-d^2)} \tag{11}$$

式中：L_2 为锚定器以上管柱长度，m；$\rho_{液}$ 为采出液密度，10^{3}kg/m^3；h 为动液面高度，m；H 为泵挂深度，m。

为了降低起管柱时的载荷并减小管柱蠕动对锚定器的影响，假设锚定器深度 2500m，泵挂深度 2000m，动液面高度 1700m，采出液密度 950kg/m^3，则管柱受到拉力为 271kN，相应的拉应力为 233MPa。规格为 2⅞in，材质为 P110 的油管满足采油工艺的要求。

3.3 注采一体化管柱设计

注水和采油工艺的转换会引起油管的温度、压力和载荷变化，导致管柱伸缩，严重时会使管柱锚定失效或断裂[18-19]。引起油管形变的因素主要有温度效应，压力变化带来的鼓胀效应和活塞效应，以及采油期间的载荷效应。

油管形变 ΔL_1 与温度变化 ΔT 的关系：

$$\Delta L_1 = \beta L \Delta T \tag{12}$$

油管形变 ΔL_2 与活塞效应的关系：

$$\Delta L_2 = \frac{d^2 p_{注} L}{E(D^2 - d^2)} \tag{13}$$

油管形变 ΔL_3 与鼓胀效应的关系：

$$\Delta L_3 = \frac{-2\mu p_{注} d^2 L}{E(D^2 - d^2)} \tag{14}$$

油管形变 ΔL_4 与载荷效应的关系：

$$\Delta L_4 = \frac{4F_{液} H}{E\pi(D^2 - d^2)} \tag{15}$$

式中：β 为钢材线膨胀系数，取值 1.2×10^{-5}℃$^{-1}$；L 为折算的管柱长度；E 为杨式模量，取值 206GPa；μ 为泊松比，取值 0.3。

以锚定器为分割点将注采管柱分为上、下两部分，假设井温梯度 3.3℃/100m，注水温度与室温相同，其余参数按照注水管柱和采油管柱设计中的假设条件，在不同工艺和工作状态下研究管柱变形量，计算结果见表 2。

表 2 温度和压力变化引起的管柱形变 单位：m

生产阶段	锚定器上部管柱				锚定器下部管柱			
	形变与温度效应	形变与活塞效应	形变与鼓胀效应	形变与载荷效应	形变与温度效应	形变与活塞效应	形变与鼓胀效应	形变与载荷效应
注水期	-2.48	—	-0.57	可以忽略	-1.49	0.57	-0.34	—
采油期	0	—	可以忽略	0.58	0	可以忽略	可以忽略	可以忽略

注水期间锚定器上部管柱缩短 3.05m，下部管柱缩短 1.26m。采油期间锚定器上部管柱伸长 0.58m。为了保证注采管柱可靠性，在注采管柱设计时应在锚定器和抽油泵之间配套补偿距离不小于 3.63m 的管柱补偿器，位置尽量靠近锚定器；并根据封隔器位置，在锚定器和封隔器之间或封隔器之间配套补偿距离不小于 1.26m 的管柱补偿器。

4 现场试验

分层注水吞吐一体化工艺在大港油田 M1 井中完成了先导性试验。根据地质要求实施

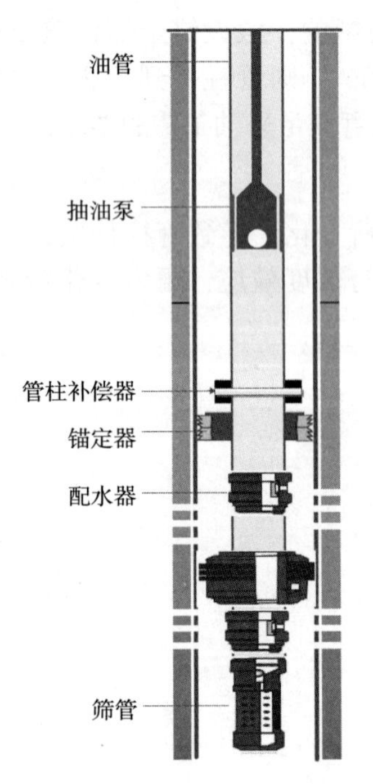

图 4　M1 井分层注采一体化工艺管柱

两层分注，配注压力不大于 30MPa，上段配注量 27m³/d，下段配注量 40m³/d，管柱下深 3314.7m，水力锚深度 2894m，封隔器深度 3114m，抽油泵泵挂深度 1810.8m。管柱长度、注水压力和泵挂深度不大于管柱设计时的假设条件，2⅞in 规格的 P110 油管满足抗拉和耐压指标。锚定器和封隔器间距 220m，即计算油管形变时锚定器下部管柱折算的长度为 220m，理论计算可得：注水期间锚定器上部管柱缩短 3.97m，下部管柱伸长 0.04m，采油期间锚定器上部管柱伸长 0.38m。M1 井实施注采一体化工艺时，应在锚定器和抽油泵之间配套补偿距离不小于 4.35m 的管柱补偿器，锚定器下部管柱伸长量可以忽略不计，形成的注采一体化管柱如图 4 所示。

在注水阶段，利用抽油杆将柱塞和固定阀半球提出井筒，形成 ϕ46mm 中心通道，实施分注和测调。该井测试压力 54MPa 左右，实际注入压力 23MPa，调配后上段注入量 27.1m³/d，下段配注量 40.1m³/d，分层注水流量和压力测试曲线如图 5 所示。

在采油阶段，将柱塞和固定阀半球下入泵筒，形成完整的举升工艺管柱。实施注采一体化工艺前，该井采用常规管式泵采油，抽油机冲程长度 5m，冲次 3.5 次/min，产液量 23.3m³/d，泵效 45.8%。不改变抽油机工作制度，采用大通径管式泵后，产液量 24.7m³/d，泵效 69.5%，泵效提高 51.7%。图 6 是 M1 井在不同抽油泵举升时的抽油机悬点载荷示功图，从图 6 上可以看出，换抽前悬点最大载荷 92.4kN，最小载荷 34.5kN，换抽后悬点最大载荷 92.1kN，最小载荷 51.5kN。由抽油杆强度校核公式(16)可知[21]，在最大悬点载荷不变时，最大和最小悬点载荷差变小，则折算应力变小，有利于抽油杆寿命的提高和杆柱优化。

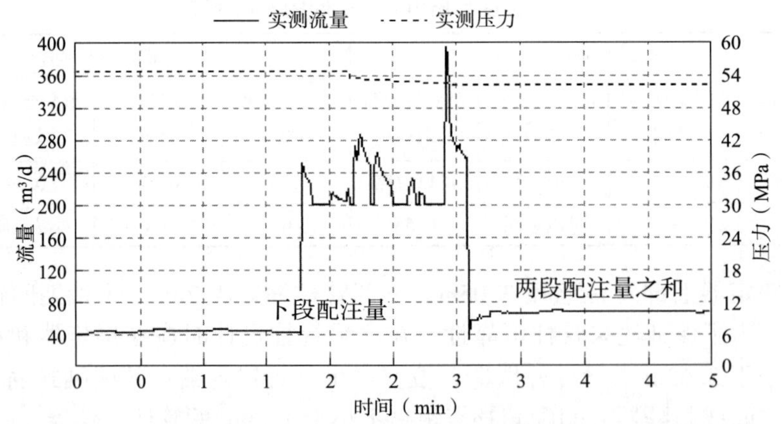

图 5　分层注水流量和压力随时间的变化

$$\sigma_C = \sqrt{\frac{\sigma_{max} - \sigma_{min}}{2}\sigma_{max}} \tag{16}$$

式中：σ_C 为折算应力；σ_{max}和σ_{min}分别为抽油杆最大应力和最小应力。

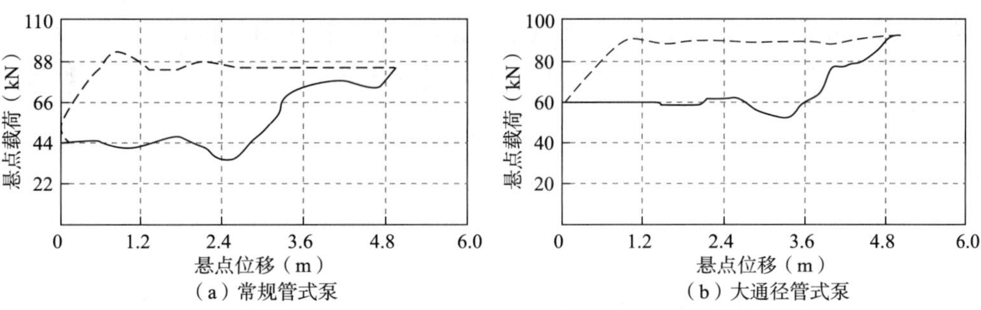

图 6　不同抽油泵举升时抽油机悬点示功图

5　结论

针对深层低渗透油藏分层注水吞吐新型开发方式的要求，形成了注采一体化工艺。通过优选桥式同心分层配注工艺，实现了高温高压深井的有效分层注水；研制的大通径管式泵解决了不动油管进行注水测调的难题，在大泵小排量深抽中体现出较好的适应性；以管柱耐压和抗压特性为目标函数，研究了注采一体化管柱的设计方法，在不动油管时可以转换注水和采油工艺，保证了注采吞吐工艺的实施，降低了作业成本，为深层低渗透油田采用“渗吸置换和能量补充”理论实现规模效益开发提供了技术支撑。

参　考　文　献

[1] 邹才能，杨智，朱如凯，等．中国非常规油气勘探开发与理论技术进展[J]．地质学报，2015，89(6)：979-1007.

[2] 邹才能，陶士振，杨智，等．中国非常规油气勘探与研究新进展[J]．矿物岩石地球化学通报，2012，31(4)：312-321.

[3] 贾承造，郑民，张永峰．中国非常规油气资源与勘探开发前景[J]．石油勘探与开发，2012，39(2)：129-136.

[4] 邹才能，丁云宏，卢拥军，等．“人工油气藏”理论、技术及实践[J]．石油勘探与开发，2017，44(1)：144-153.

[5] 祝斯明，程海霞，安登波，等．深层低渗透油气藏水力压裂的效果评价及认识——以文南油田文 135 断块为例[J]．内蒙古石油化工，2014，30：136-137.

[6] 周明卿，祝俊峰，攀灵，等．低渗透油藏喷射泵电潜泵组合深抽工艺研究与应用[J]．石油钻采工艺，1997，19(4)：81-84.

[7] 张星，毕义泉，汪庐山，等．低渗透砂岩油藏渗吸采油技术[J]．辽宁工程技术大学学报(自然科学版)，2009，28：153-155.

[8] POOLADI-DARVISH M，FIROOZABADI A. Co-current and counter-current imbibition in a water-wet matrix block [J]. SPE Journal，2000，5(1)：3-11.

[9] 彭绪海，王永霖．低渗透性裂缝型油田注水吞吐采油技术应用探讨[J]．低渗透油气田，1999，10：62-64.

[10] ELKINS L F，SKOV A M. Cyclic water flooding the spraberry utilizes end effects to increase oil production rate [J]. Journal of petroleum technology，1963，15(8)：877-884.

[11] 刘合，裴晓含，罗凯，等. 中国油气田开发分层注水工艺技术现状与发展趋势[J]. 石油勘探与开发，2013，40(6)：733-737.

[12] PEI X H，YANG Z P，BAN L，et al. History and actuality of separate layer oil production technologies in Daqing oilfield[R]. SPE 100859，2006.

[13] 刘合. 分层注水高效测调工艺技术及管理[M]. 北京：石油工业出版社，2016.

[14] 刘合，肖国华，孙福超，等. 新型大斜度井同心分层注水技术[J]. 石油勘探与开发，2015，42(4)：512-517.

[15] 耿海涛，肖国华，宋显民，等. 同心测调一体分注技术研究与应用[J]. 断块油气田，2013，20(3)：406-408.

[16] 孙爱军，徐英娜，李洪冽，等. 注水管柱的受力分析及理论计算[J]. 钻采工艺，2003，26(3)：55-57.

[17] 丁鹏，闫相祯. 高压注水管柱受力分析[J]. 石油钻探技术，2005，33(6)：47-49.

[18] 崔玉海，唐高峰，丁晓芳，等. 注水管柱中温度效应的分析和计算[J]. 石油钻采工艺，2003，25(2)：50-53.

[19] 王增林，崔玉海，郭海萱，等. 锚定补偿式分层注水管柱研究与应用[J]. 石油机械，2001，28(7)：30-32.

[20] 吴奇. 井下作业工程师手册[M]. 北京：石油工业出版社，2002.

[21] 张琪. 采油工程原理与设计[M]. 东营：中国石油大学出版社，2000.

[22] 罗英俊，万仁溥. 采油技术手册. 上册[M]. 北京：石油工业出版社，2005.

基于循环神经网络的关键水井识别研究

朱晓萌　裴建亚　孙鹏飞　王　倩　龚　华　张　剑　武　雯　夏　薇

（大庆油田有限责任公司测试技术服务分公司）

摘　要：油井产量预测是基于油水井生产历史的典型时间序列预测问题，循环神经网络具有自循环结构，上一时刻的输入会影响当前时刻的输出，该方法预测模型综合考虑了时间因素，能反映生产情况变化趋势。对区块内注水井进行提水、降水、稳水的注水情况模拟，通过所建模型可以得到不同注水情况下的预测产量，从而对注水井进行产量敏感性分析，找出影响产量的关键水井进行重点监测，对水驱注水方案优化和评价具有较好的指导作用。

关键词：产量预测；机器学习；循环神经网络；人工智能；大数据应用

注水开发目前仍然是油田的一种主导开发方式之一。现油田已进入注水开发后期，这一阶段的油田通常面临含水率较高、产量递减速度快等问题。针对现状，如何制定合理有效的开发方案或措施调整方案已经成为油田开发亟待解决的重要问题。制定合理的油田开发管理决策不仅需要措施技术和工艺水平的提高，同时也需要对油藏开发动态进行准确地预测，从而反映当前开发状况，对制定开发方案和措施调整方案进行有效地指导。然而油藏开发动态受诸多自然因素和人为因素的影响，油藏开发动态指标与其影响因素之间呈现出较为复杂的关联关系，因此对油藏开发动态进行准确预测十分困难。常用的油气产量预测方法需考虑油藏流体性质及启动压力梯度对渗流规律的影响；对流体性质进行综合描述[1-3]，需要花费大量时间、精力去分析所研究的油气田地质资料、岩石物理数据和储层特征参数等。近年来，大数据相关算法的普遍应用为油田产量预测也带来新的可能，很多学者将人工智能预测方法应用于油气藏开发动态预测的研究中[4-5]。在该领域的研究中，人工神经网络是使用最多的人工智能预测方法[6-9]。油田生产数据是一个时间序列数据，为了生成产量时间序列数据，更加合理的选择是利用循环神经网络（Recurrent Neural Network，简称 RNN）。在 RNN 中，每个神经单元内存在一个能够重复使用该单元的自循环结构，这一循环结构使得先前的信息可以保留并在之后被使用。利用循环神经网络建立产量预测模型，基于该方法预测的产量综合考虑了时间因素，更加符合实际生产情况。

作者简介：朱晓萌（1988—），女，黑龙江大庆人，工学硕士，主要从事监测信息大数据应用技术研究工作。地址：黑龙江省大庆市让胡路区西柳街四号测试技术服务分公司监测信息解释评价中心，邮编：163453。E-mail：dlts_ zhum@ petrochina. com. cn。

通讯作者简介：裴建亚（1976—），男，山西沁水人，工学硕士，主要从事动态监测解释方法、监测信息大数据应用及软件研究工作。地址：黑龙江省大庆市让胡路区西柳街四号测试技术服务分公司监测信息解释评价中心，邮编：163453。E-mail：dlts_ peijy@ petrochina. com. cn。

1 原理与方法

1.1 人工神经网络模型

与传统意义上的预测不同，利用机器学习预测不是通过采样数据建立数学模型进行精确地计算得出预测结果，而是通过对历史数据的学习来预测未来的情况。人工神经网络方法是一种基于生物神经网络原理的机器学习算法，适用于多因素关系分析。其为多层结构，根据每层作用可分为输入层、隐含层(也称隐藏层)和输出层，其中隐含层又可以包含多层结构(图1)。

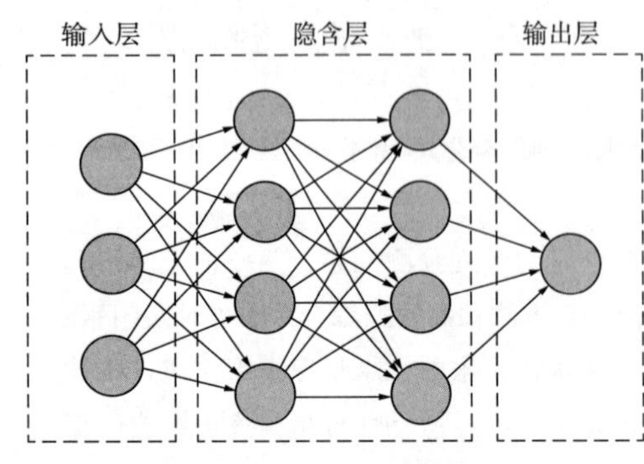

图1 人工神经网络模型

1.2 循环神经网络模型

人工神经网络模型只能单独处理一个输入，前一个输入和后一个输入完全没有关系，无法保存、利用之前时刻的信息，无法预测时间序列数据。但是，油井产量是时间序列数据，过去的调整会影响到未来的产出，模型必须记住上个阶段的状态才能较好地预测下个阶段。因此采用机器学习算法中针对时间序列数据预测常用的方法，即循环神经网络来进行产出井产油量和产水量的预测。

如图2所示，$\boldsymbol{X}$是一个向量，表示输入层的值；$\boldsymbol{S}$是一个向量，表示隐藏层的值；$\boldsymbol{U}$是输入层到隐藏层的权重矩阵；$\boldsymbol{O}$也是一个向量，表示输出层的值；$\boldsymbol{V}$是隐藏层到输出层的权重矩阵。循环神经网络的隐藏层的值$\boldsymbol{S}$，不仅仅取决于当前的输入$\boldsymbol{X}$，还取决于上一次隐藏层的值$\boldsymbol{S}$，权重矩阵$\boldsymbol{W}$就是隐藏层上一次的值作为这一次的输入的权重。将其按照时间线展开，这个网络在t时刻接收到输入$\boldsymbol{X}_t$之后，隐藏层的值是$\boldsymbol{S}$，输出值是$\boldsymbol{O}_t$[10-11]。关键一点是，$\boldsymbol{S}_t$的值不仅仅取决于$\boldsymbol{X}_t$，还取决于$\boldsymbol{S}_{t-1}$。循环神经网络的计算公式为：

$$\boldsymbol{O}_t=g(\boldsymbol{V}\cdot\boldsymbol{S}_t) \tag{1}$$

$$\boldsymbol{S}_t=f(\boldsymbol{U}\cdot\boldsymbol{X}_t+\boldsymbol{W}\cdot\boldsymbol{S}_{t-1}) \tag{2}$$

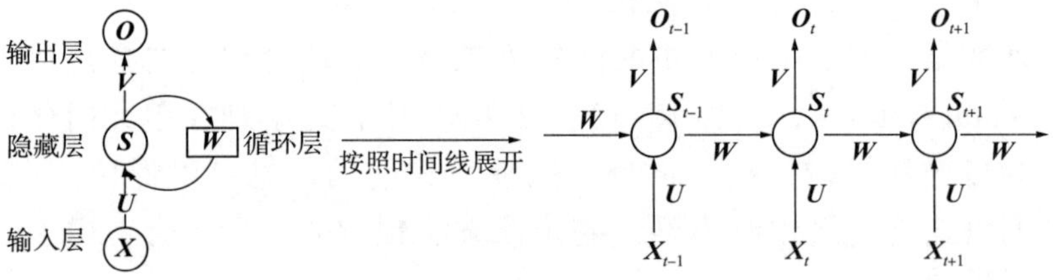

输出层 隐藏层 输入层 循环层 按照时间线展开

图2 循环神经网络模型

1.3 建模参数选择分析

考查单井产量预测参数中的生产天数、排量、冲次、油井措施、连通水井月注水量、水井措施，以及水井关井等7个参数中的某一个参数以不同变化率k改变时，用产量预测模型计算产量[12-15]，然后计算产量变化量。绘制产量变化量与每个变量的关系，图3是单井产油变化量与不同参数的关系图，图4是单井产水变化量与不同参数的关系图。

从图 3 中可以看出，排量越大，月产油增加量为正且逐渐变大；冲次越大，月产油增加量为正不过逐渐变小；油井措施量越大，月产油增加量为正且逐渐变大；油井生产天数越大，月产油增加量为正不过逐渐变小。周围四口连通水井月注水量变化对这口油井的产油量影响略有不同，其中 X_1 井与 X_4 井两口水井的注水量增加，油井月产油增加量为正且逐渐变大；而 X_2 井与 X_3 井两口水井的注水量增加，油井的月产油量增加量虽然为正，不过逐渐变小，特别是 X_3 井增加注水量对油井产油量的贡献很小。水井措施和水井钻关量越大，油井月产油增加量为正且逐渐增大。由此分析可知，影响月产油量的主控因素中，增加排量、冲次、油水井措施，以及周围水井注水量都可以增加产油量，而与油井连通水井对产油量的贡献不同，可以为后续配产配注设计的优化提供依据。

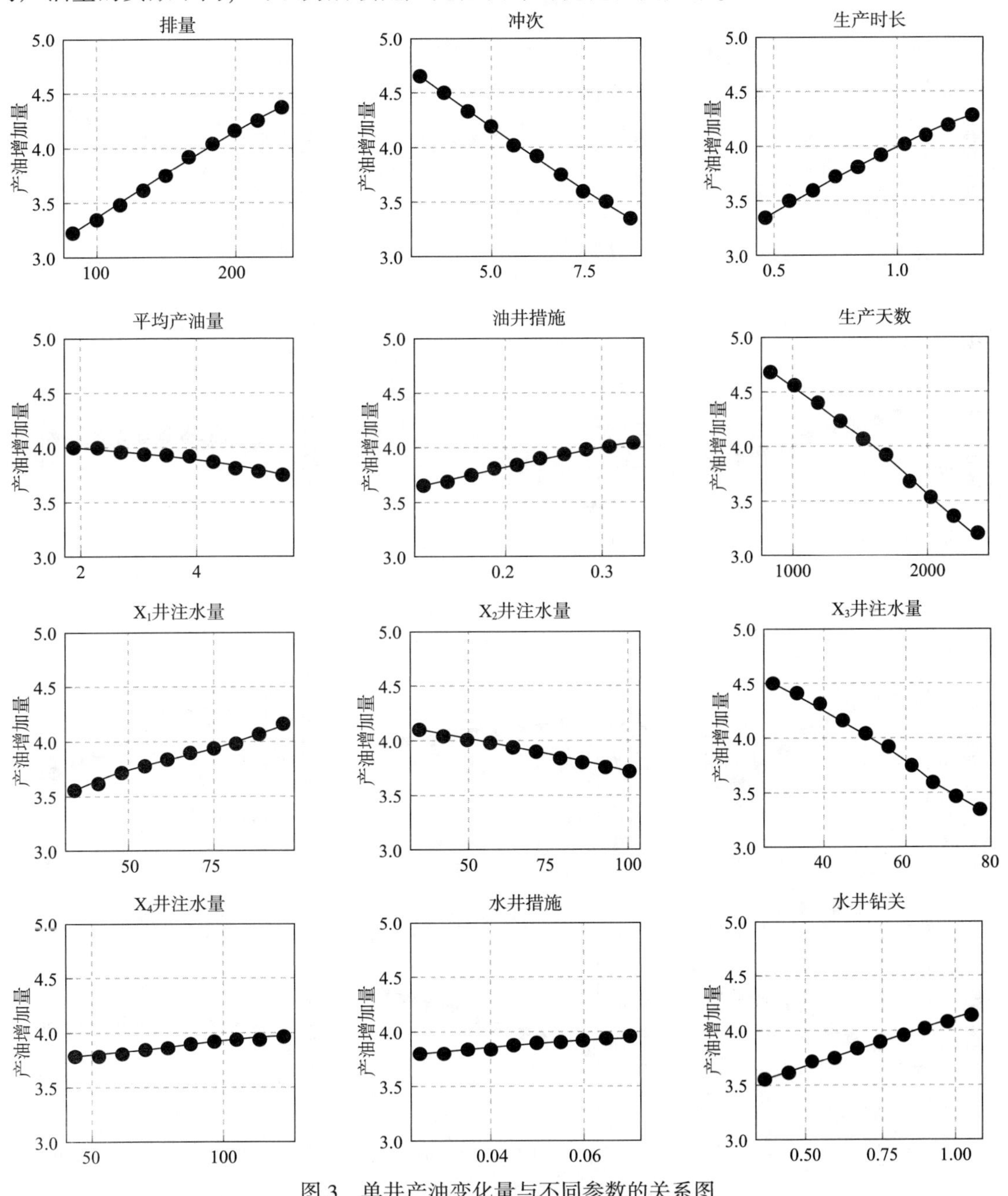

图 3　单井产油变化量与不同参数的关系图

从图 4 中可以看出，排量越大，月产水增加量为正且逐渐变大；冲次越大，月产水增加量为正不过逐渐变小；油井措施量越大，月产水增加量为正且逐渐变大；油井生产天数越大，月产水增加量为正不过几乎保持不变。周围四口连通水井月注水量变化对这口油井的产水量影响也略有不同，其中 X_4 井注水量增加，油井月产水增加量为正且逐渐变大；而 X_1 井、X_2 井与 X_3 井三口水井的注水量增加，油井的月产水增加量虽然为正，不过逐渐变小。水井措施量越大，油井月产水增加量为正且逐渐变大，水井钻关量越大，油井月产水增加量为正且几乎保持不变。由此分析可知，影响月产水量的主控因素中，增加排量、冲次、油水井措施，以及周围水井注水量都可以增加产水量，而与油井连通水井对产水量的贡献也不同，根据连通注水井注入量对产水量和产油量的综合影响，可以为后续配产配注设计优化提供依据。

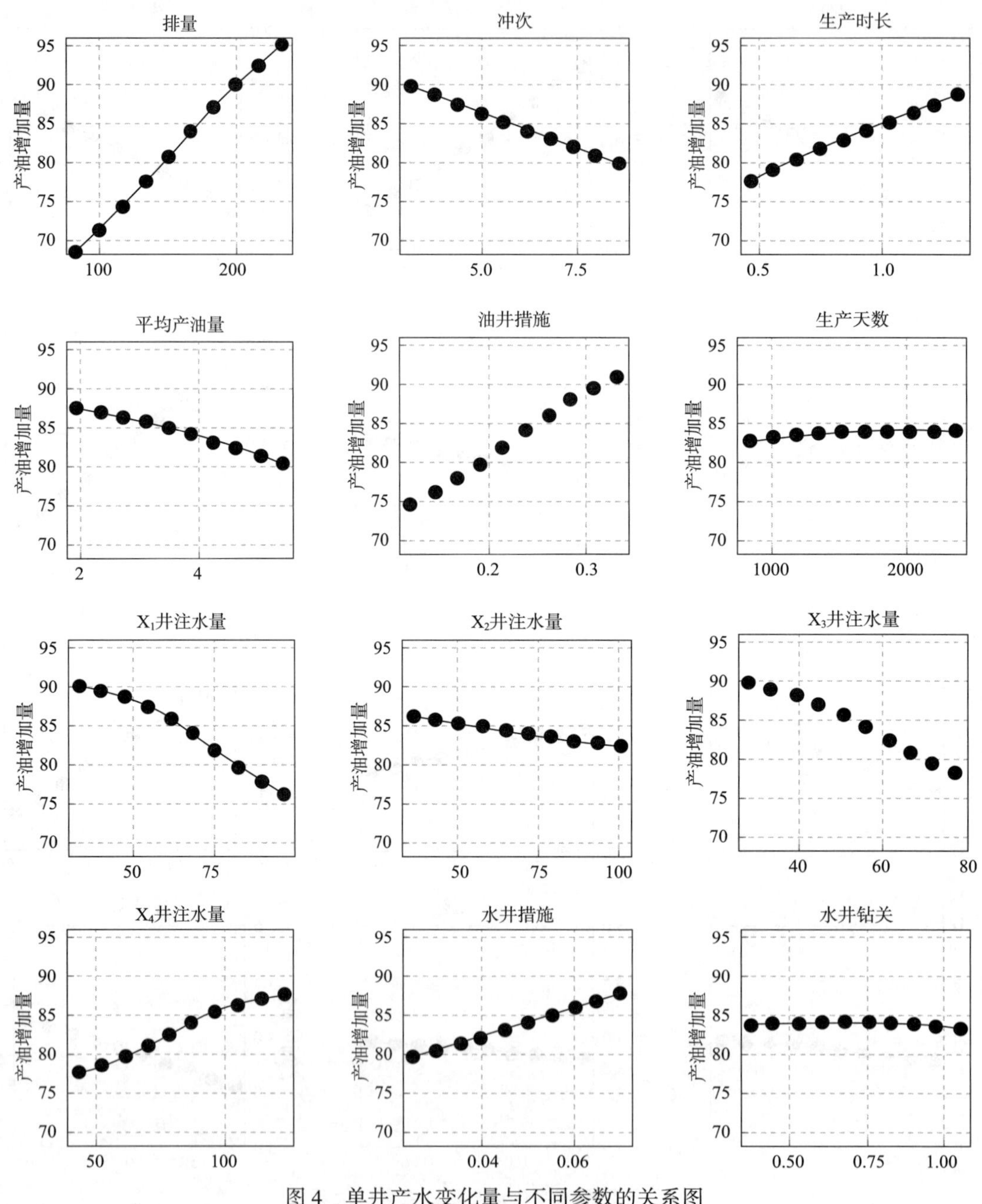

图 4　单井产水变化量与不同参数的关系图

2 油井单井产量预测

2.1 单井产量模型

油井单井产量预测模型，是基于全部的生产可操作数据设计的预测模型。使用 PyTorch 实现循环神经网络，所有输入数据秉持客观测量的原则，不参杂任何主观解释数据。以区块内所有油井为研究对象，考虑参数与产量的相关性，筛选整理出 10 项参数作为输入参数，包括月产油量、含水率、流压、累计产油量、累计产水量、冲程、冲次、排量、生产天数、油井周边关联水井月注水量。

考虑到注水开发时间长，地下注水情况复杂，为了考查预测效果差的井的影响因素，采用扩大影响半径的方法，逐渐增大中心产出井的影响半径，分别为 100m、150m、200m、250m、300m、350m，认为只要是影响半径内的油水井，其对中心井的产出情况都有一定的影响。将影响半径内的油水井数据都作为中心产出井产量预测的参数，对不同情况下中心井的产出情况进行了预测，预测效果如图 5 所示。

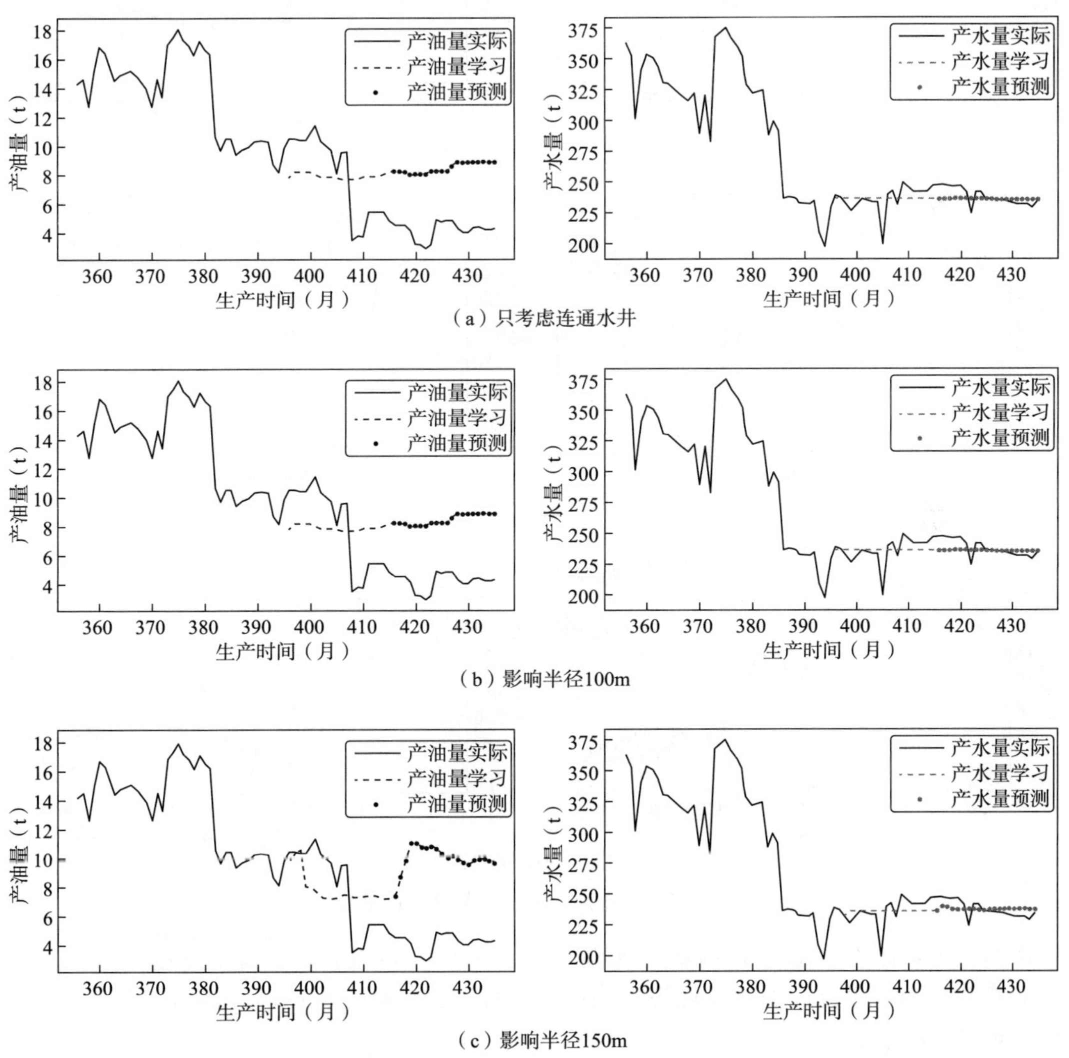

（a）只考虑连通水井

（b）影响半径100m

（c）影响半径150m

图 5 不同情况下产油、产水预测效果

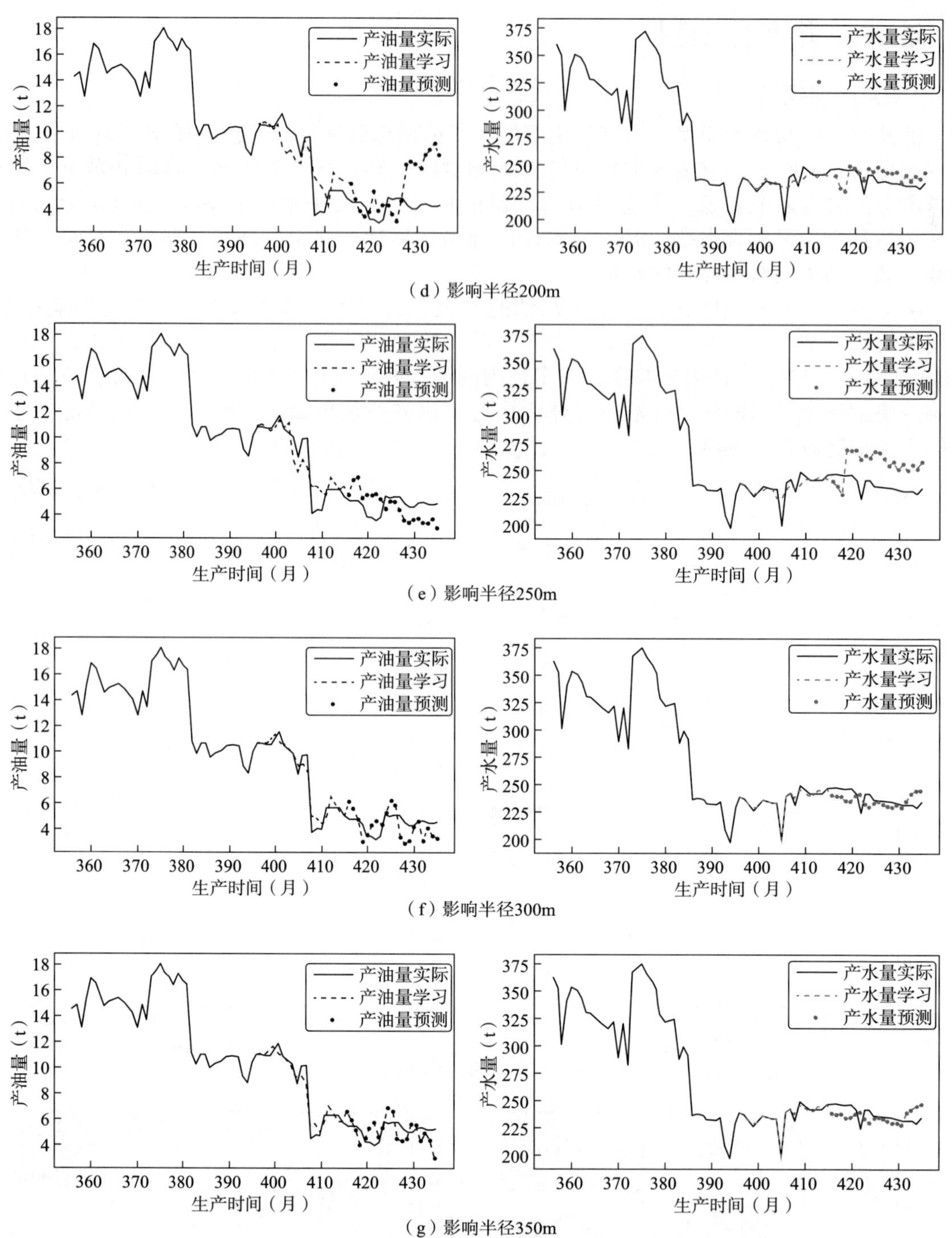

（d）影响半径200m

（e）影响半径250m

（f）影响半径300m

（g）影响半径350m

图5　不同情况下产油、产水预测效果(续)

从图5中可以看到随着影响半径逐渐增大，对中心油井产生影响的油水井逐渐增多，中心油井的预测效果也逐渐趋于理想，当影响半径达到300~350m时预测效果最佳。

2.2　动态距离搜索

计算二线水井范围内油井与所有水井的距离，按实际距离搜索水井建模，搜索半径 R= 3×(井距+10m)，遍历每个实际距离范围内的水井建模(图6)。对于预定半径距离 R 范围内的水井生产动态数据，指该预定半径距离范围内的所有水井的月度生产数据，即为离目标油井最近的第 1 口水井(W1 井)的月注水量、第二口水井(W2 井)的月注水量……第 16 口水井(W16 井)的月注水量。从而避免固定距离搜索范围内可能存在不发挥作用的水井的情况，根据历次建模结果选择最优模型。

以 A 区块为例，使用上述方法对单井产量进行预测。该区块为五点法面积井网，井距 106m，选取 2018 年 1 月至 2023 年 1 月的生产数据为实验数据。其中 2018 年 1 月至 2022 年 9 月的数据作为训练集，2022 年 10 月至 2023 年 1 月的数据作为检测集。A 区块预测精度为 88%，效果较好(图 7)。

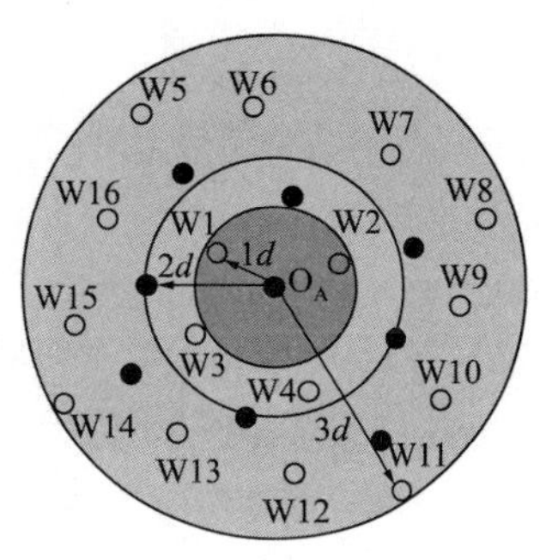

图 6　动态距离搜索水井

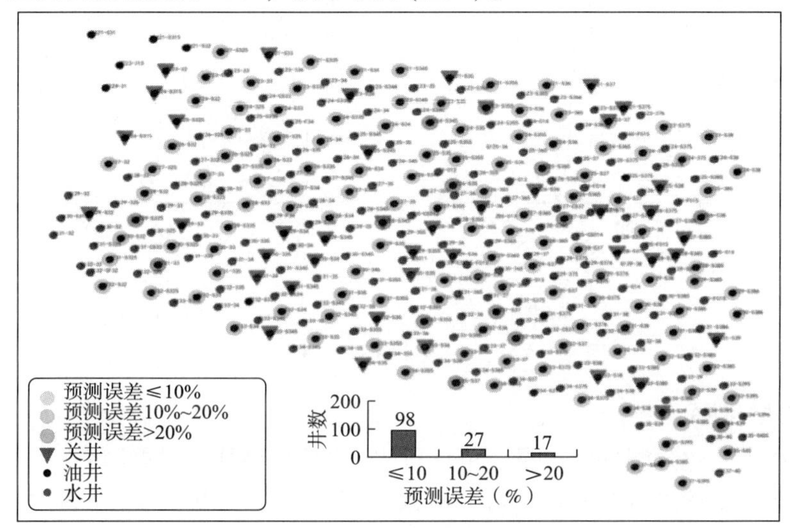

图 7　A 区块单井产量预测误差图

3　关键注水井识别

3.1　水井敏感性评价

对井区内的所有油井建立单井产量含水模型，可以得到该井区内所有影响产量的水井。对每口水井提水和降水，其他井保持注水量不变，预测井区产量变化，分析该水井的产量敏感度(图 8)。每口水井提水和降水分别所对应的产油量差值越大，说明该水井越敏感。

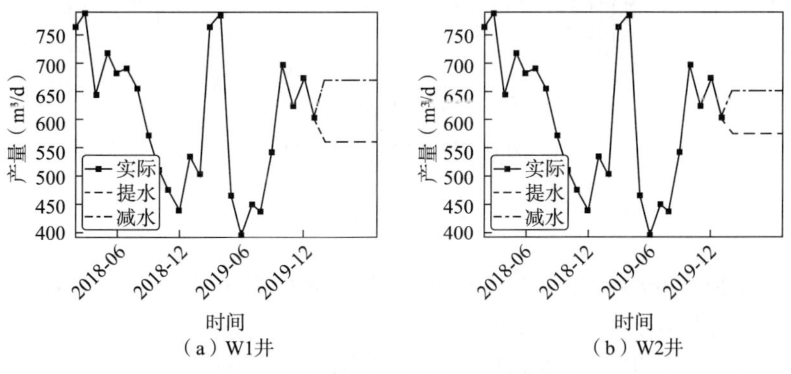

图 8　水井注水变化井区产量预测

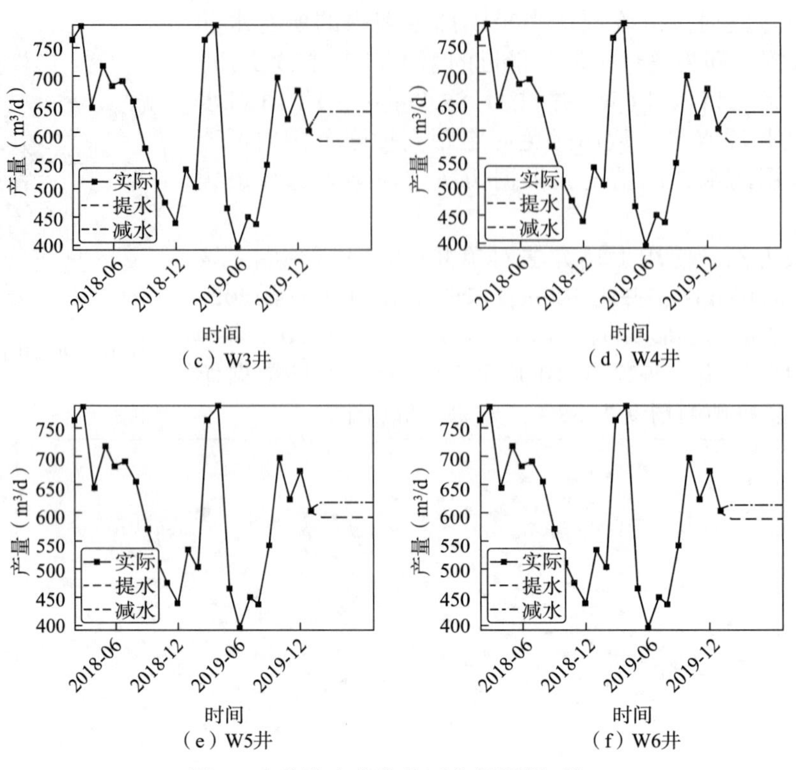

（c）W3井　（d）W4井

（e）W5井　（f）W6井

图 8　水井注水变化井区产量预测(续)

3.2　水井敏感度排序

根据水井注水变化预测井区产量，可评价水井的敏感程度，据此将水井敏感程度排序，从而识别出影响产量的关键水井(图 9)。对关键水井进行重点监测，从而为油田地质工程师制定调整方案提供有力的数据支撑和决策依据。

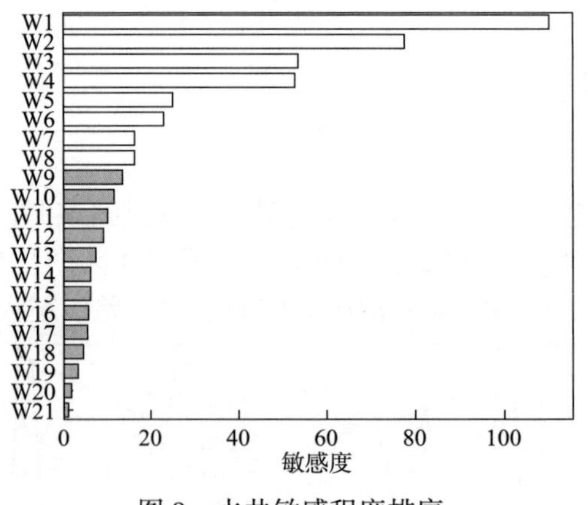

图 9　水井敏感程度排序

4　结论

（1）利用循环神经网络实现了基于历史生产数据预测单井产量，该方法不需要考虑油藏流体性质建立物理模型，可实现快速预测。

（2）对区块内注水井进行了敏感性分析，识别出了影响井区产量的关键注水井，计算结果为制定监测方案和配水方案提供了有力的数据支撑。

（3）该方法已在面积井网、小井距条件下开展现场应用研究，取得了较好效果。

参 考 文 献

[1] 何岩峰，吴晓东，韩增军，等．低渗透油藏油井产能预测新方法[J]．中国石油大学学报(自然科学版)，2007(5)：69-73.

[2] 陈家晓，黄全华．低(特低)渗透油藏油井产能预测新方法探索[J]．钻采工艺，2009，32(2)：44-46.

[3] 刘峰，王裕亮，陈小凡，等．考虑应力敏感性的低渗透油藏油井产能分析[J]．石油与天然气地质，2013(1)：124-128.

[4] 匡立春，刘合，任义丽，等．人工智能在石油勘探开发领域的应用现状与发展趋势[J]．石油勘探与开发，2021，48(1)：1-11.

[5] 贾德利，刘合，张吉群，等．大数据驱动下的老油田精细注水优化方法[J]．石油勘探与开发，2020，47(3)：629-636.

[6] 王洪亮，穆龙新，时付更，等．基于循环神经网络的油田特高含水期产量预测方法[J]．石油勘探与开发，2020，47(5)：1009-1015.

[7] 李春生，谭民浠，张可佳．基于改进型 BP 神经网络的油井产量预测研究[J]．科学技术与工程，2011(31)：184-187.

[8] 马林茂，李德富，郭海湘，等．基于遗传算法优化 BP 神经网络在原油产量预测中的应用：以大庆油田 BED 试验区为例[J]．数学的实践与认识，2015，45(24)：119-130.

[9] 武志军．Spark 环境下基于数据挖掘的油田产量预测技术研究与应用[D]．青岛：中国石油大学（华东），2017.

[10] 杨丽，吴雨茜，王俊丽，等．循环神经网络研究综述[J]．计算机应用，2018，38(S2)：6-11，31.

[11] 杨婷婷．基于人工神经网络的油田开发指标预测模型及算法研究[D]．大庆：东北石油大学，2013.

[12] 樊灵，赵孟孟，殷川，等．基于 BP 神经网络的油田生产动态分析方法[J]．断块油气田，2013，20(2)：204-206.

[13] 谷建伟，周梅，李志涛，等．基于数据挖掘的长短期记忆网络模型油井产量预测方法[J]．特种油气藏，2019，26(2)：81-85，135.

[14] 刘巍，刘威，谷建伟．基于机器学习方法的油井日产油量预测[J]．石油钻采工艺，2020，42(1)：70-75.

[15] 杨洋，程悦菲，谯英，等．基于时序动态分析的油井产量预测研究[J]．西南石油大学学报(自然科学版)，2020，42(6)：82-88.

智能分层注聚技术研究与现场试验

孙福超[1]　贾德利[1]　张永涛[2]　卫海涛[2]　王营营[2]　张　涛[1]　焦茂洧[1]

(1. 中国石油勘探开发研究院；2. 中国石油大港油田公司采油工艺研究院)

摘　要：化学驱是国内三次采油主体技术之一，分层注聚是提高多层油藏化学驱开发效果的关键技术。现有分层注聚主体工艺以投捞测调为主，近年来发展应用了电动直读测调，通过下入仪器实现层段流量在线调配，无须投捞。无论投捞测调还是下入仪器在线直读测调，都无法获取注入过程层段的连续数据。智能分层注聚技术通过在井下放置永置式流量计和高压差低黏损流量控制装置实现层段流量的实时监测和自动控制。本文重点围绕聚合物井下高压差低黏损流量控制技术开展仿真分析，得出不同开度、不同流量条件的压差和黏度损失的关系，指导流量控制系统设计。在此基础上形成了智能配水器，并在大港油田开展了现场试验，流量调节可靠稳定，实现了分层注聚井层段参数的实时监测和在线测调，并及时发现了聚合物堵塞现象并实现了在线解堵，为化学驱精细注入提供了一种全新技术手段。

关键词：化学驱；分层注聚；聚合物流量调配；井下流量控制

化学驱是国内三次采油主体技术之一，是水驱后进一步提高采收率的主要方式。国内大庆、胜利、大港等油田都规模应用了化学驱技术，中国成为世界上使用聚合物驱技术规模最大、大面积增油效果最好的国家[1]，其中大庆油田应用规模最大。由于大庆油田储层非均质性严重，广泛采用分层注聚工艺技术，逐步发展形成了双管分注、单管同心分注、分质分压分注及电动直读测调技术，钢丝投捞测调仍然是目前主体工艺，在保障多层油藏化学驱开发效果方面发挥了重要作用[2-5]。但还存在以下问题亟待解决：一是化学驱分注井数逐年增多，测试队伍压力日益加大。以大庆油田为例，目前聚合物分注井中三层以上分注井比例超过 50%，层间干扰严重，测调时间更长。配套钢丝投捞技术采用“试凑”方法测调，工作量大，3~5 层段注入井平均测调时间 3d 以上，现有测试队伍和测调效率难以满足日益增长的测调工作量的需要。二是现有分层注入工艺无法实现化学驱注入过程分层参数的连续监测，无法为油田动态调整提供连续数据支持，无法为化学剂浓黏度配比的动态调整提供依据，只能提供点状、分散的数据。

为此，近年来发展形成了智能分层注聚技术[6]，井下永置式流量测量和层段聚合物流量高压差低黏损控制是实现高效分层注聚的核心。本文重点围绕聚合物井下流量控制开展研究，通过仿真优化水聚驱一体化流量控制系统关键参数，在此基础上形成智能配水器，并在大港油田开展了现场试验，流量控制系统动作稳定可靠，实现了分层注聚井层段参数的实时监测和在线解堵。

作者简介：孙福超(1982—)，2007 年毕业于中国石油大学(北京)控制理论与控制工程专业，获硕士学位，现任中国石油勘探开发研究院一级工程师，从事智能分层注采方面的研究工作，高级工程师。通讯地址：北京市海淀区学院路 20 号工作区。E-mail：fuchao. sun@ petrochina. com. cn。

1　水聚驱一体化流量控制系统优化

智能分层注聚技术主要是将井下传感器和流量控制阀安装在配水器，实现层段流量、压力等参数的实时监测和在线控制[6]，工艺原理如图 1 所示。

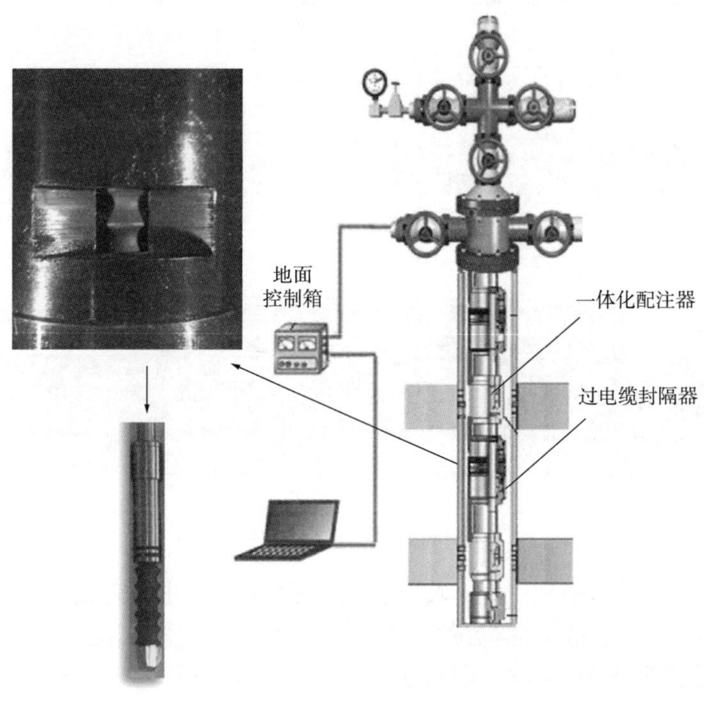

图 1　智能分层注聚原理示意图

为了实现聚合物层段流量高压差低黏损控制，以及水聚驱切换的需要，设计了一种水聚驱连续可调水嘴，兼容注水和注聚，整个流量控制系统由水嘴调节系统、全关控制和聚合物水嘴调节系统组成，示意图如图 2 所示。为了进一步了解流量控制系统在聚合物条件下的流量特性，对水聚驱一体化水嘴开展了仿真分析与评价，目的是摸清不同开度、不同流量条件下压差和黏度损失的关系。仿真模拟过程首先根据现有水嘴尺寸建立水嘴三维模型，再根据水嘴三维模型建立流体三维模型，导入到有限元分析软件中进行仿真计算。利用 SolidWorks 软件建立的水嘴三维模型如图 3 所示。

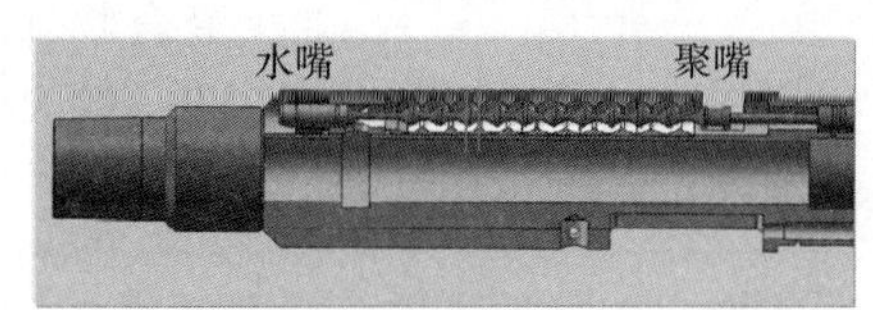

图 2　水聚驱一体化流量控制系统示意图

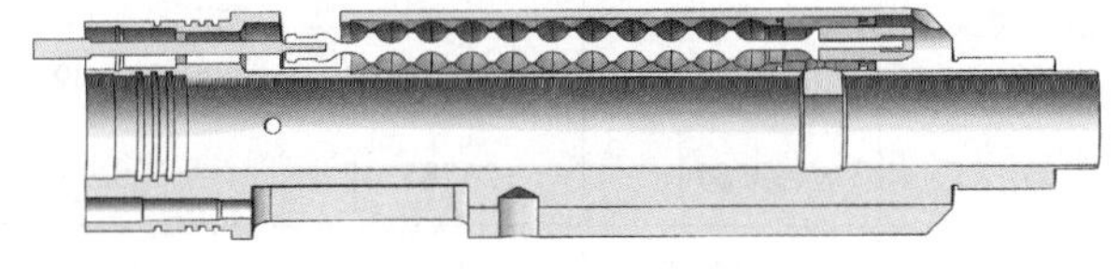

图 3　水嘴三维模型

在三维模型基础上，根据要求将水嘴调整为 100%、60%、30%等三种典型开度，在不同开度位置处模拟流体的流入，图 4 为不同开度下流体模型。

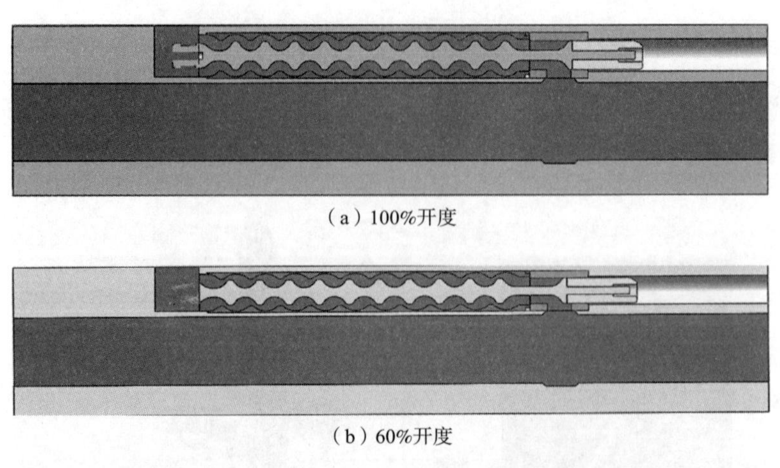

（a）100%开度

（b）60%开度

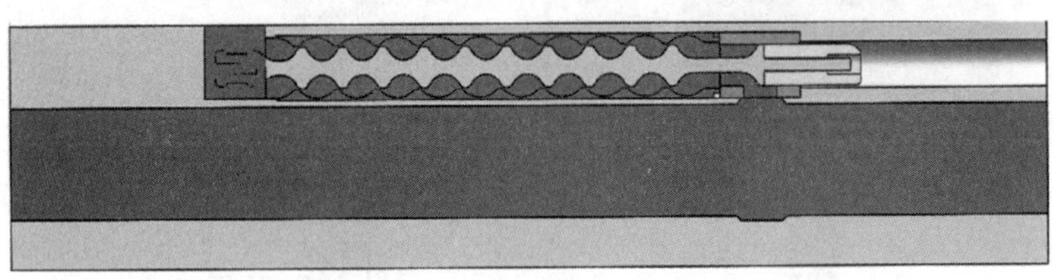

（c）30%开度

图 4　不同开度流体流入三维模型

将上述模型导入到 ANSYS，设置入口、出口和边界条件，完成流体域分析准备工作。仿真模拟采用 1900 万分子量聚丙烯酰胺溶液，浓度 1500mg/L，流体性质设置为非牛顿流体，黏度最小值设置为 0.01Pa·s，黏度最大值设置为 0.5Pa·s。根据实验要求，入口流量分别设定为 $10m^3/d$、$20m^3/d$、$30m^3/d$、$40m^3/d$、$50m^3/d$、$60m^3/d$，出口设置为自由流动状态。为了使计算更精确，将仿真残差设置为 0.0001，迭代次数设置为 1000 次，计算三个开度(100%、60%、30%)下六个入口流量($10m^3/d$、$20m^3/d$、$30m^3/d$、$40m^3/d$、$50m^3/d$、$60m^3/d$)的出、入口压力和黏度，进而得到对应的压差和黏度损失。表 1 至表 3 为流量控制系统在 100%，60%，30%开度条件下实验数据。图 1 至图 3 为不同开度下压差、黏损与流量的关系曲线。

表 1　100%开度流量控制系统输出参数

流量 (m^3/d)	入口压力 (Pa)	出口压力 (Pa)	压差 (Pa)	入口黏度 (Pa·s)	出口黏度 (Pa·s)	黏度损失 (%)
60	5.03	−85750.17	85755.20	0.0757269	0.0700691	7.47
50	4.21	−55792.08	55796.29	0.0729082	0.0680234	6.70
40	3.31	−36785.47	36788.78	0.0736750	0.0691821	6.10
30	2.41	−20387.75	20390.16	0.0754899	0.0717256	4.99
20	1.52	−8809.97	8811.49	0.0823375	0.0800166	2.82
10	0.80	−2085.77	2086.57	0.0959475	0.0957187	0.24

表 2　60%开度流量控制系统输出参数

流量 (m^3/d)	入口压力 (Pa)	出口压力 (Pa)	压差 (Pa)	入口黏度 (Pa·s)	出口黏度 (Pa·s)	黏度损失 (%)
60	5.08	−1536584.51	1536589.59	0.0776281	0.0701483	9.64
50	4.11	−1017158.44	1017162.55	0.0716135	0.0660824	7.72
40	3.05	−732854.22	732857.27	0.0732483	0.0683886	6.63
30	2.64	−386691.78	386694.42	0.0782743	0.0741580	5.26
20	1.61	−150023.07	150024.68	0.0928313	0.0885344	4.63
10	0.84	−29325.21	29326.05	0.1033483	0.1000044	3.24

表 3　30%开度流量控制系统输出参数

流量 (m^3/d)	入口压力 (Pa)	出口压力 (Pa)	压差 (Pa)	入口黏度 (Pa·s)	出口黏度 (Pa·s)	黏度损失 (%)
60	5.14	−2216723.15	2216728.29	0.0789138	0.0702036	11.04
50	4.15	−1483836.33	1483840.48	0.0733544	0.0662866	9.64
40	2.75	−1025275.63	1025278.38	0.0752934	0.0686043	8.88
30	2.29	−556734.43	556736.72	0.0809485	0.0750478	7.29
20	1.49	−123167.01	123168.50	0.1083791	0.1023718	5.54
10	0.82	−85377.22	85378.04	0.1113483	0.1062157	4.61

固定开度下压差黏损与流量的关系曲线如图 5 至图 7。

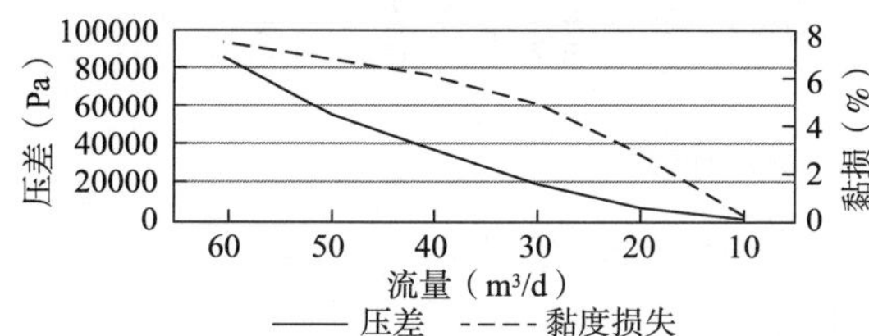

图 5　100%开度压差、黏损与流量的关系
(T=40℃、K=0.17、n=0.35)

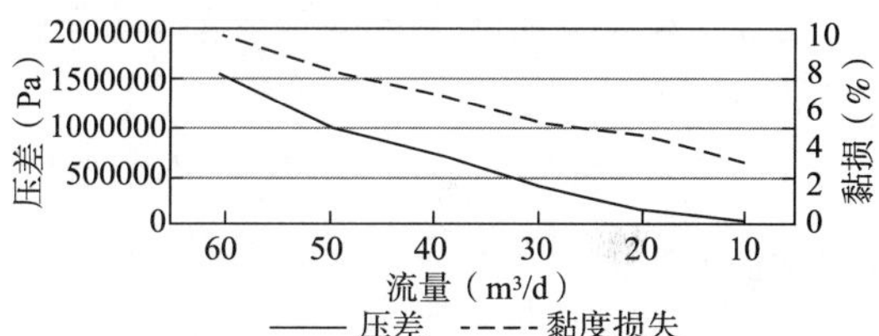

图 6　60%开度压差、黏损与流量的关系
(T=40℃、K=0.17、n=0.35)

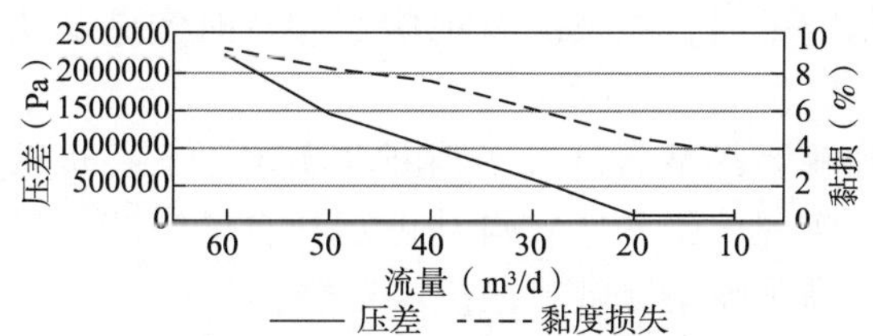

图 7　30%开度压差、黏损与流量的关系
(T=40℃、K=0.17、n=0.35)

从仿真分析可以看出，在固定开度下，压差和黏损随着流量的降低而降低。在流量固定条件下，开度越小，压差和黏损越大。30%开度时，$60m^3/d$ 的流量产生 2.3MPa 压差，黏度损失 11%。60%开度时，$60m^3/d$ 的流量产生 1.9MPa 压差，黏度损失 9%。100%开度

时，60m^3/d 的流量产生 0.09MPa 压差，黏度损失 7%。与室内实验对比，室内利用 1900 万分子量，1500mg/L 浓度聚合物进行实验，产生压差 2MPa，黏度损失能控制在 8%，室内实验结果与仿真结果比较吻合。

2 现场应用情况

在前期仿真分析基础上，研制了智能配注器，在大港油田某井开展了现场应用，实现了聚驱井分层流量、压力等参数的实时监测和聚合物流量在线测调，整个测调过程稳定可靠，单井测调时间 0.5d 以内，如图 8 所示。从曲线中还可以看出，从 2019 年 4 月到 2019 年 5 月 21 日期间，整个流量曲线频繁出现较大幅度的变化，这是堵塞引起的。而每次堵塞后，通过智能分层注聚技术都能对水嘴进行及时在线解堵，这是之前分层注入工艺无法实现的。从曲线中可以看出正常注入情况下油压 12MPa，水嘴堵塞最严重时油压达到泵压 14MPa，注入量为 0，但通过微调各层水嘴可恢复注水。通过及时发现堵塞，及时在线解堵，可以降低堵死的风险，确保分层注聚管柱长期可靠工作。

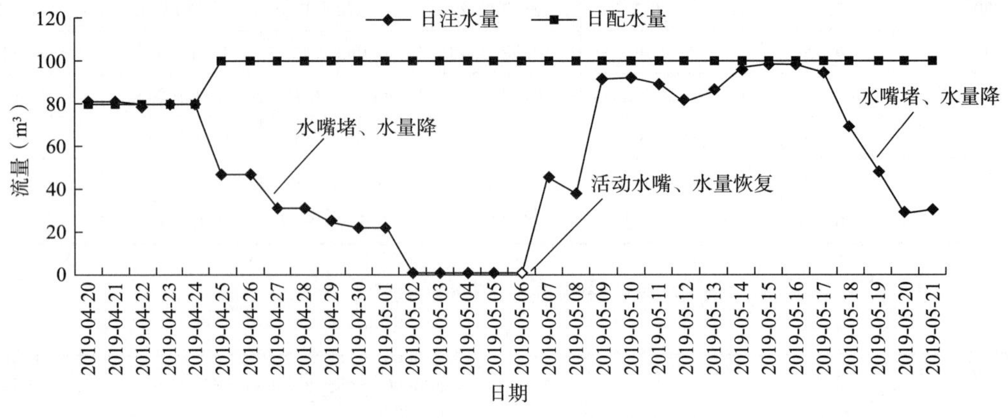

图 8 大港油田某井层段参数测试曲线

3 结论

（1）智能分层注聚技术实现了化学驱分层注入实时监测和在线控制，井下永置式流量检测和高效低黏损水嘴是智能分层注聚的核心。

（2）本文重点对聚合物流量控制系统进行了优化仿真，在大港油田开展了现场试验，流量控制系统调节动作稳定可靠，能及时发现堵塞并及时实施解堵，确保了分层注聚长期处于合格状态。

（3）目前堵塞识别和解堵都是通过人工判断和实现，下一步重点根据流量数据制定堵塞识别算法和解堵策略，实现注聚井堵塞自动识别和自动解堵，确保分层注聚工艺长期稳定可靠工作，为化学驱提高采收率提供工程技术支撑。

参 考 文 献

[1] 孙龙德，伍晓林，周万富，等．大庆油田化学驱提高采收率技术[J]．石油勘探与开发，2018，45(4)：636-645.

[2] 高光磊，杨慧，李海成，等．大庆油田聚合物驱分注技术现状分析[J]．采油工程，2011(2)：1-4，77.

[3] LI H C. Overview of separate injection technique for polymer flooding in Daqing oilfield [J]. Oil & Gas geology, 2012, 2(33): 296-300.
[4] 尤波，邹天洋，贾德利．分层注聚节流阀芯结构优化设计[J]. 哈尔滨理工大学学报，2017，22(5)：13-17.
[5] 张志熊，牛贵锋，王良杰，等．海上油田注聚井单管分层注聚测调新技术[J]. 石油机械，2016，44(10)：59-62.
[6] 王延峰，邱金平，杨丽霞．分层注聚井智能测调技术[J]. 油气井测试，2021，30(4)：50-55.

缆控智能分层注聚管柱节流阀芯结构设计

王营营[1]　张永涛[1]　霍辽原[1]　王全宾[2]　刘均荣[3]

(1. 中国石油大港油田公司采油工艺研究院；2. 中国石油勘探开发研究院；
3. 中国石油大学(华东))

摘　要：分层注聚是三次采油的重要方式，也是第四代智能分注技术的重要组成部分，可以提高驱替波及范围，缓解层间矛盾，提高原油采收率。大港油田在原有梭形配聚器调节芯子基础上进行仿真模拟，优选的流线型调节芯具有低功耗、短行程、低剪切等技术特点，更便于井下调节。形成的缆控式智能分层注聚配套技术，通过电缆联系地面智能控制系统，实现了聚合物流量、压力、温度等参数的实时监测和在线控制，提高了监测精度和效率，为大港"数智油田"建设提供技术支持。

关键词：分层注聚；缆控式；流线型；节流芯子；仿真模拟

分层注聚工艺是三次采油的一项重要手段，可以提高驱替波及范围，缓解层间矛盾，提高原油采收率[1-3]。大港油田分层注聚工艺经历了起始、发展和一体化三个发展阶段，智能分层注聚技术还处在探索研究起步期。目前分层注聚工艺面临的主要问题是：技术比较落后，现场仍以笼统管柱和油套地面注聚占主导；测调成功率低：投捞和堵测测调过程中容易遇阻、遇卡，成功率低；管柱验封难度大，机械式验封坐封成功率低，有事故隐患；不能满足油藏动态监测的需求。为此在桥式偏心+测调联动注聚工艺基础上，借鉴智能分层注水技术思路，开展有缆智能分层注聚配套技术研究。该技术是实现分层注聚井在线智能调控，实现基地与井口远程监测、远程控制的关键手段。有缆智能分层注聚技术主要包括地面控制和井下工具两大部分，地面以地面控制设备、数据传输系统、智能分层注聚软件控制系统为主，核心设备是一体化智能配聚器，集成了流量计和调节芯子。

1　井下聚合物流量测量技术研究和实验

井下如何准确快速测量聚合物溶液是分层注聚技术最关键的核心技术之一[4]。分层注水井应用的井下永置式流量计主要有涡街流量计、电磁流量计、压差流量计和超声波流量计等(图1)。压差流量计通过节流压差来计算流量，压差会带来黏度损失，不适合聚合物流量测量。涡街流量计的流量测试要求雷诺数在 $5\times10^3\sim7\times10^4$ 范围内，其中雷诺数 $2\times10^4\sim7\times10^4$ 范围时线性度最好。而涡街流量计用于井下聚合物测量时，利用目前常用聚合物黏度计算，聚合物雷诺数小于5000。因此，井下涡街流量计也可能不适用于聚合物环境。而电磁流量计工作原理是依据法拉第电磁感应定律测量导电液体流量，不同流量在磁场中产生

作者简介：王营营，(1981—)男，2010年贵州大学矿产普查与勘探专业硕士研究生毕业，工程师，目前在中国石油大港油田公司采油工艺研究院从事油田开发工作。地址：天津市滨海新区幸福路1278号大港油田采油工艺研究院，邮编：300280。E-mail：wangyying01@ petrochina. com. cn。

不同感应电动势，原理上看电磁流量计最可能适用于聚合物流量测量。为此，开展室内实验选择出最适用于井下聚合物环境的流量测量设备。

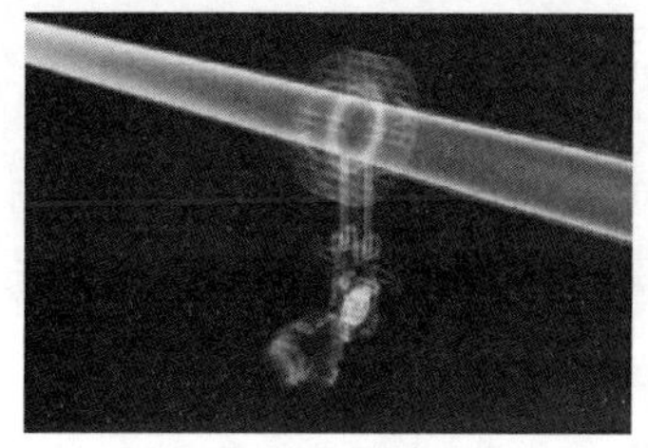
（a）压差流量计

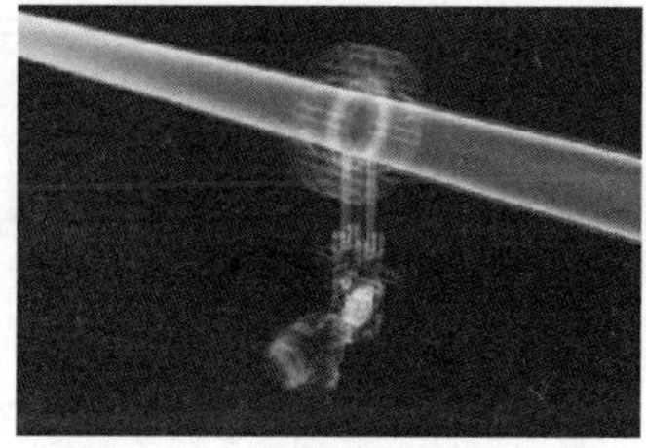
（b）涡街流量计

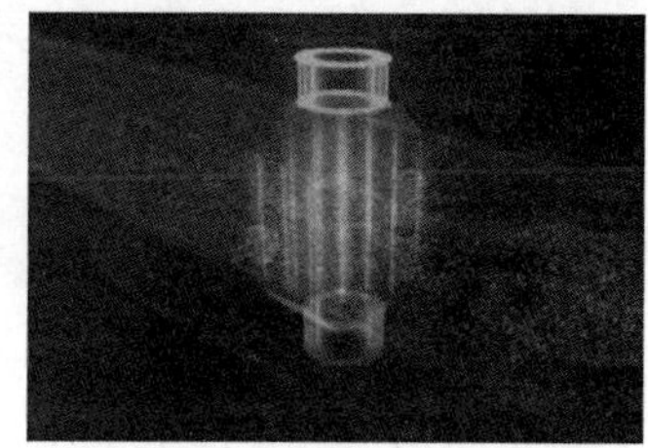
（c）电磁流量计

图1 油田常用流量计

1.1 流量计室内选择实验

针对涡街流量计、电磁流量计开展了地面实验，实验使用的是港西配聚站的聚合物溶液。实验过程如下：将2种流量计串联在一个管路(图2)，通过改变经过管路的流量，观察流量计测试结果和基础流量的误差来判断流量计性能。

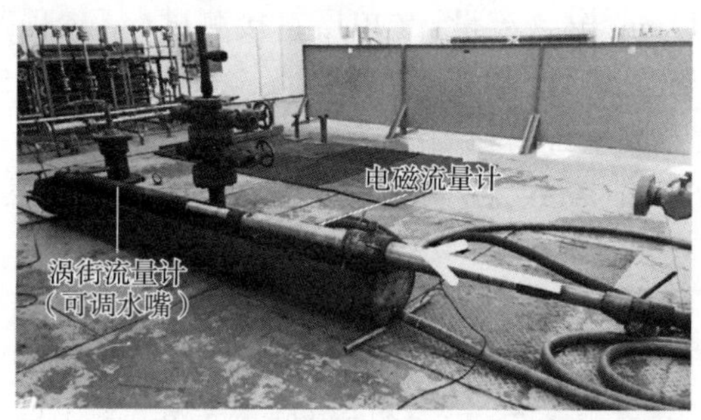

图2 涡街流量计、电磁流量计地面串联实验

（1）实验条件：

港西配聚站聚合物溶液；1900万分子量；浓度1500mg/L。

（2）实验过程：

将2种流量计串联在一个管路(图2)，从5~80m^3/d改变流程基准流量，观察流量计测试结果。

（3）实验结果：

① 涡街流量计实验流程流量变化时，涡街流量计读数不跟随变化(图3)，不适用于聚合物流量测量；

② 电磁流量计适用于聚合物流量测量，量程宽，能保持较高的测量精度。

1.2 电磁流量计测量精度实验

电磁流量计工作原理是依据法拉第电磁感应定律测量导电液体流量，不同流量在磁场中产生不同感应电动势[5]。从原理上看，电磁流量计适用于聚合物流量测量，因为电磁流量计是一种流速式测量方式。根据井下实际工况，实验选用两种井下电磁流量计：一种是中心通道式电磁流量计，内通径为46mm，每一层的流量通过逐层递减获得。这种流量计的优势是适用流量范围宽，不易堵塞；缺点是获取单层流量需要逐层递减，会损失一些精度，特别是小流量。另外一种是小直径电磁流量计，直径为12mm，保证了内通径46mm的条件下实现了分层聚合物流量的直接测试。第二种流量计的优势是能实现单层直接测试，保证中心通道畅通，且测试精度高。

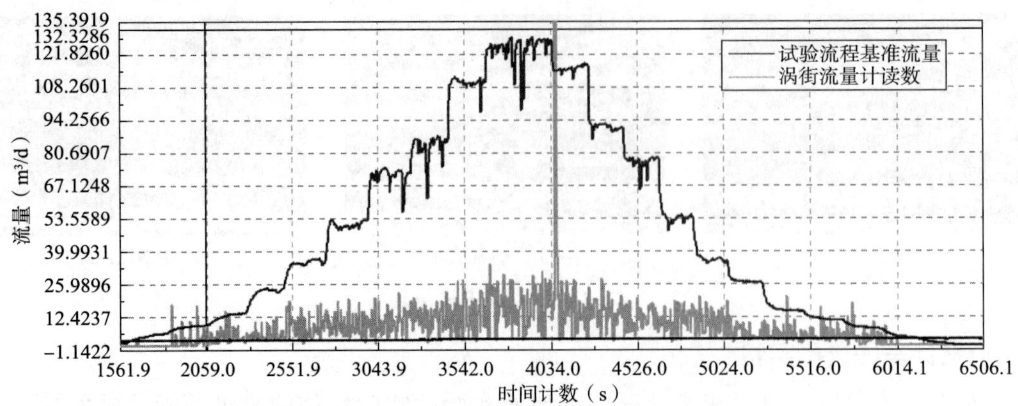

图 3　涡街式流量计实验流量变化曲线

对两种类型电磁流量计组织了多次室内实验：

（1）内通径 12mm、17mm 电磁流量计(单层直接测试)，量程范围 5~30m^3/d；

（2）内通径 25mm 电磁流量计(单层直接测试)，量程范围 5~50m^3/d；

（3）内通井 46mm 电磁流量计(递减法测单层)，量程范围 5~120m^3/d。

实验条件为聚合物分子量 1900 万、浓度 1500mg/L，测试结果如图 4 所示。

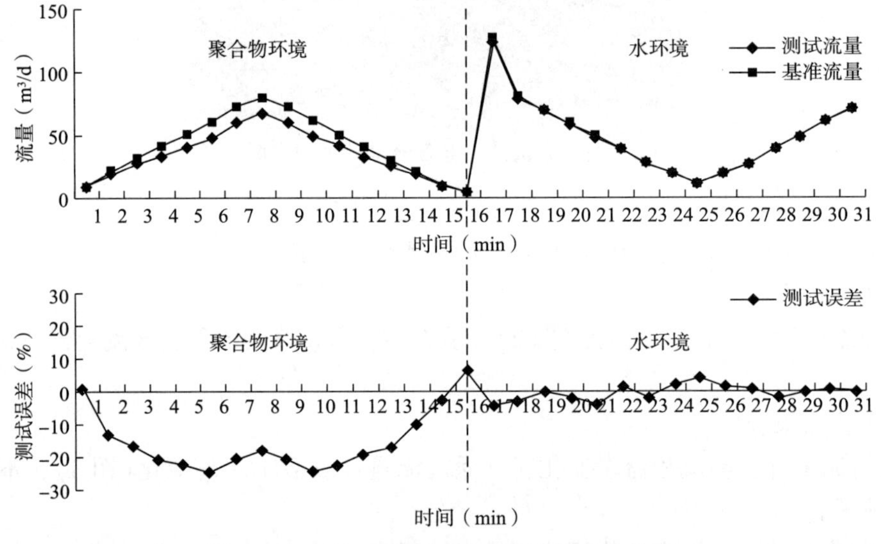

图 4　46mm 电磁流量计聚合物流量实验结果

（1）中心通道电磁流量计适用于聚合物流量测量，量程宽，在 10m^3/d 以上能保持较高的精度，测试在 10m^3/d 以上条件下，聚合物测试精度在 5%以内，在 10m^3/d 以下时，聚合物测试误差在 20%以内。同时，通过实验发现，在水中标定的流量计直接用于聚合物测量时，总体测量值偏小，需要二次标定。

（2）小直径电磁流量计内通径对聚合物流量范围影响大，小直径电磁流量计测量聚合物量程远小于水介质。室内实验表明，内通径 12mm 电磁流量计在聚合物条件下的测试范围为 5~30m^3/d，超过 30m^3/d 后流量波动明显，但是平均值与实际值吻合度较高。

2 智能配注器节流芯子研究和实验

聚合物溶液是非牛顿流体的一种假塑性流体，在低流速或者静止时，由于它们互相缠结，黏度较大，故而显得黏稠。然而流速变大时，这些比较散乱的链状粒子会受到流层之间的剪应力作用，表现为剪切稀化的现象。注聚井中的聚合物溶液通过注水水嘴时会发生剪切降解，造成黏损，另外还容易发生堵塞[6-8]。因此需要对注聚节流水嘴进行专项研究。

2.1 分层注聚节流阀芯结构优选

目前国内油田常用的节流器结构有[9-10]：环形槽结构和梭形球结构，这两种结构的节流器芯子都是通过调节芯子进出腔室的长度来实现节流的目的(图5和图6)。

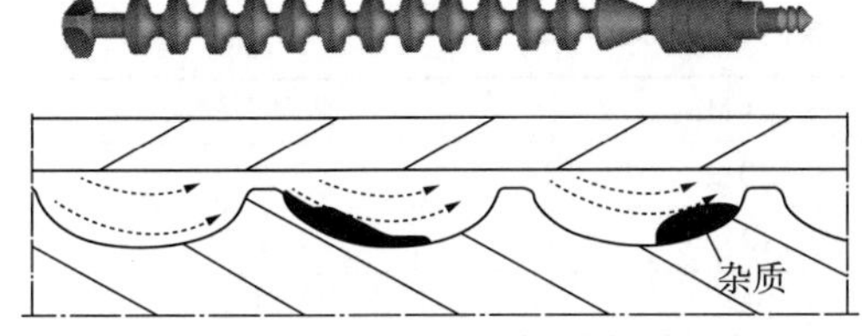

图5 环形槽结构节流阀芯

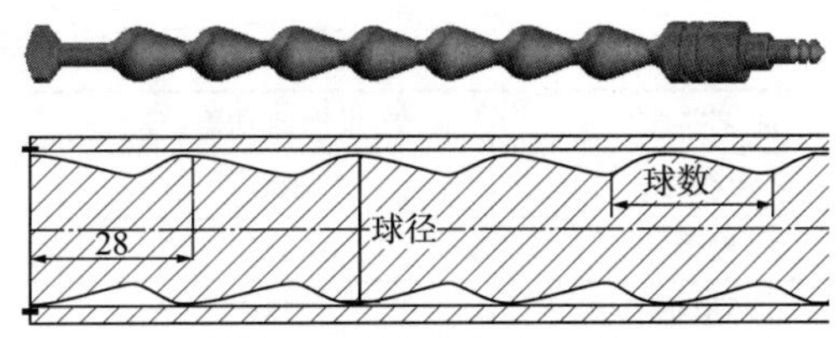

图6 梭形球结构节流阀芯

在这两种结构的基础之上，将梭形节流芯优化为流线形节流芯：主要是将腔室的光滑平面结构改变成一个个独立的环槽结构，每个芯子单独处在一个环槽内，移动半个直径距离即可实现全封到全开状态(表1)。与之前相比芯子的行程距离大大缩短，测调的时间也相应地缩短到15min之内。

表1 不同结构节流芯技术参数

序号	工具结构	技术参数		
		长度(mm)	内通径(mm)	偏孔内径(mm)
1	环形槽结构	1640	46	25
2	梭形结构	1750	46	20
3	流线形结构	1160	46	20

2.2 节流芯子性能实验

节流芯子流道为复杂结构，理论上很难给出合理的评价结果，目前国内主要有室内检测评价与数值模拟两种方法。

2.2.1 室内检测

室内实验评价：设计了检测流程和聚合物黏损检测装置。

对三种节流芯子进行室内水力特性实验，实验使用的还是港西配聚站的聚合物溶液。对节流压差和黏损率比较，流线形结构黏损率低、节流压差大，符合设计标准要求(图7)。在检测过程中采用直接手动方式对芯子的各个参数进行实时调整，根据连续调整的数据，得出可调节节流芯子的黏损、排量、节流压差等主要参数的变化情况。

实验条件：聚驱试剂注入量为30m^3/d，配注浓度为2500mg/L，聚驱试剂的分子量为2500万。

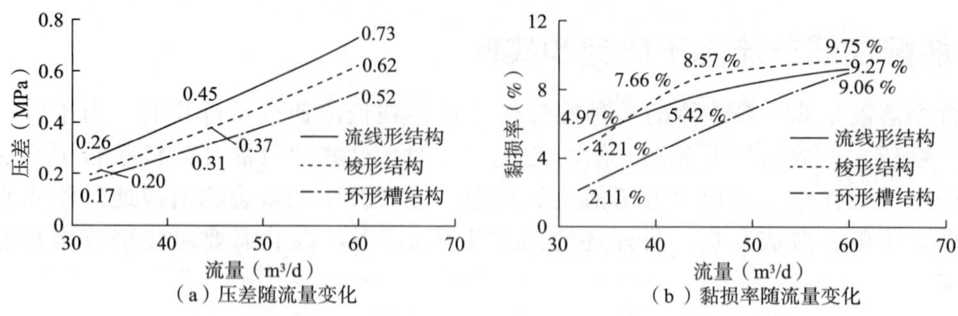

图 7　不同结构节流芯子水力特性对比

室内实验结果评价：从室内投捞成功率、水力特征参数节流压差和黏损率比较，流线形和梭形节流阀投捞成功率较高、性能较好(表 2)。

表 2　不同结构节流芯子室内实验数据表

工艺类型	一次投捞成功率(%)	节流压差(MPa)	黏损率(%)
流线形	100	1.30	7.9
梭形	87	1.12	8.5
环形槽	18	0.03	12.0

2.2.2　数值模拟

为得到不同的节流芯子结构对 HPAM 溶液流经时产生的节流压降，利用大型有限元工程计算软件，对不同个数槽条件下进行了数值模拟(图 8)。设计了流线形流道有限元模型、计算模型网格划分及边界条件(图 9)、设计了智能配聚器结构。

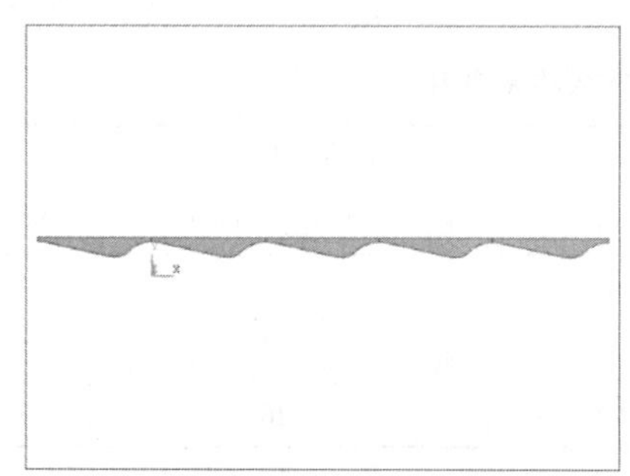

图 8　五个梭形流道有限元模型

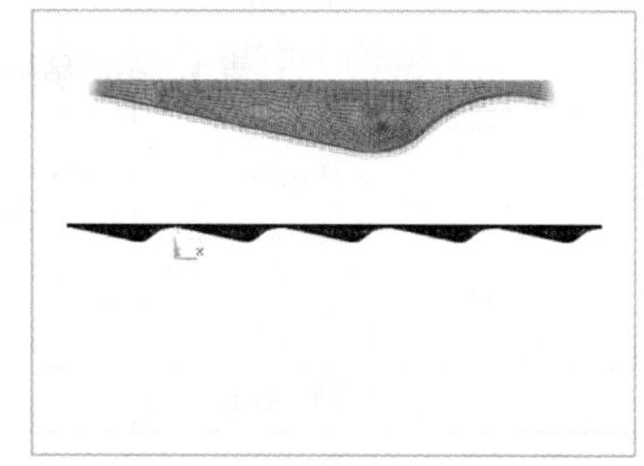

图 9　计算模型网格划分及边界条件

利用仿真软件模拟了在不同槽数下，黏度损失率和节流压差随流量的变化(图 10)。

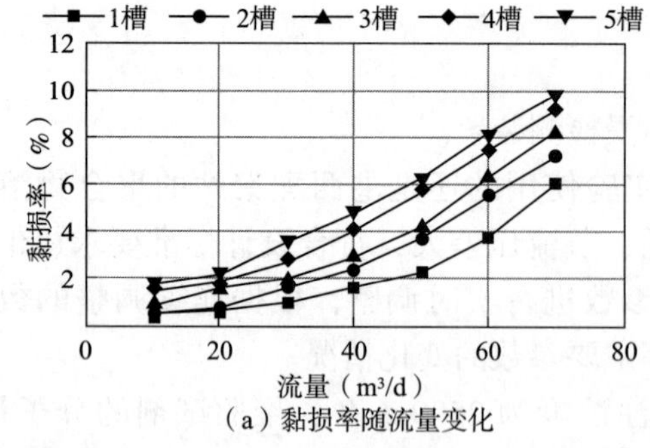

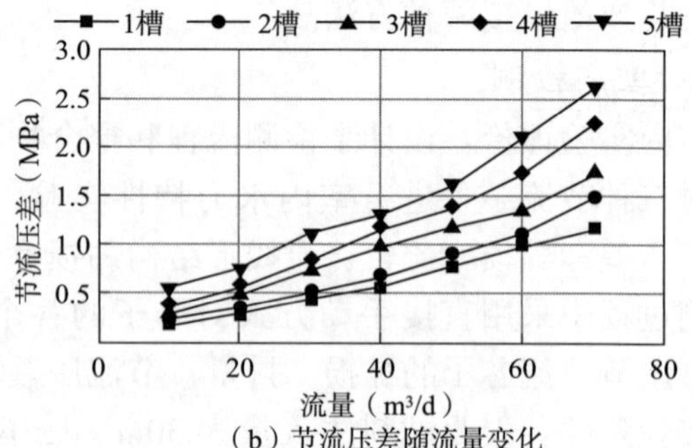

图 10　黏损率和节流压差随流量变化图

实验结论：

(1) 不同槽数的阀芯黏度损失率不一样；不同流量相同槽数的阀芯黏度损失率也不同；

(2) 黏度损失率随着槽数的增加近似成正比关系；

(3) 随着槽数增多，黏损率也逐渐上升，最大值不超过 10%的性能指标，符合阀芯的优化设计要求。

经过多次数值模拟计算，将节流压差与配注量、球数及球径之间的关系绘制成曲线图版。利用图版可以快速确定某个流量范围需要的芯子直径和数量。

3 现场试验

2019—2022 年在大港油田试验远程调控分层注聚工艺 3 口井，避免动用测调车辆及人员，减少了测调成本，年节约测调成本 3.2 万元/井，3 口井每年节约 9.6 万元；提升分层注聚精度，提高聚驱效果，对应 10 口受益井增油 514t，经济效益约为 180 万元(表 3)。

表 3 现场试验井生产参数数据

井号	作业时间	井深(m)	分段数(段)	配注(m^3/d)	实注(m^3/d)
XXX-1	2019.11	1841	3	25/25/30	27/28/30
XXX-2	2022.12	1266	2	40/40	43/37
XXX-3	2022.04	1317	3	20/30/30	21/29/28

大港油田 2019 年开始在采油一厂 XXX-1 井开展先导试验，该井为三段分层注聚，管柱设计了三套智能配聚器和过电缆封隔器。作业施工，对配水器下井前测试，在地面将电缆穿过封隔器，对工具进行装配检查。过电缆封隔器入井时检查，在油管接箍处安装铠装电缆保护器，下完全部管柱后拆防喷器，将电缆从井口穿越，安装井口。完井后，现场使用智能注聚软件进行测调验封，打开第 2 级配聚器水嘴；泵车打压 5MPa 左右，读取二级配聚器流量数据；观察第 1 级、第 3 级配聚器最后压力变化情况判断井下封隔器坐封情况。验封合格后，进行测调；流量校核；单独开每级配聚器，与井口流量计校对；然后将配聚器全开，读取每层流量，优先调整控制层开度达到配注量。通过智能分层注聚软件系统，每天监测各层流量、压力、温度数据；对比井口流量偏差，定期发送配聚器开关命令。

4 结束语

有缆智能分层注聚配套技术通过电缆与地面智能控制系统联系，实现聚合物流量、压力、温度等参数的实时监测和在线控制，提高了监测精度和效率，为“数智油田”建设提供技术支持。控制系统依据实时层段流量，配合配注方案对层段注入量进行调整，保证分层注聚全过程受控，井下压力和流量参数为聚驱开发方案优化提供了数据支撑。在不动管柱、免施工的情况下，远程智能测调大大降低注聚井分层配注的测试成本，可长期保持注聚井配注合格率，实现整个注聚周期内的精确配注。

参 考 文 献

[1] 王延峰，邱金平，杨丽霞．分层注聚井智能测调技术[J]．油气井测试，2021，30(4)：50-55.

[2] 尤波，邹天洋，贾德利．分层注聚节流阀芯结构优化设计[J]．哈尔滨理工大学学报，2017，22(5)：13-17.

[3] 马珍福，王鹏，咸国旗，等．分层注聚测调一体化技术[C]//2017 油气田勘探与开发国际会议(IFEDC 2017)论文集，2017：1476-1484.
[4] 咸国旗，门海英，王鹏，等．同心可调配聚器的研制与应用[J]．石油机械，2017，45(3)：98-101.
[5] 邹天洋．聚合物驱分注井高效测调技术研究[D]．哈尔滨：哈尔滨理工大学，2017.
[6] 张志熊，牛贵锋，王良杰，等．海上油田注聚井单管分层注聚测调新技术[J]．石油机械，2016，44(10)：59-62.
[7] 李东雷．预置电缆智能分层注聚合物技术的研究与应用[J]．石油机械，2016，44(10)：93-96.
[8] 刘伟，周志全，刘志杰．电控存储式注聚井分层粘度仪[J]．化工自动化及仪表，2016，43(8)：809-813.
[9] 孙金峰，罗杨，王磊，等．自分流式井下调压注聚工艺技术研究及应用[J]．石油机械，2016，44(8)：75-78.
[10] 杜良．分层注聚技术在二类油层油井中的应用[J]．油气田地面工程，2014，33(10)：117.

缆控智能分注技术在稠油油藏中的研究与应用

何永清　吕海锋　鲁霖懋　冉　阳　秦嘉敏

（中国石油新疆油田公司）

摘　要：新疆油田吉7井区梧桐沟组为中深层稠油油藏，单层注水量小、层间注水压差大、调剖注入排量大、管外缆控式智能分注电缆易受损，现阶段分层注水工艺无法满足生产需求。通过研制可投捞湿接头、设计注水调剖一体化分注仪、开发智能远程控制平台，形成投捞电缆式智能分注工艺。较管外缆控式智能分注工艺，该工艺可避免电缆入井受损，满足油藏注水调剖一体化需求，实现远程智能化作业，为缆控式智能分注技术的推广应用提供了技术保障。

关键词：稠油油藏；缆控智能分注；可投捞；注水调剖一体化

新疆油田吉7井区梧桐沟组属于中深层稠油注水开发油藏，油藏平均埋深1570m，50℃地面原油黏度1140.83mPa·s，地层条件下原油黏度范围为40~3000mPa·s。岩性有砂砾岩、含砾砂岩、中砂岩等，渗透率级差大，需多层分注，单层日注水量仅3~7m³[1-2]。油藏处于中高含水期，含水快速上升，为减缓部分井组水窜，每年需调剖50井次左右，单层调剖排量240m³/d。常规桥式同心、桥式偏心等分注工艺无法实时监测、调整井下流量，同时受油稠测调易遇阻、冬季气温低无法测调等影响，测调周期长，测调完成率低，导致分注合格率下降快，无法满足精细注水需求[3-11]。目前的管外缆控式智能分注工艺，虽可实现井下参数的连续监测和实时测调，测调效率得到大幅度提高，但在吉7井区梧桐沟组中深层稠油注水开发油藏应用过程中，发现适应性不佳，主要存在以下三大难题。

（1）管外缆控式智能分注工艺，施工复杂，电缆易受损，无法重复使用。电缆在入井过程中需要用护卡捆绑在油管节箍上，捆绑电缆耗时8h，占入井时间60%。同时在提下管柱过程中，电缆易受损，下次检管提出后电缆报废，无法重复利用。

（2）原有智能分注工艺，无法同时满足小排量精细注水和大排量调剖需求。由于条形水嘴调节范围小、测调精度有限，智能分注仪受流量计的孔板和水嘴“双重”节流影响，流量测调范围为5~50m³/d，测调精度不大于2%，无法满足注水调剖一体化需求。

（3）原有智能分注工艺智能化程度低，多数作业仍需人工操作。目前已实现井下智能分注仪与地面控制柜交互作业，但尚未实现远程控制功能，需手动下发测调、验封等指令，操作时长在30~90min不等。

因此亟须研发一种新的工艺，实现井下参数连续监测和自动测调的同时，解决电缆入

基金项目：中国石油天然气股份有限公司勘探与生产分公司科技项目“新疆油田缆控式分层注水技术研究与现场试验”（kt2021-15-04）；2023年中国石油天然气集团有限公司技能人才创新基金项目“投捞电缆式智能分注工艺研究”。

作者简介：何永清（1991—），2014年毕业于西安石油大学勘查技术与工程专业，获学士学位，现任中国石油新疆油田公司吉庆油田作业区地质研究中心工程师，从事稠油注水开发工作，中级工程师。通讯地址：新疆昌吉州吉木萨尔县吉庆油田作业区。E-mail：cnheyq@petrochina.com.cn。

井易受损、无法满足注水调剖一体化需求和智能化程度低的问题[12-14]。

1　技术攻关

1.1　研制可在油管内多次投捞的湿接头

针对管外缆控智能分注工艺施工复杂、电缆易受损等问题，借鉴水下电缆湿接头工作原理，开展电缆入井方式的优化研究，研制可在油管内多次投捞的湿接头，实现电缆管内投捞和湿接头精准插接，提高施工效率[15-17]。

1.1.1　结构组成

投捞技术的核心是可投捞湿接头工具(图 1)，可投捞湿接头主要由湿接头插头(投捞部分)与湿接头插座(管柱连接部分)两部分组成。插座安装在智能分注工具段上方，通过油管扣与油管连接，缆芯与井下工具采用电缆连接器连接，插座在施工时随管柱下井。下完管柱后将插头从油管内投入，与插座对接成功后进行封隔器打压坐封。

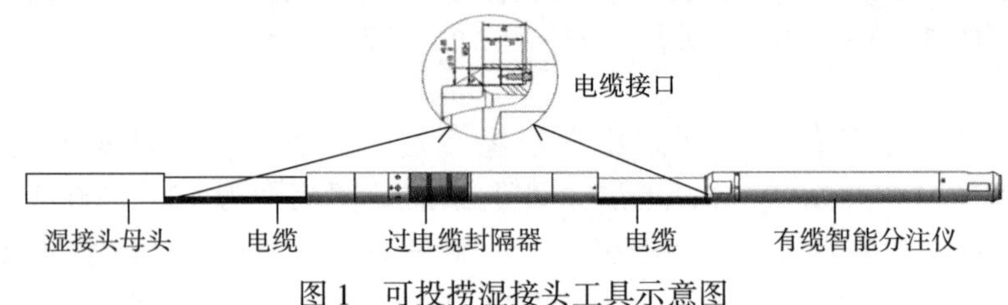

图 1　可投捞湿接头工具示意图

(1) 湿接头插头组件。

湿接头插头组件(图 2)主要由电缆头、加重杆、护管、绝缘套、导电芯、导向头及密封圈组成。其中导电芯两侧设置有密封圈及绝缘套，用于将导电芯与周围介质隔离，实现密封与绝缘效果。加重杆作用是便于仪器下井对接。

图 2　湿接头插头结构示意图

(2) 湿接头插座组件。

湿接头插座(图 3)主要由上接头、外护管、下接头及内部导向筒组件组成，其中导向筒组件由导向筒、绝缘套、导电座、锁定钢球及锁定接头等组成。插头未投入时内部中心通道为 44mm，当插头投入后周围设置有环形过液通道。

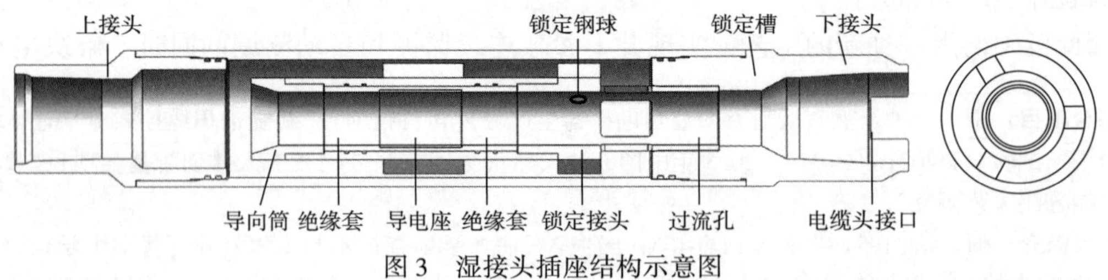

图 3　湿接头插座结构示意图

1.1.2 工作原理

施工时插头组件由电缆输送，从油管内下入，与插座组件对接，插座上带有锁定钢球，可以与插头上的锁定槽锁止，实现锁定功能，其中插头的导电芯两侧分别设置有多级密封圈，在投入后可以与插座的绝缘套实现密封配合，导电芯与插座上的导电座配合，导电座与下端工具段电缆连接，实现电气连接功能。

该套装置可以实现多次投捞对接并对插头上的密封圈进行维护，确保长期密封可靠。插座内部中心通道为 44mm，当需要进行吸水剖面等井筒测试时，将插头提出井口，然后下入测试仪器，测试仪器可以顺利通过插座的中心通道，完成测试后，将插头重新投入井筒，与井下插座实现二次对接。

1.2 注水调剖一体化分注仪

针对吉 7 井区单层注水量小、层间注水压差大、调剖注入排量大的特点，原有的缆控智能分注仪无法同时满足小排量注水和大排量调剖的技术难题，设计了注水调剖一体化分注仪，满足油藏生产需求。

1.2.1 结构组成

注水调剖一体化分注仪主要由上接头、外护管、下接头、中心过流管、流量计、水嘴调节装置、传感器组件、电路控制单元等组成，如图 4 所示。上、下接头中间螺纹密封连接中心过流管、外护管，形成的环空密封腔内设有流量计、电机水嘴调节装置、传感器组件和电路控制单元，水嘴组件与压力传感器内置在下接头的壳体上。传感器组件包含内压传感器、外压传感器、温度传感器。

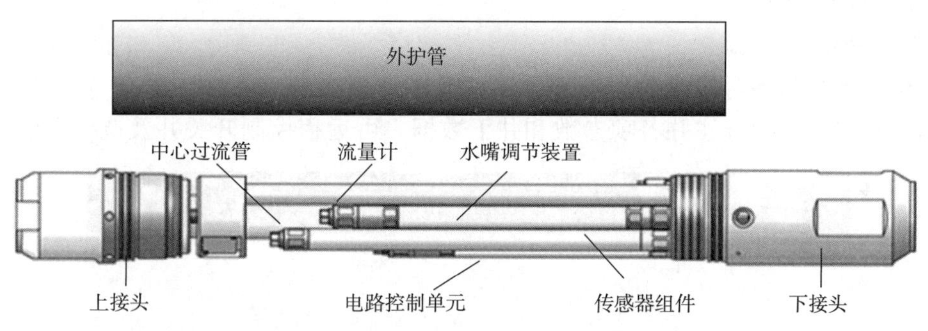

图 4　注水调剖一体化分注仪结构示意图

1.2.2 工作原理

通过流量计和传感器组件实现单层注入流量、注入压力、温度和地层压力等注入参数的实时监测，并把测得的数据通过电缆实时传输到地面控制系统，然后根据命令或自动通过水嘴调节装置实现水嘴开度调节，从而实现分层注水量的测调。

1.2.3 一体化流量调节机构

吉 7 井区注水井配注量小，单层日注水量仅 3~7m^3，针对原智能分注配套的条形水嘴调节精度低的问题，通过优化水嘴结构，提高小流量时的水嘴调节特性。创新设计了“两段式”水嘴结构(图 5)，水嘴前端设计为锥形，末端设计为 10mm×10mm

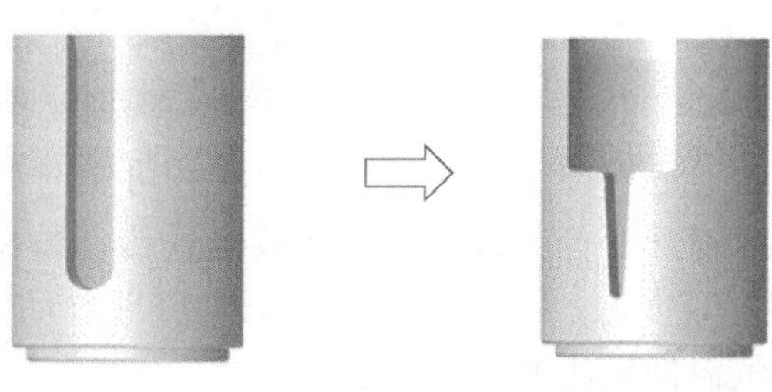

图 5　水嘴形状改进前后对比

方形出水口，前端水嘴用于小排量精细调节，末端水嘴满足大排量调剖作业。

常规差压式流量计，受节流孔板尺寸影响，小流量调节精度低、最大量程有限，针对常规孔板压差流量计无法同时满足小水量测调精度和大排量调剖作业的问题，创新设计了一体化流量计和水嘴结构。一体化结构将差压流量计与水嘴融合设计(图 6)，用可调水嘴代替常规差压流量计中的固定孔板节流体，利用水嘴前后压差来计算流量。

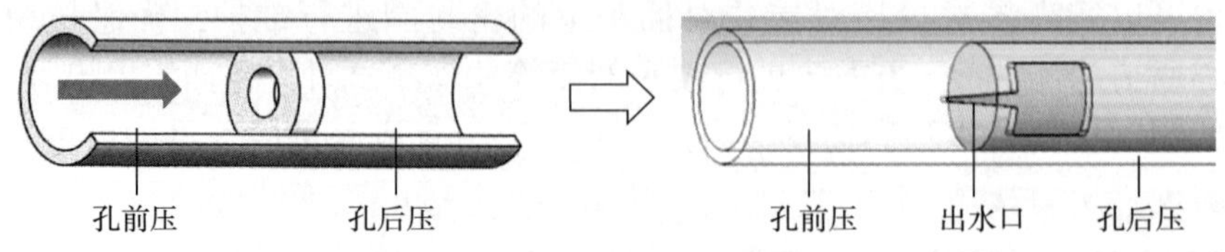

图 6　流量计结构改进前后对比

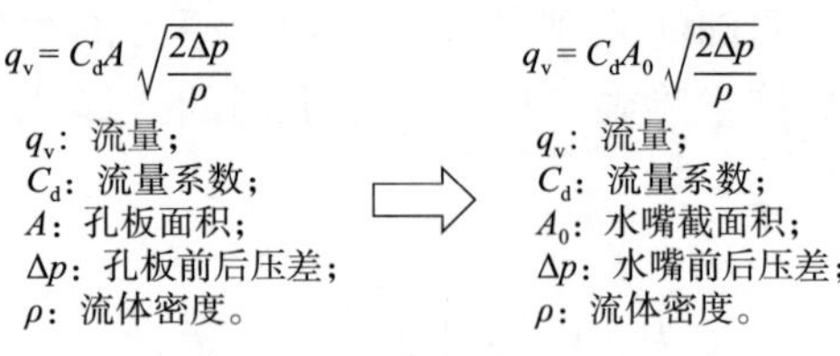

图 7　流量算法优化前后对比

通过算法优化(图 7)，将水嘴前后压差和水嘴截面积作为变量来计算流量，优化后的算法结合新设计的水嘴结构，最终实现了单层水量 $40m^3/d$ 以内调节精度提高 25%，调剖单层最大排量提高至 $250m^3/d$，解决了无法同时满足小水量精细调节和大排量调剖的问题。

1.3　智能化远程控制平台

开发了智能化远程控制平台(图 8)，实现“井下智能分注仪—地面控制系统—远程控制系统”一体化智能管理。

1.3.1　主要功能

智能化远程控制平台集成数据管理、测调控制、报表管理、井组管理等功能，可以在远程控制中心实时监测分注井各项参数和井下数据，可远程控制开关井及调整配注制度。

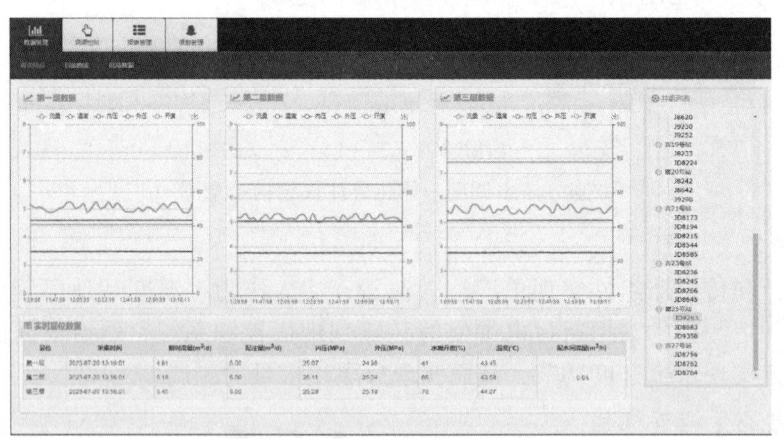

图 8　智能化远程控制平台示意图

通过远程控制平台，智能分注井可实时监测井下瞬时流量、温度、管内压力、管外压力、水嘴开度等参数，可实现数据远传、数据回放、实时监控、异常报警、智能测调、一键验封等功能，可根据预设的配注信息自动完成流量调节。有效解决了常规测调易遇阻、冬季气温低无法测调等问题。

1.3.2 智能测调

流量自动测调是通过地面控制系统自动控制井下智能分注仪进行水嘴开度调节。其流程是：预设自动测调周期与各层调节流量值，存储在地面控制系统中；然后地面系统定时进行时间查询，当达到预置自动测调时间周期时，启动系统自动测调功能(图9)。

1.3.3 一键验封

智能分注仪集成管内压力传感器与管外压力传感器，管内压力传感器测量井下油管内注入压力，管外压力传感器取压为水嘴后端，测量的是油套管环空压力，通过实时监测比较每个注水层的环空压力，可一键在线验证每个封隔器是否有效，若是封隔器失效，则其封隔的上下注水层压力连通，实时监测到后发出预警(图9)。

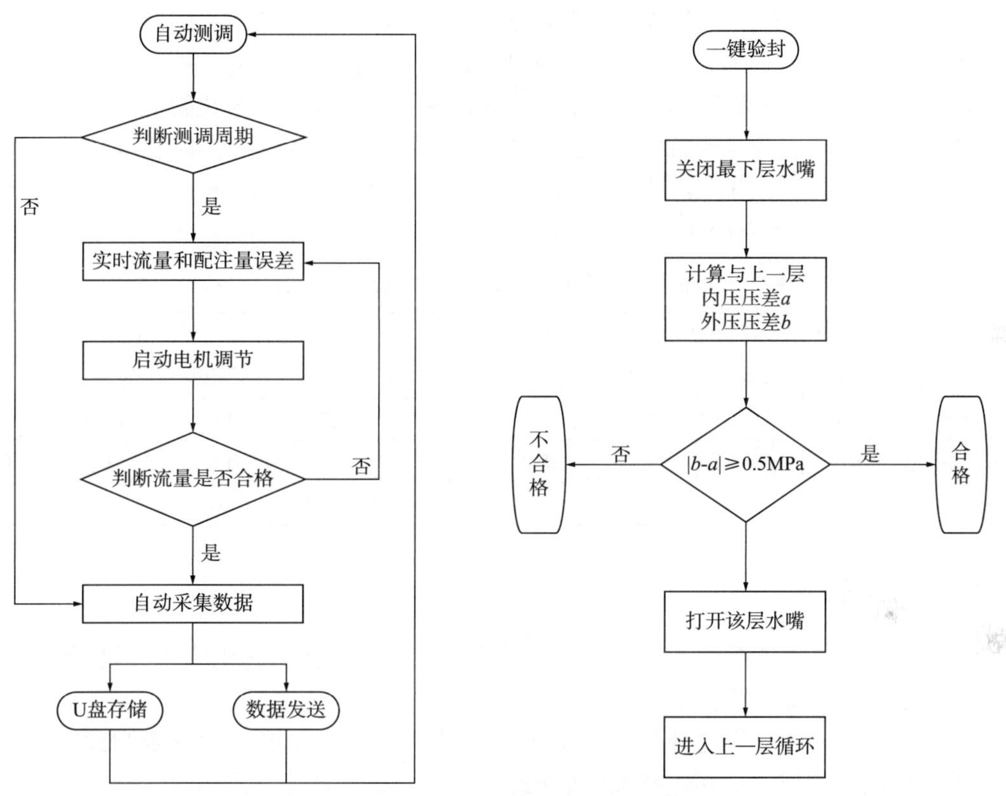

图9 智能测调验封流程图

2 室内实验与现场应用

2.1 室内实验

为验证投捞电缆式智能分注工艺在投捞成功率、流量测量范围及精度、智能化远程控制平台功能等方面是否完善，将油管、过电缆封隔器、可投捞湿接头、注水调剖一体化分注仪等组成注水管柱，开展室内实验。

(1) 通过使用测井绞车，将可投捞湿接头置于充满液体的模拟井中进行反复投、捞，对接60次，对接成功率100%。对接后，插头密封效果良好，电缆未发生受损情况，信号传输稳定。

(2) 在流量标定台对流量计进行室内标定，注水调剖一体化分注仪流量测量范围由5~

$50m^3/d$ 提升至 $3\sim250m^3/d$，分层流量在 $3\sim40m^3/d$ 时，测量误差不大于±1.5%，测量精度提升 25%；水嘴调节至最大开度后，最大排量可达 $250m^3/d$，单层最大排量提升 4 倍。改进后的分注仪可满足调剖注水一体化需求。

（3）智能化远程控制平台通过控制柜与井下智能分注仪在地面进行模拟测试，可实现远程控制、异常报警、自动测调、一键验封等功能，可大幅度减轻现场员工操作强度。

2.2 现场应用

2020 年 10 月至 2023 年 6 月，投捞电缆式智能分注工艺在吉 7 井区中深层稠油注水开发油藏现场应用 50 口井，现场应用过程取得 5 项成果：(1)施工周期缩短 60%，投捞成功率 100%，且未发生电缆受损情况；(2)测调完成率 100%，检配合格率由 88%提升至 96%；(3)调剖现场试验 5 井次，平均单层施工排量由 $50m^3/d$ 提升至 $244m^3/d$，满足调剖设计需求；(4)智能化远程控制平台目前已接入 50 口井，可在中控指挥大厅进行实时监测与控制井下分注仪，并已实现远程智能化管理；(5)通过应用注水调剖一体化智能分注工艺，稳油控水效果明显。对比吉 7 井区智能分注和常规分注井，实施前各项指标基本相似，应用智能分注工艺后，智能分注井生产指标得到改善，吸水剖面动用程度提升 2.7%，含水上升率下降 0.5%，自然递减率下降 1.4%(表 1)。

表 1 智能分注井和常规分注井实施前后生产情况对比

类型	吸水剖面动用(%)			含水上升率(%)			自然递减率(%)		
	实施前	实施后	对比	实施前	实施后	对比	实施前	实施后	对比
智能分注	83.5	86.2	2.7	5.3	4.8	−0.5	14.2	12.8	−1.4
常规分注	83.6	83.4	−0.2	5.1	5.2	0.1	14.1	14.3	0.2
对比	−0.1	2.8	2.9	0.2	−0.4	−0.6	0.1	−1.5	−1.6

3 结论与建议

（1）投捞电缆式智能分注工艺解决了管外缆控式智能分注工艺电缆入井易受损的问题，简化井下作业流程，提高工作效率。

（2）注水调剖一体化智能分注仪可满足吉 7 井区小水量注水和大排量调剖需求，该技术可在需要调剖的分层注水井进行推广应用。

（3）智能化远程控制平台，实现数据实时监测、采集、异常报警、一键验封、自动测调等功能，为“智能油田”开发管理提供技术保障。

参 考 文 献

[1] 罗鸿成，梁成钢，单国平，等．深层稠油油藏常温注水试验效果评价——以昌吉油田吉 008 试验区为例[J]．新疆石油天然气，2014，10(4)：4，58-61.

[2] 谢建勇，石彦，梁成钢，等．昌吉油田吉 7 井区稠油油藏注水开发原油黏度界限[J]．新疆石油地质，2015，36(6)：724-728.

[3] 戴雪花．流量自动测调技术[J]．油气田地面工程，2010，29(6)：105.

[4] 黄泽超，沙吉乐，刘铁明，等．海上油田大排量分层测调注水技术研究及应用[J]．仪器仪表用户，2022，29(5)：1-4.

[5] 杨玲智，巨亚锋，于九政，等．数字化油田智能分层注水技术研究与试验[C]//油气田勘探与开发国际

会议论文集，2015.
[6] 刘义刚，蓝飞，陈征，等．信息化油田注水井的智能测调分注系统设计[J]．中国石油和化工标准与质量，2020(5)：179-181.
[7] 胡改星，王俊涛，罗必林，等．直读式智能分层注水技术研究与试验[C]//2016 油气田勘探与开发国际会议(2016 IFEDC)论文集(下册)，2016.
[8] 王建华，孙栋，李和义，等．精细分层注水搜术研究与应用[J]．油气井测试，2011(4)：41-44，77.
[9] 罗未平，管峰．井下差压式试井流量计[J]．世界石油工业，1995，2(11)：4.
[10] 阮臣良，朱和明，冯丽莹．国外智能完井技术介绍[J]．石油机械，2011，39(3)：3.
[11] 顿超亚，谢劲松．油田分层注水智能控制系统设计[J]．长春大学学报，2011，21(2)：14-15.
[12] 李兆亮．智能分注技术发展现状与应用前景[J]．化工设计通讯，2019(7)：49-50.
[13] 刘合，裴晓含，贾德利，等．第四代分层注水技术内涵、应用与展望[J]．石油勘探与开发，2017(4)：608-614，637.
[14] 李井慧．智能分注技术发展现状与应用[J]．化学工程与装备，2021(6)：40-41.
[15] 金振东．可投捞式缆控智能分注工艺及装置分析[J]．石油矿场机械，2022，51(4)：69-75.
[16] 何东升，谭娅，熊浪，等．国内外井下液压湿接头技术研究进展[J]．石油机械，2022，50(3)：65-71).
[17] 胡改星，巨美歆，于九政，等．油管内对接井下电缆湿接头的研制与应用[J]．石油机械，2017，45(7)：4.

一种基于智能算法的配注水量优化方法

张吉群　吴　丽　常军华　李夏宁　王利明　崔丽宁 平晓琳

（中国石油勘探开发研究院）

摘　要：对于注水开发的高含水老油田而言，如何通过合理确定并实时优化注水量，实现油田精细注水、减少注入水的无效循环、提高注水效率和开发效果是亟待解决的技术难题。本文提出了一种基于智能算法的配注水量优化方法，该方法基于单井生产动态数据，采用随机森林和多目标模拟退火等人工智能算法，在量化评价井组(井组层段)注水的效果、定性分析注水调整方向的基础上，形式配注水量的智能优化方法。实际油田的应用效果表明，本方法可以快速实现区块大批量井的注水量优化，为油藏注水调控和实时优化提供技术指导。

关键词：注水开发；注水量优化；随机森林；多目标模拟退火；智能优化

水驱作为最廉价的提高油田采收率方法，是油田二次采油中最主要的生产手段，目前，我国水驱油田所占有的储量占国内油田总储量的70%以上，水驱油藏累计动用地质储量152. 5×10^8t，占总动用储量的73. 4%。我国水驱油藏以陆相沉积为主，由于沉积作用、成岩作用及裂缝存在等造成的储层非均质性和各向异性，而且随着油田开发的推进，各油田陆续进入高、特高含水阶段，经过长期注水冲刷后地下油水运动规律复杂、油藏注入水表现出明显的驱替方向性，存在着局部水淹程度高、低效—无效水循环严重等一系列的问题[1]。对于笼统注水开发的油藏而言，注水量过小会使得地层能量补充不足，地层压力保持不住，注水量过大会使得含水率上升过快，极易引起水窜、水淹[2]。为了提高注水利用率和提高采收率，优化注水量是油田精细注水的主要工作之一。对于储层物性复杂、层间差异大的油田，分层注水是一种很好的减缓层间矛盾的手段。同时，分层注水对配注水量也提出了更高的要求，如果每一层的配注水量不合理，反而会加剧层间矛盾，严重影响油田的产量。因此，合理确定和实时优化每个层段的注水量也是分层注水的关键问题。

传统的配注水量主要通过生产动态分析和数值模拟方法来确定[3-6]。但生产动态分析仅基于生产数据，在实践中不能考虑实际生产过程中的井间连通关系，一般误差较大。数值模拟法是基于建立的油藏数值模拟模型，通过设置不同的注采方案和生产参数，经过一段时间的模拟对比得到最优的注水方案和注水量调整的时间点。该方法精度高，但前期建模数模所需的数据量大、研究周期长，而且数模结果极度依赖历史拟合的结果和油藏工程师的经验。因此，亟须研发一种不需要复杂的建模和数值模拟的配注水量方法，快速实现注水井的科学合理配注和油藏的精细注水，从而提高注水效率、减少注入水的低效、无效循环，提高老油田的开发效果。

作者简介：张吉群(1974—)，毕业于北京科技大学计算机科学与技术专业，现就职于中国石油勘探开发研究院，长期从事水驱油藏精细分析与智能优化方法等方面的研究工作，高级工程师。通讯地址：北京市海淀区学院路20号。E-mail：zhangjiq@ petrochina. com. cn。

本文基于单井生产动态数据，采用随机森林和多目标模拟退火算法等人工智能算法，量化和评价了井组(井组层段)注水的效果指标，定性分析注水调整方向，最终形式一种智能优化配注水量方法，实现注水井科学合理配产，助力油藏精细注水，推进注水工艺向精细化、智能化方向发展。

1 方法

随着数据科学的发展，机器学习和人工智能算法为生产优化提供了新思路和新方法[7]。本文基于单井基本信息、产油产液压力等生产动态数据、分层注水测试数据，以及各层的产量劈分数据，利用人工智能算法开展注水井(注水层段)的配注量优化，从而指导油田油藏精细注水的生产决策。总体技术思路分为数据收集、数据预处理、计算并选取效果评价指标、评价注水效果、定性分析配注水量调整方向和定量优化配注水量共6个步骤，如图1所示。

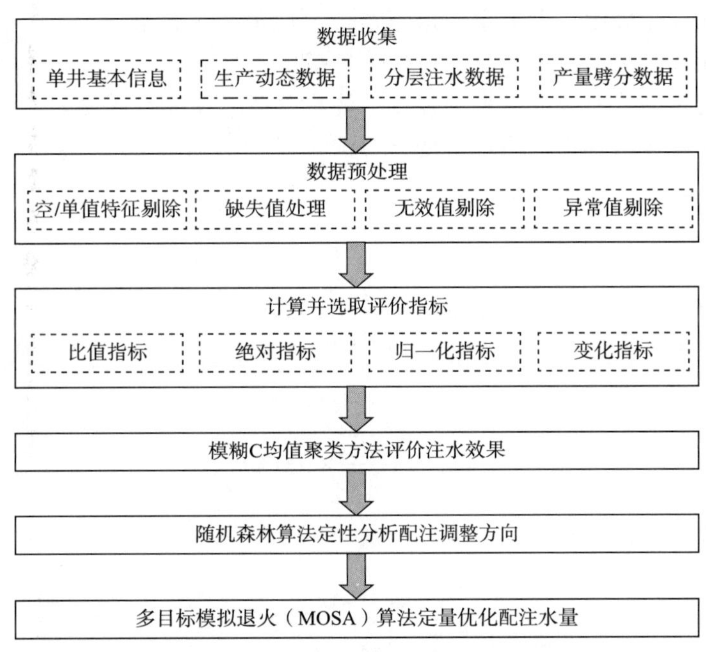

图1 基于人工智能算法的配注水量优化方法流程示意图

1.1 数据收集与预处理

(1) 数据收集：对于笼统注水井的注水量优化，主要收集单井的基本信息及产油产液压力等生产动态数据，对于存在分层注水井，并且需要对注水层段进行配水量优化时，还需要收集分层注采实时监测与自动控制工艺技术所监测的“硬数据”，以及各层的产量劈分数据等分层产量、注水量信息数据。井组和井组层段的区别如图2所示。

(2) 数据处理：对收集到的数据进行处理与整合，包括数据清洗、缺失填补、无效值剔除、异常值的处理等预处理操作，使所有的数据变成满足计算质量要求的数据。

1.2 计算并选取效果评价指标

基于给定油藏基础数据和生产动态数据，统计和计算得到能代表该区块井组或者井组层段注水效果的多项指标，并且把这些指标分成了比值指标、绝对指标、归一化指标和变

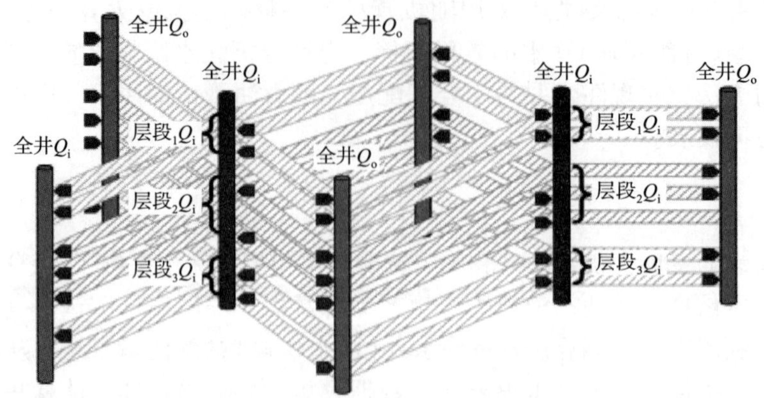

图 2　井组(井组层段)示意图

化指标四类。具体指标及其分类如下:

(1) 比值指标:注采比、存水率、水驱指数、耗水率、含水率等。

(2) 绝对指标:采液量、采油量、产油厚度等。

(3) 归一化指标:采液强度、采油强度、注水强度、米累计采液量、米累计采油量等。

(4) 变化指标:含水变化、注水量变化等。

部分关键指标的计算公式如下。

累计注采比:

$$R_{\mathrm{CIP}}=\frac{V_{\mathrm{cwir}}}{V_{\mathrm{cDlr}}}\times 100\% \tag{1}$$

累计存水率:

$$\omega_{\mathrm{fc}}=\frac{W_{\mathrm{i}}-W_{\mathrm{p}}}{W_{\mathrm{i}}}\times 100\% \tag{2}$$

累计水驱指数:

$$I_{\mathrm{cD}}=\frac{V_{\mathrm{cwir}}-V_{\mathrm{cwpr}}}{V_{\mathrm{cpr}}}\times 100\% \tag{3}$$

累计耗水率:

$$R_{\mathrm{cwc}}=\frac{V_{\mathrm{cwir}}}{V_{\mathrm{cpr}}}\times 100\% \tag{4}$$

式中:R_{CIP}为累计注采比;V_{cwir}为累计注水量地下体积,$10^4\mathrm{m}^3$;V_{cDlr}为累计水驱产液量地下体积,$10^4\mathrm{m}^3$;ω_{fc}为累计存水率;W_{i}为累计注水量,$10^4\mathrm{m}^3$;W_{p}为累计产水量,$10^4\mathrm{m}^3$;I_{cD}为累计水驱指数;V_{cwpr}为累计产水量地下体积,$10^4\mathrm{m}^3$;V_{cpr}为累计水驱产油气量地下体积,$10^4\mathrm{m}^3$;R_{cwc}为累计耗水率。

计算并得到这些指标后,首先采用主成分分析(Principal components analysis,PCA)方法对指标进行降维,选定评价注水效果的核心指标。具体操作步骤为:

(1) 将各项指标数据范围标准化,把存在较大差异的数据转变为可比较的数据。

对计算得到的各项指标的每个日期的数据进行标准化处理,使结果映射到[0,1]的范围，实现对指标原始数据的等比缩放，把存在较大差异的数据转变为可比较的数据。将指标原始数据归一化的公式如下：

$$X_{norm}=\frac{X-X_{min}}{X_{max}-X_{min}} \tag{5}$$

式中：X_{norm}为标准化后的 X 值；X_{max}为 X 的最大值；X_{min}为 X 的最小值。

(2) 计算标准化后的各项指标的协方差矩阵，查看它们之间是否存在任何关系。

计算标准化后的各项指标的协方差矩阵 $\boldsymbol{\Sigma}$，其为 $H\times H$ 对称矩阵(其中 H 是维数)，查看它们之间是否存在任何关系。例如，假设有 3 个指标变量 a，b，c，那么协方差矩阵为 3×3 的数据集，如下所示：

$$\boldsymbol{\Sigma}=\begin{bmatrix}\mathrm{Cov}(a,\ a)\mathrm{Cov}(a,\ b)\mathrm{Cov}(a,\ c)\\ \mathrm{Cov}(b,\ a)\mathrm{Cov}(b,\ b)\mathrm{Cov}(b,\ c)\\ \mathrm{Cov}(c,\ a)\mathrm{Cov}(c,\ b)\mathrm{Cov}(c,\ c)\end{bmatrix} \tag{6}$$

(3) 计算协方差矩阵的特征向量和特征值，并按其特征值对特征向量依降序(重要性降低)排列。

计算协方差矩阵 $\boldsymbol{\Sigma}$ 对应的特征向量 $\boldsymbol{\alpha}_i$(最佳投影方向)和特征值 λ_i(最大方差)(i=1，2，3，…；λ_i>0)，其中第 k 个主成分的方差为：

$$\mathrm{var}(y_k)=\boldsymbol{\alpha}_k^{\mathrm{T}}\boldsymbol{\Sigma}\boldsymbol{\alpha}_k=\lambda_k \tag{7}$$

λ_k即是协方差矩阵 $\boldsymbol{\Sigma}$ 的第 k 个特征值。为了满足指标间协方差为 0 且各指标方差尽可能大，因此求解主成分即可以转化成求解最大化问题，可表示为：

$$\begin{cases}\max\{\boldsymbol{\alpha}^{\mathrm{T}}\boldsymbol{\Sigma}\boldsymbol{\alpha}\}\\ s.t.\ \boldsymbol{\alpha}^{\mathrm{T}}\boldsymbol{\alpha}=1\end{cases} \tag{8}$$

通过丢弃计算结果中重要性较低(低特征值)的成分，保留重要性较高(高特征值)的成分，确定评价注水效果的指标。

1.3 评价注水效果

基于上文计算得到的评价指标，应用无监督学习模糊 C 均值聚类(fuzzy c-means，FCM)算法[8]，来评价井组(井组层段)的注水效果，并分为好、较好、中、较差、差等不同的等级，如图 3 所示。

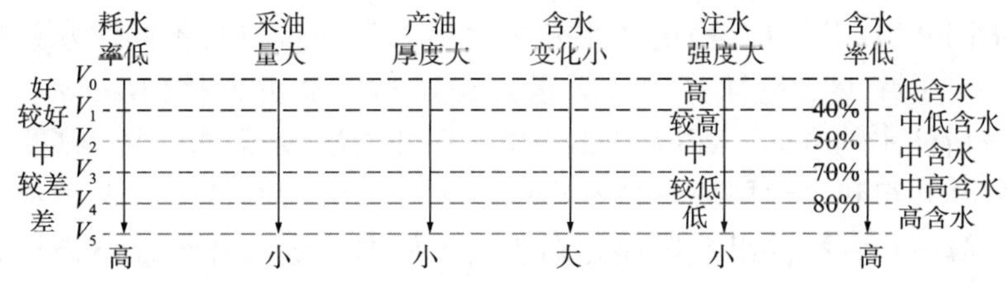

图 3　聚类算法评价井组(井组层段)的注水效果

具体步骤为：

(1) 根据指标的数据信息，确定样本数 N 和聚类的簇数(类数) c，从样本数据中任取 c 个点作为聚类中心值 C 的初始值。

根据区块笼统注水井数和分层注水井的井层段个数，以及生产时间，确定至少 4000 个数据点作为总样本数 N，样本数据集 $\boldsymbol{D}=\{\boldsymbol{x}_1, \boldsymbol{x}_2, \boldsymbol{x}_3, \cdots, \boldsymbol{x}_N\}$、对数据集 $\boldsymbol{D}$ 进行模糊聚类得到 5 簇，初始化由隶属度函数确定的矩阵 $\boldsymbol{U}_0$，$\boldsymbol{U}_0$是 $N\times5$ 的矩阵。

(2) 计算聚类中心值 $\boldsymbol{C}_j$，计算隶属度矩阵 $\boldsymbol{U}_{ij}$，隶属度矩阵表示的是某个样本点属于某个类的程度。对于单个样本 $\boldsymbol{x}_i$，它对于每个簇的隶属度之和为 1。

$$\boldsymbol{C}_j = \frac{\sum_{i=1}^{N} u_{ij}^{m} \cdot \boldsymbol{x}_i}{\sum_{i=1}^{N} u_{ij}^{m}} \tag{9}$$

$$u_{ij} = \frac{1}{\sum_{k=1}^{c} \left(\frac{\|\boldsymbol{x}_i - \boldsymbol{C}_j\|}{\|\boldsymbol{x}_i - \boldsymbol{C}_k\|}\right) \frac{2}{m-1}} \tag{10}$$

式中：$\boldsymbol{x}_i$表示第 i 个样本；$\boldsymbol{C}_j$表示第 j 个聚类中心；u_{ij}表示样本 $\boldsymbol{x}_i$对聚类中心 $\boldsymbol{C}_j$的隶属度；N 表示样本数；m 表示隶属度指数，是一个加权指数，一般为 2；k 表示指定类别数；c 表示聚类的簇数。

(3) 迭代计算聚类中心值 $\boldsymbol{C}_j$和隶属度矩阵 $\boldsymbol{U}_{ij}$，使得目标函数 J_m最小，保证组内相似度最高，组间相似度最低。

$$J_m = \sum_{i=1}^{N} \sum_{j=1}^{c} u_{ij}^{m} \|\boldsymbol{x}_i - \boldsymbol{C}_j\|^2, \quad 0 \leqslant m < \infty \tag{11}$$

其中，$\| * \|$是任意表示数据相似性(距离)的度量，此处表示的是欧氏距离：

$$d = \|\boldsymbol{x}\|_2 = \sqrt{\sum_i \boldsymbol{x}_i^2} \tag{12}$$

优化结果最终得到每个样本点对所有类中心的隶属度，对于每个样本点，其在哪个类的隶属度最大则归为那个类。越接近于 1 表示隶属度越高，反之越低。通过确定样本点的类属以达到自动对样本数据进行分类的目的。通过该步骤应用无监督学习聚类算法将井组(井组层段)的注水效果分为好、较好、中、较差、差等不同的级别，从而找出当前配注方案中问题井和潜力井。

1.4 配注调整方向定性分析

在得到了不同井组(井组层段)的注水效果之后，下一步将对不同注水效果的井进行配注水量的优化。为了减少定量计算的计算量，首先利用随机森林(Random Forest，RF)算法[9]，定性地分析注水的方向，即确定哪些井组和井组层段需要增注，哪些井组和井组层段需要减注，哪些井组和井组层段维持现在的注入量，为后续的定量调整提供依据。具体操作分为两步：第一步，将井组数据作为训练集，根据选定的井组评价指标和聚类结果进行训练。从训练集中用有放回抽样法随机抽取一定数量(Q)的样本组成新训练集；在特征集中随机选择一定数量(R)的特征；利用建立决策树的方法，依次计算最优的特征作为当前节点进行建树。第二步，重复执行多次第一步操作，每次抽取的样本数量、特征数量都固定不变，建立 B 棵不同的决策树。每棵决策树对其分类结果进行一次投票，通常取被投次数最多的类作为该样本所属的类。这样利用随机森林算法，定性分析得到每口注水井所属的配注水量调整类别(增加、减少、维持不变)，如图 4 所示。

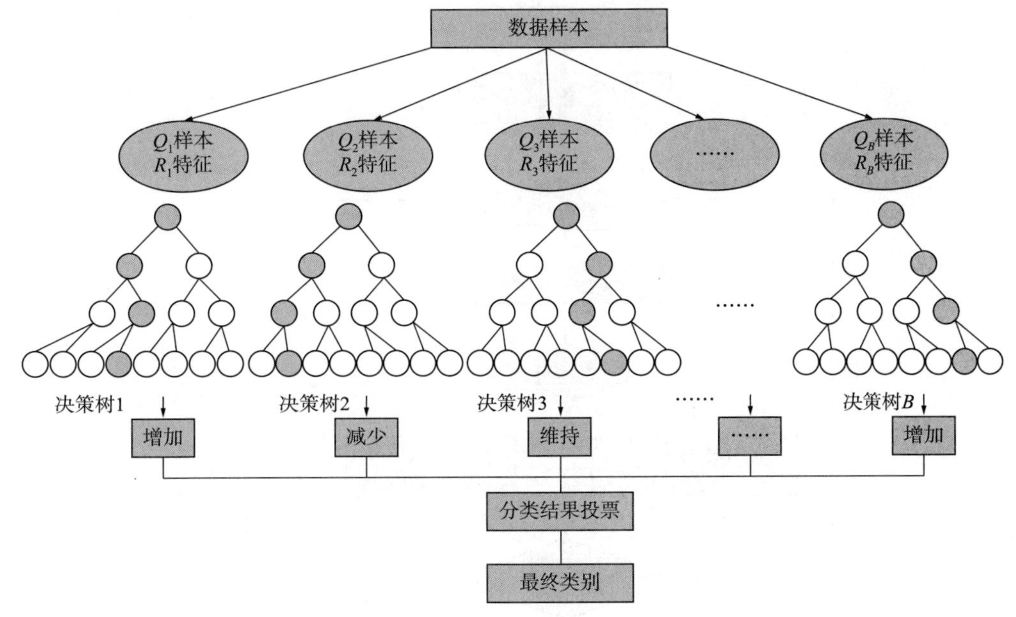

图 4　随机森林算法定性调整注水方向思路图

1.5　配注水量定量优化

在确定区块总注入量、井组注水调整方向和配注量调整范围的基础上，采用多目标模拟退火(MOSA)算法，对配注水量进行定量优化[10-11]，即计算得到定性分析结果中各个需要调整的井组或者井组层段的注水量应该增加、减少的具体比例。

此次优化的目标有两个：产油量和含水率，即通过优化，实现井组(井组层段)的产油量最高的同时含水率尽量地低。具体操作步骤如下(图 5)：

(1) 对多目标模拟退火(MOSA)算法的相关参数进行初始化：初始温度 500℃、迭代次数 1000，随机产生某一给定的解作为初始的配注水量 x，计算其所有目标函数值 $f(x)$(产油量最大且含水率较低等)。

(2) 从初始配注水量 x 的附近随机产生一个新的配注水量 x'，计算新的目标函数 $f(x')$，比较初始配注水量 x 和其附近的新配注水量 x' 之间的目标函数值差，如果两者之差小于等于 0，则接受新解，若大于 0 则按 Metropolis 准则(以一定概率同意恶化的结果)判定新解能否使用。

Metropolis 准则是指在温度 T 时，接受能量从 $E(x_{old})$ 到 $E(x_{new})$ 的概率为 P：

$$P=\begin{cases}1, & E(x_{new})<E(x_{old}) \\ \exp\left[-\dfrac{E(x_{new})-E(x_{old})}{T}\right], & E(x_{new})\geqslant E(x_{old})\end{cases} \tag{13}$$

通过“产生新配注水量值→计算目标函数值差→判定新配注水量能否使用”的流程得到该温度下的“最优配注水量”。

通过缓慢降低温度，重复上述两个迭代过程，直至温度达到最低点，系统达到内能最低的基态，得到对应于产油量最大且含水率较低等优化问题的全局最优配注水量，从而得到配注水量需要增减的具体比例。

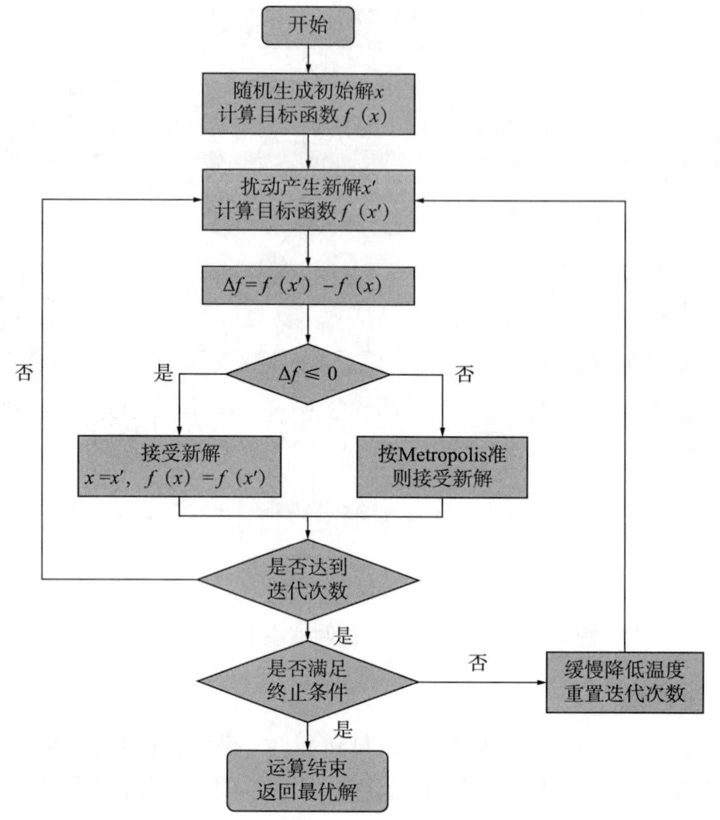

图5 多目标模拟退火(MOSA)算法流程图

2 应用案例

以中国东部某高含水油田为例，该区块地质储量 423×10^4t。该区块 1981 年 12 月投产，至 2021 年 3 月，总井数 173 口井，其中 27 口注水井、104 口采油井、42 口关井、11 口地面智能分层注水井(31 个层段)，区块累计产油 107.32×10^4t，累计注水 605.33×10^4t，综合含水率 83.40%。

采用本文提出的智能优化配注水量方法，对 11 口地面智能分层注水井(31 个层段)的注水量进行了优化，提出了 8 个层段增注、7 个层段减注的措施建议并给出了相应的调整比例，计算结果见表 1。

表1 配注水量调整方向定性及定量计算结果

井号	层段	定性结论	增减注比例(%)
W1	第 2 段	增注	100.00
W2	第 2 段	增注	100.00
W1	第 1 段	增注	32.93
W2	第 1 段	增注	28.18

续表

井号	层段	定性结论	增减注比例(%)
W3	第 2 段	增注	17.67
W4	第 1 段	增注	14.74
W5	第 1 段	增注	5.20
W2	第 3 段	增注	3.25
W5	第 2 段	减注	-7.57
W6	第 1 段	减注	-16.77
W7	第 3 段	减注	-20.73
W4	第 2 段	减注	-27.08
W8	第 1 段	减注	-29.40
W8	第 2 段	减注	-29.77
W3	第 1 段	减注	-32.02

依据该智能优化方法的计算结果，2020 年 6 月至 8 月，油田开始实施配注量调整，至 2021 年 3 月，该区含水率下降约 1%，月平均注水量下降 13%，月产油量基本维持稳定，验证了该方法能取得较好的实际应用效果，如图 6 所示。

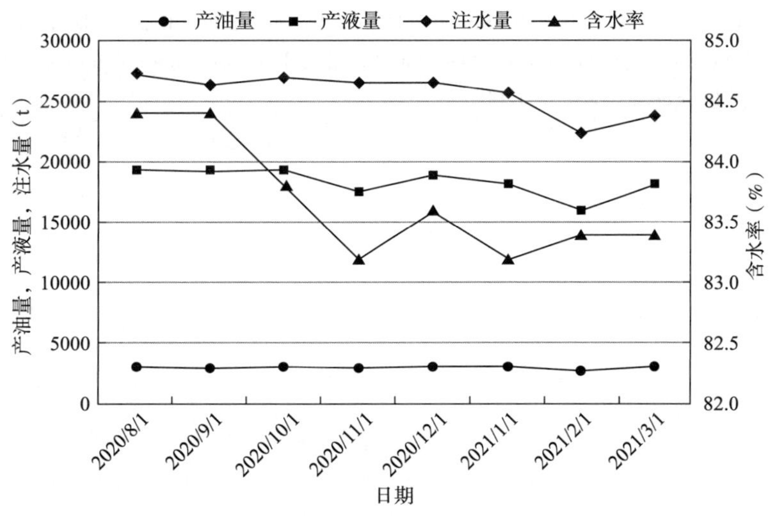

图 6 定量优化配注后区块开发效果曲线

3 结论

（1）针对油田精细注水需要合理确定和实时优化井组（井组层段）注水量的生产需求，提出了基于人工智能算法的注水优化方法。方法在量化评价井组（井组层段）注水的效果指标、定性分析注水调整方向的基础上，采用多目标模拟退火算法实现配注水量的定量优化。

（2）该方法和流程充分利用了数据驱动和机器学习算法的自动化、智能化优势，克服了传统方法的不足。实际区块应用取得了较好的效果，可高效指导注水井的科学合理配产，助力油藏精细注水，推进注水工艺向精细化、实时化和智能化方向发展。

参 考 文 献

[1] 贾德利，刘合，张吉群，等. 大数据驱动下的老油田精细注水优化方法[J]. 石油勘探与开发，2020，47(3)：629-636.

[2]杨国红. 砾岩油藏注水合理配注量计算方法研究[D]. 成都：西南石油大学，2013.

[3] 江雨涛，尚建林，王勇，等. Arps 递减规律下的优化注水[J]. 新疆石油地质，2012，33(3)：337-340.

[4] 雷昇，周玉辉，王宁，等. 基于井间连通性的碳酸盐岩油藏注采关系优化[J]. 新疆石油地质，2021，42(5)：584-591.

[5] 孙致学，黄勇，王业飞，等. 基于流线模拟的水井配注量优化方法[J]. 断块油气田，2016，23(6)：753-757，762.

[6] 杨超，许晓明，齐梅，等. 高含水老油田注采连通判别及注水量优化方法[J]. 中南大学学报(自然科学版)，2015，46(12)：4592-4601.

[7] RAHMANIFARD H，PLAKSINA T. Application of artificial intelligence techniques in the petroleum industry：a review[J]. Artificial Intelligence Review，2018(5)：1-24.

[8] 武玉坤. 融合特征值与优化划分的改进 FCM 聚类算法[J]. 计算机工程与设计，2017，38(4)：1076-1080.

[9] 王文东，石梦翩，庄新宇，等. 基于机器学习的井位及注采参数联合优化方法[J]. 深圳大学学报(理工版)，2022，39(2)：126-133.

[10] 啜钢，赵丹，孙礼. 自适应的多目标模拟退火优化算法[J]. 中国通信，2012，9(9)：68-78.

[11] ZHANG J R，LI Z Y，WANG B B. Within-day Rolling Optimal Scheduling Problem for Active Distribution Networks by Multi-objective Evolutionary Algorithm based on Decomposition Integrating with Thought of Simulated Annealing[J]. Energy，2021，120027.

油田注水业务场景和对标管理研究与应用

赵 崈 吕海锋 范赛华 王其满 邓 龙 杨 帅 王 鹏

（中国石油新疆油田公司开发事业部）

摘 要：新疆油田以注水开发业务需求为导向，基于智能集成应用平台2.0微服务架构体系，遵循新疆油田现有标准规范和安全体系，利用物联网传输、关键技术指标分析、过程管控预警机制、GIS地图等技术，开发了油田注水数字化转型业务场景和对标管理系统(注水3.0)，形成了制度管理和数据湖管理2个关键技术体系，向各级决策、管理、科研及操作人员提供及时、准确、科学、可靠的信息化支撑，进一步提升了油田注水管理水平。

关键词：注水管理；场景建设；数据湖；对标管理

新疆油田注水开发油藏年产原油451.9×10^4t，占总产量的31.4%，是油田稳产和效益的压舱石。“十三五”以来，受含水上升、递减加大影响，油藏平面、剖面、层内三大矛盾日益凸显，外加成本压缩、工艺升级、用工紧张等因素，油田开发业务对信息系统的支撑需求愈发迫切。为解决油田注水管理实践中的各项难点、痛点问题，新疆油田启动油田注水业务数字化转型工程，建成一套与油田注水工作的基础、现状、需求深度契合的油田注水业务场景和对标管理系统(注水3.0)，向各级决策、管理、科研、操作人员提供了及时、准确、科学、可靠的信息化支撑。

1 管理制度体系

1.1 业务流程体系

在深入剖析油田注水过程管控问题、全面开展管理要素分解的基础上，将散落在各种流程和制度中的操作要求与岗位责任制有机地联系在一起，采用EBPM业务流程管理平台，将管理要素以“业务流程”为纽带重构成6大类31项“一体化、结构化、精益化”的强矩阵管理体系(表1)，形成了流程设计、流程实施、流程监控和流程优化的完整闭环，实现了将错综复杂的油田注水管理体系“理清楚、管起来，并持续优化”。最终将油田注水管理所涉及的众多工作流程全面、系统、有效地呈现到各级业务管理者和流程操作者的眼前(图1)，保证每个管理节点的员工只需阅读最基本的文字，就能明确自己的工作要求，从而大大提高员工执行工作的正确性，为油田注水工作的科学有序开展奠定了业务流程基础。

作者简介：赵崈(1979—)，男，山东郓城人，高级工程师，本科学历，主要研究方向：油田开发管理。E-mail：lvhaif@ petrochina. com. cn。

表 1　油田注水管理业务流程体系

分项	宏观				计划			方案			实施										资料						考核				
分类	规章制度	管理流程	岗位职责	技术培训	五年规划	年度计划	月旬计划	油藏开发方案	综合调整方案	其他注水方案	水质管理	计量管理	配注管理	洗井管理	测试管理	措施管理	关井欠注	设施巡检	异常井	四新管理	十项常规	计量工具	井下工具	综合井史	承包商	结算	基础管理	管理指标	开发指标	方案考核	综合评比

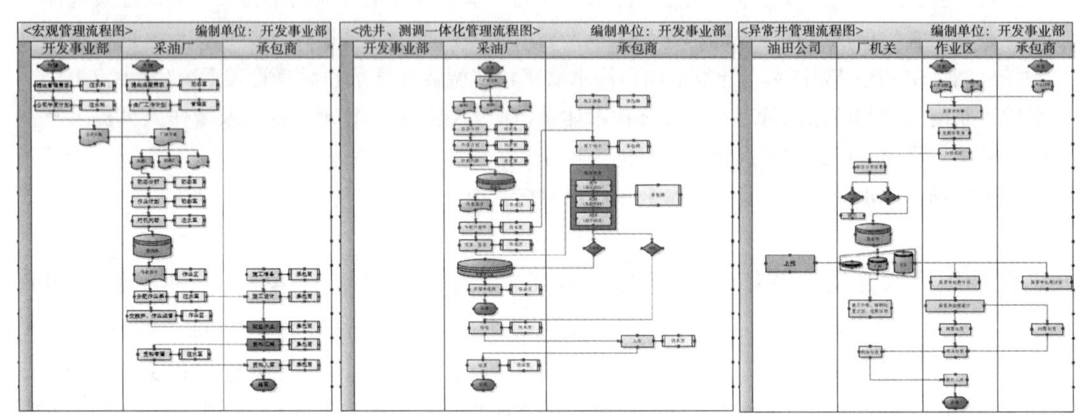

图 1　典型业务流程示例

1.2　规章制度体系

规章制度是注水工作日常运行的基础，更是精细化注水执行到位的保障。新疆油田通过对注水工作各项指标的拆解，以系统工程的思维把握和认识注水工作的本质和内部规律，从油藏需求出发，结合现场工作，在解决矛盾和问题中不断优化、完善各类制度，使注水管理工作走向规范化、系统化、程序化。以制度本身逻辑严谨、权责清晰、贴合实际，并能与其他关联制度相互补充、形成闭环为标准，重构了以“油藏、测试、井口”三大管理要素为核心，“注水井利用率、有效注水时率、分水率、分注合格时率”为抓手，规范资料录取，强化常态化检查考核的制度体系(图 2)。规范了各部门、各岗位人员的分工、职责、流程，指导并约束员工快速准确地完成任务，提高工作效率和质量，促进了注水工作全过程、全方位的制度化管理，为油田注水工作的科学有序开展奠定了基础。

4项业务要求				10项质量标准										4项计价标准			
油田开发管理纲要(股份)	油藏工程管理规定(股份)	油田注水管理规定(股份)	油田注水管理规定(新疆)	注水井配注管理规定	分注井测试管理规定	注水井洗井管理规定	分类油藏水质标准	水质检测管理规定	计量管理规定	异常井管理规定	智能分注井管理规定	资料录取管理规定	检查考核管理规定	水质检测计价标准	洗井作业计价标准	测调服务计价标准	增注服务计价标准

图 2　油田注水管理质量标准体系

“股份”为中国石油天然气股份有限公司，“新疆”为新疆油田分公司

1.3 对标管理体系

新疆油田选择行业标杆大庆油田和新疆油田内部最高水平的百口泉采油厂、七区八道湾组油藏作为三级对比标杆，不断对照标杆找差距、对照差距找问题、对照问题提对策、对照方案抓落实，通过不断完善追求优秀业绩的良性循环过程机制，建立了油田注水对标管理体系。从宏观目标、过程控制和微观细节全方位地为业务管理提出了整体解决思路，找准了提升水平的总体方向，从而更有效地推动油田注水管理业务向业界最高水平持续靠齐。

在对标体系建设中，采用 OSM(Object、Strategy、Measure)，AARRR(Acquisition、Activation，Retention、Revenue、Referral)、UJM(User、Journey、Map)，MECE（Mutually Exclusive、Collectively Exhaustive）四个基础模型(图 3)，厘清了业务生命周期和流程行为路径，确立了“Ⅰ级结果指标找差距、Ⅱ级原因指标查问题、Ⅲ级操作指标定方向”的分层治理模式，构建了完整而清晰的注水对标管理指标体系(图 4)。

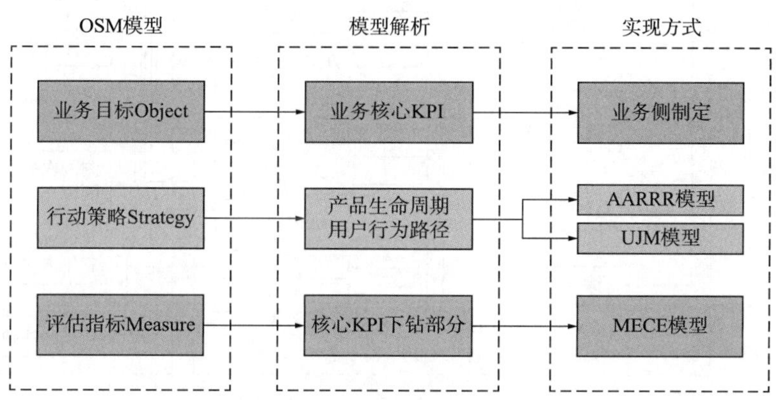

图 3　指标体系构建四模型关系图

图 4　注水管理 OSM 模型图

根据 MECE 模型将注水核心指标达成路径的每一个指标进行拆解，实现指标分级治理，确定分级指标并进行回溯下钻，找出影响每一个步骤的关键因素作为次级指标，每一个关键因素之间需要完全独立，相互穷尽(图 5)。最终将注水管理核心指标分解成 6 个一级指标，15 个二级指标和 18 个三级指标。

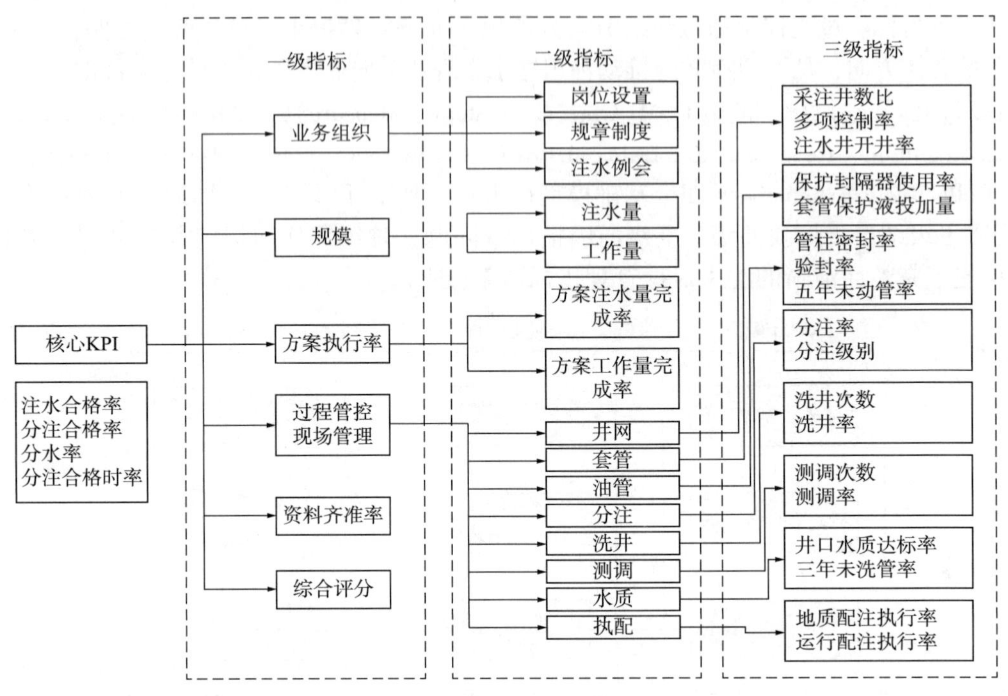

图 5　注水管理 MECE 模型图

2　数据湖管理体系

数据湖架构分为数据采集、集成、存储和应用 4 层，基于 EPDM 模型扩充注水管理系统数据库，进一步规范基础数据，强化与油气水井生产管理(A2)系统、分注井测试系统、水质监测系统、井下作业管理系统、钻采工程信息系统、洗井测调监控系统及计量节能管理系统等数据关联，通过注水全流程管理、统一的数据来源，形成准确、高效的分析指标，提升数据利用率。

2.1　顶层框架

按照"先地上、再井筒、后油藏"业务领域，融合流程管理、大数据分析、可视化场景构建等技术，创建油田注水领域模型，通过对注水计划、注水方案、注水调控、注水水质、注水过程、注水作业等注水动态的实时跟踪，为决策管理人员提供全面可靠的依据。油田注水管理包括宏观管理、注水计划管理、注水方案管理、注水实施管理、资料管理和检查考核管理方面的工作(图 6)。

2.2　关键技术

采用微服务架构体系和前后端分离技术，采取模块化设计，分布协作，公司、厂级、区队管理。前端自动化采集设备包含：压变器、流量计、RTU，数据采集来源：A2 采集、井下作业、钻采工程、洗井、测调、动态监测、水质检测，数据存储通过 Oracle 数据库，前端通过 Web 发布服务器组成，应用层用户通过 IE 浏览器访问，实现了注水过程管控系统开发(图 7)。

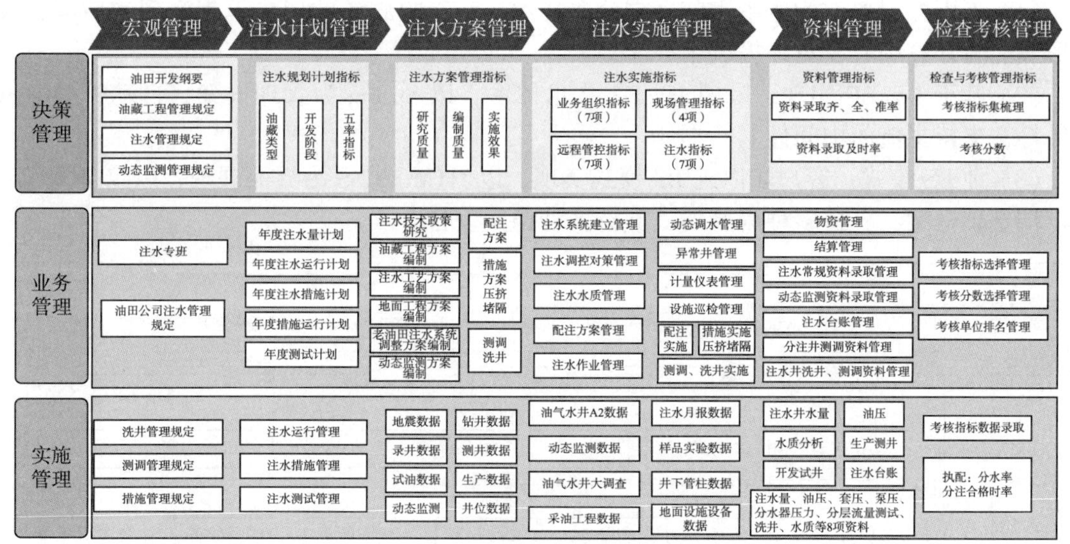

图 6　油田注水业务流程图

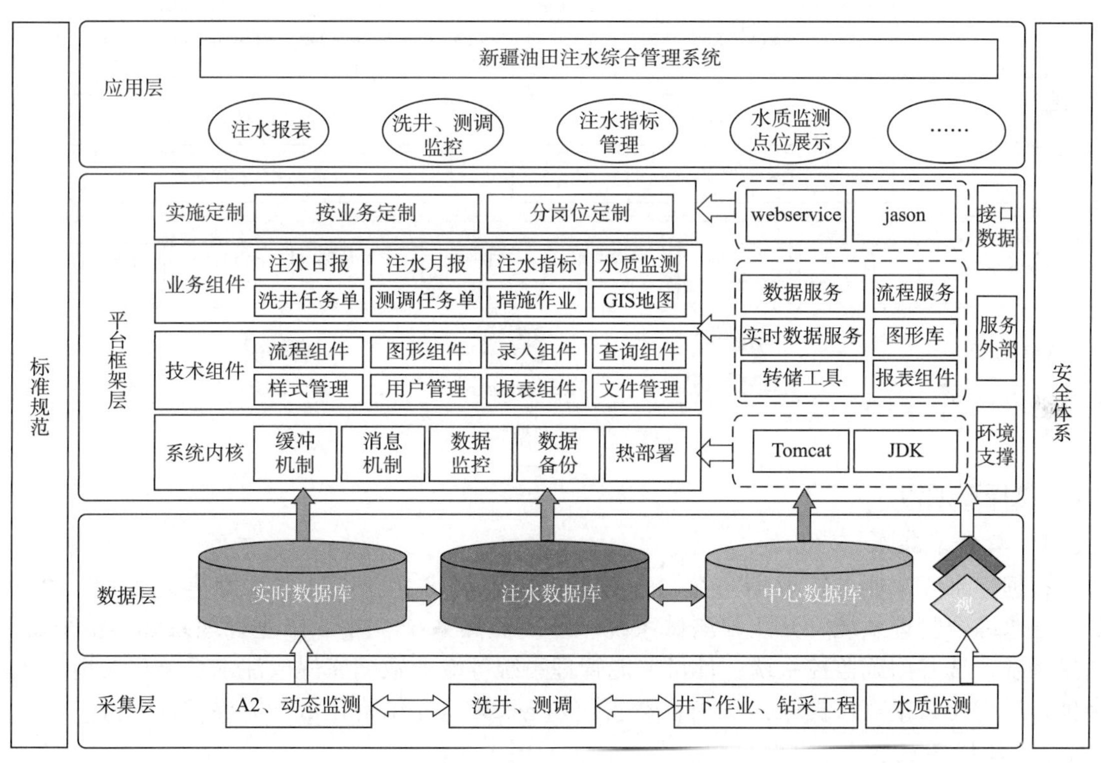

图 7　油田注水数据湖架构图

注水管理平台在软件应用开发实现方面，整体采用微服务多层架构设计的云化方案（图 8），使各个层次的内部分工更加细致、明确和标准化，以利于软件开发团队化实施和合作，有利于软件的扩展和复用，降低软件维护成本，提高数据的共享和安全性，能够很好地满足基础平台部件模块化、协同化、一体化的要求。根据注水管理系统的应用特点、油田公司信息化采用的主流开发技术和平台，并结合当今信息技术的主流发展方向，在软件的实现技术方面，选择如下：

（1）采用微服务架构体系和前后端分离技术：基于微服务的架构思想实现前后端分离，并形成能力开放中心，对外提供服务能力。

（2）基于 JavaEE 实现，采用 JavaEE 技术体系，以 Spring 为管理框架，自动管理事务、组件等，支持主流的中间件。

（3）纯 BS 模式：客户端以纯 BS 模式实现，以 HTML/CSS 为界面展现，以 VUE 框架为客户端基础框架，支持多种浏览器，支持多种访问设备。

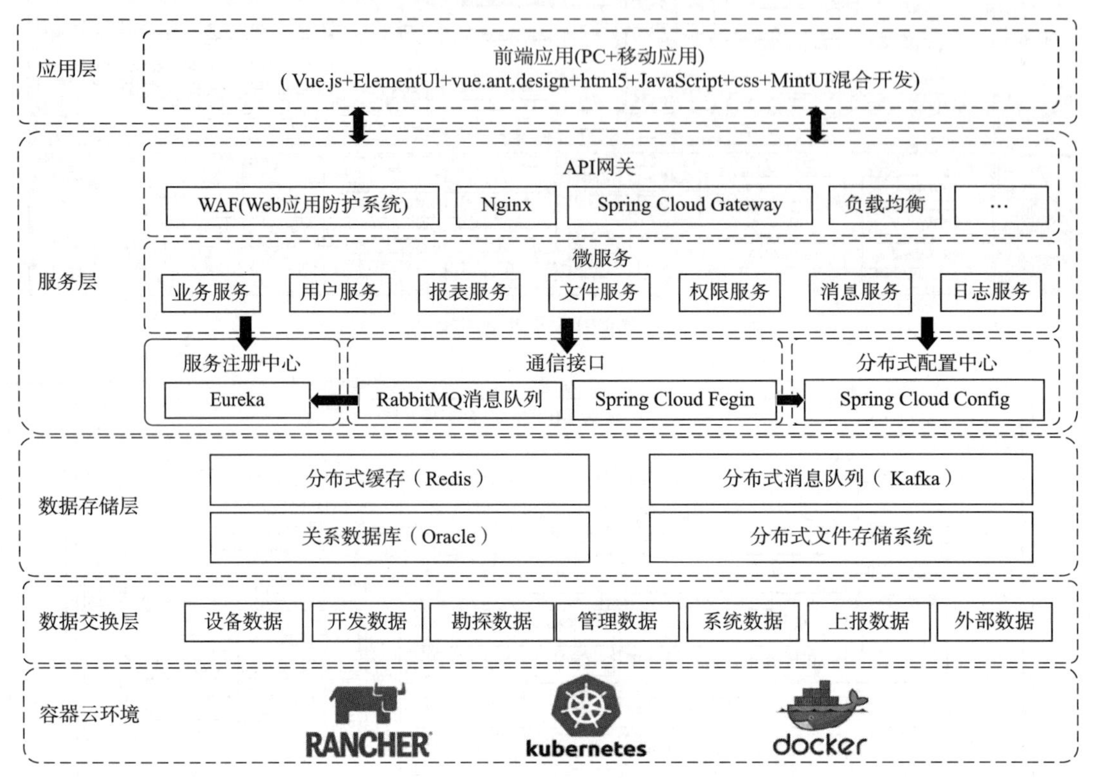

图 8　技术架构图

2.3　数据湖架构

2.3.1　数据采集层

根据注水开发业务需要通过接口、数据库链路等方式，从油气水井生产管理(A2)系统、注水综合管理系统、分注井测试系统、水质监测系统、井下作业管理系统、钻采工程信息系统、洗井测调监控系统、计量节能管理系统等专业数据库提取注水系统相关指标 400 余项，结构化数据直接提取，有些需要进行扩充采集，非结构化数据需要进行解析。

2.3.2　数据集成层

数据集成层对数据源层的数据进行数据质量的检查和主数据的统一，同时和数据存储层的数据模型建立映射关系，将多源的数据整合到一起，通过主数据建立不同类型数据之间的关系。与油气水井生产管理(A2)系统、注水综合管理系统、分注井测试系统、水质监测系统、井下作业管理系统、钻采工程信息系统、洗井测调监控系统、计量节能管理系统等建立业务及数据接口，实现横向跨专业数据贯通(图 9)。

2.3.3　数据存储层

系统的数据量测算主要从采集应用、注水报表应用、注水指标管理、注水作业管理及图

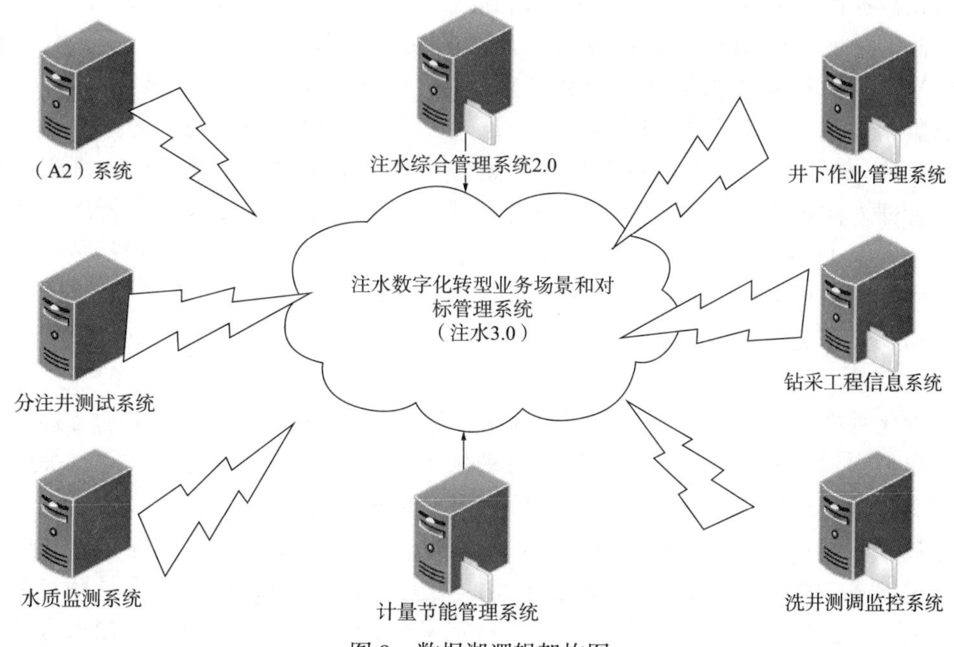

图 9　数据湖逻辑架构图

示化分析应用 5 个层面进行测算，数据类型分为结构化数据和非结构化数据，时序数据总共涉及 3 类数据库。按照 2022 年业务量预计数据量，数据库年增长存储通过数据量预计存储量，其中影像附件存储在存储服务器上。每条记录按照 15 个字段，600 字节估算，系统每年结构化数据存储增长约 6.3GB，非结构化数据约 1000GB(表 2)。目前时序数据库中数据逐步递增。

表 2　系统数据量估算表

序号	业务	业务量(笔)	数据量(条)	存储(GB)	备注
1	层段配注方案、动管柱作业、注水井洗井、监测点位现状图、注水井分层测试、分注井测调率	6	60868	0.013	结构化数据
2	数据报表应用	10000	40000	0.022	
3	注采井网：采注井数比、多项控制率、采油井开井率、注水井开井率、水驱储量控制程度、水驱储量动用程度；精细注水：分注率、分注级别、注水合格率、分注合格率；管理指标：五年未动管率、分注井验封率、井均洗井次数、井均测调次数、井口水质达标率	20000	70000	0.039	
4	调水作业报告、异常预警	2	34221	0.140	
5	开采现状图、监测点位现状图、指标趋势图、工作量图示化展示	30000	180000	0.101	
6	其他注水业务数据		20000	0.012	
小计			405089	0.327	
7	动管柱作业报告，按照每笔业务 10MB 估算	120000		1000	非结构化数据
8	洗井测调监控数据	2	1620000	0.036	时序数据

结构化数据库：数据存储层将数据存储到数据库中。通过不同的技术实现手段满足多种数据存储需求，其中结构化数据支持主流的关系型数据库(包括：Oracle、MySQL 等)。基于 EPDM 模型，扩充注水管理系统数据库，进一步规范基础数据，强化与 A2、采油工程、动态监测等业务应用系统之间的关联。通过注水全流程管理、统一的数据来源，形成准确、高效的分析指标，提升数据利用率。涵盖对注水全流程管理及指标分析应用支撑的注水计划管理、注水方案管理、注水实施管理、注水资料录取、注水作业管理、注水指标管理等 6 个方面 13 项重点业务需求。根据业务需求梳理总体功能需求，包括数据采集、注水报表应用、注水指标统计、注水流程管理、图示化分析应用功能。基于用户体验、业务、技术、数据及安全的综合分析，主要解决性能、安全保密、备份与灾备、接口、其他 5 个方面的技术需求。

非结构化数据体存储：通过系统筛选判断，从“井下作业管理系统”中动态提取动管柱作业，获取封隔器、配水器位置等信息，自动生成固定格式的完工记录，同时关联展示注水井层级变化情况。并根据业务需要继续扩充相关业务数据。

时序数据存储：目前洗井测调数据通过物联网传输存储于时序数据库中。其中缓存数据主要通过 Redis 中间件实现快速读取，消息队列主要采用 Kafka 中间件保证队列数据持久化和高性能。交换层并支持透传协议匹配、自定义规约、定制开发等多种接入方式，充分满足油田对设备数据、注水数据、开发数据、物联网数据、外部数据等的接入要求。通过建设独立核心网设备，与现网进行物理隔离，物联网专网 GGSN 设备仅服务物联网业务，保障网络更高的稳定性和更快的速度，定向访问业务平台，无法直接访问公网(图 10)。

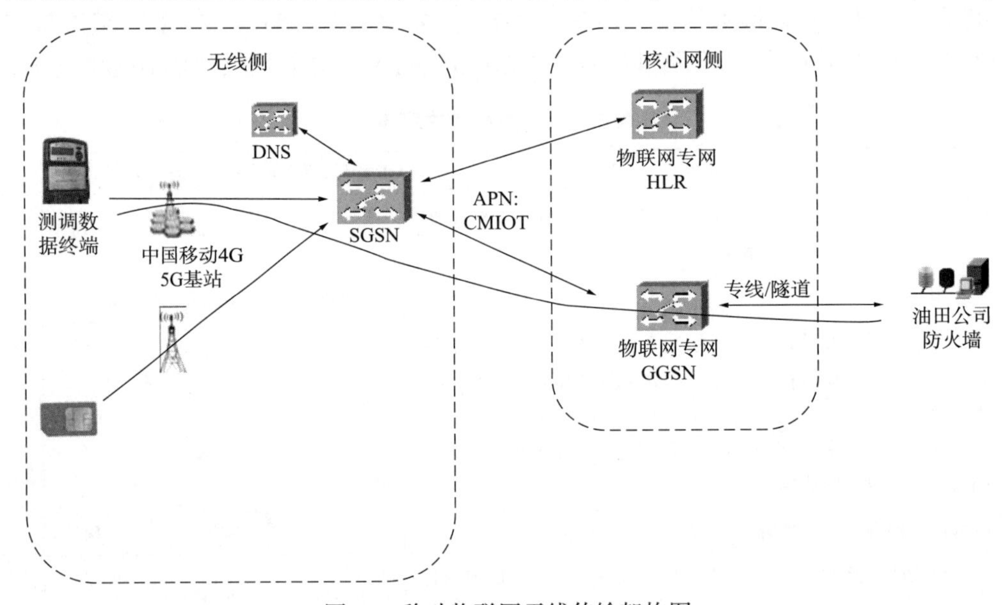

图 10　移动物联网无线传输架构图

2.3.4　数据应用层

数据应用层利用大数据分析技术，充分利用数据湖中的各类数据。整体采用前后端分离架构设计，项目应用前端广泛采用面向 Web 的开发技术 Vue、HTML5、CSS、JavaScript 和 WebSocket，对于开发要求高的应用场景采用 Kafka 这类消息队列的技术。数据服务借鉴业界成熟开放平台，采用 JSON 数据格式和 REST API 架构形式进行构建(图 11)。

基于SOA架构，融合各类流程的规范化管理是连接并打通注水宏观管理、注水计划管理、注水方案管理、注水实施管理、资料管理和检查考核管理方面业务流程关键所在。通过工作流引擎平台，赋能注水业务模式和管理模式，快速构建注水业务的流程管控体系实现线上作业设备、作业预警、作业设计、现场作业、测试成果结算。针对调水作业，依据业务规则，跟踪全业务过程，实现作业闭环管理。对于可能影响调水质量的因素，进行异常预警，促进注水管理的数字化转型。

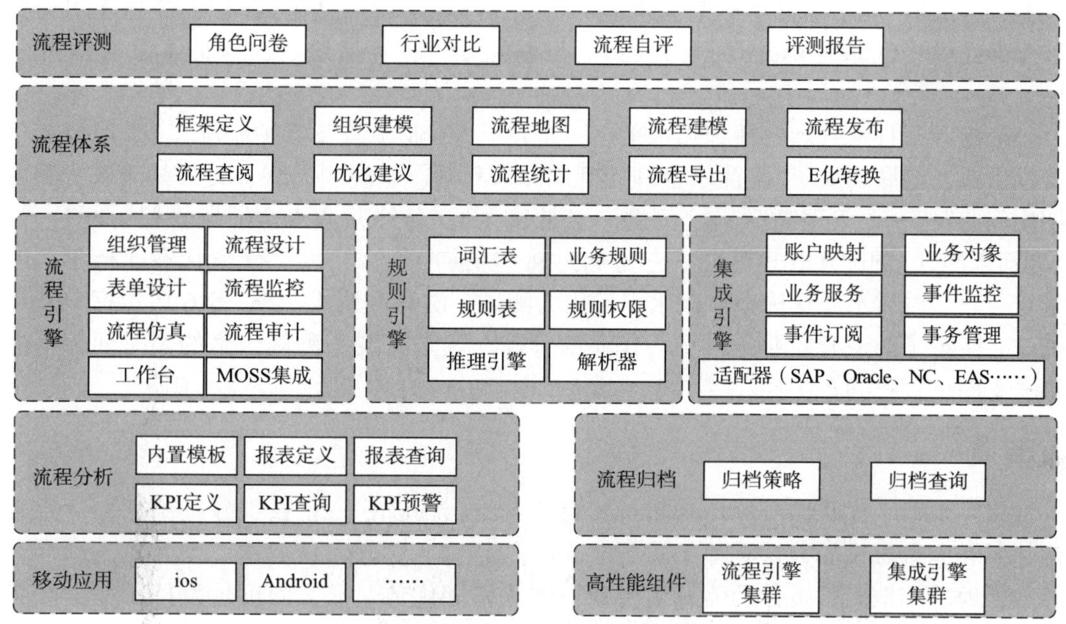

图 11　流程审批引擎架构图

（1）支持流程操作者多种策略。快速适应企业流程操作者的复杂情况，如可以指定用户、角色、岗位、部门(分部)、安全级别、职位上下级关系作为当前流程节点的操作者。

（2）多种流程路由的自由设定。支持流程串流、并流、分流、合流(或流、与流)、子流(同步、异步)、条件流等多种流程路由的快速设定，以及暂停、撤销、停止、转发、转办、代理等特殊路由设定。

（3）多角度、全方位的流程跟踪和监控。支持包括图形化、列表式、明细状态的流程跟踪方式，以及针对异常流程的监控和干预，满足客户流程跟踪的复杂需求。

（4）人性化的流程催办和督办功能。支持流程的多维度催办、多层级督办功能，同时支持流程过期后自动流转、退回指定人等多样化处理方式。

（5）流程反向维护。支持以用户维度查看其相关的流程、节点，便于组织架构变动时快速进行流程维护，减少流程维护工作量。

3　系统应用效果

系统已在新疆油田公司10个采油单位全面推广应用，基本形成了“以油田注水数字化转型业务场景和对标管理系统(注水3.0)为中心，各层次共同监管”的注水管理模式，有效地支撑了油田注水业务的决策、管理、研究、操作等。其主要效果：

（1）优化了注水业务的管理流程。一是按照“关联紧密、效率优先”的原则，调整业务界面。将原属工程技术处的注水井洗井业务划归开发事业部，将原属厂工艺所的分注井测试业务划归地质所，将原属承包商负责的洗井测调作业设计划归属地单位。二是明确流程步骤和关键节点的任务，建立岗位责任制。理顺了“水井八岗”业务协作流程，建立了“公司—厂级—区队”三级监督机制。使得油田注水管理的工作思路更清晰、业务逻辑更顺畅，协作沟通更高效，有助于流程的逻辑实现和有效解决实际问题。

（2）规范了宏观业务的对标管理。一是“立标”更有针对性，确立了以“分注合格率时率”为核心的油田注水业务对标考核体系。二是“对标”实现信息化，10 类 32 项注水指标的统计全部扎根于注水井单井日报，做到了数据源唯一、算法统一，保证了发布信息的权威性。

（3）提升了日常管理的精细化水平。一是建立“作业预警及保护制度”，采用数字化流程管理手段，彻底解决了“配注不合理、到期井未测调、调洗测失联、失封井测调、测后保护期内作业”等 9 项管理“宽松软”问题。二是建立了“分注井调水全周期管控制度”，解决了“调而未测井”的配注管理难题。三是通过将“洗前冲线合格率、微喷状态保持率、洗井排量符合率、洗后水质达标率、吸水启动压力测试、洗后测调成功率”等 6 项指标与费用结算关联，实现了油藏开发业务对洗井作业的管控。四是实现了测调信息的实时回传，保证了第一手测试资料的真实性。

4 结语

油田注水数字化转型业务场景和对标管理系统（注水 3.0）将错综复杂的油田注水管理制度体系和庞杂海量的数据湖体系进行了全方位整合，打破系统壁垒，消除信息孤岛，充分释放了地质、地面、工程及信息多专业一体化协同优势，最大限度地发挥了业务场景的大数据支撑价值。系统基于智能集成应用平台 2.0 技术中台、研发中台、GIS 中台、移动中台及专业软件接口技术支持应用集成、敏捷开发、业务协同、智能化创新、专业软件共享等功能，形成“厚平台、薄应用、模块化、迭代式”的建设模式，支撑油田注水管理全流程业务要素链和岗位责任制的深度融合。通过提供业务流程定制的数据推送、成果管理与可视化、线上审批、统计分析及集成应用等服务，极大提升了注水技术政策制定、注水调控方案优化、运行过程管控及开发效果评价的工作效率，促使油田注水管理业务水平再上新台阶。

参 考 文 献

[1] 孟继刚．注水管理系统在油田开发上的应用[J]．新疆石油地质，2017，38：111-114.

[2] 张芸．油气田企业勘探开发数据湖架构设计[J]．中国管理信息化，2022，25(21)：133-136.

[3] 马涛，张仲宏，王铁成，等．勘探开发梦想云平台架构设计与实现[C]//中国石油勘探，2020，25(5)：71-81.

[4] 于世春，李明江，黄天虎，等．基于油田物联网的注水过程管控系统研究与应用[C]//第五届数字油田国际学术会议论文集，长安大学，2017：119-124.

[5] 张磊，武登峰，岳祥琦，等．浅谈油田注水信息化管理[J]．信息化建设，2015(8)：204.

长庆油田超低渗透油藏波码通信分层注水技术研究及应用

巨亚锋[1,2]　周志平[3]　王尔珍[1,2]　马　波[1,2]　杨玲智[1,2]　张　辉[4]

(1. 中国石油长庆油田公司油气工艺研究院；2. 低渗透油气田勘探开发国家工程实验室；
3. 中国石油长庆油田公司；4. 中国石油大学(北京))

摘　要： 常规分注井无法连续监测数据，需人工定期测调确保分注合格率。随着技术进步，国内油田逐步向数字式分注、智能分注方向发展。长庆油田以超低渗透储层为主，层间非均质性强，小层注水量小，通过持续攻关，创新提出了波码通信分层注水技术，攻克了小水量测试调配及远程无线通信与控制难题，形成了适合长庆油田的带压作业模式。该技术通过压力流量波码实现地面与井下数据无线远程传输，配水器实现井下分层流量自动测调与数据录取，实现了办公室远程管理，现场应用3000余口井，地面与井下数据无线传输距离达到2800m，分层注水合格率长期保持在90%以上，最长有效期达4年，单井年节约测试费用5万元，解决了常规分注技术面临的技术瓶颈，人员劳动强度大幅降低，提升了油田注水精细化水平。

关键词： 数字控制；波码通信；分层注水；自动测调；分注合格率

长庆油田是典型的“三低”(低渗透、低压力、低丰度)油藏，开采需补充油藏能量，90%以上的油藏采用注水开发。2010年以来，长庆油田大力发展精细分层注水技术，分注井达11000余口，年测试工作量超20000井次，配套测试费用达2亿元以上，有力支撑油田产量上升至6000×10^4t，但也存在着分注合格率下降快、分层数据录取处理缺乏连续性等问题。面对降本增效、创新驱动、数字化转型的需求，长庆油田借助数字控制、自动化等先进技术，着力开展数字式分注技术攻关研究，力争实现分层流量自动测试与调节、远程实时监控等目的[1-3]。“十三五”期间，依托中国石油天然气股份有限公司第四代分层注水专项，长庆油田根据储层特点，重点开展了可带压作业的无线数据传输智能分层注水技术攻关[4-7]，攻克了低功耗小水量测调技术，利用压力流量波码实现地面与井下数据无线远程传输，开发了注水井远程监控平台，实现了小层全天候达标分注及注水动态网络化管理，分注工艺实现跨越式升级，为智能化油藏提供了必要基础。

1　波码通信分层注水技术

1.1 波码通信技术原理

借鉴随钻测试技术[8-10]，波码通信技术以井筒内的水为载体，采用压力波的形式传输

基金项目： 中国石油天然气股份有限公司科技专项“长庆油田波码通信控制分层注水技术与现场试验”(编号：2102-2-3)。

作者简介： 王尔珍(1988—)，2013年毕业于西安交通大学测试计量技术及仪器专业，硕士，工程师，现从事油田注水开发研究和新能源相关工作。E-mail：wezh_ cq@ petrochina. com. cn。

控制指令及数据，实现远距离数据传输与控制(图 1)[11-13]。

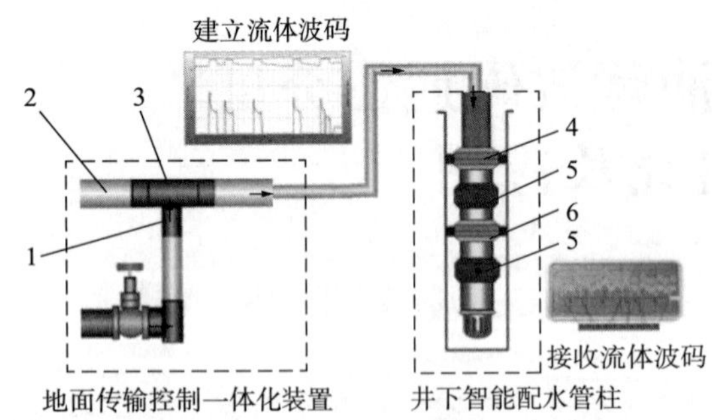

图 1 波码通信数字式分注示意图

1—流量计；2—地面控制器；3—电控调节阀；4—套保封隔器；5—智能配水器；6—层间封隔器

1.1.1 地面至井下数据传输

注水阀组中安装有电控调节阀，可通过上位机软件远程发送指令，自动控制电控阀开关，改变注水井油管内压力变化，建立井筒内压力波动信号。井下配水器集成压力计及控制系统，接收压力波动信号并完成解析分析，之后转换为控制信号传递给水嘴，水嘴完成开大或者关小动作，实现地面至井下的数据传输及控制(图 2a)。

1.1.2 井下至地面数据传输

井下配水器集成一体化水嘴，通过水嘴的开关建立起井筒压力波动，由井下传递给地面，地面控制器接收信号，并完成监测数据的解析，实现了井下分层流量、分层压力等数据向地面的有效传输(图 2b)。

1.2 小水量测控技术

数字式配水器集成设计了控制模块、压力计、一体化水嘴等关键结构。控制模块设计了水量调节控制模型，采用经典水嘴节流理论，测试水嘴前后压差，结合水嘴开度，求得注水量。同时根据实测值与目标值对比，如流量误差小于 20%则不调节水嘴，只监测及存储动态数据；若流量误差大于 20%，则水嘴自动调节直至合格。水量调节控制模型具备自修正功能，通过前期大量的测试数据，不断修正模型参数，提高测试精度。

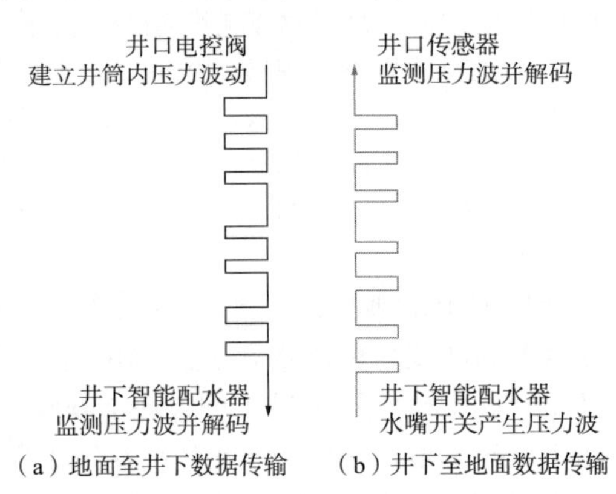

（a）地面至井下数据传输 （b）井下至地面数据传输

图 2 地面与井下远程双向无线数据传输示意图

配水器自学习模型计算公式为：

$$Q=C_{\mathrm{d}}wx_{\mathrm{v}}\sqrt{\frac{2}{\rho}(p_1-p_2)} \tag{1}$$

式中：Q 为流量，$\mathrm{m^3/s}$；C_{d}为速度系数；w 为当量宽度，m；x_{v}为可调水嘴位移量，m；ρ 为水密度，$\mathrm{kg/m^3}$；p_1为嘴前压力，MPa；p_2为嘴后压力，MPa。

1.3 配水器集成化设计

配水器主要包括上接头、中心过流通道、主控电路、压力传感器、电池组、机电一体化水嘴、流量计和下接头(图 3)。主要技术思路为将流量—压力传感器集成于井下配水器中，实现井下压力和流量的实时监测，采用进口耐高温(85℃)大容量干电池组为控制电路及电动机供电，减速电动机与水嘴一体化集成，电动机作为执行机构，实现了水嘴开度变化自动调节水量的目的。

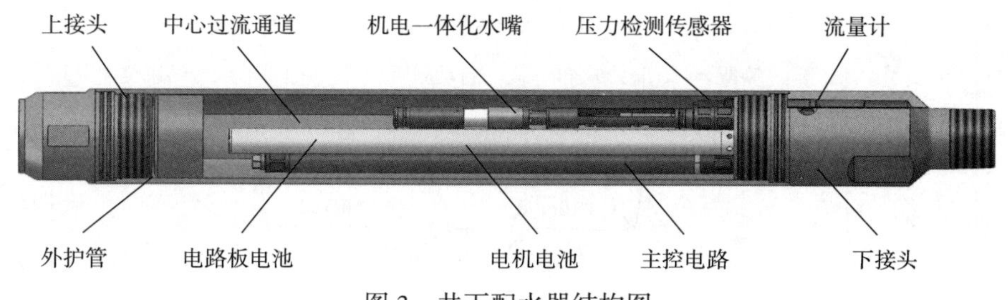

图3 井下配水器结构图

1.4 技术创新点

（1）综合考虑易于小型化、井下长期可靠等因素，研发了差压式流量计，采用多级孔板结构，研制高精度多分度可调水嘴，实现单层注水量最小到5m^3/d的精准测量，在保证精度的同时降低了流量计的堵塞风险。

（2）改变水嘴形状，将水流通道设置为由下至上绕流，避免水嘴处杂质堆积降低堵塞风险；优选地面控制阀、流量计及水嘴等关键部件材料为硬质合金，满足腐蚀结垢严重区域采出水井的使用要求。

（3）开发新型控制算法模型，实现了分层流量自动测调、封隔器自动验封、分层注水量远程自动调整，测调效率提升40%；开发标准化远程监控系统，完成数据协议统一、功能模块和界面整合。

1.5 技术特点

（1）机电控制与注水结合，实现了井筒内远距离无线双向可靠通信，现场应用中通信误码率低于2%；(2)通过设置算法，井下流量自动测调，实现小层长期达标分注；(3)工艺技术可实现带压作业，避免了放水泄压，在当前更严格的安全环保要求下具有较强的推广性。

2 室内实验测试

2.1 配水器密封性测试

将配水器安装于密封性测试装置内，由配水器内打压验证配水器密封性，具体步骤为：

（1）数字式配水器设置水嘴全关状态，配水器下接头和上接头都用堵头堵死。

（2）将数字式配水器放入ϕ139.7mm套管内，套管两端安装试压堵头。

（3）高压管线一端连接套管试压接头，另一端连接打压泵，中间串接高精度压力计。

（4）开始打压至3MPa左右，然后排气，往复3次以上，确保空气排干净。

（5）开始打压至30~60MPa，每10MPa一个台阶，每个压力段稳压15min，然后再打压至65MPa，稳压15min。泄压至零，将数字式配水器取出，观察钢体是否变形，配水器内腔是否进水。整体测试配水器在60MPa环境下密封性合格。

2.2 流量自动调节测试

设置配水器配注量及自动测调时间间隔后，将其安装于流量测试装置内，启动流量测试装置入口开关。预设流量10m^3/d，开始自动测调，第一次测调给定流量20m^3/d，经过自动测调后，注水量达到10m^3/d；第二次测调给定流量7m^3/d，经过自动测调后，注水量达到10m^3/d，流量满足5%误差，实现了水量自动测调(图4)。

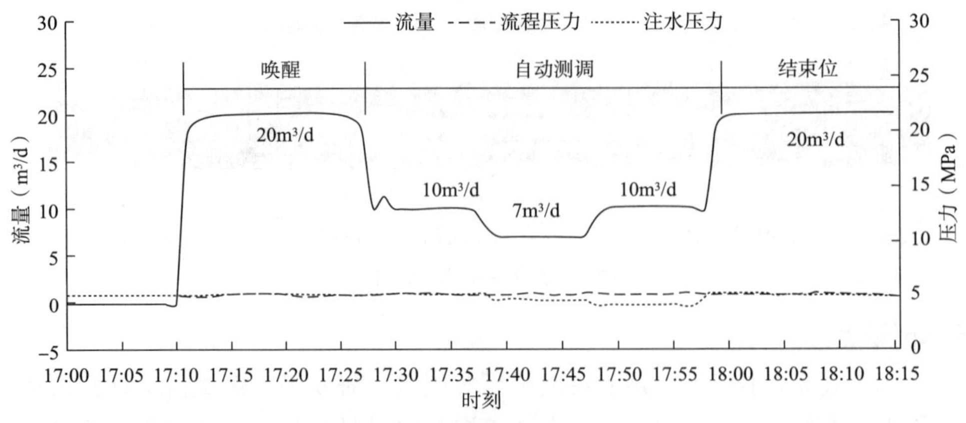

图 4　水量自动测调测试过程

2.3　远程无线通信测试

将井下配水器安装于模拟井中，将井筒内注满水，模拟现场注水工况，由地面控制器向模拟井中配水器发送流体波码，连续执行全开、50%开度、全关操作，指令发送后，接收配水器反馈动态信息，并与指令对比，符合率达 100%。

3　现场应用效果

波码通信分注技术在长庆油田已成功应用 3000 余口井，其中塞××区块规模应用波码分注 65 口井，实施后分注合格率由 62.7%上升至 92.8%，水驱动用程度由 67.8%上升至 80.7%，压力保持水平由 85.6%上升至 86.8%，月度递减率由 0.9%下降至 0.5%，含水上升幅度由 1.2%下降至-0.3%，阶段少递减原油 1.5×10^4t，小层的层间压差由 0.6MPa 下降至 0.3MPa(图 5 和图 6)。

X257-98 井为两层分注井，上层配注 $15m^3/d$，下层配注 $17m^3/d$，按照地质方案要求，需关闭下层水嘴实现上层单注。根据远程监测曲线可知，只需操作人员在远程系统发送关闭二层水嘴指令，井下配水器接收到地面发送的信号后，自动执行程序成功关闭目标水嘴，之后该井注水稳定在 $15m^3/d$(图 7)。

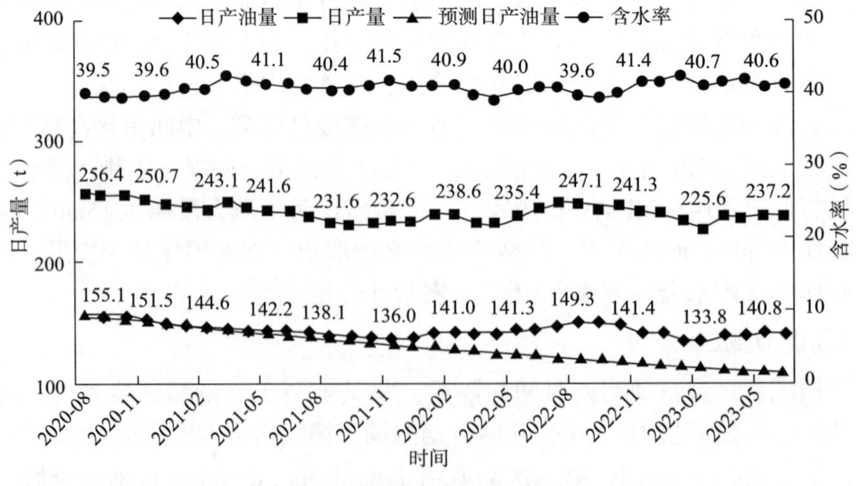

图 5　塞××区块波码分注井实施效果曲线

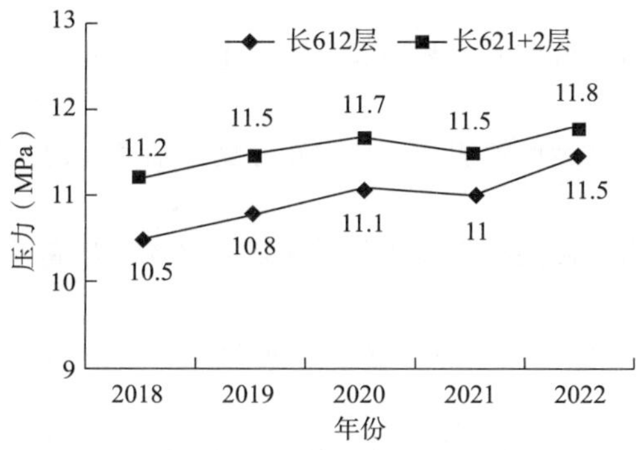

图 6　塞××区块长 6 层小层压力变化情况

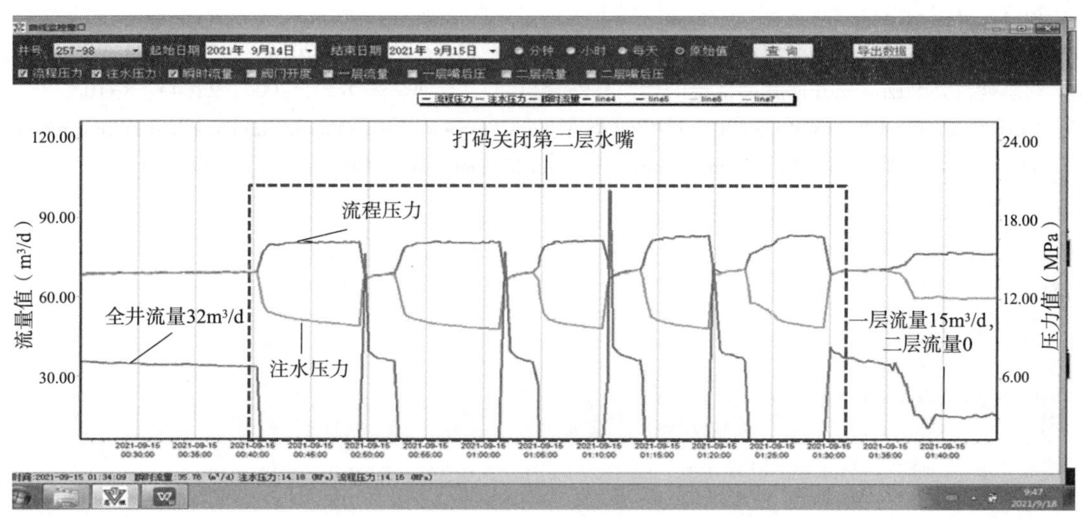

图 7　X257-98 井注水方案调整监测曲线

4　结论

（1）波码通信分注技术实现了跨越式发展，免人工测调，井下流量自动测调。

（2）波码通信实现了近 3km 井筒内远距离双向信号的可靠传输，可带压作业。

（3）可连续监测每层注水量、地层压力等数据，数据挖掘与应用空间和潜力巨大，结合压降试井解释和动态分析，确定小层合理配注量和注水压力，可为注水方案优化提供决策依据。

（4）单井年节约测调费用 5 万元，在油田降本增效的环境下，具有广阔的应用前景。

参　考　文　献

[1] 孙金声，刘伟．我国石油工程技术与装备走向高端的发展战略思考与建议[J]．石油科技论坛，2021，40(3)：43-55.

[2] 霍爱民．油藏动态分析与分层注水技术在利 8 区块的综合应用研究[J]．长江大学学报(自然科学版)，2015，12(14)：71-73.

[3] 杨玲智，巨亚锋，申晓莉，等．数字式分层注水流动特性研究与分析[J]．石油机械，2014，42(10)：52-55.

[4] 杨玲智，于九政，王子建，等．鄂尔多斯超低渗储层智能注水监控技术[J]．石油钻采工艺，2017，39

(6)：756-759.
[5] 姚斌，杨玲智，于九政，等. 波码通信数字式分层注水技术研究与应用[J]. 石油机械，2020，48(5)：71-77.
[6] 雷创，马永忠，安淑凯，等. 无线智能分注技术在牙刷状油藏上的应用[J]. 石油机械，2016，44(8)：54-57.
[7] 朱苏青，刘松林，李兴，等. 陈堡油田分注井无缆智能测调工艺应用[J]. 复杂油气藏，2017，10(3)：74-77.
[8] AL-KHODHORI S M. Smart well technologies implementation in PDO for production & reservoir management & control[C]. SPE 81486，2003.
[9] 苏义脑，窦修荣. 随钻测量、随钻测井与录井工具[J]. 石油钻采工艺，2005，27(1)：74-78.
[10] 沈跃，崔诗利，张令坦，等. 钻井液连续压力波信号的延迟差动检测及信号重构[J]. 石油学报，2013，34(2)：353-358.
[11] 东雷. 预置电缆智能分层注聚合物技术的研究与应用[J]. 石油机械，2016，44(10)：93-96.
[12] 刘修善，苏义脑. 钻井液脉冲信号的传输特性分析[J]. 石油钻采工艺，2000，22(4)：8-10.
[13] AMIRANTE R，DEL VESCOVO G，LIPPOLIS A. Flow forces analysis of an open center hydraulic directional control valve sliding spool[J]. Energy Conversion and Management，2006，47(1)：114-131.

注入剖面测井资料智能解释模块开发

王 倩 冯 逾 裴建亚 李瑞丰 朱晓萌 龚 华

(大庆油田有限责任公司测试技术服务分公司)

摘 要：注入剖面测井是油田常规生产测井业务，资料解释工作量大，加上开发部门对数据时效性要求高，油田公司人工紧张、解释效率低等问题日渐突出，对资料智能化解释的需求呼之欲出。借助多样的机器学习算法对传统的资料解释流程进行智能化改造，开发注入剖面测井资料智能解释模块，实现注入剖面测井数据的批量化处理、智能化解释。智能解释关键技术模块可以在不同测井项目中组合使用，节省开发成本，提高使用效率和资料解释质量。

关键词：注入剖面；智能化解释；解释模块；机器学习

注入剖面测井是水驱油田了解各小层吸水状况的常规测井方法，常见的注入剖面测井技术包括同位素注入剖面测井、相关流量测井、电磁流量测井、脉冲中子氧活化测井等，油田开发部门可以根据实际的井况和生产需求选择合适的测井技术。不同的测井技术在资料解释方法上面存在一定的差异，但是作为同一测井系列，在基础数据录入、原始数据解编、曲线深度校正、管柱工具识别与标注等测井解释的关键流程方面是相同的。为了避免重复性的开发，提高智能化解释方法的集成度，开发注入剖面智能解释关键模块，根据不同的测井技术选择合适的模块集成针对性的智能解释方法。工程师采用传统解释方法解释一口井需要查阅的数据多、工作量大、耗费时间长，手动操作容易产生输入错误和“肉眼”误差，解释成果难以标准化。借助机器学习、人工智能等技术实现注入剖面测井资料解释流程关键环节的自动化和智能化，通过智能化算法提高曲线校深、小层吸水量等关键参数的解释精度，减少人机交互过程，提升注入剖面测井资料解释效率。智能化解释方法的投产应用将减轻人工解释压力，特别是在生产高峰期间，能够在保证资料解释质量的前提下保障生产工作的正常完成。

1 智能化解释模块开发

1.1 原始数据批量导入模块

测井原始数据和水井基础数据是资料解释的原材料，也是智能化算法实施的基础性资源。首先根据标准化规则对数据存储格式、文件和参数命名等进行规范，对异常数据进行治理，保证原始数据和基础数据的标准化，为后续智能解释软件基础数据自动化提取、原始数据批量化导入及智能化算法的顺利接入打好基础。搭建的数据治理和预处理模块收集整理了注入剖面测井资料智能解释需要的基础数据集，解释工程师只要根据属地的具体情

作者简介：王倩（1983—），女，大学本科，现就职于大庆油田有限责任公司测试技术服务分公司，主要从事生产测井解释技术及资料应用方面的研究，高级工程师。通迅地址：黑龙江省大庆市西柳街四号监测信息解释评价中心。E-mail：dlts_wangqian@ petrochina. com. cn。

况，选择智能解释需要同步的数据，就可以将标准化数据同步到本地，数据同步模块示意图如图 1 所示。工程师解释资料时可以直接从本地调取基础数据，有局域网的情况下，也可以直接通过网络调取。

图 1　数据同步模块

1.2　测井曲线智能校深模块

生产测井中用作校深的曲线有自然伽马或磁性定位曲线，不同时间测得的伽马曲线对于同一岩层，曲线形态是相似的，因此可以每次带一条伽马曲线进行深度校正。但是同位素注入剖面测井时，由于同位素吸水显示会影响伽马曲线的形态，此时就需要借助磁性定位曲线作为深度传递的中间曲线。传统手工解释需要对不同次测井曲线进行反复对比，完成不同次测井伽马、井温、磁性定位等多条曲线的深度统一，以便解释评价时对多个参数进行综合分析，手工校深完成一口井至少 5min。搭建的曲线智能校深模块采用活度计算方法放大曲线异常部位，精确定位曲线深度对比位置，取待校曲线异常所在的一定长度井段(如图 2a 小框内 5m 长井段)，在基准曲线相同深度位置取 2 倍于待校曲线长度井段(如图 2a 大框内 10m 长井段)，让待校曲线段在基准曲线段内上下滑动，每滑动一次计算一个曲线校深值，优选最佳校深值对曲线进行校深，完成所有曲线的整体校深只需 3~5s，校深准确率和工作效率都得到了大幅提升。

1.3　管柱工具智能识别模块

注入剖面测井中，利用磁性定位曲线正确识别并标注管柱工具有助于测井资料的综合分析，特别是分层配注井，工具的准确识别可以与同位素曲线形态相结合，判断封隔器、配水器等工具工作是否正常。在相关流量、脉冲中子氧活化测井中工具准确识别也是判断水流方向的重要依据。传统资料解释方法是由人工依据经验识别工具类型并在解释软件中手动标注工具位置。解释结果对解释工程师工作经验依赖程度高，工作效率低。搭建的管柱工具智能识别模块采用时间序列异常点检测的方法识别磁性定位曲线上的异常点，提取磁性定位曲线异常点特征值，使用聚类方法对不同工具进行分类，实现管柱工具的智能化识别。工具智能化识别和标注结果如图 3 所示，图中左侧框内为识别出的配水器和封隔器，右侧框内为软件根据识别结果自动标注的工具。

1.4　曲线智能叠合模块

将同位素曲线与自然伽马本底曲线叠合在一起，计算二者之间的包络面积是同位素注

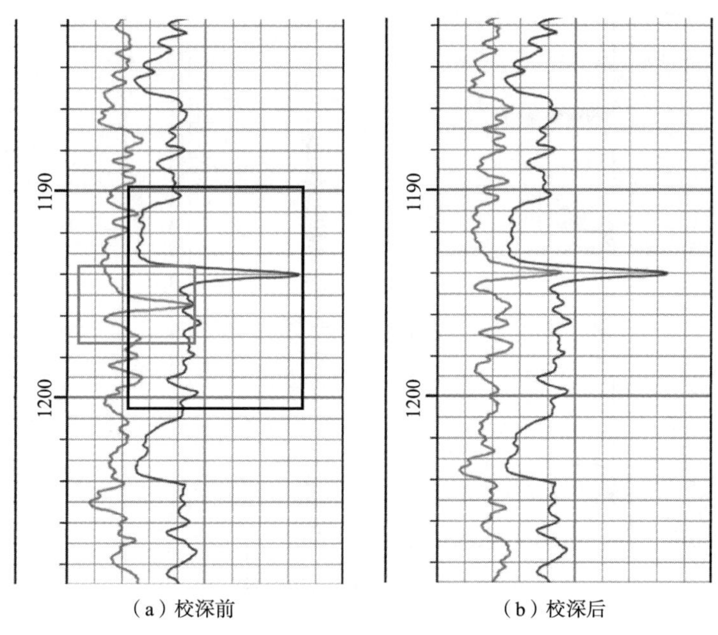

图 2　不同次测井伽马曲线校深前后对比

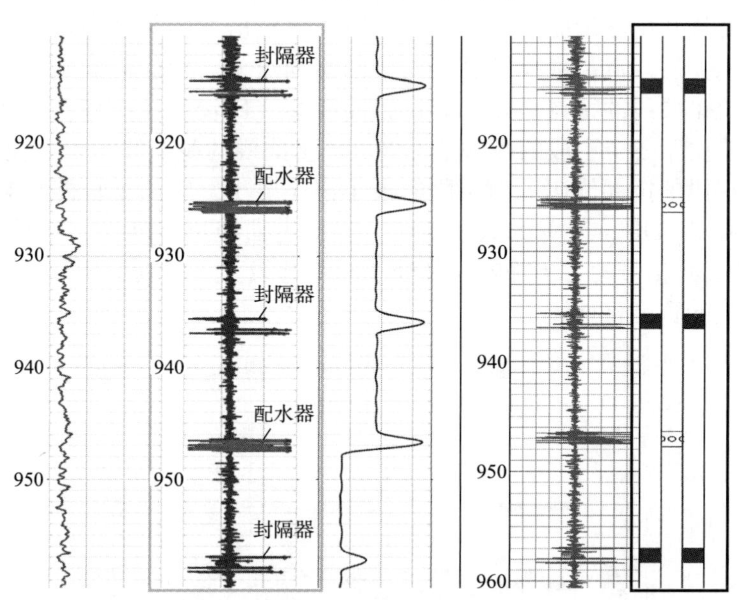

图 3　管柱工具智能识别和标注结果

入剖面测井资料解释过程中的关键步骤。通过各小层对应的包络面积与全井包络面积的比值就可以计算各小层的相对吸水量。传统曲线叠合需要解释人员根据层位顶底深度、管柱工具位置，以及同位素曲线形态三者之间的关系，通过鼠标在曲线上手动点击叠合点或面积点完成自然伽马本底曲线与同位素曲线之间包络面积的计算。搭建的曲线智能叠合模块能够自动提取射孔数据、管柱工具识别结果数据和同位素测井曲线数据。智能提取同位素曲线形态特征参数，建立曲线属性向量，识别曲线峰值和谷值。并且通过投影对比曲线波谷位置与小层顶底位置来判断吸水位置，进而计算对应的吸水面积和各小层的吸水量。通过工具位置与层段位置对比，自动扣除吸水面积中由于工具引起的沾污面积。同位素曲线智能化叠合结果如图 4 所示。

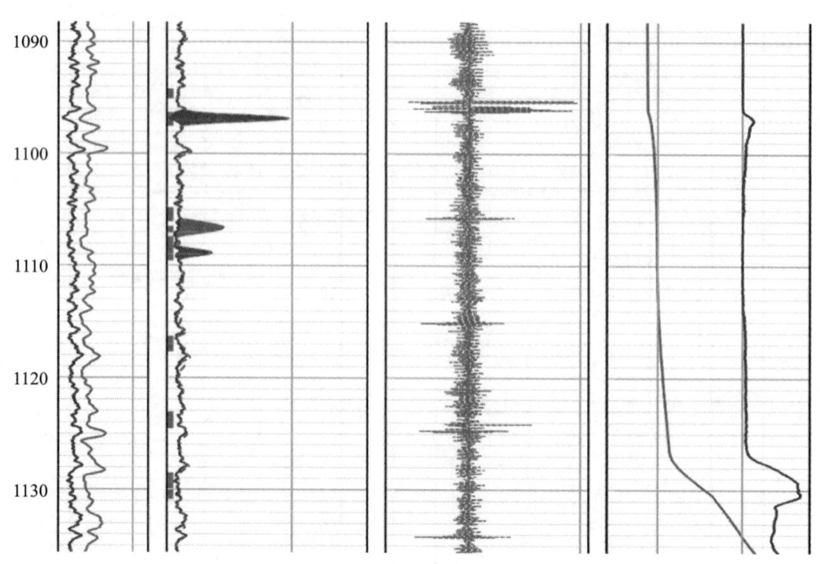

图 4　同位素曲线智能叠合结果

1.5　流量智能计算模块

注入剖面测井资料中流量曲线是获取各个层段流量信息的关键参数，传统的流量计算方法需要人工选取夹层段流量数据计算夹层段的平均流量，然后根据递减法计算各个油层段的绝对流量。流量曲线的特点是在工具位置曲线会有比较大的尖峰，其他位置曲线近似为一直线段，但是由于各个层段的吸入量不同，流量曲线的基准线会发生偏移，如图 5b 所示，会出现下面层段的极大值比上面层段的极小值还要小，增加了智能判断工具位置和夹层段流量智能计算的难度。为解决这一问题，对流量曲线进行滤波，计算流量差分曲线，如图 5c 所示，让工具信号的各尖峰响应都处于同一基线上，后续使用异常信号识别判断工具位置，实现流量的智能化计算。

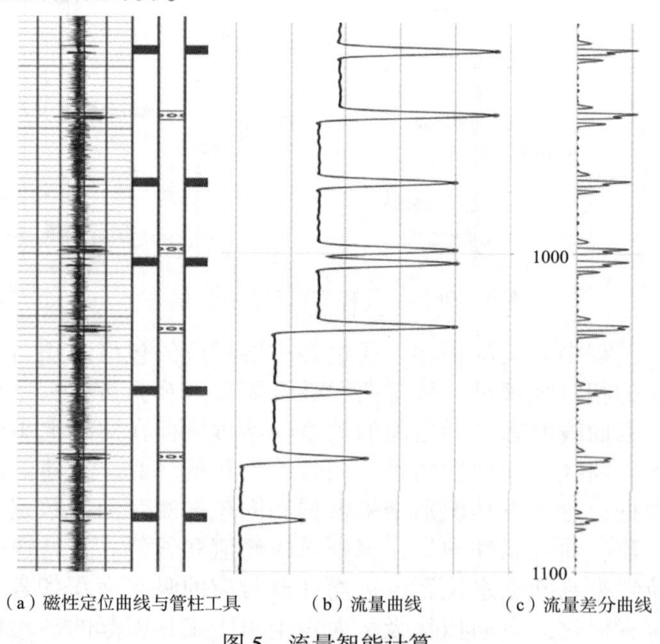

（a）磁性定位曲线与管柱工具　（b）流量曲线　（c）流量差分曲线

图 5　流量智能计算

2 智能化解释软件现场应用

目前注入剖面测井资料智能解释软件已经在大庆油田全面应用，软件可以实现同位素测井、相关流量测井、电磁流量测井等注入剖面测井资料的批量化的解释处理，工程师可以按照测井技术新建测井解释项目，同类别的测井资料可以单次处理上百口井，只需一键批量导入测井数据，软件就可以自动完成所有的解释流程，单井的解释进度在右侧显示，整个项目的解释进度在下方显示，软件界面如图 6 所示，单井解释时间不超过 30s。解释流程中各个环节计算得到关键参数和异常信息会被记录并显示在软件界面上，工程师也可以将解释日志和解释成果数据导出，用其他解释软件调入导出的数据查看解释成果。

图 6　智能解释软件

3 结论

注入剖面测井是动态监测中最常规的测井方式，传统资料解释流程中绝大部分工作都需要解释工程师手动调整完成，再加上庞大的解释工作量，导致注入剖面测井资料解释成为劳动密集型工作，既不利于高效生产，也无法避免人工干预误差。本文中采用的智能化解释模型和方法旨在提高注入剖面测井资料解释质量和效率，从重复性的流程化工作中解放出更多的解释评价劳动生产力从事资料精细分析的工作。现场应用情况表明现有的智能化解释软件鲁棒性和准确性比较强，特别是曲线校深、工具识别等模块无须专家经验，解释精确率完全满足生产需求。

目前针对许多复杂场景中的测井资料，软件的处理能力还有待进一步提升，需要在现有的机器学习方法上改进和优化模型，增加曲线学习知识库，固化专家解释经验，提供更加全面、准确、客观的解释评价意见。

参 考 文 献

[1] 邹林浩．基于数据挖掘的岩性剖面解释方法研究[D]．大庆：东北石油大学，2022.

[2] 刘国强，龚仁彬，石玉江，等．油气层测井知识图谱构建及其智能识别方法[J]．石油勘探与开发，2022，49(3)：502-512.

[3] 李宁，徐彬森，武宏亮，等．人工智能在测井地层评价中的应用现状及前景[J]．石油学报，2021，42

(4)：508-522.
[4] 姜涛. 一种基于声纹识别的智能测井解释系统知识库保护方法[J]. 电子测量技术，2020，43(19)：103-106.
[5] 杨智新，李戈理，成志刚，等. 测井智能化解释发展及应用探讨[C]//第六届数字油田国际学术会议论文集，2019：142-145.
[6] 王栋. 大数据时代的现代测井解释技术[J]. 化工设计通讯，2018，44(11)：238.
[7] 杨德龙. 同位素吸水剖面测井方法在石油地质中的运用[J]. 化工管理，2018(24)：117-118.
[8] 李杨，刘景华，祁九菊. 注入剖面测井方法综述及优化选择[J]. 新疆石油天然气，2010，6(2)：65-68，111.
[9] 曲永春. 同位素沾污面积的归位计算方法及其应用[D]. 长春：吉林大学，2008.
[10] 戴家才，郭海敏，张晓岗. 多参数吸水剖面组合测井方法研究[J]. 中国测试技术，2007(6)：10-12.
[11] 李桂军，刘慧，闪俊梅，等. 五参数吸水剖面测井资料解释方法分析与研究[J]. 石油仪器，2006(4)：57-59.
[12] 马晓燕，彭吴生，马静，等. 智能解释方法在江苏油田的初步研究与应用[J]. 石油仪器，2005(3)：8，61-62.

海上油田分舱智能分采控水技术与应用

陈　彬[1,2]　李　进[1,2]　包骁敏[1,2]　孙龙飞[1,2]　贾立新[1,2]
晏　敏[3]　时营磊[3]　李效波[3]

（1. 中海石油（中国）有限公司天津分公司；2. 海洋石油高效开发国家重点实验室；
3. 中海油田服务股份有限公司天津分公司）

摘　要：渤海部分油田已进入开发中后期“高含水—特高含水期”，综合含水率高达86.8%，生产过程中的控堵水需求迫切。为了满足海上高含水油田控堵水需求，通过ACP化学封隔、旁通隔离封隔、智能控堵水工艺的关键技术和体系研究，创新形成了一套适用于在生产老井堵水、新井控水的海上油田裸眼水平井分舱智能控堵水工艺技术体系，配合示踪剂短节的应用，具有监测找水和智能控堵水的优势和特点，可有效监测出水位置的同时还具备调控堵水手段。截至目前，裸眼水平井分舱智能控堵水技术已在海上油田应用10余口井，控堵水效果显著，最大含水率降低11%。应用表明，海上油田裸眼水平井分舱智能找控堵水技术的成功应用，为海上高含水油田找控堵水技术提供了新思路，对实现高含水—特高含水期稳油控水开发和智能分采具有重要意义。

关键词：找水；智能控堵水；ACP化学封隔；裸眼水平井；海上油田

渤海在生产油田探明石油地质储量 32.81×10^8t，动用石油储量 23.31×10^8t，采油速度1.4%，动用储量采出程度20.4%，目前在生产油田综合含水率已达到86.8%，部分油田含水率高达96.2%，进入“双高—双特高”生产阶段。油田开发进入中后期生产后，含水率迅速上升，产油量急剧下降，不但会导致油田采收率降低，还增加了油田水处理的成本，影响油田开发的整体经济效益。因此，在中国海油“十四五”科技创新与发展规划中，针对海上“双高—双特高”油田挖潜和全井段均衡动用稳油控水开发提出了明确的攻关目标，渤海“双高—双特高”油田稳油控水需求迫切。

渤海油田从2007年应用变密度筛管控水技术以来，截至目前已累计应用控水工艺技术近100口井，主要包括水平裸眼井控水（中心管、变密度筛管、ICD、AICD、C-AICD、连续封隔体等）、水平套管井选择性射孔控水两大类工艺，应用油田以曹妃甸油田群、秦皇岛32-6、锦州25-1、南堡35-1、渤中34-1等油田为主。从控水工艺应用情况及效果来看，现阶段渤海油田稳油控水主要存在两方面问题：（1）水平井主要以裸眼合采方式为主，现有生产管柱缺乏找水技术手段，难以明确高含水段或出水位置，缺乏对控堵水方案的指导；（2）常规控水阀控水效果参差不齐，且常规控水阀控水缺乏后续随着生产变化的调控手段。基于以上现状和认识，继续研发新的堵控水工艺，解决监测找水和调控堵水的技术手段和

作者简介：陈彬（1978—），2018年毕业于中国石油大学（北京）石油与天然气工程专业，获硕士学位，现就职于中海石油（中国）有限公司天津分公司，从事海洋石油钻完井技术的工作，高级工程师。通讯地址：天津市滨海新区海川路2121号。E-mail：chenbin36@cnooc.com.cn。

措施，提高海上油田高含水—特高含水期稳油控水开发效果。

1 裸眼水平井分舱完井技术

1.1 在生产老井 ACP 分段封隔

依据环空化学封隔器材料 ACP 剪切变稀、静止后能够迅速恢复强度的高触变特性（图 1），采用注入管柱及适宜的工艺参数，将其注入井筒，形成阻流柱塞，实现对井筒的有效封隔[1]。与常规材料相比，ACP 具有以下特性：

（1）高触变特性。在剪切变稀、静止后结构迅速恢复，高触变性使 ACP 可以实现更好地完全充填井筒。

（2）可控胶凝性。ACP 堵剂可与引发剂发生反应，在引发剂的作用下 ACP 会由触变流体成为高强度黏弹固体，且随着引发剂浓度的增加，ACP 胶凝时间减少。可根据现场需求控制胶凝时间，为现场作业提供便利。

（3）抗压强度高。ACP 黏合力强、封堵性能好，抗压强度可达到 12MPa/m 以上，实现良好的封堵效果。

（4）稳定性好。ACP 堵剂热稳定性强，在 130℃条件下 1 年内强度大于 50kPa，弹性模量保留率 83.0%；2 年内强度大于 40kPa，强度保留率 50%以上；3 年内保持有效强度大于 30kPa。

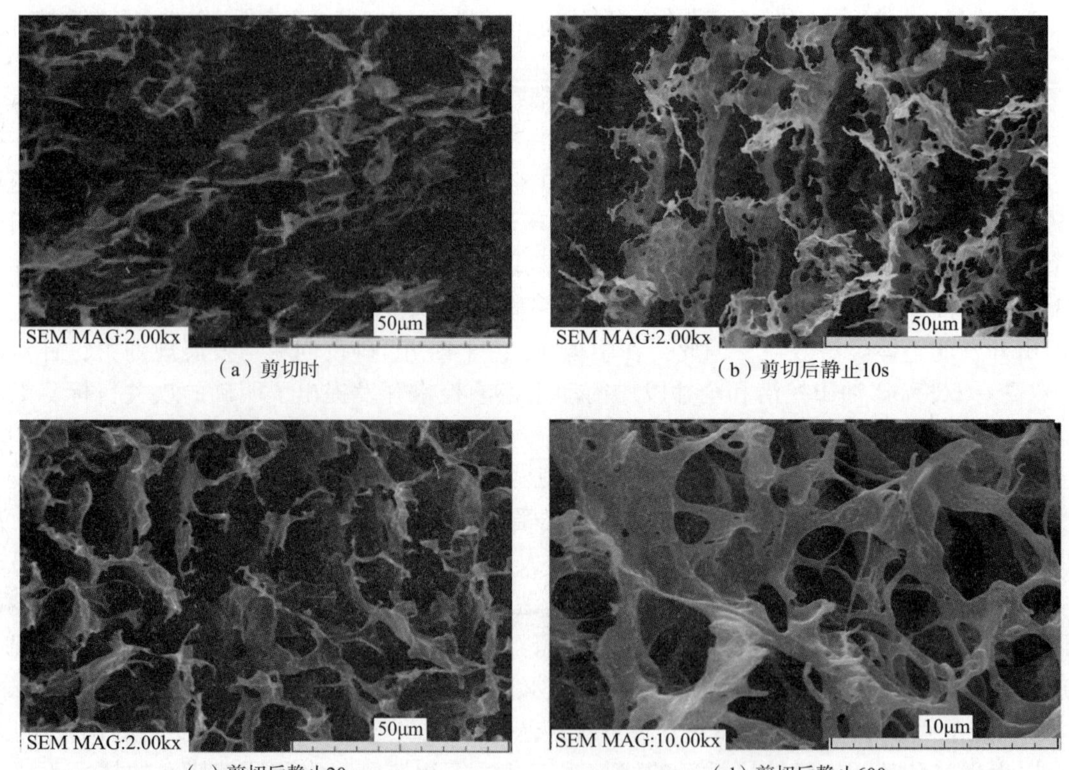

（a）剪切时　（b）剪切后静止10s　（c）剪切后静止20s　（d）剪切后静止600s

图 1　ACP 触变性

1.2 新井旁通封隔与充填

采用旁通隔离封隔器进行机械封隔，实现水平裸眼段的分舱是近年来逐渐发展和推广应用的一种新型水平裸眼井分舱充填技术[2]。旁通隔离封隔器由坐封机构、扩张胶筒、膨胀胶筒和旁通关闭阀四部分组成，结构如图2所示。旁通隔离封隔器的主要工作方式为通过坐封机构和胶筒膨胀实现水平井分段，通过旁通关闭阀控制旁通通道的开关，三者相互配合实现对携砂液流动通道的控制。具体施工模式为：(1)充填作业前，一次性坐封所有的扩张胶筒，对旁通隔离封隔器外的环空通道进行有效封隔，并打开所有的旁通通道；(2)充填作业时，携砂液从旁通入口流入，从旁通出口流出，从而跨过旁通隔离封隔器，一次完成多段充填，节省作业时间；(3)充填作业完成后关闭旁通通道进入投产阶段，在生产阶段，膨胀胶筒膨胀，由于膨胀胶筒外侧没有充填砂的存在，膨胀胶筒膨胀后能够紧贴井壁，为有效封隔管外窜流提供二次保证，同时为后续分层机械控水的实施提供便利的井筒条件。该技术施工工艺简单、作业时效高、成本低、可灵活分段，具有较强的环境适应性，已在渤海油田应用于多口井。

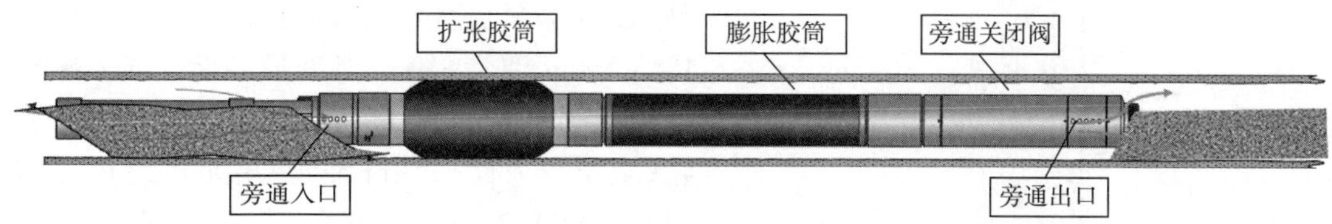

图2　旁通隔离封隔器

1.3　微量物质示踪剂找水技术

示踪监测技术因具有适用范围广、成本低、操作简单、精确定量、不占用生产时间等优势，已经在油田被广泛应用[3-5]。微量元素示踪监测技术作为最新一代示踪监测技术，因其安全稳定、种类多、精度高的特点在近些年被逐步推广应用。通过在井下部署示踪条带或示踪颗粒的方式，可以实时监测各个产层的贡献率，识别见水时间，了解水平井出水规律，从而为进一步堵水作业提供作业依据(图3)。监测流程为：(1)接触目标流体(油或水)；(2)释放特定化合物；(3)示踪剂化合物流到采样点；(4)对流体分析，确定浓度并解释产液剖面。目前该技术已经在多口井取得应用，在短期出水点监测、短期快速出水监测、长期缓释出水监测等方面取得较好的应用效果。

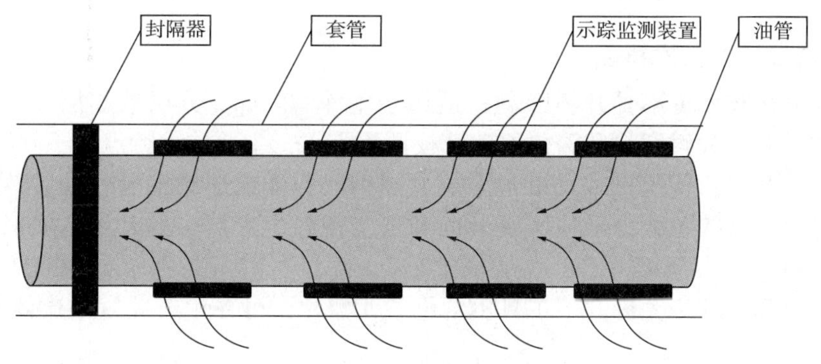

图3　水平井示踪剂出水监测

2　液控智能分采与控堵水技术

2.1　液控智能控堵水管柱结构

液控智能分采管柱主要由多级智能流量控制阀、穿越式密封系统、多线缆保护器、地

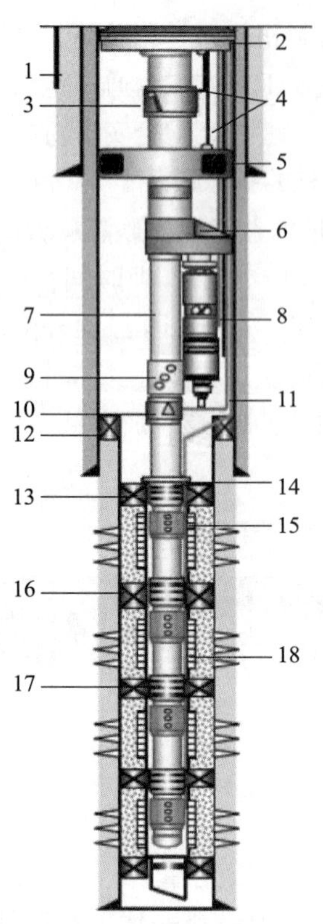

图 4　液控智能分采管柱结构图

1—隔水导管；2—油管柱；3—井下安全阀；
4—井下安全阀和放气阀液控管线；5—过电缆封隔器；
6—Y 接头；7—油管；8—电泵机组；9—带孔管；
10—电子压力计；11—电子压力计电缆；12—尾管柱；
13—顶部封隔器；14—穿越式定位密封；
15—液控智能滑套；16—隔离封隔器；
17—穿越式隔离密封；18—智能滑套液控管线

面液压控制系统等关键工具组成[6-8]，其中穿越式密封系统主要包括多孔穿越过电缆封隔器、可穿越式定位密封和可穿越式隔离密封[9-11]。以 7in 尾管完井的大斜度井、分 4 层开采为例，所采用的液控智能分采管柱结构如图 4 所示，从下到上的管柱组合依次为：$2\frac{7}{8}$in 圆堵+$2\frac{7}{8}$in 油管+第四层流量控制总成（智能流量控制阀 $4^{\#}$+4.75in 隔离密封 $3^{\#}$）+ $2\frac{7}{8}$in 油管+第三层流量控制总成（智能流量控制阀 $3^{\#}$+4.75in 隔离密封 $2^{\#}$）+$2\frac{7}{8}$in 油管+第二层流量控制总成（智能流量控制阀 $2^{\#}$+4.75in 隔离密封 $1^{\#}$）+$2\frac{7}{8}$in 油管+第一层流量控制总成（智能流量控制阀 $1^{\#}$+6in 定位密封）+$2\frac{7}{8}$in 油管+带孔管+电子压力计+$2\frac{7}{8}$in 油管+电泵机组+Y 接头+$3\frac{1}{2}$in 油管+2.813in 坐落短节+$3\frac{1}{2}$in 油管+$9\frac{5}{8}$in 过电缆封隔器+$3\frac{1}{2}$in 油管+2.813in 井下安全阀+$3\frac{1}{2}$in 油管+油管挂+井口穿越系统+地面远程控制系统。地面液压控制系统通过 $N+1$ 根液控管线分别与 N 个井下多级智能流量控制阀相连，通过液压传递流量控制阀开关调节信号，实现地面液控系统远程控制；穿越式密封系统在实现多根液控管线穿越的同时，保证井下各层之间的封隔；井下各层的智能流量控制阀在接收到液压信号后，通过调节滑套开度实现对应层位的生产调节，从而实现液控智能分层开采。

2.2　液控智能控堵水技术特点

液控智能分采技术可不受井斜限制，适用于垂深 4000m、分层数 6 层以内的油井分采控制，满足水平井、大斜度井和深井不动管柱调配需求，主要技术特点如下：

（1）不占用井口：传统机械式滑套需要通过钢丝作业或连续油管作业实现开关，需要停泵且占用井口。液控智能分采技术在地面即可实现各生产层位的开关，实时调节生产剖面，不占用井口。

（2）技术可靠性高：关键井下工具不含电子元器件，可在生产井复杂流体环境中应用，使用寿命长。

（3）适用性广：适用于水平井和大斜度井分层开采控制，实现远程智能分采和不动管柱分层调配、酸化、测试测压等目的，还可用于注水井分注，防砂井或不防砂井均适用。

（4）技术稳定性强：液压控制，采用多档位流量控制阀，地面远程液控调节层段流入，原理简单，无须常规钢丝或连续油管等作业。

（5）可靠的液控管线方案：防砂段内用 1/4in 管线，减小工具整体尺寸；防砂段以上用 3/8in 管线，减小整体液压驱动摩阻。

（6）采用一体化管柱，隔离密封系统与流量控制阀预组装集成，连接和下入方便。

3 现场应用

水平裸眼井分舱智能找控堵水技术在渤海油田已经取得了较多的成功应用，均实现了较好的增油控水应用效果。A 井是渤海油田 J 平台一口水平生产井，该井井深 2310m，最大井斜角 90.06°。该井于 2020 年 12 月投产，投产初期日产液 624m^3，日产油 24m^3，含水率 96.1%。之后通过提频、扩油嘴提高产液量，日产液最高达 2866m^3，日产油 58m^3，含水率达到 98%，期间流压基本保持稳定，该井上线一直处于高含水状态，无低含水期。2022 年 5 月 7 日，该井因高含水下线，生产曲线如图 5 所示。

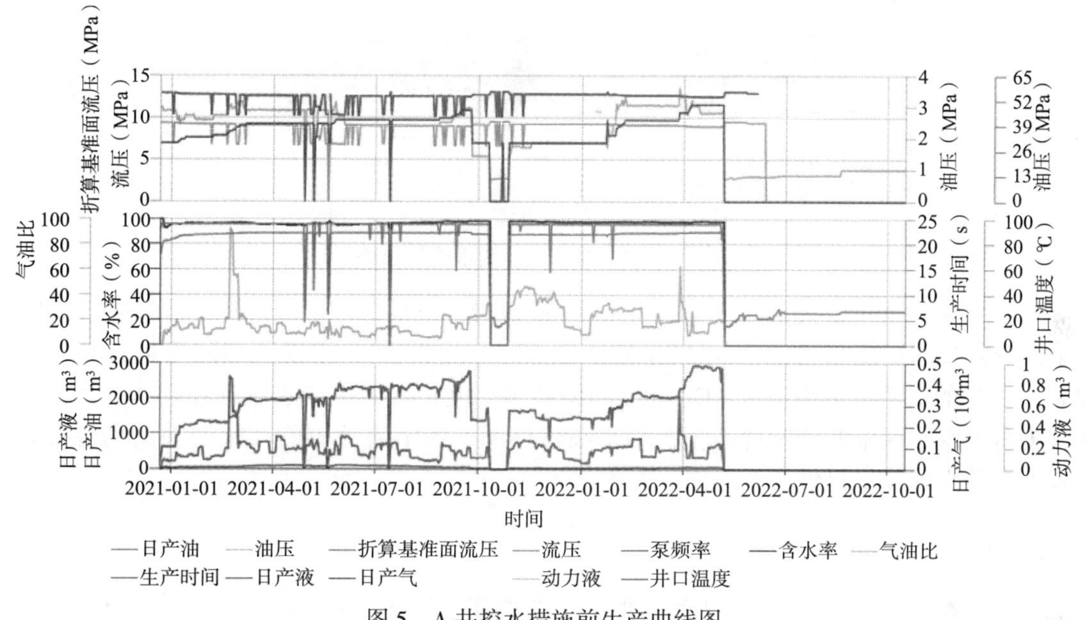

图 5　A 井控水措施前生产曲线图

通过与周边邻井分析，判断该井跟端水淹。为进一步有效控制底水锥进，控制水平段的均衡开采，延缓底水油藏水平井产量递减，对 A 井开展水平井分段控水作业。该井水平分三段控水，设计如图 6 所示。采用 ACP 对水平段进行化学封隔，更换生产管柱为 Y 型液控智能分采管柱，在各个生产管连接有示踪剂短节，实现单段单独出水监测与调控，更换后完井管柱如图 7 所示。

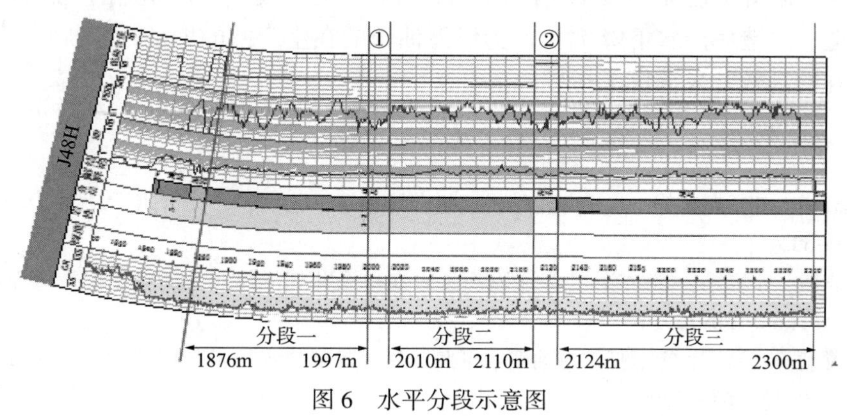

图 6　水平分段示意图

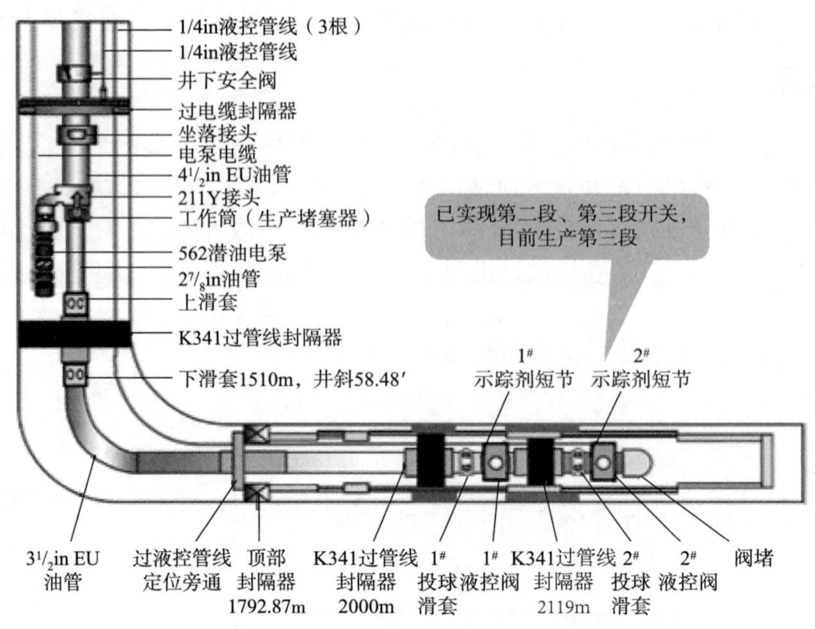

图 7　A 井液控智能控堵水管柱结构

生产至今，该井已实现第二段、第三段开和关，目前生产第三段，较之前生产相比，水平井分段控水措施后含水率由 98% 减小至 87%，下降 11%，按照相同液量折算日增油 47m^3。该井的成功控水验证了 ACP 化学封隔技术、液控智能控堵水管柱在控水方面的高效性，丰富了水平裸眼井分舱智能找控堵水技术体系，为渤海油田的在生产井的增油控水及新开发井的高效开采提供了新思路、新方法。

4　结论

(1) 提出了老井 ACP 化学封隔，新井旁通封隔与充填的水平裸眼井分舱完井技术，以及微量物质示踪剂找水技术。为水平裸眼井分段控水提供良好的井筒环境和先进准确的出水监测手段。

(2) 针对渤海油田水平井开发特点，研发形成液控智能分采与控堵水技术，创新形成液控智能控堵水管柱及其配套工艺技术，为水平裸眼井分段控水、均衡产液剖面提供调控手段。

(3) 水平裸眼井分舱完井技术及液控智能分采控堵水技术成功应用于渤海油田 A 井的老井生产改造，改造后产水下降 11%。为渤海油田的在生产井的增油控水提供了经验借鉴，也为新开发井的高效开采提供了指导。

参　考　文　献

[1] 张丽平，高尚，刘长龙，等. 水平井化学机械组合堵控水工艺及管柱分析[J]. 石油矿场机械，2018，47(3)：50-53.

[2] 陈钦伟，李帆，于喜艳，等. Y 管柱旁通隔离技术在机采井气举作业中的应用[J]. 石油工业技术监督，2021，37(6)：50-52.

[3] 朱洪征，常莉静，雷宇，等. 低渗透油藏水平井贴片示踪剂找水技术与应用[J]. 大庆石油地质与开发，2021，40(1)：68-73.

[4] 李进，张晓诚，王昆剑，等．分支水平井防砂管柱阻卡原因分析及对策[J]．石油机械，2020，48(9)：25-30.
[5] 温守国，谢诗章，黄成，等．缓释型长效固体示踪剂研究[J]．天津科技，2018，45(6)：82-85.
[6] 冯硕，张艺耀，李进，等．渤海油田远程无线智能注水工艺技术及应用[J]．石油机械，2021，49(11)：79-93.
[7] 孟祥海，夏欢，李彦阅，等．智能分注分采技术应用效果及其影响因素研究[J]．当代化工，2022，51(1)：156-159.
[8] 赵仲浩，杨万有，罗昌华，等．海上油田多功能压控式智能分采工艺技术研究[J]．石油机械，2018，46(1)：92-95.
[9] 刘华伟．隔离密封检测工艺及配套密封工具研究及应用[J]．海洋石油，2020，40(1)：51-55.
[10] 刘华伟，徐国雄，李孟超．海上油田隔离密封性能优化研究及应用[J]．石油矿场机械，2017，46(4)：56-60.
[11] 甄东芳，孙大伟，李令喜．海上油田往复式潜油电泵专用动力电缆护罩设计[J]．石化技术，2021，28(11)：73-74.

化学驱智能分注技术的研究与应用

邱亚东[1,2]　李海成[1,2]　韩　宇[1,2]　吕玲玲[1,2]　王　玲[1,2]

（1. 大庆油田有限责任公司采油工程研究院；
2. 黑龙江省油气藏增产增注重点实验室）

摘　要：针对化学驱分注井合格率下降快、现有测试技术工作量大、测试数据呈点状间隔分布、无法直接测量地层压力变化等问题，开展了化学驱智能分注技术的研究与应用。制定了化学驱智能分注技术总体技术方案，介绍了化学驱智能分注技术施工工艺流程，阐明了化学驱智能分注技术测调工艺流程和维护工艺流程。形成了化学驱智能分注技术，实现了井下数据的连续监测及配注量的自动测调。现场试验表明：该技术将单井测调时间由原 2~3d 压缩至 2h 内，极大地提高了测调效率，为油田智能化提供了技术支持。

关键词：化学驱；连续监测；自动测调；自动测调配注器；地面控制箱

化学驱分注进入工业化应用以来，在提高中低渗透层动用程度、改善开发效果方面发挥了重要的作用[1]。目前，大庆油田化学驱分注井已达到 8000 口以上，但在现场应用中，仍然存在化学驱分注井层段注入合格率下降快的问题[2-3]。根据数据统计，若要保持分注合格率在 80%以上，需将测调周期缩短至 30d 以内，这将导致大庆油田化学驱分注井年测试工作量达到 10 万井次以上[4-5]，极大地超出测试班组工作负荷。同时，由于现有测试技术录取数据呈点状间隔分布，难以准确反应地层变化规律，无法确定合理测调周期[6-7]。为解决以上问题，开展了化学驱智能分注技术的研究与应用。

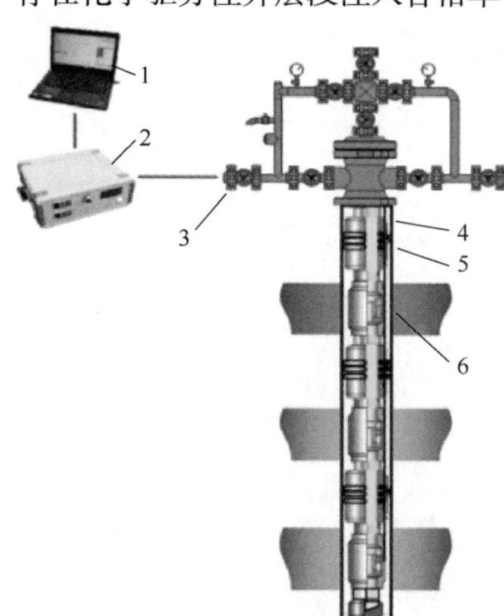

图 1　化学驱智能分注技术示意图
1—计算机；2—地面控制箱；
3—井口密封装置；4—预置钢管电缆；
5—过电缆封隔器；6—自动测调配注器

1　总体方案

化学驱智能分注技术主要由计算机、地面控制箱、井口密封装置、预置钢管电缆、过电缆封隔器、自动测调配注器等部分组成。化学驱智能分注技术示意图如图 1 所示。

应用时，自动测调配注器随管柱下入井内，实时监测井下数据，并经预置电缆将数据传输至地面控制箱，操作人员通过前端 PC 内的控制程序对井下数据读取及指令制定。

作者简介：邱亚东（1987—），2015 年毕业于东北石油大学机械工程专业，获硕士学位，现任大庆油田采油工程研究院工程师，从事化学驱分注及测试工艺技术相关工作，中级工程师。通讯地址：黑龙江省大庆市让胡路区西宾路 9 号采油工程研究院。E-mail：qiuyadong@ petrochina. com. cn。

1.1 自动测调配注器

自动测调配注器作为化学驱智能分注技术的核心工具，主要由上接头、数据采集系统、扶正体、可投捞流量调节元件、执行控制及运算处理系统、导向体、下接头组成，自动测调配注器示意图如图 2 所示。

图 2　自动测调配注器示意图

1—上接头；2—数据采集系统；3—扶正体；4—可投捞流量调节元件；5—执行控制及运算处理系统；6—导向体；7—下接头

与常规偏心配注器相比，自动测调配注器主要内置了数据采集、执行控制、运算处理等系统。数据采集系统包含通径 ϕ46mm 内流式电磁流量计及两路压力传感器，能够实时采集层段注入量、嘴前及嘴后压力，流量测量范围 2~200m^3/d（合层计量设计方式），流量测量误差±3%FS（15m^3/d 以下绝对误差不大于 0.5m^3/d），压力测量范围 0~40MPa，压力测量误差±0.2%FS。执行控制系统包含控制电路及执行电机，其中，执行电机扭矩为 15N·m，解决了化学驱分注井结垢严重导致不动的问题，确保流量控制系统稳定运行。数据处理系统能够并发处理井下采集数据，通过预置钢管电缆与地面控制箱实现双向通信。

1.2 可投捞流量调节元件

可投捞流量调节元件在常规偏心堵塞器的基础上设计了锥面密封机构、调节机构，以及弹性对接机构，可投捞流量调节元件示意图如图 3 所示。

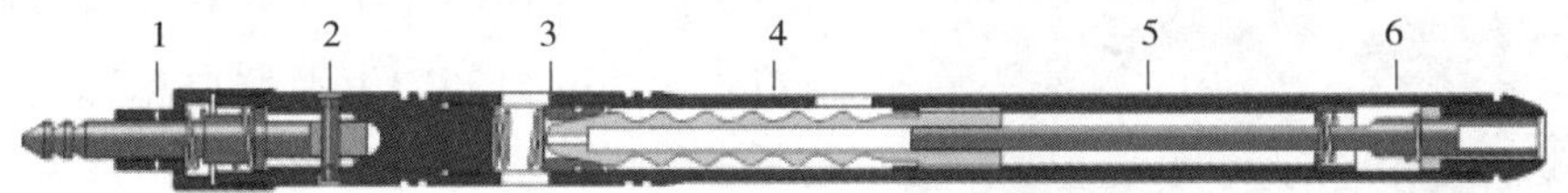

图 3　可投捞流量调节元件示意图

1—投捞杆；2—限位凸轮；3—锥面密封块；4—节流芯；5—调节杆；6—弹性对接机构

其中，锥面密封机构能够实现目标层段注入通道的关闭，5MPa 压差下漏失量不大于 2m^3/d，能够满足坐封、验封等相关工序的需要；调节机构最大行程 76mm，能够满足常规化学驱分注井的节流需求；弹性对接机构能够在投捞更换时保护永置式电机转轴，保证投捞对接成功率。

1.3 地面控制箱

地面控制箱与相应控制程序、各层段自动测调配注器配合使用，为整套工艺管柱提供可靠工作电源，具有自动存储、自动测调、过载保护等功能。

地面控制箱输入电源：85~265VAC、50~60Hz，输出电源：50~220VDC。通过串口和 USB 通信模块与控制计算机连接。箱体面板配有输出电压、输出电流显示板，输出电流微调旋钮，以及通信同步指示灯等功能性设备。

2 化学驱智能分注技术施工工艺

2.1 施工前准备

（1）施工前在室内实验中检测待下井化学驱自动测调配注器，包括可投捞流量调节元件全关密封性检测、可投捞流量调节元件带压开关功能检测、流量测量传输信号检测等。

（2）现场施工前选择井口附近不阻挡逃生通道的位置摆放预置钢管电缆盘及电缆盘支架，预置钢管电缆通过天滑轮引导至井口。

2.2 现场施工

（1）预置4.0mm钢管电缆随最下级化学驱自动测调配注器下入井中，依次穿过本层过电缆封隔器、上一级化学驱自动测调配注器、上一级过电缆封隔器、套管大四通、井口密封装置，最终与地面控制箱相连。

（2）现场施工过程中使用电缆连接器连接电缆两端，电缆连接器示意图如图4所示。

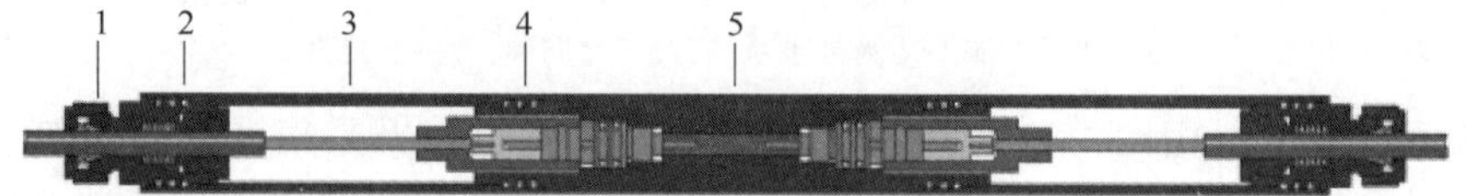

图4　电缆连接器示意图

1—螺母卡套组件；2—锁紧密封组件；3—电缆芯线；4—橡胶密封组件；5—中接头

图5　无连续供电现场测调示意图

3　化学驱智能分注技术测调工艺

3.1 手动测调工艺

化学驱自动测调配注器内置大通径内流式电磁流量计，能够实时准确监测当前层段配注量，同时配备有2个高精度压力传感器，能够准确检测注入压力和地层压力。完井后将电脑和地面控制箱依次与井口预留电缆接口相连后，利用移动电源进行供电，通过配套控制程序对配注量、注入压力、地层压力等井下各层段数据进行实时监测，如图5所示。当配注量不满足方案要求时，可以实时利用控制程序发送控制指令调节流量（调节元件水嘴大小），地面控制箱将指令转发至井下目标层段自动测调配注器，配注器内调节电机接收指令后开始动作，带动流量调节元件阀芯旋转，实现配注量的手动测调。

3.2 自动测调工艺

地面控制箱配有存储芯片，可以设置每2～60min监测一条数据，若设置每10min监测一条数据，可存储15d以上连续监测数据，存储的数据可通过控制程序在电脑上进行回放。若井场具备连续供电条件，可在井场附近预埋防盗配电箱，将地面控制箱放置其中，实现对井下数据的连续监测及自动测调，如图6所示。设置监测周期后，每到监测时间时，地面控制箱向各层段自动测调配注器发送指令，采集各层段数据并返回

图6　连续供电现场调取数据示意图

对比预定配注量，当误差超过预设值时，下发指令至目标层段，启动调节电机调节流量（调节元件开度），同时重新采集层段数据并返回对比预定配注量，当层段数据符合预设要求后，地面控制箱下发停止命令，完成自动测调。

4 化学驱智能分注技术维护工艺

化学驱智能分注技术配备有完整的后续维护措施，能够有针对性地解决因化学驱分注井注入介质的易结团、易结垢特性而导致的流量调节元件堵塞、电磁流量计精度下降等常见问题。

4.1 流量调节元件的投捞

当流量调节元件发生调节电机过流保护、调节后注入量无变化、无法开关到位等问题时，可使用配套电动投捞器进行投捞。电动投捞器配有投臂和捞臂，能够一次下井完成完整投捞流程。

工作时，配套电动投捞器连接钢管电缆下入井内，到达预定层段上方时，通过配套地面控制箱控制电动投捞器张开导向臂、捞臂，以及顶捞爪；继续下放到位，打捞头处的传感器将打捞状态反馈至地面控制箱；打捞头抓住流量调节元件后，控制顶捞爪工作，将流量调节元件捞出；上提电动投捞器至预定层段上方，收紧导向臂、捞臂，以及顶捞爪，完成打捞流程；控制电动投捞器张开导向臂、投臂，以及顶捞爪，下放到位；投送头处的电机开始进行锤击，将流量调节元件送入预定位置；控制顶捞爪工作，将电动投捞器顶出，投送头处的传感器将投送状态反馈至地面控制箱；上提电动投捞器至预定层段上方，收紧导向臂、投臂，以及顶捞爪，完成投送流程；上提电动投捞器至井口，完成一次投捞流程。

4.2 电磁流量计探头的除垢

自动测调配注器工作一段时间后，流量计可能因测量通道表面结垢而导致测量数据偏高，可使用配套电动刮削器进行流量计测量通道除垢。

工作时，配套电动刮削器连接钢管电缆下入井内，到达预定层段上方时，通过配套地面控制箱控制电动刮削器张开定位爪；继续下放到位后，控制刮削片电机旋转进行除垢；可通过地面控制箱监测电机电流确认刮削状态，当电流基本保持平稳后可以判断除垢结束；上提电动刮削器至预定层段上方，收紧定位爪，上提电动刮削器至井口，完成流量计测量通道除垢。

4.3 电磁流量计的在线标定

井下地质环境复杂，在各种磁场的干扰下，电磁流量计在使用 段时间后可能出现误差变大的情况，为避免停止作业施工，可使用高精度小流量电磁流量计作为标准流量计进行在线标定。

标定前将除目标层段外的其他层段全部关闭；将标准流量计下放至目标层段，从小至大，多次调整地面注入量；分别读取标准流量计的流量值和电磁流量计的频率值，并记录，形成标定卡片；将标定卡片写入到自动测调配注器；从大至小，多次调整地面注入流量，进行检验，检验合格后即完成目标层段流量计的在线标定；重复操作至所有层段标定完毕，上提标准流量计至井口，完成全井电磁流量计的在线标定。

5 现场试验

截至 2021 年 12 月，化学驱智能分注技术现场试验 5 口井，工艺成功率 100%，所有试验井均运行正常，最长运行时间已超过 500d。单井测调时间由 2~3d 降至 2h 内，且测调过程中不再需要专业测试队伍现场施工，仅需 1 人操作控制程序即可，在降低测试工作量的同时，实现测调效率提升 30 倍左右。

以某井测调曲线为例，该井为 2 层段聚合物驱分注井，投产后测调曲线如图 7 所示。

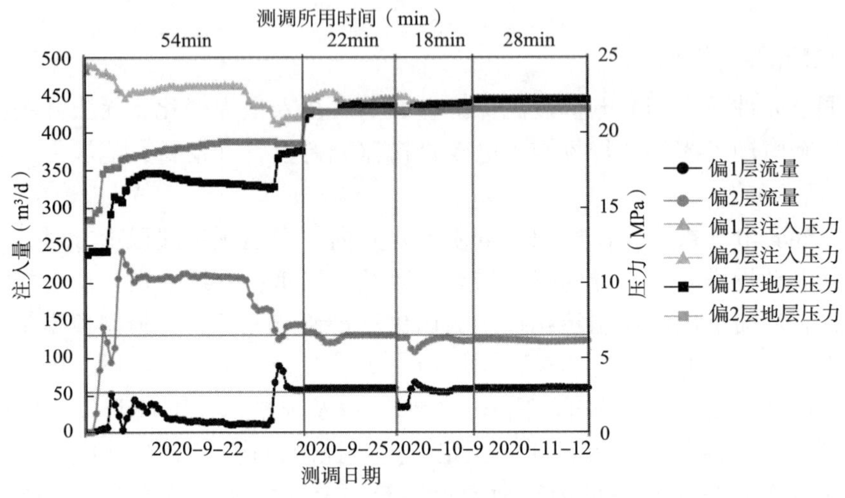

图 7　某井分注量与套压关系曲线

该井于 2020 年 9 月 20 日施工完井，并于 9 月 22 日开井注入，偏 1 层配注量 $55m^3/d$，偏 2 层配注量 $130m^3/d$，通过加密测调周期，分别于 9 月 25 日、10 月 9 日、11 月 12 日进行测调，使注入合格率始终保持在 90% 以上，同时可以看出，由于测调时间大幅度下降，与常规测试技术相比，测试效率明显上升。

6 结论

（1）该技术实现了井下数据的连续监测及注入量的自动调整，测试调配仅需 1 人操作控制程序，不再需要专业测试队伍现场施工，将单井测调时间由 2~3d 降至 2h 内，使注入合格率始终保持在 90% 以上。实现了测调效率和注入合格率的双提升，降低了测试工作量，可作为下一代化学驱分注技术进行推广应用。

（2）该技术能够连续不间断录取井下生产数据，为分析地层变化规律提供数据支持，并且通过配套地面远程无线通信装置实现井网联调及远程监控，使用户在办公室即可对井下参数进行远程实时监控，有力支撑了油田数字化建设。

参 考 文 献

[1] 谢朝阳，李建阁，常瑞清，等. 发展三次采油配套工艺技术. 为油田可持续发展提供不竭动力[C]//中国石油天然气股份有限公司油气田开发技术座谈会论文集，2001：1067-1075.

[2] 韩培慧，曹瑞波，刘海波，等. 聚合物驱后油层特征和自适应复合驱方法[J]. 大庆石油地质与开发，2019，38(5)：254-264.

[3] 姜兆宇. 大庆油田产出剖面测井技术研究与优化选择[J]. 石油管材与仪器，2019，5(3)：76-79.
[4] 李继友. 注聚合物井的分层测调技术研究[D]. 哈尔滨：哈尔滨工业大学，2012.
[5] 曹长鹏. 电动验封工艺的研究与应用[G]//大庆油田有限责任公司采油工程研究院. 采油工程文集 2016 年第 1 辑. 北京：石油工业出版社，2016：14-18.
[6] 孙宇飞. 电动验封测调综合仪的研制与试验[G]//大庆油田有限责任公司采油工程研究院. 采油工程文集 2017 年第 4 辑. 北京：石油工业出版社，2017：10-14.
[7] 唐俊东. 聚合物驱分注井直读电动测调技术[J]. 采油工程，2015(2)：5-8.

新式智能配注技术研究与应用

郭　颖[1,2]　邢瑞雪[1,2]　赵启杉[1,2]　徐文林[1,2]　王　琳[1,2]

（1. 大庆油田有限责任公司采油工程研究院；
2. 黑龙江省油气藏增产增注重点实验室）

摘　要：油田进入特高含水期后，油田开发的矛盾更加突出，油层水淹程度增加，水淹厚度明显增强，剩余油高度分散，层系间含水差异进一步缩小。单个层段内小层数越多，注水越不均衡，油层动用程度越低。新式智能配注技术相当于植入井下的“眼睛”和“手”，对井下层段注水压力、流量、温度等生产参数在无人工参与的情况下进行长期监控测调，具备数据传输、流量控制、数据采集、数据存储等功能。地面无线远程控制系统解决测试工作量大的问题，该系统通过无线模块将实时采集到的各层段温度、流量、压力等数据，从生产环境传输到企业内网，通过计算机软件系统控制水嘴开度，从而控制注水量的大小，并根据获取到的实时返回数据，及时发现注水井各层段注水状况，有效处理注水井发现的问题，为精细油藏分析提供数据支持，进一步提高挖潜效果。

关键词：智能配注；测调；远程控制

精细分层注水工艺技术是精细分层注水系统中最重要的环节，具有承上启下的作用，既要保证注水井配注方案的有效实施，又要为后续的日常管理、作业施工、测试调配等提供可靠的技术保障[1-4]。精细是方法、是手段，精准是落实、是量化。为保证注水合格率和提供充足的井下数据，只能加密测试周期，这又会引起测调工作量的大量增加，然而测试队伍有限且人员补充困难，无法解决上述矛盾。在此背景下，更加高效、智能的配注技术应运而生。目前常见的智能配注技术中，压力波码通信智能配注技术可实现远程无线控制，但是压力波动对井下智能配水器的电池能量的消耗是巨大的，所用电池寿命是该工艺的重要影响因素。为此，研究了新式智能配注技术，解决井下能耗的同时，实现远程无线控制。

1　总体技术方案

新式智能配注技术，主要由智能配水器、过电缆封隔器、电缆、地面控制箱、无线通信模块、井口密封装置等组成。该技术以电缆作为井下智能配水器供电及通信的载体，通过地面控制箱向井下智能配水器发送控制指令、接收回传数据，实现井下分层数据的连续监测及实时调控，远程可实时监测井下参数变化情况，并根据调配数据控制井下分层注入流量[5-8]。终端用户通过无线通信基站、数据库服务器、平台服务器实现对井下设备的监测与控制。新式智能配注技术示意图如图 1 所示。

作者简介：郭颖(1981—)，2005 年毕业于大庆石油学院机械设计制造及其自动化专业，获学士学位，现就职于大庆油田有限责任公司采油工程研究院，从事分层注水及测试研究工作，高级工程师。通讯地址：黑龙江省大庆市让胡路区西宾路 9 号。E-mail：guoying0720@ petrochina. com. cn。

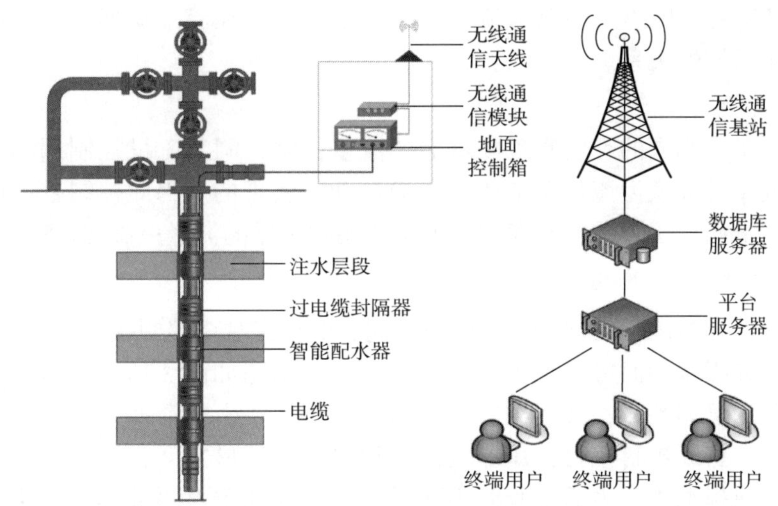

图 1　新式智能配注技术示意图

2　核心工具

2.1　智能配水器

智能配水器由上电缆接头、流量计、流量控制模块、压力监测模块及控制电路密封仓、下电缆接头等部件组成，结构示意图如图 2 所示。智能配水器的供电由地面控制箱发送，经电缆传输，到达智能配水器内部各用电单元，同时接收来自地面的操作指令，根据测控指令进行测量和控制，实现注水井分层流量调配。该仪器集压力采集系统、流量采集系统、流量控制系统于一体，通过电力载波技术实现远程客户端与井下受控单元的实时通信，在监测井下参数的同时，按照预设逻辑实现井下分层流量的自动控制，提高分层注水合格率，减少人工参与，降低成本，提高测调效率。

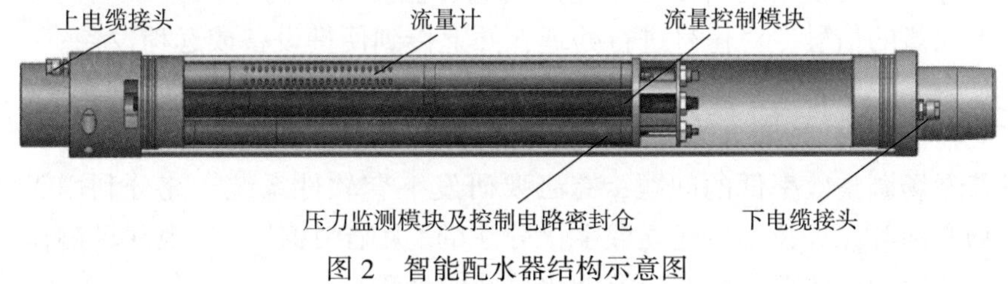

图 2　智能配水器结构示意图

2.1.1　整体机械结构

整体采用分体设计，流量控制阀、流量计、压力计分别组装在主体上，各部分可独立检测及安装，组装效率高，便于问题查找，在端部采用集线器的结构，将三部分及两端出线部分集于一点。主体设计有“U”形通道，流体从滤网进入流量计，流经主体的“U”形通道，受流量控制阀的阀芯的控制进入地层，通过阀芯的轴向移动，实现单层流量控制。

2.1.2　小直径流量计

电磁流量计依据法拉第电磁感应定律来测量导电液体体积流量，根据电磁感应原理，导电液体切割磁力线在测量电极上产生感应电动势，当磁感应强度 B 恒定不变及导体长度

L 为定长时，感应电动势的大小仅与流体的流速成正比，在流道截面积一定的情况下，感应电动势与流量为线性关系。

2.1.3 流量控制阀

通过调节流量控制阀的开度实现配水器的流量控制，调节流量控制阀的开度是通过直流电机的正转或反转转换为流量调节阀的轴向运动来实现的。因此控制直流电机的正转或反转，使流量调节阀处于合适的开度，即可将智能配水器的流量控制在目标流量。

2.2 过电缆封隔器

过电缆封隔器在封隔器内衬管留出电缆空间，电缆穿越多级封隔器并且不占用主通道，以避免影响注水井吸水剖面等其他测试工艺，结构示意图如图 3 所示。坐封，随管柱下至预定位置后，从油管内憋压，液压经中心管的孔眼作用在坐封活塞上，坐封活塞推动坐封活塞套及销钉挂，剪断坐封销钉，压缩胶筒，封隔油套环形空间，同时坐封活塞套与锁环完成定位锁定。泄掉油管压力后，胶筒不能弹回，始终处于封隔油套环形空间的状态。解封，上提管柱，剪断解封销钉，胶筒即可弹回，恢复原状，完成解封。

图 3 过电缆封隔器结构示意图

2.3 地面控制箱

地面控制箱发送同步测调指令和存储回传数据，并为井下仪器提供电源。其控制原理是接受远程指令解码，解码后转换为电信号，发送给井下仪器，井下仪器接收后，根据指令将相应的井下数据转换为电信号发给地面设备，地面设备再转换为通信信息发给远程设备。如果需要数据采集或流量调整，地面控制部分会发出流量、压力、温度测量通信信号或控制指令，井下设备根据通信信号来完成流量、温度和压力的采集或电机调整。同时控制箱接收井下仪器的信号，对信号进行处理，并上传到便携设备或远程设备。

3 地面无线远程控制系统

针对逐井现场调整效率低的问题，有必要研发一套软件系统，充分利用无线远传、自动化控制、物联网等先进技术，建立数字化分注的“大脑中枢”，实现井场测调向室内远程测调的转变，适应油田数字化转型、智能化发展的趋势。

基于油田生产无线网，研发无线传输模块，实现注水井生产数据、控制指令稳定传输。选取现有的油田生产数据专网(VPDN)作为数据传输通道。现场为每口井加装 MEM 136A 无线通信模块，地面箱通过此设备将井下分层数据传输至油田生产数据专网(VPDN)；企业网用户可以通过访问油田生产网 DMZ 区的服务器以实现对数字化分注井远程测调及数据查询。地面无线远程控制系统网络结构图如图 4 所示。

数据远程无线传输模块包括 RS485 转 RJ45 串口服务器和 MEM 136A 无线通信模块，通过 RS485 接口将现场设备与串口服务器进行连接，并对串口服务器进行 RS485 配置和 IP 端口等网络配置，再通过 RJ45 网口将串口服务器与无线通信模块进行连接，并对无线模块进行相关配置。

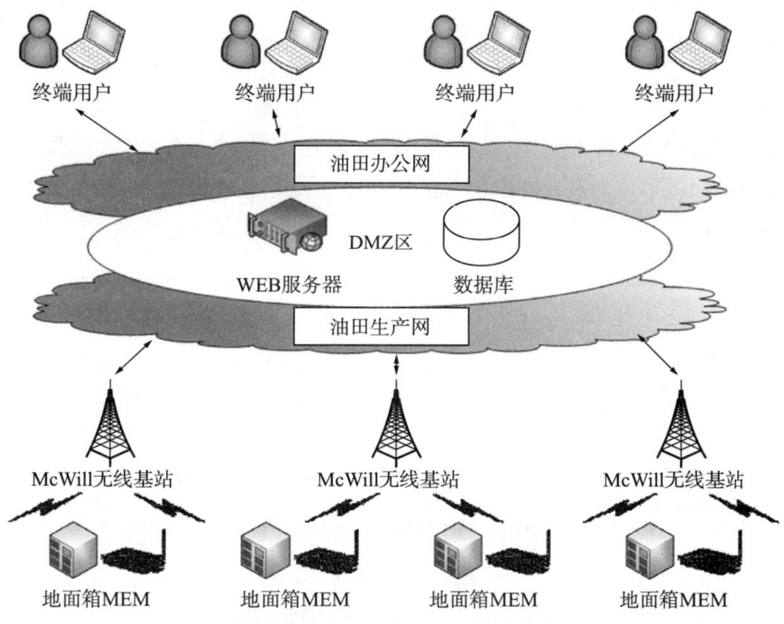

图 4　地面无线远程控制系统网络结构图

4　室内实验

4.1　流量计流量检测实验

将仪器下部连接密封装置后放置于标定井筒中，密封装置的作用为密封仪器与实验井筒的环形空间，保证测量流体经仪器进液口流经传感器，从仪器底部出口流出。给仪器供电，流量调节 5m³/d、10m³/d、20m³/d、30m³/d、40m³/d、60m³/d、80m³/d、100m³/d、120m³/d，记录每一流量点时的仪器输出频率，在水中进行 3 次测量，测量曲线如图 5 所示，图 5 中纵坐标为流量，横坐标为仪器输出频率，3 次测量结果具有良好的重复性。

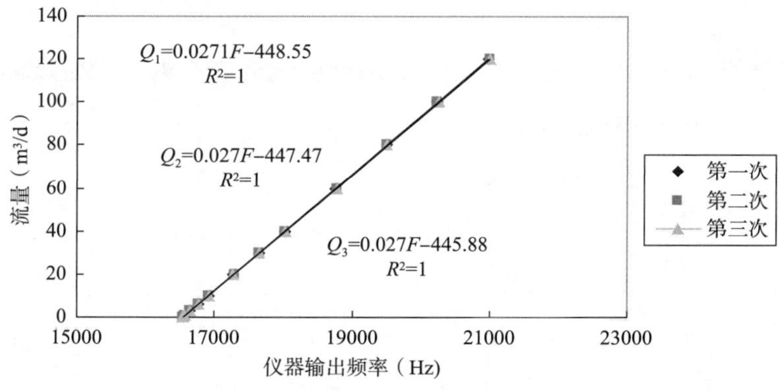

图 5　流量计流量检测曲线图

4.2　流量计耐压检测实验

将流量计放入密封装置中，升压 35MPa，稳压 5min 后泄压至 0MPa，完成一次试压。再重复两次升压泄压过程，取出仪器，发现仪器外观良好，无变形、无渗漏，符合设计要求。

5 现场试验

5.1 层段测调

以偏 I 层段为例，新式智能配注技术实现了压力、流量等生产参数实时监测及自动测调，数据曲线图如图 6 所示。利用自动调配功能，层段注入误差在 10%以内，各层段注水量一直处于合格状态。

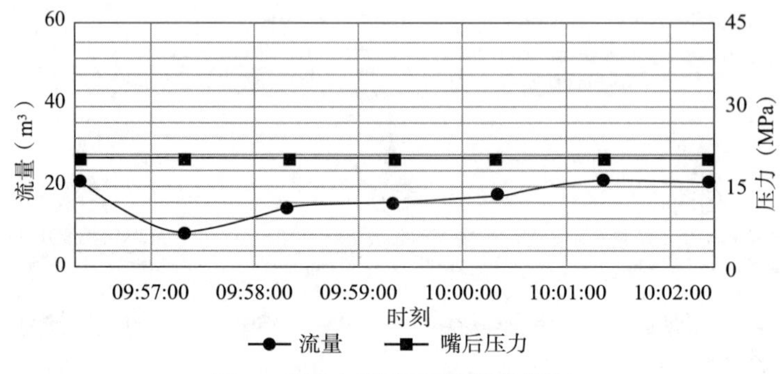

图 6 偏 I 层段测调数据曲线图

5.2 全井流量管理调控

实现全井自动测调更新功能，通过远程控制计量间配注，实现对井口流量进行精确调控，如图 7 所示。控制逻辑具体实现方式是，如果当前井口瞬时流量小于单井信息中的井配注，将井配注调整为设定流量，同时将运行状态设置为自动模式，等待 5min 后调整完毕判断调整结果；如果调整后的瞬时流量大于配注，将运行状态设置为手动模式，再次调整每个层段，调整完毕后，将当前瞬时流量设置为设定流量，将运行状态设置为自动模式，测调结束。反之则弹出提示，当前井流量未调至配注。

图 7 全井流量管理调控图

6 结论

（1）新式智能配注技术实现井下分层流量、分层压力等生产参数的长期实时监测，在逐渐减少测试班组的条件下使注水合格率长期保持在较高水平。

（2）充分利用无线远传、自动化控制、物联网等先进技术，建立数字化分注的“大脑中枢”，实现井场测调向室内远程测调的转变，适应油田数字化转型、智能化发展的趋势。

参 考 文 献

[1] 张玉荣，闫建文，杨海英，等. 国内分层注水技术新进展及发展趋势[J]. 石油钻采工艺，2011，33(2)：102-107.

[2] 刘合，闫建文，薛凤云，等. 大庆油田特高含水期采油工程研究现状及发展方向[J]. 大庆石油地质与开发，2004，23(6)：65-67，93.

[3] 曲凡军，曹雅玲，胡庆欣等. 利用综合技术提高注水井层测试段合格率[J]. 长江大学学报(自然版)理工卷，2007，4(2)：199-200.

[4] 张红伟，谷磊，郝文民，等. 胡状集油田分层注水开发对策[J]. 内蒙古石油化工，2008(18)：131-132.

[5] 谢宇. 压力波无线智能分注工艺研究[G]//大庆石油有限责任公司采油工程研究院. 采油工程 2020 年第 4 辑. 北京：石油工业出版社，2020.

[6] 李敢. 智能注水井一体化测调技术改进及配套技术[J]. 石油机械，2014，42(10)：74-76.

[7] 雷文庆，张晓东，张海峰. 注水井智能监测系统在油田的应用[J]. 油气田地面工程，2015，34(12)：63-64.

[8] 顿超亚，谢劲松. 油田分层注水智能控制系统设计[J]. 长春大学学报，2011，21(2)：14-15，20.

智能化探索与应用

石油国企数字化绩效考核系统设计与应用

赵广宇　李　磊　姜　伟　罗嘉玮

（中国石油新疆油田公司百口泉采油厂）

摘　要：合理的绩效考核体系能够调动员工积极、主动性和创造性，在员工为企业创效的同时，企业对员工进行激励奖励，可实现企业与员工双赢。本文以“多劳多得、量化公正”为核心理念，创新借助数字化信息手段，通过开发量化评分标准库、WEB&APP 多端融合员工工时采集接口、考核结果自动生成算法等程序功能，建立了一套较为科学的绩效考核系统，打破以往“大锅饭”“平均主义”现象，对于国有企业改革具有一定的借鉴意义。

关键词：国企改革；绩效考核；数字化；多端融合

国有企业绩效分配存在“大锅饭”“平均主义”现象，员工积极性长期受抑，长此以往出现“干与不干一个样，干多干少一个样，干好干坏一个样”的局面，不利于员工主观能动性和企业生产力的发展，使得管理僵化，难以满足发展的需要。

国有企业作为我国经济支柱产业，在绩效改革方面存在改革难度大、改革周期长、历史遗留问题多等客观存在的问题，多数国有企业绩效改革还停留在执行基本工资制度、做好岗位性津补贴调整等工作，未能健全更加科学完善的工效挂钩奖金分配体系。本文充分结合油田生产经营实际现状，通过建立一套较为科学的绩效考核系统，发挥奖金的激励约束作用，扎实推动薪酬分配工作更加精准、更加规范、更有效率，坚持多劳多得分配原则，使每个单位及个人的工作质量能检验、工作效率显性化、工作业绩能评价，并让这三项要素评价结果与员工个人奖金收入直接关联，使得员工的劳动积极性和创造性被充分调动，从而逆向引导企业进行管理和制度创新。

1　现状分析与研究目的

1.1　传统绩效考核方式效率低、实施难

传统绩效考核依托人工且多为事后“记忆式”考核。例如，一线班组基础管理较为薄弱，主要表现为现场负责人员习惯于经验管理和粗放式派工，且由于考核结果依赖纸质媒介记录，导致搜集、汇总、校核等方面工作量大、人工强度高、易出错。同时纸质历史记录查找烦琐、困难，易丢失原始文档；在工时上报、审批，积分统计方面流程复杂，使得精细化生产无法有效开展，亟须研发高效管理系统来支撑绩效考核落地实施。

1.2　现阶段多数国有企业薪资改革还处于初级阶段、对标难

绩效考核体系改革是一个复杂的过程，需要大量的基础数据，如历史数据的各种业务

作者简介：赵广宇（1997—），男，2021 年 6 月毕业于新疆师范大学电子信息科学与技术专业，获学士学位，现工作于中国石油新疆油田公司百口泉采油厂，从事应用软件开发、软件项目管理等工作，助理工程师。通信地址：新疆维吾尔自治区克拉玛依市胜利路街道 30 号科研生产办公基地写字楼 E 座，邮编：834000。E-mail：zhaogy-xj@ petrochina. com. cn。

统计、评估程序信息、指标信息、评估对象的基本信息等。目前，我国大部分的国有企业绩效考核还处于初级阶段，绩效考核改革工作缺乏信息共享，管理信息不统一，在一定程度上增加了改革工作管理的难度和风险。同一单位不同部门间在专项奖差异量化考核、绩效挂钩分配的需求不尽相同，导致对标困难。

1.3 国有企业绩效分配存在“平均主义”、量化难

传统的绩效考核系统在对员工绩效评分进行统计时，往往采取简单取平均值方式，这种方式很容易受到不准确评分的影响，其结果准确度低，难以体现出绩效考核的差异性，起不到激励效果，因此在实际工作中参考的价值也越来越低。出现“干与不干一个样、干多干少一个样、干好干坏一个样”，阻碍了员工积极性的发挥和企业生产力的发展，使得管理僵化，难以满足发展的需要。

1.4 研究目的及意义

研发数字化绩效考核系统，健全完善工效挂钩奖金分配，扎实推动薪酬分配工作更加精准，形成快速、公正、准确的绩效考核机制，建立方式科学化、操作信息化、程序规范化、结果公正化的考核工作新局面，有效发挥激励效能和杠杆作用，调动员工立足企业发展、实现多劳多得、公平公正考核、助力企业管理效能提升，不断激发企业活力动力，使企业的人力资源管理更加规范化，进一步提升企业质量效益和价值创造能力。

2 系统设计与开发

数字化绩效考核系统的建立分 3 步，一是围绕现场各类作业活动，从难度系数、效益工时、安全积分等多维度，采用综合指标统计法，建立作业评分量化标准库，为后续绩效积分自动计算奠定基础；二是结合以 ASP. NET 为基础的 Web 开发技术及 Ionic Hybrid APP 混合开发技术，开发个人工时快速上报、审核功能，实现积分全天候采集；三是建立两类积分统计算法模型，自动形成月/季/年度汇总结果，并在电脑端与手机端进行积分排名线上公示，确保绩效考核公平公正(图 1)。

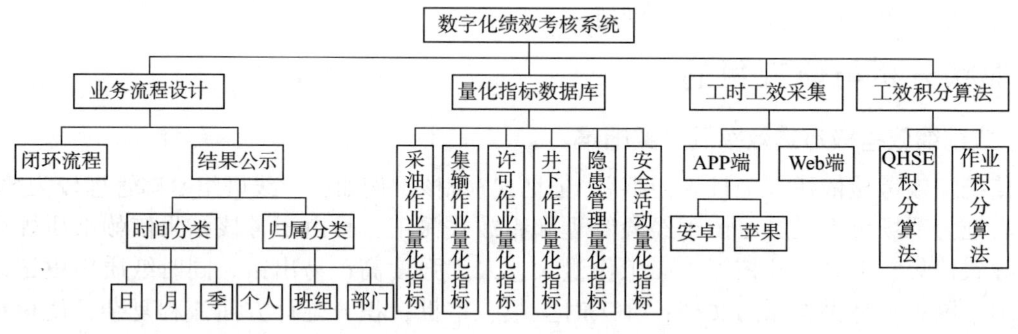

图 1　数字化绩效考核系统设计图

2.1 业务流程设计

2.1.1 闭环流程

建立“工作上报—工时审核—异常处理—绩效公示”完整的闭环流程，即员工在完成工作后，通过 APP 或电脑端进行工作上报并在系统中形成一条记录，部门领导及业务科室分别进行一审、二审，当记录审核通过后，算法对此记录自动关联量化指标库，进行判定积分，最终将积分结果通过 APP/Web 进行公示，绩效考核部门根据各部门积分情况进行奖金

分配(图 2)。在一审环节，开发异常积分处置功能，每日自动判断汇总异常积分，例如当员工日度工时超过所属单位每日工时上限，将被判定为异常积分，确保每位员工个人当日积分审核公平公正。

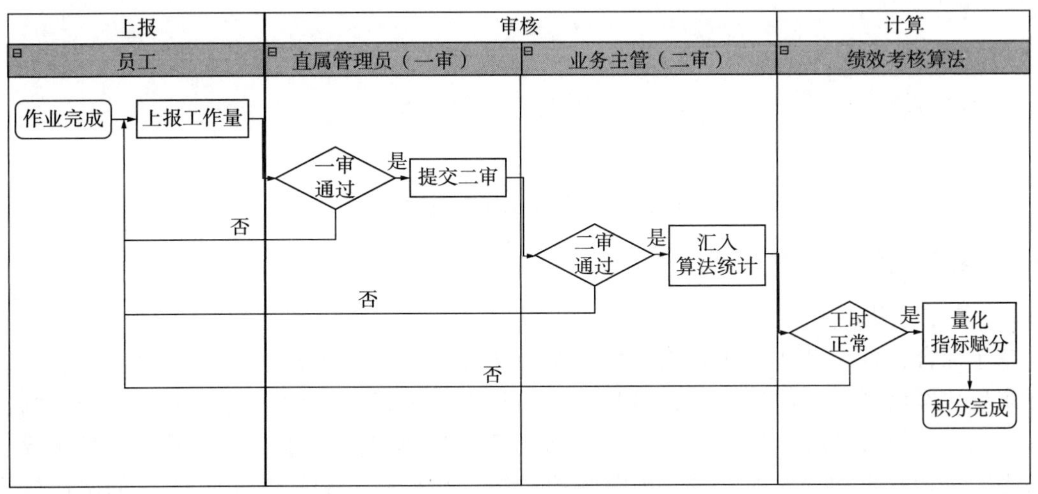

图 2　业务闭环流程图

2.1.2　结果公示

员工通过双端积分排名公示模块，可随时随地查看个人/班组/单位积分排名情况(图 3 和图 4)，让员工直观地了解自己的绩效表现，减少了评估过程中的不确定性和误解，确保评估的公正性和客观性。在部门与部门、员工与员工之间，互相监督、互相激励，充分激发员工内生动力，另一方面也可以促使员工对企业产生强烈的归属感和认同感，使每一位员工在自己的岗位上发光发热，尽心尽责地开展工作，形成比拼赶超的工作氛围。

上午11:14 | 0.0K/s

班组积分查询

班组积分　班组排名　人均排名

2023-07-02　作业工时　月度积分

班组排名

班组	当日积分	月度累计	季度累计
采油巡检二班	0	80	80
采油巡检三班	0	70	70
维修监督二班	50	60	60
维修监督四班	30	30	30
采油巡检一班	30	30	30
采油巡检一班	0	10	10
采油巡检三班	0	5	5
井下作业监督组	0	0	0
作业区领导	0	0	0
综合管理组	0	0	0
作业区领导	0	0	0

中午12:37 | 2.6K/s

班组积分查询

班组积分　班组排名　人均排名

2023-07-02　作业工时　月度积分

人均排名

单位	班组	当日人均	日度人均
采油作业区	采油巡检三班	122.71	380.82
注输联合站	净化交接三班	134.14	299.96
注输联合站	中控预警一班	121.1	236.15
采油作业区	采油巡检一班)	125.6	228.2
采油作业区	采油巡检一班	72	225.63
注输联合站	转输四班	91	225.31
采油作业区	采油巡检二班	103.88	174.81
采油作业区	采油巡检一班	52.97	148.34
采油作业区	采油巡检一班	69.56	143.44
采油作业区	采油巡检二班	36.19	112.29
注输联合站	装卸回注二班	48.79	106.67
采油作业区	采油巡检二班	50.94	103.23

图 3　APP 端绩效考核结果公示

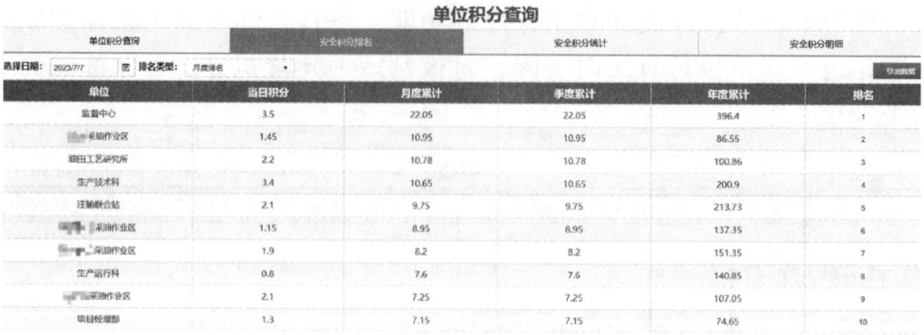

图4 Web端绩效考核结果公示

2.2 量化指标库

2.2.1 参考方法

基于综合指标统计法，建立业绩量化考核指标库。综合指标法是指运用各种统计综合指标来反映经济现象总体的一般数量特征和数量关系的研究方法。对大量的原始数据进行整理汇总，计算各种综合指标，可以显示出现象在具体时间、地点条件下的总量规模、相对水平、平均水平和变异程度等。现象总体的综合指标概括地描述了总体各单位在数量方面的综合特征和变动趋势。综合指标还可以用来探讨总体内部的各种数量关系，有利于揭露矛盾，发现问题，寻找解决问题的方法[1]。

综合指标统计法能在一定程度上避免人为因素的主观影响。通过综合指标法的指导，并充分结合实际工作，在立足于员工岗位基础上，分析岗位具体职责及工作任务，参考关键绩效指标找出能够反映工作需求的定量指标。将员工个人的关键绩效指标从部门目标中分解出来，通过指标权重和标准的确定，为绩效考核的实施提供参考、比较和评分。同时，根据工作能力和工作描述确定关键绩效指标。部门级关键绩效指标根据各部门的实际情况来设计，在完成绩效考核指标的设计和制定后，对绩效考核指标进行分解和细化，并对每个岗位到部门级别的绩效考核指标的影响因素进行分析。

权重系数法可以用来确定各指标的权重，关键绩效指标权重的设定能够准确反映员工的工作优先级次序，使员工以更大的权重完成工作，因为权重比例越大，重要程度越高，便于员工注意区分主次工作。

2.2.2 涵盖内容

基于综合指标统计法，规范化梳理采油作业、集输作业、许可作业、井下作业、隐患管理、安全活动6大日常作业活动内容。根据不同作业类别，通过从难度系数、安全积分、效益工时等方面拉齐统一基准，避免单一指标的局限性，形成多维量化评价指标；采用支持分布式数据库和集群配置的Oracle数据库，针对不同作业活动类型，数字化入库作业地点、类型、内容等信息1150余项；针对隐患排查依据，标准化入库QHSE责任清单、重点整治目录等信息200余条(表1和图5)。标准库的建立，避免了人工输入不规范的问题，减少近90%纯手动输入工作量。

表1 标准库字段展示

字段名称	类型	数据长度	约束	说明
ID	VARCHAR	40	主键	唯一标识符
YHID	VARCHAR	40	外键	隐患ID，用于各表关联

续表

字段名称	类型	数据长度	约束	说明
SDDW	VARCHAR	40		属地单位
SDBZ	VARCHAR	40		属地班组
YHLX	VARCHAR	40		隐患类型
YHJD	VARCHAR	40		隐患节点
FFCS	VARCHAR	800		防范措施

工时积分标准

采油作业 集输作业 许可作业 井下作业 隐患管理 安全活动

序号	作业节点	作业内容	作业工时（分钟）	主操系数	技术系数	效益工时（分钟）	安全积分	风险等级
1	采油树	保养低压阀门	12	1.2	1	12	2	二级风险
2	采油树	拆装防喷管	40	1.2	1	40	5	二级风险
3	采油树	清洗单流阀	24	1.2	2	48	3	二级风险
4	采油树	校单流阀	6	1.2	1.5	9	1	一级风险
5	采油树	校验压变	3	1.2	1	3	0.5	一级风险
6	采油树	拆保温盒（百自）	24	1.2	1.5	36	2	二级风险
7	采油树	拆保温盒（抽）	24	1.2	1.5	36	1	一级风险
8	采油树	拆保温盒（玛自）	60	1.2	1.5	90	3	二级风险
9	采油树	拆或装变送器	10	1.2	1.5	15	0.5	一级风险
10	采油树	拆装功图仪器	24	1.2	1.5	36	3	二级风险

图 5　多维考核指标展示

2.3　工时工效采集

针对员工属地现场、两地办公等不同工作场景上报工作量需求，采用“电脑端+APP”双端协同互联方式，实现员工绩效精准采集，一线员工、业务科室可随时随地开展工作量上报、审核与统计，打破纸质载体与人工统计的桎梏，大幅提高工效处理效率，为员工绩效精准采集提供保障。

2.3.1　APP 端开发

采用 Ionic Hybrid APP 混合开发技术，针对跨平台使用和内外网数据传输安全性问题，选型基于 JavaScript、HTML5 技术的 Ionic 混合开发架构，部署于中国石油 DMZ 区，实现不同网段、不同终端之间数据实时交互，为管理人员及时掌握员工作业信息提供有效途径。基于 JavaScript、HTML5 的混合开发架构，具备大幅缩短开发周期、降低开发成本等优点，满足后续标准库指标变更时可快速配套迭代，实现安卓端、苹果端应用的快速开发(图 6)。

2.3.2　Web 端开发

采用 B/S 架构，员工通过浏览器访问系统的前端页面，而所有的数据处理和业务逻辑则在服务器端进行。前端、后端使用 JavaScript、HTML、ASP. NET 技术进行开发，依托 Telerik 前端框架，实现多个页面统一风格，标准化报表采集、数据查询、文件处理等程序模板，具备敏捷型开发优势(图 7)。

2.4　工效积分算法

基于均值聚类分级加权算法，创新绩效算法模型。根据绩效奖金分配归口不同，划分作业积分/QHSE 积分两类统计算法，分别用来指导基础奖金与 QHSE 安全奖金发放。

(1) 员工个人基础奖金 = $\sum_{\text{作业积分}}$(作业工时×技术系数×效益工时)/班组内作业总分×班组基础总奖金。

(2) 员工个人安全奖金 = $\sum_{\text{QHSE 积分}}$安全积分/班组内安全总分×班组安全总奖金。

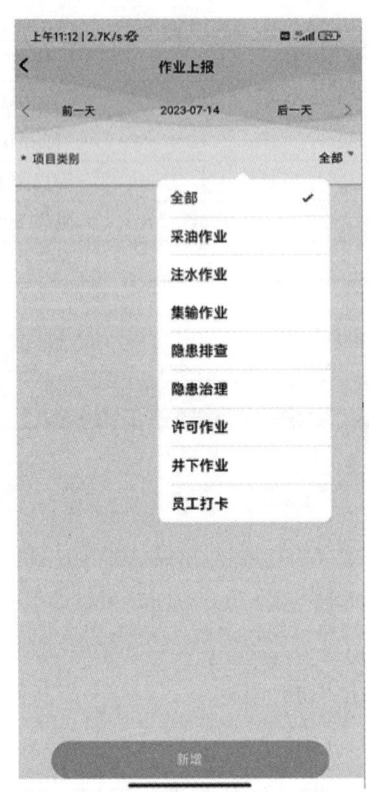

图 6　APP 端录入界面展示

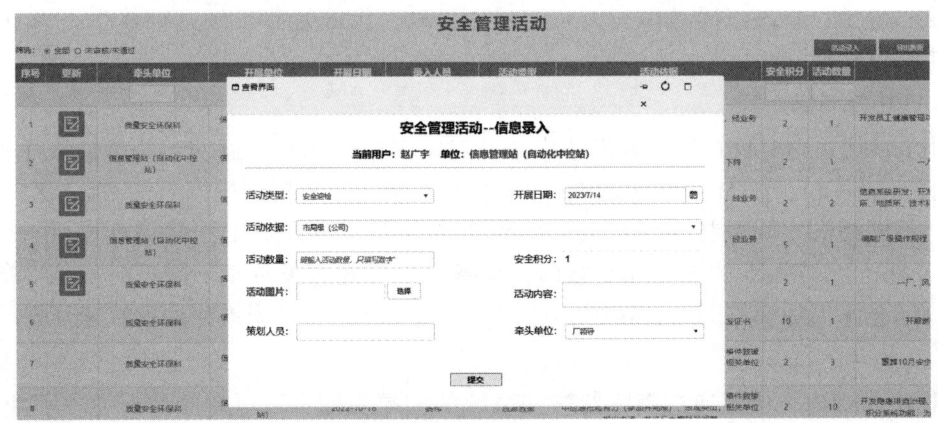

图 7　Web 端录入界面展示

3　应用情况

系统自 2022 年 8 月上线以来，累计推广近两千人，单位累计工时上报 20000 余项/月，审核通过有效率 98%。同一岗级员工因贡献程度、业绩表现影响，月度收入相差 2000 元左右，真正打破内部“大锅饭”，实现多劳多得、贡献为主。

4　总结与展望

本系统的实施推动绩效考核向数字、量化方向转变，为员工绩效精细化考核提供坚实基础。各部门负责人可参照绩效考核结果、岗位职责分工、工作效果、贡献程度制定各自内部绩效薪酬标准，破除传统绩效考核中奖金与岗位职级挂钩，实现自主考核、自行分配。该系统增强了考核的公平、公正性，不但使管理人员从繁杂的考核工作中得到解放，也使得传统“记忆式”绩效考核模式不复存在，将考核过程中的真实性和及时性特征体现出来。系统具备易操作、可快速迭代等特征，可以对考核信息进行快速处理实时展示，使得数据采集、信息处理和统计分析工作更为便捷，员工可对自身权限范围内的考核结果随时进行查看，考核过程公开透明，同时也为人事管理部门对员工评优选先、岗位优化提供有力依据，打开国有企业绩效考核新局面。

在未来，该系统生成的绩效考核结果可与业务云、档案云、数据云相结合，形成对员工全方位、多层次智慧化管理，人事管理部门可参考历次绩效考核结果对员工的工作态度和能力进行测试和评估，更好地制定培训和激励计划，帮助员工正确地认识自身能力，对自身的劣势更有针对性地增强和改正，帮助员工及时调整工作方向和提高工作效率。同时，可利用大数据、云计算等对量大值高的考核数据进行合理分析、解读、表达，挖掘出数据的价值，不断完善修正多维指标库内各项评价标准，提高绩效考核的公平性和科学性。

参 考 文 献

[1] 王云峰，陈卫东. 统计学原理：理论与方法[M]. 2版. 上海：复旦大学出版社，2014.

低代码开发平台助力油气开发数智化转型

周　泽　赵永明　张立新

（中国石油勘探开发研究院）

摘　要：在以人工智能为代表的信息技术发展潮流中，低代码开发平台以其开发效率高、入门门槛低及敏捷创新等技术优势而被信息技术开发人员看好。作为一种高效便捷的应用开发方式，低代码开发平台在油气开发领域的数字化转型与智能化发展上有着巨大的应用潜力。本文通过调研低代码开发平台在油气开发中的应用，分析低代码开发平台在油气行业的应用方式及应用前景，为低代码开发平台更高性能地促进油气行业的数字化转型与智能化发展提供技术支撑。

关键词：数字化转型；智能化发展；低代码开发平台；油气开发

随着以人工智能为代表的信息技术的高速发展，信息技术与油气行业越发深度地融合，对传统的油气开发产生了越来越深远的影响。当前，国内外主要油服公司均在大力推动油气开发的数字化和智能化（以下简称为数智化）发展，以提升复杂油气藏的勘探开发水平、降低成本和风险，达到油气勘探开发的降本增效。在这个过程中，各大油服公司纷纷携手IT巨头公司，开展业务数智化的探索、研发与应用，推进智慧油气田的建设。当前，油气行业的数智化转型发展已成为大势所趋。

在油气开发产业的数智化转型进程中，低代码开发平台（Low－Code Development Platform，LCDP，以下简称为低代码平台）正在扮演着越发重要的角色。低代码平台以其开发效率高、入门门槛低、扩展灵活及敏捷创新等技术优势被众多公司看好，被广泛应用于各大公司的数智化转型之中。使用低代码平台进行信息产品的开发，大大降低了开发门槛，提升了开发效率，节省了开发成本。研究显示，低代码平台的应用使企业的开发效率提升了5~10倍，节省工作量34%~70%[1]。当前，低代码平台已覆盖制造业、金融、医疗、房地产、零售、餐饮、航空等众多行业的不同应用场景[2]。低代码平台有着巨大的发展潜力，相信低代码平台的进一步应用与发展将为油气开发行业的数智化转型升级提供极大的助力。

1　低代码平台的发展现状

低代码智能平台通常指aPaas服务，其通过提供可视化应用开发环境，降低或去除应用软件、人工智能、知识图谱等信息技术的开发对原生代码编写的需求量[3]。低代码平台的总体架构如图1所示。应用低代码平台进行开发的步骤非常简单，只需在所创建的业务场景中进行可视化的组件装配及设计，实现所需功能即可。对可视化组件无法满足的复杂功

作者简介：周泽（1997—），2020年毕业于卡耐基梅隆大学化学工程专业，获硕士学位，现任中国石油勘探开发研究院智能控制与装备研究所工程师，从事油气装备数据分析及油气装备智能化的研发工作。通讯地址：北京市海淀区学院路20号。E-mail：zhouze1997@ petrochina. com. cn。

能，低代码平台也提供了简单的代码编写模块来解决。换言之，低代码平台相当于一个接口，通过大量提前写好的代码集成在平台中，使开发人员在应用软件与人工智能模型等信息产品的开发过程中免去复杂代码的编写，大大提升了开发效率。

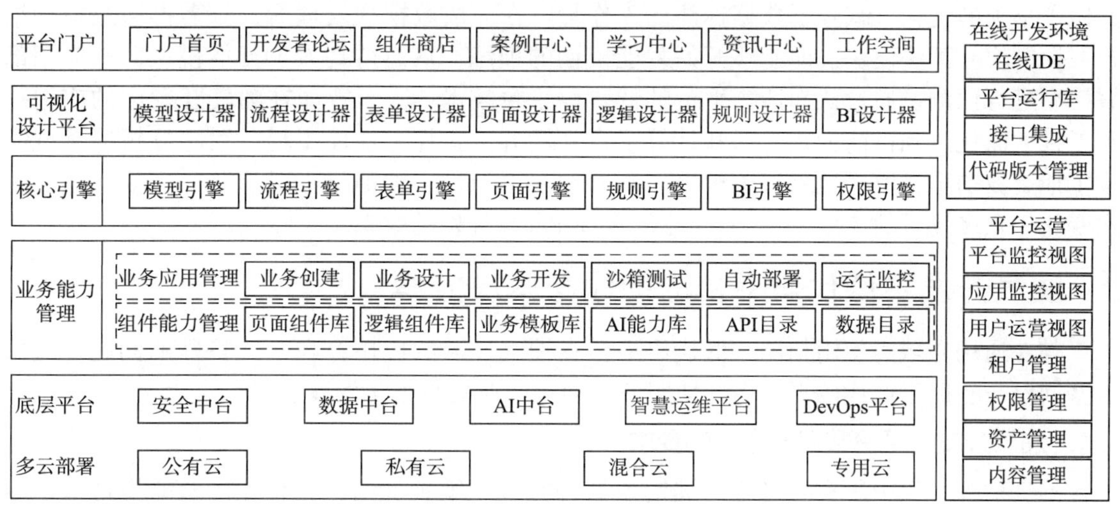

图 1　低代码平台总体架构图

低代码平台根据其功能可分为低代码应用平台和低代码 AI 平台。分别实现应用软件的低代码开发和人工智能模型的低代码构建功能。

自 2018 年起，国内外公司对低代码平台的重视程度和研究投入显著增加。研究显示，我国当前低代码平台整体市场规模已达 19 亿元，未来五年复合增长率将达到 49.5%，第三方使用人员规模达到 42.6 万人[4]。据 Gartner 的研究预测，到 2025 年全球低代码开发技术整体空间收入将达到 290 亿美元，是最具影响力的新兴趋势和技术之一[5]。

2　低代码平台在油气开发上的应用

低代码平台在油气开发领域当前仍处于发展早期，但有着极大的发展潜力与前景。低代码平台的应用大幅降低了应用软件与人工智能模型开发的门槛，能够有效解决当前油气行业业务专家不懂信息技术，软件专家不懂油气业务的人才困境，达到不需要计算机专业知识也能进行算法、模型与应用的开发，促进了行业的数智化转型发展。

当前，许多国外的头部油气企业都应用了低代码平台来促进企业的数智化转型发展。斯伦贝谢与微软合作研发的 Delfi 智能平台便提供了低代码智能平台认知 E&P(探索与生产)环境[6]，并鼓励企业员工及全社会人员应用和开发[7]。贝克休斯公司也依托通用电气的 Predix 平台开发了自己的油田数字化板块，不仅做到了油气全产业链一体化服务，还通过低代码平台技术实现了高效的数智化开发[8]。

作为国内油气勘探开发的旗帜企业之一，中国石油也顺应数智化发展潮流，启动建设了梦想云平台。认知计算平台(E8)作为其重要组成部分，在大港、大庆、长庆等油气田已开展了试点应用。认知计算平台是一款先进的智能低代码平台，其集数据管理、精准算法、超强算力、预测服务于一体，提供全栈、全场景的人工智能服务，并建立了相关的标准规范[9]。认知计算平台由数据预处理、知识图谱、人工智能计算、人工智能超市(社区)、系统管理共 5 个子系统、25 项功能、120 个算法组成[10]，提供了从数据读取到处理再到机器学习的一站式开发环境。

认知计算平台的操作简单，导入数据后即可对数据进行数据标注和特征工程。认知计算平台的数据标注功能特意针对岩性、油气层、初至波、地震层位几种特殊的油气开发数据做了单独的优化，减轻了数据标注的工作量。在完成数据预处理后，只需再通过拖动组合数据模块与算法模块，即能够开始智能模型的训练，从而得到人工智能模型，并应用部署模型进行预测。通过认知计算平台的低代码平台技术，人工智能在油气开发中的应用得到了很大简化。到目前为止，认知计算平台在测井、物探、地面工程、油藏分析等领域完成了地震波初至拾取、地震层位解释、测井油气层识别、抽油机工况诊断、产量递减和含水变化等众多场景的应用[11]，大幅提高了油气勘探开发的效率。

3 油气开发中低代码平台的问题与解决方案

与在通用领域的使用相比，低代码平台在油气领域的应用存在一些特殊的问题。克服这些问题，有助于低代码平台更好地服务于油气产业的数智化发展。

3.1 油气开发对平台数据安全性的要求

油气勘探开发中所实时采集的关键数据种类多、敏感度高，是企业的核心资产。这对低代码平台的数据安全与隐私保护提出了极高的要求。如何在低代码平台开发的产品中避免安全风险，做到数据安全，是低代码智能平台在油气开发应用时所需要解决的重大难题。

为解决以上问题，需从低代码平台的开发开始，就严格做到平台运行中内部的数据不出系统，保证低代码平台的自身安全和稳定运行。同时，低代码平台要做到数据共享的安全加密，避免对第三方 API 和组件的过度依赖，从平台本身控制安全风险。只有低代码平台自身做到零漏洞、零风险，才能确保使用低代码平台所开发出的产品的安全和可靠，满足油气开发对数据安全性的要求。

3.2 平台易用性与油气开发业务复杂性的调和

油气勘探开发涉及大量业务环节，业务场景复杂。过于简单灵活的低代码平台设计让业务专家看似容易上手，然而在面对复杂的业务问题时则会产生众多困难，如过多的模块及关系让使用者混乱、过于复杂的逻辑难以通过简单的拖拽实现等。即使最终完成了产品的设计，由于低代码平台数据结构和算法的不透明性，在运行出现故障后，问题的排查也将会耗费巨大的人力物力。

为解决上述问题，低代码平台的可扩展性及与原生代码的接口设计，是平台设计者需要重点考虑的问题。通过低代码平台与原生代码结合使用，能够很大程度上解决复杂场景的问题。此外，低代码平台直接生成原生代码也是一种规避上述问题的有效手段。使用低代码平台完成产品开发后，生成产品的原生程序代码，这样，使用低代码平台所开发的产品将和用原生代码编程开发的产品一样，开发团队可以很容易上手维护，解决了问题的排查与处理时遇到的困难。

3.3 油气开发中数据特殊性的处理

油气藏数据具有多源异构跨尺度的特点，常常面临数据数量低、维度多、质量差等问题[12]。这些数据在训练对数据数量与质量要求较高的人工智能算法时，训练效果会非常差，难以发挥出人工智能的优势。

为解决以上问题，需提前对数据进行有针对性地标注、降维、标准化等专业化处理，并通过构建样本库和通用模型等方法用于迁移学习。低代码平台的开发者不应指望使用平台的业务专家在模型构建时再对这些问题进行修补，而应在低代码平台的底层设计时就考虑到这些问题，并针对油气数据的特点对平台提前进行优化，从而使平台更为专业与易用。

4 低代码开发在油气开发中达到的效果

在解决了以上这些油气产业对低代码平台的特殊问题后，低代码平台将在油气产业转型上取得更大成果。笔者在这里列举了一些低代码平台在油气开发的数智化转型发展中所能够实现的效果。

4.1 低代码平台提高了员工的数智化意识

低代码平台的应用大大降低了信息产品的使用门槛，使信息产品的开发不再是编写让人头疼的枯燥代码，而是每个人都能上手，只需要拖拽鼠标、组合模块就可以完成的模块拼积木游戏。这种有趣的应用开发方式将极大地提高员工对数智化的热情，为企业数智化转型提供根本的文化动能。

中国石油勘探开发研究院 2023 年 6 月举办的基于认知计算平台的人工智能创新应用大赛，便吸引了各个所、各个专长的员工参加，并在公司内部激起了一波“人工智能热”。运用认知计算平台，各领域员工集思汇智，产出了众多优秀的智能科研成果。

4.2 低代码平台提升了油气开发的效率

低代码平台的出现能够使业务人员更好地理解开发产品的结构，有效避免了产品开发的前后端因对产品需求理解的偏差造成的无效沟通。对于简单的开发需求，业务人员甚至不再需要对接专业公司，自己动手即可应用低代码平台构建应用程序，大大节省需求沟通所需的资源与时间。

同时，低代码平台的使用使开发人员用最少的代码快速完成产品开发，从而能够使开发人员把更多时间投入到更为复杂和有创造性的任务上，有效提升了油气开发的效率。

4.3 低代码平台加强了开发过程的团队协作

低代码平台将各个开发步骤集成到了同一个平台，使处于不同开发阶段的角色可以在同一个平台上更紧密地协作。这种开发模式打通了职能边界和信息壁垒，促使开发者能够更为容易地对齐产品开发的进度和理解，实现更为敏捷的开发模式。

中国石油认知计算平台的问世，让油气开发中数据采集端、数据处理端、智能服务端、软件开发端的工作统一到了同一个平台，从而更加紧密了团队合作，促进数据共享，提升团队工作效率，促进产业的转型升级。

4.4 低代码平台更有利于优秀想法的出现

低代码平台降低了信息产品开发的门槛，使每个员工都能够参与到油气开发的数智化转型发展中。任何员工产生信息产品开发的灵感后，都能立即通过低代码平台动手进行模型的构建或应用的开发。

通过低代码平台的智能超市等人工智能社区的功能，还能够将一些好的想法进一步扩展和推广。这更有助于优秀模型与应用设计的出现，为油气勘探开发的数智化发展提供有力支撑。

5 低代码平台未来的发展展望

在数字经济快速发展的背景下，以产业数智化转型为契机，进一步推动低代码平台的开发，将有助于更为有效地构建和提升油气开发的效率与能力。为更好推动油气开发产业中低代码平台的应用进程，促进油气产业的数智化转型发展，笔者有以下几点思考：

（1）应进一步提高各级员工对数智化发展的认识：通过培训、宣讲等方式，提高公司员工特别是管理人员对数智化转型重要性的认识，了解到数智化转型发展将是企业未来的核心竞争力。

（2）应持续加大对低代码平台研发的投入：不断对低代码平台进行迭代更新，使之更加易用、高效，更加贴近油气的勘探开发，更好地服务公司的数智化转型发展。

（3）应提升对低代码平台的培训力度：通过对业务专业人员进行系统的培训和推广，为公司培养一批懂业务、会开发、能应用的复合型人才，为公司的数智化建设提供可靠的人才队伍保障。

（4）应积极推动低代码平台的推广与应用：在公司内通过竞赛、激励等方式，鼓励不同专业背景的员工参加低代码平台的培训，并应用低代码平台进行产品的开发与设计，从而实现低代码平台更大范围的推广和应用，营造更为良好的数智化建设氛围。

6 结束语

低代码平台近年来在油气开发领域越发受到重视。预计在今后 5 年内，随着云计算、人工智能等技术的进一步发展，低代码平台也将更加成熟。随着低代码平台在可扩展性、易用性、可解释性和智能性等方面上的继续发展与提升，低代码平台必将为智慧油气田的建设进一步添砖加瓦，在油气开发的数智化转型发展中创造更高的价值。

参 考 文 献

[1] 李飞，赵龙，冯强中，等. 论低代码平台在业务系统中的多种应用形态[J]. 科技创新与应用，2022，12(16)：193-196.

[2] 化繁为简：低代码行业研究报告[R]. 艾瑞咨询，2021.

[3] 龚新涛，杜成. 低代码开发平台助力中小企业服务数字化转型[J]. 中国信息化，2023(6)：95-97.

[4] 李成磊. 面向敏捷应用的低代码开发技术研究[J]. 科技创新与应用，2023，13(14)：26-29，35.

[5] TUONG N DC，GOODNESS E，WOODWARD A. Emerging Technologies and Trends Impact Radar：2022[R]. Gartner，2022.

[6] D'MELLO A. Schlumberger opens INNOVATION FACTORI in Houston to expand global AI network[OL]. 2022：IoT Global Network.

[7] DESK A N. Schlumberger Launches Digital Platform Partner Program[OL]. 2022：AiThority.

[8] 曾涛，张弼弛. 国际油服公司数字化转型经验与启示[J]. 国际石油经济，2019，27(7)：39-48.

[9] 匡立春，刘合，任义丽，等. 人工智能在石油勘探开发领域的应用现状与发展趋势[J]. 石油勘探与开发，2021，48(1)：1-11.

[10] 龚仁彬，李欣，李宁，等. 油气人工智能[M]. 北京：石油工业出版社，2021.

[11] 时付更，孙瑶，王轩峰，等. 油气勘探开发的智能化应用研究与思考[C]//第七届数字油田国际学术会议论文集，2021：80-84.

[12] 曹宇. 人工智能在石油勘探中的应用[J]. 信息系统工程，2022(5)：56-59.

“信息油田”的数智化管理体系在新疆油田公司的应用

刘　翔　艾文众　杨开艳　金　鑫

（中国石油新疆油田公司风城油田作业区）

摘　要：当前，油田企业面临油价跌宕起伏、外部经济形势日趋复杂和发展过程中“高产低效”矛盾凸显的多重压力，数字化、智能化成为企业降本增效、实现高质量发展的重要手段。近年来，为有效应对油价波动频繁和逐步升高的生产成本，新疆油田公司围绕业务发展、管理变革、技术赋能三条主线实施数字智能化转型，树立“深化顶层设计、设计管理体系、加强数字技术统筹”的核心理念，对业务、财务、信息深度融合，建成“信息油田”的数智化管理体系。该体系的建成与应用，完善了信息化建设总体框架，推动生产经营管理由“精细型”向“精益型”的转变，提高管理效率，实现生产经营指标的大幅提升，正向驱动公司高质量发展，初步探索出一条适用于新疆油田公司数智化转型成功路径。

关键词：数字化；智能化；降本增效；管理体系；数智化转型

近年来，伴随着产能建设的大规模实施和国际原油价格的频繁波动，新疆油田公司面临诸多矛盾。首先是油田资产规模逐渐增大，折旧折耗高，价值创造能力低，规模优势未能有效转化为效益优势；其次是油田增产效益难以匹配折旧折耗、人工成本等刚性增长，完全成本控降难度大、控降空间不足。亟待在现今大数据时代基础上，加强数字智能化管理技术，构建数智化管理体系，让石油经济效益分析数字化，促进企业效益提升。

1　数智化管理体系的核心理念

新疆油田公司体量庞大，实施全面数智化管理改革难度系数大，需要从下属油田优选一块油田作为试点。F油田作为新疆油田公司下属主力油田之一，是集稀油、稠油、天然气开发的综合性采油单位，油田产量结构表现为油多、气少、稠油占比大(80%)，同时油田通过多年持续管理创新和技术优化，数字化覆盖率已达到67.9%，基本具备完善的数字化管理体系和良好的数字智能提升基础，是当下实施新疆油田公司数智化管理改革的理想试点油田。

随着F油田发展，油田开发面临三大难题，一是油田持续建产使得资产规模日益庞大，近5年资产原值增幅37%，预计三年年均折旧达到19.9亿元，油田背负较重的成本压力，抗风险能力减弱；二是油多、气少，稠、稀油占比不均衡的产量结构，严重制约油田开发，为提高油田开发效益，需以优化产量结构配置为抓手，寻求产量、效益的平衡点，实现在油田持续上产的大背景下实现高效益开发目标的业务发展需要；三是传统的信息管理方式，难以实现数据的共享互通，数据利用率低，无法有效支撑油田信息管理变革。

面对转型变革和效益开发的双重挑战，油田公司提出有质量、有效益、可持续的发展

作者简介：刘翔(1987—)，2009年毕业于中国石油大学(北京)地质工程专业，获学士学位，现任(中国石油)新疆油田公司工程师，从事经济评价工作，中级工程师。通讯地址：新疆维吾尔自治区克拉玛依市胜利路62号。E-mail：fclx@petrochina.com.cn。

目标，树立“一个深化、一个设计、一个加强”的核心理念。在新疆油田公司引领下，F油田按照业务发展、管理变革、技术赋能三大主线实施数字化转型，率先试点建成相应的数字化支持体系，构建以数据共享平台为核心的智能化生态信息管理系统，深化油田企业业财一体化全生命周期闭环管理。同时通过统一的信息管理界面，快速、及时、可视化地找到油田生产异常点，自动推送生产建议方案，并实时调整生产计划，提高油田感知、分析能力。

2 构建数智化管理体系的做法

油田企业数智化管理体系建立的基本原则是系统性、规范性和操作性。体系架构需具备完善的顶层设计、明确的管理流程、严密的组织机构、强大的数字支持技术和没有专业壁垒的数据源。

2.1 深化顶层设计

实施数字化赋能顶层设计，是在大数据支持下把握正确的业财融合发展方向，提升数字化管理水平。顶层设计信息油田建设蓝图，需要持续优化信息油田理论体系和技术框架，指导信息油田试点建设，为油田数字智能化发展转型打下坚实的理论基础。

顶层设计的深化，以完善的基础设施、海量的勘探开发管理数据和众多覆盖主营业务的应用体系等基础设施场景为支撑，依托油气勘探、油气开发、协同研究、工程技术等业务转型场景，推进科研决策、生产经营、生产现场、监督管控向协同化、一体化、智能化、可视化发展，遵从业务场景和信息技术方案双轮驱动的基本原则，坚持突出价值引领、业务驱动、场景建设、管理变革，每个业务场景按照端到端业务流程分析、业务痛点识别、技术解决方案设计的思路，设计典型业务场景试点实施方案，打造生产指挥、科研协同等新型能力，实现提产量、增效益、提效率、降成本、控风险等业务目标(图1)。

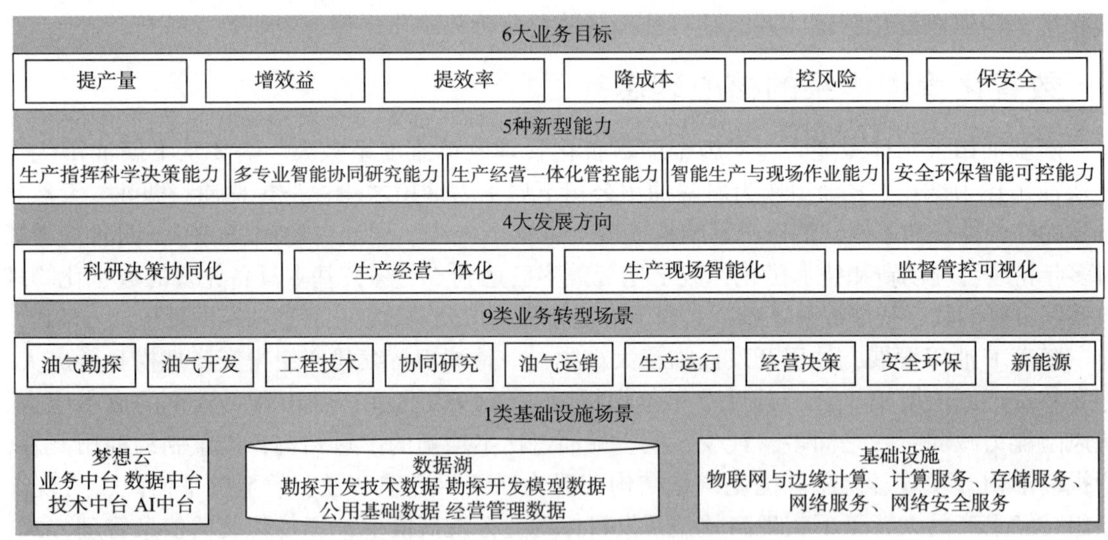

图1　信息油田智能化顶层设计

2.2 设计管理体系

经营管理一体化系统平台建设是数字化管理体系升级的核心部分，是实现企业业务和财务紧密衔接的基础与桥梁。经营管理一体化系统平台运用数字化手段按项目全生命周期管理办法论证产量、投资、成本和效益，扭转传统单一产量为主、重规模轻效益的管理理念，转变为注重投资回报、强化成本控制、追求效益产量的精益型管理理念。

“有人干，有人管，如何管”是管理体系得以运行的先决条件，它直接影响着管理体系的质量和水平。首先是组织体系设置，F 油田在公司层面设置经济评价部门，建立相应管理体系，负责经济评价工作的组织和管理。在基层生产单位设立经济评价岗，负责上级工作部署的执行与落实，以及基础数据的采集与录入。其次是制度体系设置，通过制定《F 油田标准井体系》《F 油田经济评价管理办法》，明确界定经济评价部门的责、权、例，规定各部门的职责分工。最后是考核体系设置，制定《F 油田经济评价工作考核管理办法》，建立考核监督机制，用制度保障油田效益评价工作效果。

2.3 加强数字技术统筹

业务部门与财务部门相对独立、整合效率不高，一直制约着石油化工企业数据化工作的推进。针对该问题，F 油田通过加强数字技术统筹，开展以数字信息化为核心的效益评价系统建设。

基于现有 A2 数据库，整合油藏开发、工程、勘探、物资、财务、生产运行等全流程投资成本数据及生产数据，完善数据采集共享机制，规范采集各类单井参数，并制定系统维护管理制度，形成一体化管理系统，实现海量数据的高效处理，为实现单井全生命周期、全流程、全要素线上管理及效益分析评价奠定数据基础“软实力”；构建评价分析模型，通过分析不同区块、不同井型、不同井别的平均单井投资费用及建产能力，完成油田—开发单元—单井的效益评价，并按照需求展示不同层级经营状况、生产效果、措施效果等可视化指标，实现监管、预警、追踪、决策辅助各层面的数据展现，找准降本增效发力点，为油气开发投资决策及降投措施制定提供量化依据，科学指导新井实施与调整，全面提升油田企业的生产经营水平(图 2)。

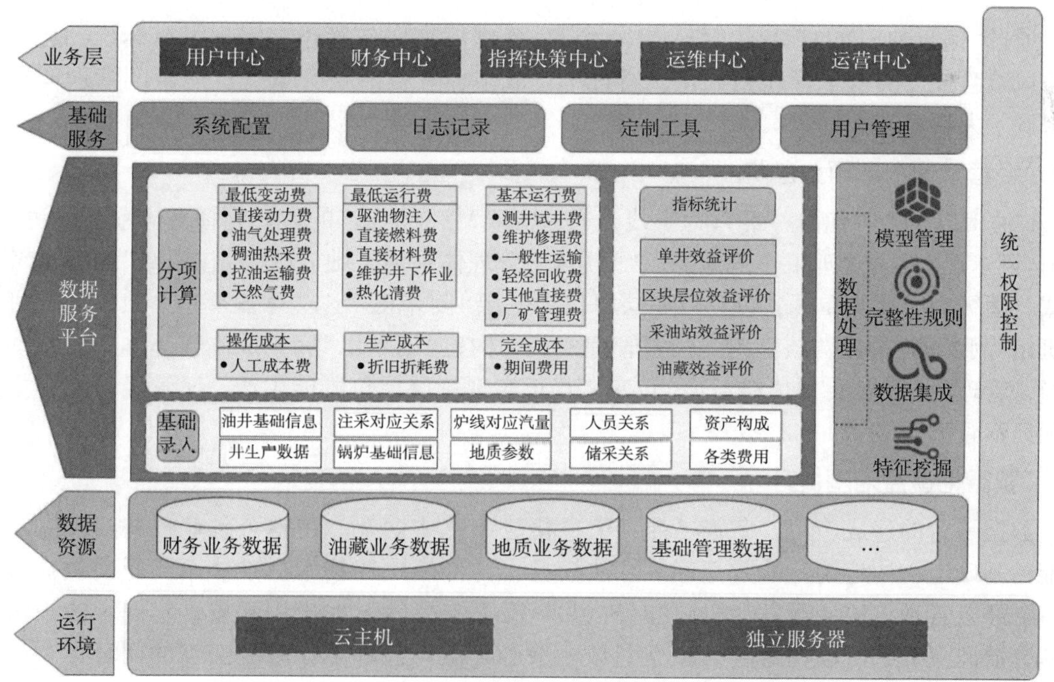

(a) 效益管理系统框架设计图

图 2 效益管理系统架构图

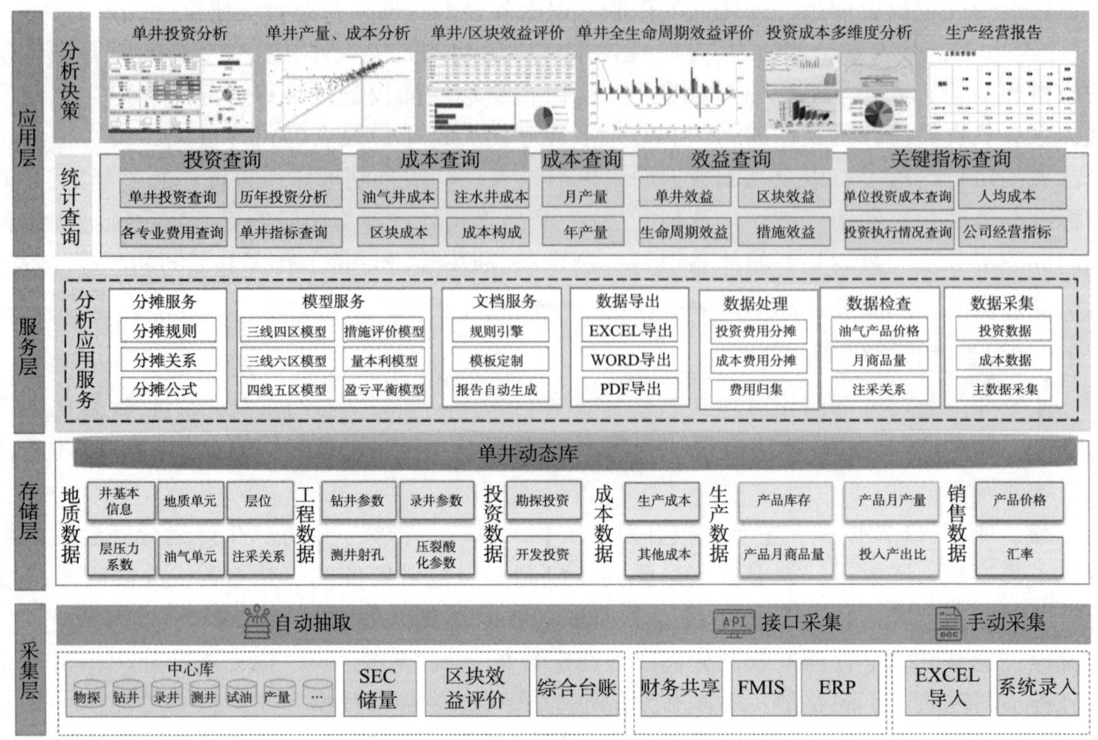

（b）效益管理系统应用构成图

图 2　效益管理系统架构图(续)

3　应用效果

通过“信息油田”的数智化管理体系运行，各部门在协作管理上实现了目标统一化，在效益风险管控上实现了管理精益化，通过单位成本、效益的核算量化，使生产管理调控效率得到了大幅提升。

3.1　经营管理水平再上台阶

F 油田以生产—信息—经营为主线，通过实践“信息油田”的数智化管理体系，推动了 F 油田“阿米巴”经营管理工作落地，以“强矩阵”管理体系为基础，以“六包四减”为基本考核方式，逐级划小核算单元，创建以基层单位为基层“阿米巴”、以具备条件单独核算的班组为班组“阿米巴”的经营核算单元经营管理模式，构建“阿米巴”完全成本核算体系，推动生产经营管理由“精细型”向“精益型”转变，真正实现基层单位既能生产，又管经营的自主提升的经营管理升级。

3.2　数智化覆盖范围提升

数据平台的建成应用，完善了油田信息化建设总体框架。在整合各业务部门独立系统功能的基础上，构建统一的数据库、算法模型、评价模块等技术标准体系，开展包括决策支持、经营管理、协同研发、协同办公、共享服务支持等五大应用建设。实现了油田信息化从分散向集成的阶段性跨越，建立了数字平台与生产经营工作融合交互的闭环体系，统筹优化了注、产、运、处理等各环节，增强了生产动态感知、风险快速响应、决策精准高效的能力，大力推进了智能分析应用，扩宽了智能分析应用范围，驱动公司高质量发展。

通过加快数字化建设，运用大数据运算，大幅缩短数据处理时间，经济评价周期由 15d 缩短至 7d 左右，将数据准备时间从原有的 10d 缩短至 1d，数据准确率由 96%提升到 100%，将经济评价人员从烦琐的数据准备中解放出来，从而使更多的精力放在数据分析上，充分提高了经济评价的效率及数据的时效性，进而提高了管理效率。

3.3 生产经营指标大幅改善

管理体系的实施运行，让 F 油田各项生产运行指标显著提升。对比 2022 年年初，2022 年原油生产超计划 3.4%，辖区内四个油田单元均达到效益一类，区块效益、单井效益提升明显，效益产能增幅达 28.0%(图 3)。

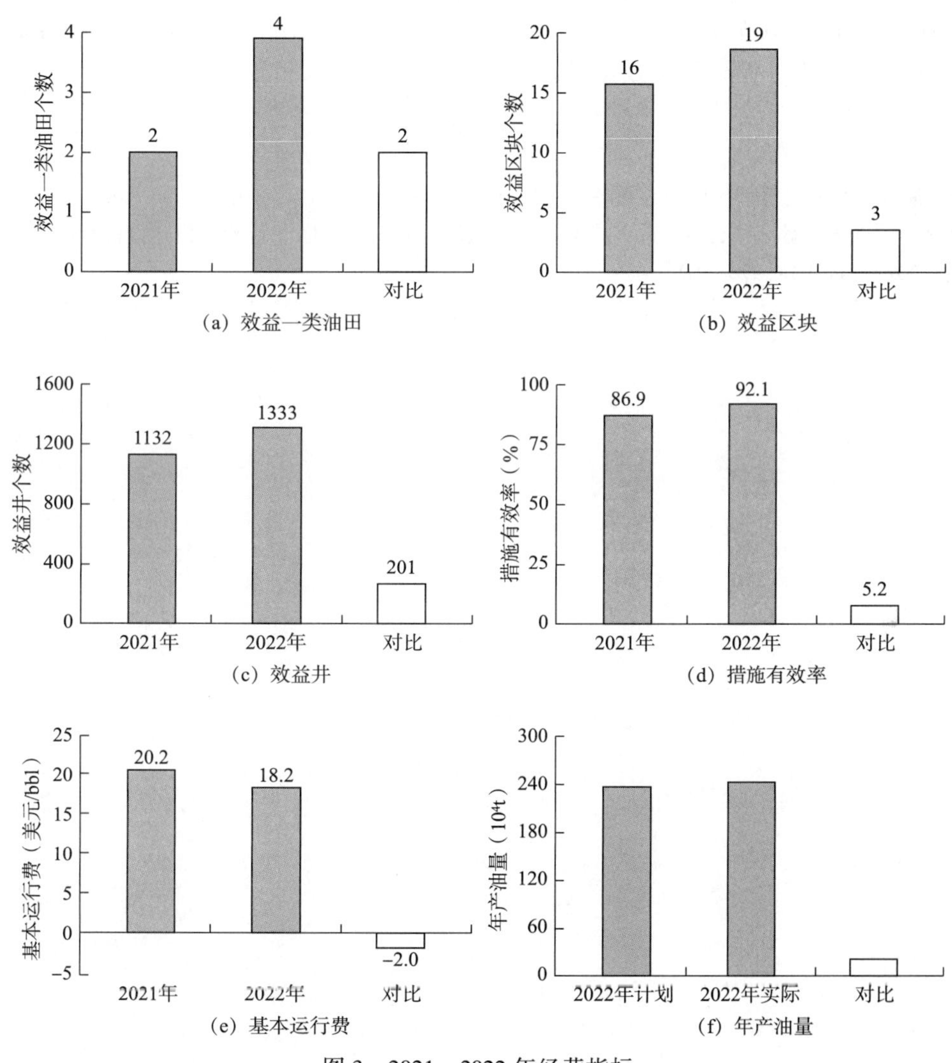

图 3　2021—2022 年经营指标

2022 年全年评价产能建设方案 11 项，通过敏感性分析，指导方案从井型、井距及井网组合方面优化钻井投资参数，方案内部收益率均高于基准收益率(常规油藏 8%，非常规油藏 6%)，有效控制产能建设投资，各项方案均具有经济效益；评价措施 320 井次，效益达标井 312 井次，措施有效率 97.5%；通过 2022 年无效井开井潜力摸查，针对有开井潜力井复开 213 井次，提高开井率 8%，实现无效井效益提升，复开增油 1.06×10^4t；稠油开发以提高油汽比、优化注汽方式，节约蒸汽 50×10^4t。

以经济评价效益为导向，通过优化调整产量结构及合理配置成本，F 油田利润指标增加 33.3%，单位基本运行费下降 2.0 美元/bbl，油田经营情况显著改善。

4 结论

（1）“信息油田”的数字化管理体系将开发地质、生产管理、投资成本等数据有机结合在一起，有效利用资源，降低油田开采成本，正向推动油田生产经营效益最大化和可持续化发展。

（2）“信息油田”的数字化管理体系的运行让油田整体经营管理水平再上新台阶，极大地提升油田数智化应用范围，对于及时掌握油田生产经营状况，制定降本增效措施，优化生产管理和投资成本，提高开发效益具有指导作用。

参 考 文 献

[1] 刘斌. 油气田企业经济评价管理体系探讨[J]. 国际石油经济，2018，26(9)：96-100.

[2] 李金蔓，周守为，孙金声，等. 数字技术赋能海上油田开发——渤海智能油田建设探索[J]. 石油钻采工艺，2022，44(3)：376-382.

[3] 朱喜平，张平，王多才，等. 基于价值链分析的智慧储气库顶层设计[J]. 油气储运，2023，42(4)：361-374.

大庆油田井下作业数字化建设与对策

杨铁峰

（大庆油田有限责任公司采油工程研究院）

摘　要：大庆油田针对井下作业工作量大、承包商管理评价难、QHSE 监督任务重等诸多瓶颈问题，按照“数据标准化、管理信息化、流程规范化”的理念，统建了油田层面的井下作业数字化管理平台，将业务及流程全部转换成数字形式，实现了业务全过程的数据采集、存储管理和综合应用，在视频监督管理、承包商管理、报表管理等方面取得了创新性成果，对行业数字化发展具有借鉴意义。

关键词：井下作业；数字化；视频监督

进入 21 世纪，随着计算机行业蓬勃发展，井下作业迅速步入信息化阶段，出现了各有所长、各有特色的业务软件，整个行业的管理水平得到提升。当前，以云计算、物联网、5G、大数据、人工智能等为代表的数字技术相继与油气业务融合应用，使井下作业数字化建设步入快车道。

井下作业是油气勘探和开发过程中保障油水井正常生产的主要手段，业务上包含三项设计、生产运行、施工监管、队伍管理等方面，涉及设计、建设、施工、监督等相关部门[1]。

针对设计管理、生产运行、承包商管理、监督管理等诸多业务需求，急需统筹井下作业数字化建设，整合业务流程，创新开发全链条软件平台，将所有业务活动和流程转化为数字形式，为数字化建设奠定基础，持续推动油气勘探开发提质增效。

1　井下作业管理面临的问题

1.1　生产管理面临的问题

传统的井下作业管理模式存在由于数据来源及标准不规范，导致三项设计编制质量参差不齐；生产管理信息层层传递，导致运行效率普遍偏低等现象。

（1）三项设计方面，主要表现在：一是设计标准不统一，编写质量差。15 个采油厂均有设计编制软件，对照 Q/SY 1142—2008《井下作业设计规范》，存在设计模板不统一，数据格式不规范等现象，导致出现基础数据和生产数据缺失、数据不一致等问题。二是设计软件功能不全，编审效率低。部分采油厂有地质设计软件，油田内部施工单位有施工设计软件，但都与工程设计软件不兼容，数据不能共享，工程设计编制时需要人工查询施工总结、钻完井数据表等纸质资料，手工填写基础数据、生产数据等内容，编写完成后需要纸

作者简介：杨铁峰（1973—），1994 年 7 月毕业于大庆石油学院采油工程专业，获硕士学位，现任大庆油田有限责任公司采油工程研究院副院长兼大庆油田油气井工程质量监督站副站长，主要从事井筒工程质量监督、井控管理、采油工程类产品质量监督检验、智能分层注水管理等工作。通讯地址：黑龙江省大庆市让胡路区西宾路 9 号大庆油田采油工程研究院，邮编：163453。E-mail：yangtief@petrochina.com.cn。

质版或电子版传递到各级审批人员。

（2）生产管理方面，主要表现在：一是方案设计调配效率低。设计完成后，由设计单位通过纸质版或电子版，转交给井下作业主管部门，逐一登记后发放到施工队伍。二是生产信息无法实时掌控。监督人员需要逐井到现场或通过电话等方式了解单井施工信息；管理人员想了解队伍运行情况，需要监督人员或施工队伍通过电话或信息汇报；决策层想了解队伍整体运行情况，需要各采油厂逐级统计汇总。

1.2 信息化管理面临的问题

回顾大庆油田井下作业信息化建设历程，出现了管理断档、业务断链、数据断线的问题，并产生了重复投资、重复建设的问题。

（1）未建立统一管理平台，造成管理断档。各采油厂独立开发一套软件、建立一批用户、组建一组运维人员，缺乏统一性、一致性，管理水平参差不齐，增加了管理难度和维护成本。

（2）未实现资源共享，造成业务断链。由于建设、设计、施工等单位均站在自身业务角度独立开发，造成了流程互不相通、系统互不兼容、内容互有重复的情况，尤其是甲乙方各自开发的软件不向对方开放使用权限，造成重复工作、效率低下。

（3）未建立统一数据库，造成数据断线。由于各个软件开发语言不一、底层数据来源不一、数据填报标准不一，出现数据分散、不规范、缺失等情况，造成数据不一致、相互矛盾等问题。

2 建设思路及应对策略

以“规范、便捷、高效”为目标，将数字技术与井下作业深度融合，建设面向全油田用户的井下作业数字化管理平台[2]，提升企业内外部之间的协同和管理能力，提高井下作业施工效率和质量。

2.1 建设井下作业数字化管理平台

依托油田办公网，开发涵盖井下作业全部业务的管理平台，将每个业务细节转化为功能界面，包括三项设计编审、生产运行与信息填报、承包商管理与评价、监督人员履职评价、报表自动生成与汇总等功能，推进井下作业管理全方位向“数字化”转变。

2.2 统建全链条数据库

建设单井基础数据库、设计数据资料库、施工信息数据库、承包商信息库等与业务相关的多种底层数据库，各业务之间可随时提取、调用。通过多源头数据整合，实时自动生成日报、月报、年报等报表，用于指导生产、辅助决策、宏观调控，推进井下作业多元数据向“统一化”整合。

2.3 建立数字化硬件配套标准

建设 4GVPDN 专网，建立井下作业队伍数字化转型所需要的软硬件配置标准，施工队伍按需配备视频监控设备，监督人员配备移动单兵，为井下作业数字化建设提供保障，推进井下作业视频监管向“全覆盖”迈进。

3 取得的阶段性效果

2016 年，大庆油田开始全面推行“大庆油田井下作业管理平台”，将井下作业全流程管理业务整合到系统中，实现井下作业全过程数据化，成为油田唯一一套井下作业管理系统平台，实现甲乙双方数据共享、流程互通，解决了制约设计、施工、监督等部门数据填报、查询、应用的难题，做到“设计网上流转审批、施工进度网上查询、资料报表网络存储”，为大庆油田井下作业数字化发展奠定了基础。目前已经成为日常工作离不开的生产助手、管理抓手。

“十三五”以来，井下作业工作量逐年攀升、外部队伍占比逐年上升(占比高达56%)，质量、安全、环保管控难度逐年加大。大庆油田以“大庆油田井下作业管理平台”为基础，不断拓展应用范围，开发应用了井下作业承包商管理系统、视频监督系统及报表系统，实现了承包商“一书三表”信息化管理、利用视频开展远程监督[3]、实时掌握全油田施工运行动态，达到了管理提档升级目的。

3.1 三项设计管理

井下作业三项设计制定了统一模板，补充了单井数据库，规范了井下工具名称和型号，明确了施工作业工序类型，绘制了管柱图例，开发了基础数据自动提取等功能，极大提高了设计效率和质量，实现了三项设计的高效、规范、统一。通过线上审批、自动流转、时间节点可追溯，助推运行提速，目前在线编审三项设计130余万份，编制时间与使用前对比由3.5d缩短到1d，工作效率得到极大提升，生产运行保障能力进一步加强。

(1) 设计模板模块化：将三项设计基础数据、生产数据、设备数据等建立了148个最小模块，组合成131个设计模板，实现全油田设计模板统一。

(2) 井下工具规范化：梳理工具名称和工具图元(图1)，整理成静态数据库，包括杆、管、泵，以及封隔器、配注器等各类井下工具共计13个大类。

图1 井下工具分类图例

(3) 作业类型标准化：梳理29种施工作业工序类型，保证全油田规范统一，为实现报表自动统计提供了支撑。

(4) 数据来源唯一：三项设计的基础数据、生产数据、设备信息、历次施工情况等数据都是从A1、A2、A5等数据库统一调取。同时，实现数据继承，数据由地质设计依次继承到工程设计、施工设计中，保证了三项设计数据完全一致。

3.2 井下作业报表管理

开发了"井下作业报表管理系统"，包括生产日报10张、月报22张，成为中国石油天然气集团公司首家报表自动统计、自动推送的油田。从源头开始梳理，针对单井各项数据的及时性、准确性，在采集层面解决了每项数据谁录入、在哪录入问题；在应用层面解决了在哪存储、在哪调用的问题；在管理层面解决了统一统计方法、自动计算、实时推送的问题；在决策层面解决了宏观把控井下作业队伍运行动态及分布，实现全油田范围内及时合理调配队伍形成大数据库，为大数据分析奠定了基础。

(1) 实现工作量报表自动生成。通过"大庆油田井下作业管理系统"，将单井按作业类型、施工井次、施工区域等进行统计，形成工作量日报和月报(表1)，并自动推送到大庆油田公司、中国石油天然气股份有限公司。

表1 井下作业油井作业工作量月报样表

<table>
<tr><td rowspan="4">油田(单位)</td><td rowspan="4">工作量总计</td><td colspan="34">油井作业(井次)</td></tr>
<tr><td rowspan="3">工作量合计</td><td colspan="19">油井措施</td><td rowspan="3">大修</td><td colspan="12">维护作业</td><td rowspan="3">新井投产作业</td></tr>
<tr><td rowspan="2">措施小计</td><td rowspan="2">压裂</td><td rowspan="2">酸化解堵</td><td rowspan="2">补孔改层</td><td colspan="3">堵水</td><td colspan="4">转下泵</td><td colspan="4">三换</td><td rowspan="2">封堵</td><td rowspan="2">封窜</td><td rowspan="2">封井</td><td rowspan="2">其他</td><td rowspan="2">维护小计</td><td colspan="4">检泵</td><td rowspan="2">处理</td><td rowspan="2">调查</td><td rowspan="2">试验</td><td rowspan="2">措施后下泵</td><td rowspan="2">顶驱</td><td rowspan="2">连续油管</td><td rowspan="2">其他</td></tr>
<tr><td>化堵</td><td>机堵</td><td>小计</td><td>下抽油泵</td><td>下电泵</td><td>下螺杆泵</td><td>小计</td><td>换抽油泵</td><td>换电泵</td><td>换螺杆泵</td><td>小计</td><td>抽油泵</td><td>电泵</td><td>螺杆泵</td><td>小计</td></tr>
</table>

(2) 实现措施效果自动计算。从三项设计中自动提取措施前数据，从A2系统自动提取措施后数据，按照相关标准规范自动计算日增产增注和累计增产增注效果。

3.3 井下作业承包商管理

将《大庆油田井下作业承包商管理办法》中资质管理、人员管理、设备管理、准入证管理、合同管理、HSE承诺书、施工前能力评估、施工许可证、施工过程监督检查、竣工后绩效评估共10个关键节点，全部转为"井下作业承包商管理系统"，解决了无资质施工、检查问题记录存储、问题闭环整改、合同工作量统计、竣工后绩效评估等难题。

(1) 实现资质网上管理。通过全部承包商资质信息进机，实现在线发放油田公司施工准入许可证和各采油厂施工许可证。

(2) 施工过程检查网上留痕。开发了监督人员现场问题线上录入、线上整改、线上复查的功能，实现检查问题线上闭环管理(图2)。

(3) 竣工后绩效评估自动评价。制定了量化评估细则，开发了具有自动评价、自动打分的承包商竣工后绩效评估功能，解决了以往竣工后绩效评估结果缺乏依据佐证的问题，实现承包商评价规范化。目前，已累计在线评价竣工评估1345份(图3)，且评估结果纳入承包商年度招投标及资质年审考核中。

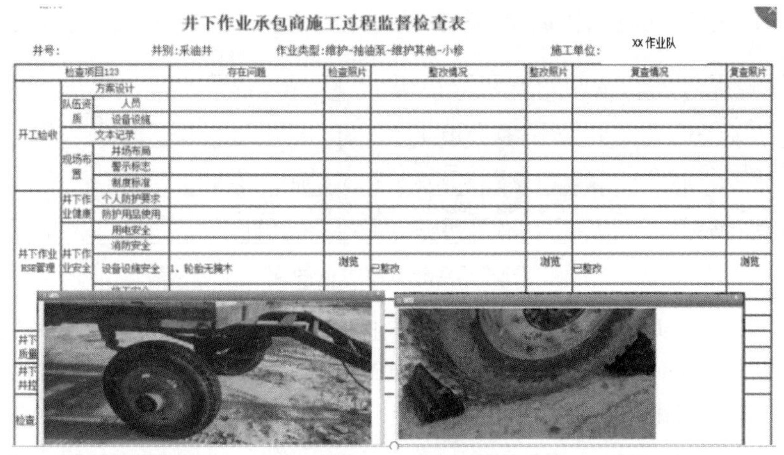

图 2　监督检查问题界面

承包商简称	合同份数	队伍资质数量	队伍动用数量	施工井数	评估分数
公司1	5	10	4	28	87.12
公司2	8	6	4	197	82.97

图 3　竣工后绩效评估结果界面

3.4　井下作业视频监督管理

2021 年大庆油田开始视频监控网络和平台建设，同步开发“井下作业视频监督管理系统”，提供了“看视频、知工序、查问题、管过程、录资料”的一体化、一站式监督手段，解决施工进度掌握不准、开工验收把关不严、工序确认缺乏依据、监督资料留痕不全等问题，标志着大庆油田井下作业监督管理再上新台阶[4]。

(1) 实现线上开工验收。施工队伍开展方案设计、人员及设备资质、QHSE 管理自查，具备条件后提交验收申请(图 4)，监督人员通过电脑或手机 APP 线上确认方可开工。

开工验收申请

检查项目		开工自查情况		
		结果	照片	文本
方案设计		合格		
队伍资质		合格		
文本记录		合格		
现场布置	井场布局	合格		
	警示标志	合格		
	制度标准	合格		
环保设备	井口围堰	合格		
	管杆桥平台	合格		
	回收装置	合格		

图 4　开工验收申请图例

(2) 实现重点工序留痕。施工队伍依据施工设计，提出工序申请，监督人员通过旁站或视频核查(图 5)，确认工序有效并留存关键资料。

监督工序申请_查看

井_监督工序申请确认

序号	工序名称	预计时间	文本描述	照片	监督时间	监督内容	照片	是否有效	是否合格	整改要求
1	搬家	2023-05-20 13:30	搬家		2023-05-20 13:30	搬家		是		
2	施工准备	2023-05-20 13:55	准备		2023-05-20 13:55	准备		是		
3	洗井	2023-05-20 14:30	洗井		2023-05-20 14:30	洗井		是		
4	拆井口	2023-05-20 15:50	拆井口，装防喷器		2023-05-20 15:50	拆井口，装防喷器		是		
5	起管柱	2023-05-20 17:00	起管		2023-05-20 17:00	起管		是		
6	打印	2023-05-20 19:30	打印		2023-05-20 19:30	打印		是		

图 5　关键工序申请图例

(3) 实现作业班报实时录入。全面启用作业班报，自动生成日报(图 6)，加快施工进度及时性和准确性，从而为视频监督提供准确施工信息，并为施工工序结构化、班报自动生成施工总结、智能化建设奠定了工作基础。

施工工序	时间		工作内容
	自	至	
组配管柱	05:00	06:00	【清量配】【用锅炉车地面刺洗干净，三人丈量三次，误差不大于0.02%，并记下最终记录，用ϕ59mm×800mm内径规通径，调配下井工具，组配下井管柱。】
拆井口	06:00	06:20	【拆井口】【拆原井井口。】
安装防喷器	06:20	07:50	【装防喷器】【装2SFZ18-21型防喷器。安装并控管汇。】【试压]【井口装置试压21MPa，稳压10min，压降0.1MPa合格。防喷器试压21MPa，稳压10min，压降0.1MPa合格。防喷管线试压21MPa，稳压10min，压降0.1MPa合格。放喷管线试压10MPa，稳压10min，压降0.1MPa合格。】
下管柱	07:50	13:10	【下压裂管柱】【下丝堵1个，K344-116HD封隔器1级，内返排喷砂器1级，ϕ73mm外加厚N80油管5根，K344-116HD封隔器1级，内返排喷砂器1级，ϕ73mm外加厚N80油管5根，K344-116HD封隔器1级，SLM116A水力锚1级，ϕ73mm外加厚N80油管183根。完成深度及管柱结构见《压裂管柱示意图》和《压裂油管记录》。】【替液】【井筒用清水22m^{3}灌满，泵压3.0MPa，进口排量24m^3/h。】

图 6　作业班报表图例

4　数字化发展思考和设想

4.1　构建以视频监控为基础的监督管理体系

大庆油田发挥视频监控平台优势，以视频监督管理平台为基础，建设油田公司级、厂级、作业区级三级视频监督管理体系，实现“视频代替人员、网络代替车辆、电脑代替人脑”。

(1) 加快推进视频监控智能分析技术应用。现有的视频监控系统实现了作业现场视频的采集、传输、存储及回放，但尚不具备智能分析功能，对于异常情况或突发事件，无法及时研判预警，并且监控屏幕为多画面小图像，监督人员长时间盯守，易产生疲劳，难以保证对违章作业信息的完全获取。为此，以安眼工程为代表的项目正致力于这方面研发，需尽快将研究成果转化为各油田层面的应用中来。

(2) 加快推进信息化终端设备的研发建设。监督人员配备手持移动单兵，解决监督人员移动办公问题。应用防爆智能手机+相关井下作业 APP 软件，实现数据录入、报表填写、照片和短视频传输，实时查看施工现场视频画面，并与施工现场信息互动，提高监督效率。

4.2　井下作业智能化建设发展方向

大庆油田将搭建井下作业智能管理监督管控平台，在大修、压裂等领域开展施工参数分析模型、采集设备开发，统一架构、确定数据规范、明确采集传输方式等工作。

(1) 智能化预警技术将大幅提升井下作业本质安全。将施工过程中采集的数据进行传输、判别和预警，建设覆盖重要施工参数采集与传输的物联网，开展智能风险预警技术研究，构建数据可视化虚拟施工现场，形成现场少人、后场指挥的措施运行模式，深化智能化发展技术研究，实现安全防护动作自动介入及重点设备的在线诊断和预测性维护。

（2）智能化数据分析技术将大幅提升井下作业管理效能。研究施工参数和视频影像量化分析方法，与标准规范和管理制度对比，确定预警界限，实现精准分析、精准识别、精准报警。依据标准工序和采集参数制定监督记录点项，依据技术标准和管理规定制定监督标准，研究重点工序、作业队伍评价方法，实现监督资料规范、监督标准统一、重点工序自动评价。

5 结论

（1）统建共用共享的管理平台是井下作业数字化建设基础。通过构建全链条管理流程模式、建设全链条底层数据库、将业务及流程转换成数字形式，实现“设计网上流转审批、施工进度网上查询、资料报表网络存储”，保障油田公司层面生产管控能力，运行效率全面提升。

（2）根植统建管理平台开发应用是井下作业数字化发展保证。通过各油田生产信息、报表数据统一实时推送，保障中国石油天然气集团公司层面“一站式”宏观掌控行业运行动态的管理需求。通过实时推送工程监督月报、承包商队伍管理动态信息，保障中国石油天然气股份有限公司层面“一键到底”全方位监管能力。

（3）中国石油天然气集团公司层面的统一建设部署是井下作业数字化发展的必然趋势。现阶段的视频监控智能识别、数字化采集、智能分析等技术需要中国石油天然气集团公司层面顶层设计，构建开发框架、确定数据规范、明确采集传输方式等标准。通过整合现有技术、统建技术平台、发挥技术合力，将助力中国石油天然气集团公司安眼工程、井筒质量在安全、环保、质量方面全面监管升级[5]，为井下作业数字化转型赋能。

参 考 文 献

[1] 赵瑞元，杨义兴，梁东平，等. 井下作业监督管理模式的探索与创新[J]. 中国石油和化工标准与质量，2020，40(20)：78-80.

[2] 刘建升，王军锋，吴天江，等. 基于市场化队伍的井下作业管理系统的研发与应用[C]//第二届“中国石油石化产业‘互联网+’应用发展大会”论文集，2016：964-967.

[3] 王春阳. 萨北开发区井下作业视频监督平台研究与应用[J]. 中外能源，2022，27(4)：57-61.

[4] 赵龙州. 井下作业施工监督的完善与提升[J]. 化学工程与装备，2018(8)：107，118.

[5] 刘伟男. 采油厂井下作业质量监督模式探讨[J]. 化学工程与装备，2022(5)：154-155.

钻探企业云平台关键技术及建设方案

于海生　刘湘龙　张春光

（大庆钻探工程公司）

摘　要：油田数据的管理已经提升到了数据即资产的模式，因此云计算中心的建设也应该围绕着数据来进行部署，而数据资源的管理需要软硬件资源的支持，因此建设企业应用中心十分必要。本文从企业信息系统现状、建设目标及原则、建设方案和建设内容等方面介绍云平台应用中心的建设。

关键词：数据资产；云计算；应用中心

钻探企业是钻井、物探、测井、固井和录井等勘探开发数据的源头，目前有钻井数据中心支持，能够为相关的单位提供需要的钻井数据，实现数据共享。建立的测井数据中心，逐渐完善钻探数据中心，使其涵盖钻井、物探、录井、测井和固井等所有钻探专业数据，一是可以作为油田数据中心的勘探开发专业的第一手可靠数据源，可以保证该部分数据的质量；二是可以为企业的生产科研等工作提供数据保障，真正做到数据资产的保值和增值。

目前企业的各个成员企业的信息化水平相差比较大，有的单位组织机构中没有信息部门，其信息系统由挂靠在其他单位的人员来维护，难以保证信息系统维护的及时性及专业性，使信息系统对生产和管理的保证大打折扣，而企业应用中心的建设可以将分散的信息系统集中管理，统一维护。

1　信息系统现状

企业所属专业公司，分布在黑龙江和吉林两个省。在用应用系统（系统包括统建系统）共有 97 个，在用服务器大约 83 台；两个省的网络依靠光纤相连。现有的应用系统为企业生产、管理和科研提供服务和保障。

1.1　服务器

各专业公司共有服务器 83 台，其中：14 台为一般应用，69 台为重要及核心应用；可以满足目前应用的 30 台，需要更新换代的 53 台，主要为 2016 年及之前的服务器。

1.2　应用系统

在用各类应用系统 97 个，其中自主研发系统 27 个，统建系统 48 个，引进采购系统 22 个。统建的系统现在都部署在油田或者是中国石油天然气集团公司，自主研发和引进采购的系统都分散部署在企业及其所属的各个成员企业。

整合对象为自主研发的 27 个应用系统和引进采购的 2 个系统，自主研发的系统包括公共

作者简介：于海生（1980—），2002 年毕业于辽宁石油化工大学计算机科学与技术专业，获硕士学位，现就职于中国石油大庆钻探工程公司科技信息部，从事企业数字化建设、智能化钻完井等方面研究工作，高级工程师。通讯地址：大庆市让胡路区龙南爱国路 12 号。E-mail：yuhaisheng@ cnpc. com. cn。

服务类应用系统 6 个，经营管理类 11 个，生产管理类 11 个，专业研究类 1 个。其中公共服务类、经营管理类和生产管理类应用系统可以整合，专业研究类应用系统可以部署应用云桌面。

整合后自主研发的 27 个应用系统和 22 个引进采购的系统集中部署到企业应用中心。

1.3 钻探数据服务中心

目前钻探企业数据中心以钻井数据为主，共包含钻井的 35 大类数据，市场开发、工程技术、生产运行和经营管理四大应用系统，以及基础数据管理和系统维护两个系统管理系统，目前对外提供数据服务的对象有：采油厂、研究院、油田公司、集团公司统建系统。正在调研对勘探开发研究院提供数据服务。

2012 年开始建设的数据中心包含油田勘探公司探井，油藏评价部评价控制井，各采油厂(采气公司、各小油公司)开发井，海塔探井、评价井、开发井等的数据，以及经营管理统计数据，对以上各数据进行统一的归口管理和整合，避免使用新的数据管理系统后出现重复的数据录入、存储及传输工作。

钻探企业数据中心正在将钻探数据由分散的数据管理模式逐渐转变为集中管理。

除了在用的市场开发、工程技术、生产运行和经营管理四大应用系统外，正在积极开发以钻探数据中心为基础的面向所属成员企业的生产经营管理服务，使数据资产在整个钻探企业发挥更大的作用。

1.4 网络拓扑结构

黑龙江探区和吉林探区网络拓扑结构分别如图 1 和图 2 所示。

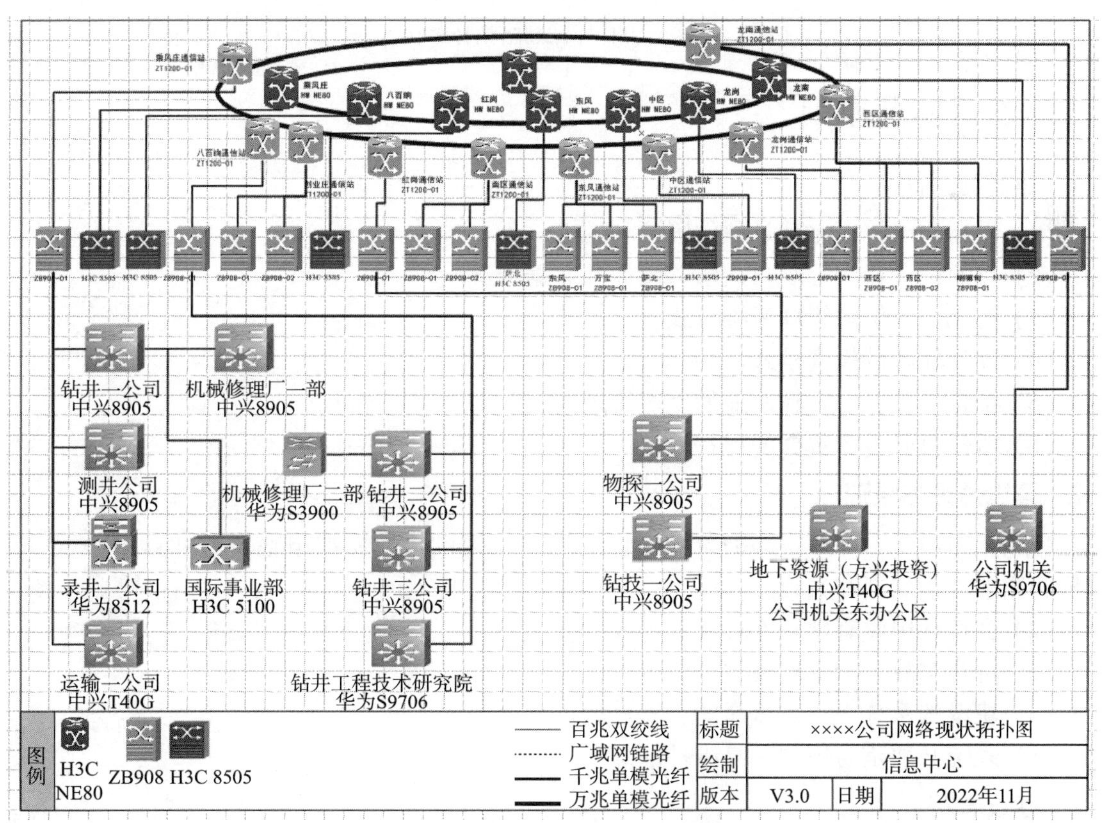

图 1 黑龙江探区网络拓扑结构

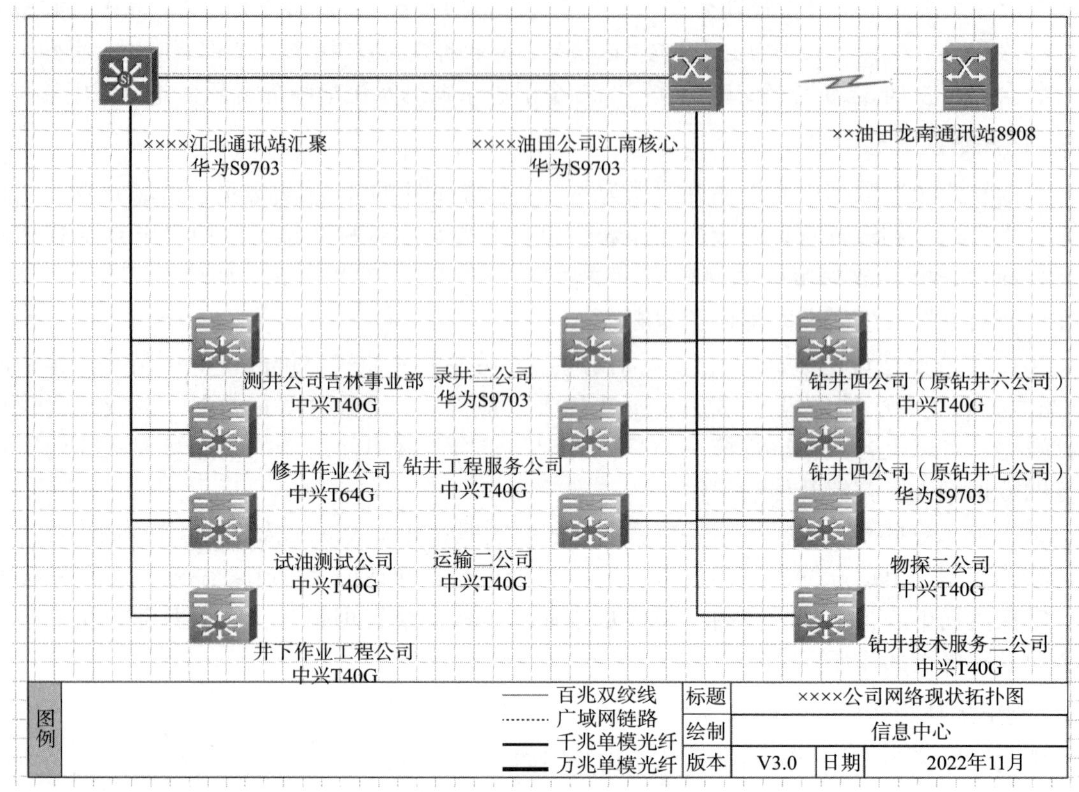

图 2　吉林探区网络拓扑结构

2　建设目标及原则

2.1　建设的目标

（1）提高软硬件，尤其是硬件资源利用率。

（2）与油田计算中心双向共享软硬件和数据资源。

（3）简化企业信息管理运维模式。

（4）改变软硬件投资模式。

（5）符合黑龙江、吉林两地的生产管理模式。

（6）增强科研生产数据的保密性。

2.2　建设遵循的原则

（1）作为油田云计算中心的分中心，应用中心建设将遵循油田整体云计算中心统一的目标和原则进行规划和实施。

（2）合理利用原有软硬件资源。

（3）符合实际生产管理模式。

（4）建设的系统必须是可靠的、安全的。

（5）系统必须是易用的、易维护的。

2.3　建设思路

充分整合、利用现有物理设施，建设存储池、服务器池；将原有 30 台服务器纳入服务器资源池中统一调配；购进性能高、配置好的 X86 服务器 21 台，构建服务器池，通过 IP SAN 存储实现存储资源池的建设，用于存储测井、钻井、地震等非结构化数据，实现数据集中、资源集中、安全高效的应用模式；其中 6 台作为部署云桌面的服务器。

根据各应用系统业务特点，进行应用系统的集中管理，将统建系统迁至油田云计算中心，将 27 个自主研发的应用系统和 22 个引进采购系统部署到钻探应用中心，使应用软件由分散管理、分别维护的模式转变为统一管理、统一维护的模式。

3 建设方案

3.1 总体架构

总体架构如图 3 所示。

黑龙江探区各个中心在物理结构上独立，在逻辑结构上通过网络整合为统一的资源池，吉林探区考虑到地域的影响，在纳入统一的资源池的同时，保持吉林探区本地资源的相对独立性。这样在网络允许的情况下，黑龙江、吉林两个探区可统一为同一资源池，在网络情况不理想的时候可将各个资源划归本地资源池，以满足不同网络情况下生产管理的需要，同时黑龙江与吉林可互为异地容灾，重点在于硬件资源池的建设。

钻探级云计算中心在整体架构上应与油田云计算中心的架构保持一致。

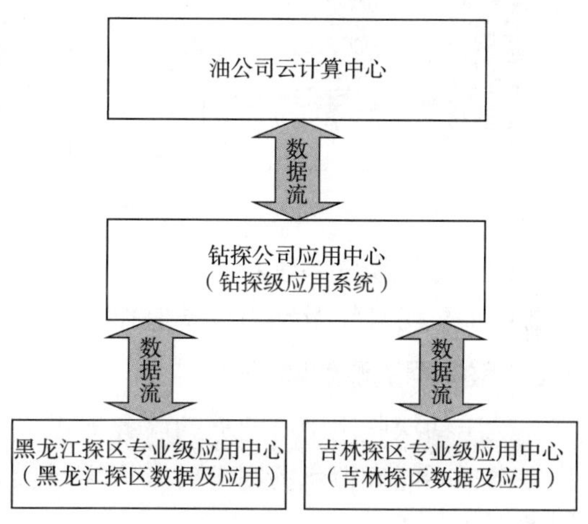

图 3　总体架构

3.2 物理架构

目前对于 X86 服务器和 SUN 工作站可以虚拟化，整合到统一的资源池当中；小型机由于其架构与 X86 不同，因此，现阶段先不对小型机进行统一资源管理。对于物探专业的数据处理解释业务，以研究院模式为参考，另行部署。

云桌面的用户的部署主要集中在测井等解释岗位，其余公共应用的云桌面用户部署在油田云计算中心上(图 4)。

其中：统一资源池包括服务器资源池和存储资源池；黑龙江地区资源池与吉林地区资源池逻辑上统一，物理上独立。

3.3 管理平台架构

管理平台功能架构分为平台门户、服务管理、资源管理、安全管理和运维管理五个逻辑层次。

4 建设内容

4.1 机房改造

考虑到建成钻探数据中心的规模及现有的机房状况，在机房的改造中要考虑以下几点：

（1）UPS 不间断电源；

（2）精密空调系统；

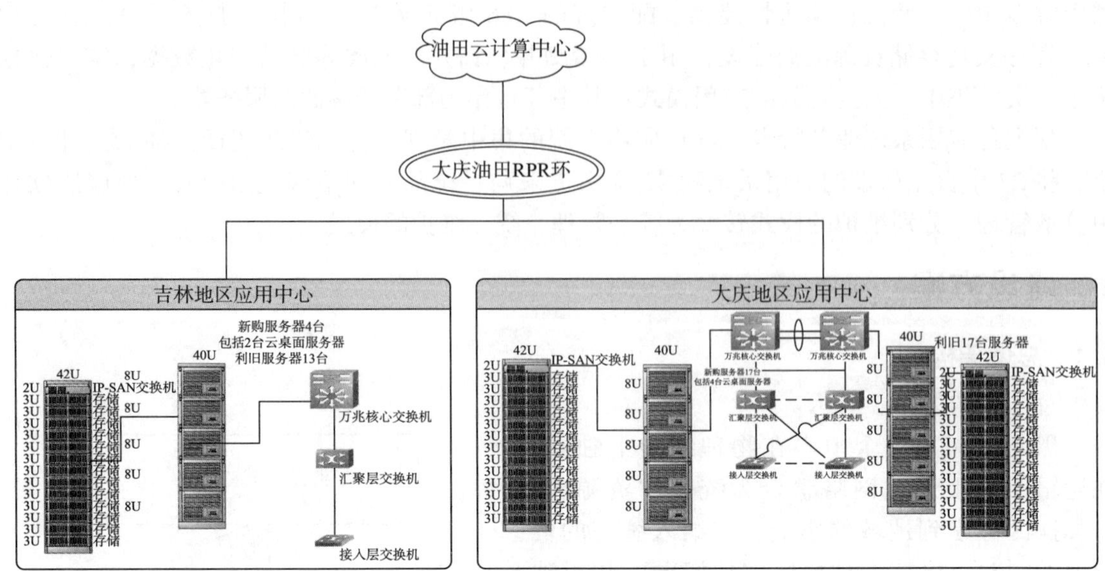

图 4　云桌面的用户部署

(3) 新风换气系统；

(4) 机房环境及动力设备监控系统。

4.2　服务器资源池建设

对于钻探应用中心业务的服务器需求，首先需要判断该业务服务器是否能够采用虚拟化方案，不能虚拟化的则需要采用满足实际需求的物理服务器进行配置，其他的则统一采用虚拟化方式。

下列条件下，应该考虑直接使用物理机来满足业务对计算资源的需要：

(1) 对服务器运算性能要求特别高，在单个物理服务器上配置最大计算能力的虚拟机依然不能满足业务应用的计算能力要求；

(2) 对显示要求特别高的业务应用；

(3) 现有软件许可加密方式不支持虚拟化的场景；

(4) 业务应用对服务器有特别板卡要求且板卡不支持在虚拟化环境中运行。

基于以上考虑，物探和测井的处理解释服务器暂时不考虑部署到钻探资源池。

服务器选型时应考虑以下因素：

质量方面：可靠性、兼容性、部件的质量、设计、服务能力，以及技术创新。

功能方面：处理器性能、I/O 性能、扩充性、扩展性、简便易用性、产品的特点与选件、操作、应用软件的种类、系统管理软件的功能和安装的简便性。

操作系统平台的选型原则：开放性，对称性与非对称处理，异种机互联能力，目录及安全服务的支持能力，应用软件的支持能力，网管能力，性能优化和监视能力，系统备份/恢复支持能力。

根据多年使用经验，机架式服务器稳定性能比刀片服务器好，而且机架式服务器能够满足钻探应用中心的需要，性能相对稳定。

通过引进 15 台 X86 高性能服务器，取代无法满足需求的 53 台服务器，通过虚拟化来整合利用可以使用的 30 台服务器，将它们统一整合为服务器资源池。

4.3 存储资源池建设

钻探现有公共存储460T(不包含NAS，后同)，当前使用363T，其性能和容量只能够满足当前业务需求，其投产年份也都在3年以上，故该部分存储不再用作钻探应用中心下的存储，保留2008年后投产用的存储作为不能云化的部分应用的存储使用，如数据库双机应用；NAS建议保留使用。

根据企业目前的业务需求，以及数据中心建设完善后的当务之急的需求，需要新购买260T容量的存储，160T作为主存储，100T作为备份。

4.4 网络建设

企业资源池化后其数据访问形式必然向集中化转变，故现有网络使用情况必然也发生重大变化，可能部分网络会成为业务发展的瓶颈，为此需要升级现有的网络，接入层升级到千兆(图5)。

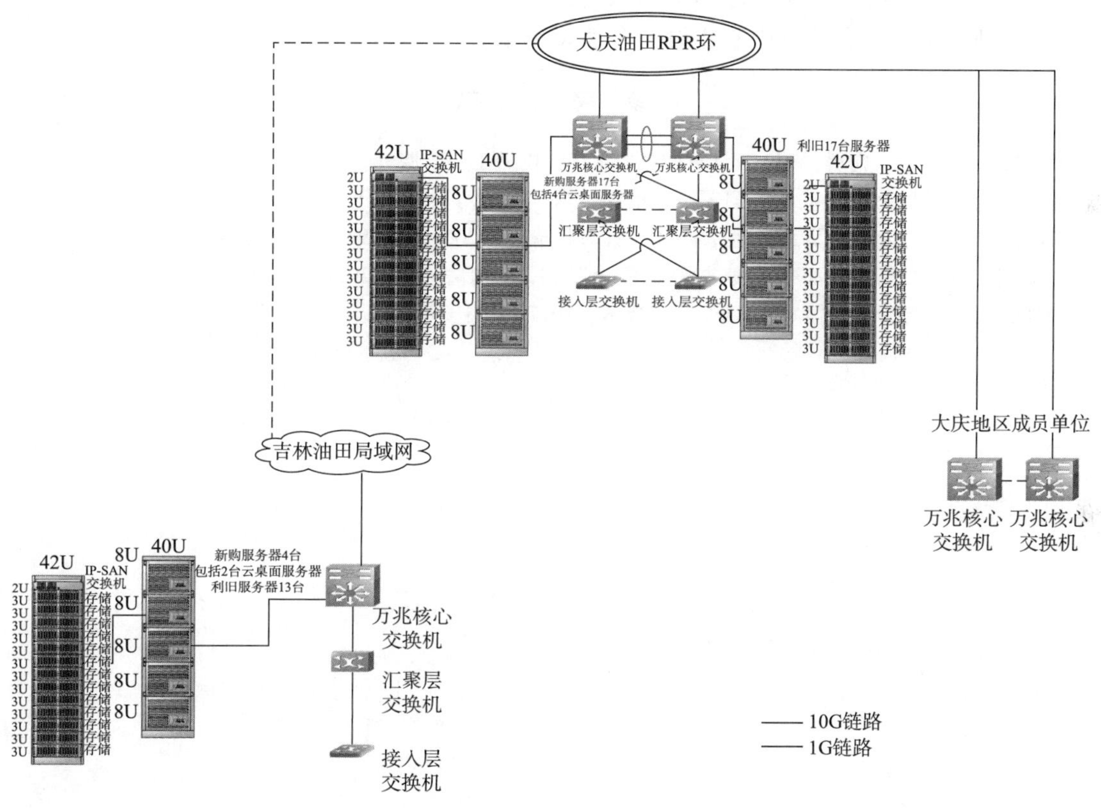

图5 系统网络建设

4.5 应用系统迁移

先迁移整合集中难度小的公共服务类应用，然后再逐步迁移经营管理类和生产管理类的系统，最后迁移专业研究类的应用系统。

对于统建类的48个应用系统，遵循油田云计算中心的进度和安排，统一迁移到油田云计算中心上。

4.6 云桌面部署

对于自主研发的测井资料处理解释软件系统，迁移到钻探应用中心后，对解释终端部署云桌面，此种模式成功后，可对物探和录井等解释岗位部署云桌面起到参考意义。

4.7 系统运维

成立钻探应用中心运维管理小组，负责钻探应用中心的软硬件资源的管理与分配；负责与油田云计算中心的协调与沟通工作；统一管理维护钻探应用中心的信息系统；远程管理吉林探区的专业应用中心。

5 结论

建设一个钻探企业应用中心，作为油田公司云计算中心的分中心：

（1）符合实际生产情况；

（2）能够保障数据资产的保值和增值；

（3）可以提高硬件利用率；

（4）实践了系统部署应因地制宜的原则；

（5）满足了油田云计算中心建设的个性化需求。

参 考 文 献

[1] 姜进磊，孙瑞志，向勇，等. 云计算[M]. 北京：机械工业出版社，2009.

[2] 张健. 云计算概念和影响力解析[J]. 电信网技术，2009(1)：15-18.

[3] 陈全，邓倩妮. 云计算及其关键技术[J]. 计算机应用，2009，29(9)：2562-2567.

[4] 王汝林. 发展“云计算”必须高度重视“云安全”[J]. 中国信息界，2011(1)：5-7.

[5] 徐刚. 云计算与云安全[J]. 信息安全与技术，2011(S1)：24-25.

信息化管理实现分层测试提质增效

李威啸

（大庆油田有限责任公司第三采油厂）

摘　要：随着油田开发进程，分层注水井逐年增加，按传统的分层测调工作模式，需要不断增加测试人员和设备等投入，导致成本持续攀升、效益逐步下降。目前主流的解决方案是开展第四代分层测试技术——智能分注，但前期投入巨大。为了探索老油田高质量发展的新途径，进一步提升开发效益，特对油田目前在用的第三代分层测试技术进行信息化升级，有效提高了测试效率，实现了队伍优化，降低了油田开发成本。

关键词：分层测试；信息化管理；管理系统；效益挖潜；管理提升

分层测试技术是特高含水期砂岩油田细分注水的关键应用技术，如何提升测试效率是实现分层测试工作降本增效的主要因素。在实际测试运行中，存在流程运转耗时长、班组测调能力饱和、单井测试周期不灵活、员工技能培训效果差、操作安全检查难度大等问题，影响油田精准开发。当前人工智能技术逐步开始应用于油田生产中，但注水井分层测调方面主要应用在智能分注领域(即第四代分层注水技术)，此项技术需要更换全井管柱，前期投入巨大。针对目前在用的第三代分层测试技术，研发的一套注水井分层测试信息化管理系统，无须更换注水管柱即可实现分层注水井全过程信息化管理，提升了管理能力，达到了降本增效的目标，具有一定的推广价值。

1　基本概况与存在问题

1.1　基本概况

某油田是一个开发建设超过50年的老油田，随着油田开发井数逐年增加，注水井分层测试工作量也随之逐年加大。按目前测调工作模式，每年需要不断增加测试班组、人员、设备等投入，使油田开发成本持续攀升、效益下降。“十一五”以来，某油田年均增加150~200口分层注水井，每年需新组建2~3个班组及相应配套车辆、仪器等设备。

为探索降本增效、高质量发展的新途径，通过分析影响测调效率的制约因素，以转变测试生产运行管理模式为主要思路，以降本增效为目标，研发并应用注水井分层测试管理系统。

1.2　存在问题

一是测试流程运转耗时长。测试施工流程为测试队技术员人工给各个测试班组分配任务并口头传达，测试班组与采油队工人要进行当面交接井，测试班组在现场测试完工后，

作者简介：李威啸(1985—)，2008年毕业于长安大学，获学士学位，现任大庆油田有限责任公司第三采油厂地质研究所技术管理室副主任，从事水井分层测调现场管理工作十余年，中级工程师。通讯地址：黑龙江省大庆市萨尔图区拥军村第三采油厂地质研究所，邮编：163113。E-mail：wxli01@petrochina.com.cn。

用U盘把测试成果带回队部进行解释，经技术员审核后，测试班组携带打印好的测调资料回到现场，与采油队再次进行当面交接，确认签字后，回到测试队将资料上传，由地质队管理人员进行审核，整套测试流转流程耗时约3d/口井。

二是单井测调周期不灵活。目前分层注水井执行固定的测调周期，为4个月一调，单层注入情况无法及时掌握，测调周期与单层注入量规律摸索困难，无法做到个性化调整测调周期。

三是随着井数的不断增加，每年都需要新增相应的测试班组，其中人员、车辆、仪器都要及时配备到位才能完成当年的测调任务，与降本增效的经营理念相悖。

四是现场操作安全检查难度大。测试队伍工作环境在野外，运转设备多，井口操作存在高压危险。目前安全环保管理采用管理人员现场检查的形式，覆盖率小、费时费力、达不到安全检查目的。

为解决上述存在问题，通过应用信息化技术，研发了基于PC端和移动端的注水井分层测试管理系统，转变了传统的生产管理模式。实现了单井测调周期智能优化、测试资料网络流转、专家远程指导、利用智能设备代替人工操作等功能，有效节约了人员、车辆、仪器设备等费用支出，提高了测调效率，达到了降本增效的目的。

2　注水井分层测试管理系统的创新点

2.1　创建测试管理信息化行业标准

某油田是首家利用信息化技术手段实现注水井分层测试日常管理、远程监督、智能分层注水的单位，系统的成功应用不仅实现了油田注水井分层测试工作的数字化、智能化的转变，同时在研发过程中所建立的网络组建标准、测试仪器数据格式转换标准，以及现场操作标准均是以行业应用为前提，以产业推广为目的，易复制、可推广的石油行业标准，为油田的注水井分层测试工作向信息化、智能化转变奠定了坚实的基础。

2.1.1　创建测试管理信息化行业标准

随着计算机网络技术的飞速发展，使许多智能设备、智能终端越来越多地进入工业领域，这些智能设备的使用在简化工作流程、节约人工成本的同时也带来了信息安全风险。油田生产数据属于国家重大机密数据，数据的安全是重中之重，如何保证数据的安全性是任何一项信息化工作首要解决的问题。

为解决这一问题，系统在设计初期便采用物理安全分析技术、网络结构安全分析技术、系统安全分析技术、管理安全分析技术等多个维度的网络安全策略，在最大程度上保证了数据安全的同时实现了内、外网的数据交换，并形成了特有的网络组建标准。该标准安全、可靠、易操作，对各种网络传输方式具有较强的兼容性，可在保证数据安全的前提下，实现智能设备采集的数据与油田内网数据的交互。

2.1.2　测试仪器数据转换标准

目前市场上有许多生产测试仪器的厂家，这些厂家生产的测试仪器数据格式多种多样，没有统一的标准。数据的多样性对信息化系统的推广具有巨大的阻碍作用，在此次系统研发过程中，收集了全国范围内提供测试仪器主要厂家的数据格式，通过分析数据的结构及规律，建立一套标准的数据模型，用于整合现有的数据格式，同时提供了数据封装接口，使新产生的数据格式也可通过简单的设置便可使用该数据模型，这套数据转换标准的建立极大地降低了系统推广的难度。

2.1.3 现场操作标准

注水井分层测试信息化管理系统应用后，实现了单井测调周期优化、施工前后的远程交接井，施工过程中的资料远程传输审核等功能，通过不断反复地磨合、修改与完善，形成了一套全新的、高效的信息化现场操作标准。新标准的建立极大地简化了测试流程、提升了测试施工效率，保障了测试结果质量，对整个管理模式的转变起到了至关重要的作用。

2.2 转变传统测试生产的管理模式

通过系统的应用，注水井测试工作由传统的管理模式转变为智能化的管理方法，传统的管理主要是以人为导向，由人依据经验及管理条例来安排各项工作，无法做到个性化、最优化调整，智能化的管理方法则是依靠完善的信息系统、智能硬件设备、无线网络传输实现对注水井分层测试工作个性化、最优化调整，从而达到管理升级、降本增效的目的。

2.2.1 利用信息化技术，改进测试施工流程

系统应用前，人工制定计划、分配任务，当面交接井并人工进行资料传输(图1)。

图1 测试流程对比图

系统应用后，系统每月会根据各井的测调周期及上次测调时间，自动生成当月的测试计划，测试班组通过移动设备远程接收测试任务，在管理系统内上传井口照片，通过照片进行远程开工交接，施工完成后，利用无线网络进行资料的传输，资料审核完成后，利用现场照片进行远程完工交接，结束本次施工。

平均单井施工时间由系统应用前的3d缩短至系统应用后的2d，提效33%。

2.2.2 利用智能分析技术，实现单井测调周期优化

优化前，全油田注水井平均4个月测调一次。为优化测调周期，整合所有分层注水井的历史测调相关数据，利用智能分析技术，找到了一个普适性的变化规律，该规律按照不同的井网类型、不同的层段数、不同的单层注水量，在不同的时间范围内，水量均呈现波动范围小的特点，一旦超过该时间范围，就会产生波动范围变大的规律。所以将该时间范围设置为该类井的个性化测调周期，根据此方法，得出初步的注水井个性化测调周期分析结果(表1)。根据优化后单井测调周期分析结果，在执行过程中，跟踪对比每次测调水量变化，对单井的个性化测调周期进行微调。若单井连续三次测试的注入量和压力与上次测试资料相比没有超出变化范围，系统可自动提示测试周期改变，为该井的测试周期增加1个月；若压力水量超出变化范围，系统进行提示，由动态分析人员综合分析该井连通状况及附近的油井生产情况，酌情缩减该井的测调周期，最终形成一井一周期的个性化测调方案。

表 1 注水井测调周期分析结果

井网	最小层段注水量 (m^3/d)	注水层段数			
		2 段	3 段	4 段	>4 段
基础井网	0~20	4 个月	4 个月	4 个月	4 个月
	20~40	6 个月	5 个月	4 个月	4 个月
	>40	6 个月	6 个月	5 个月	4 个月
加密井网	0~20	4 个月	4 个月	4 个月	3 个月
	20~40	5 个月	4 个月	4 个月	4 个月
	>40	6 个月	4 个月	4 个月	4 个月

2.2.3 通过改进流程与周期优化提升效率

应用系统前，测算全年测调工作量为 13587 井次，按照 3d/口井的频率，全厂 94 个班组平均每个班组需要工作 433d 方能完成全年工作量，现有工人全年无休仍不能完成测试工作量需求。

系统应用后，利用一井一周期的个性化测调周期，测算全年测调工作量为 12392 井次，按照 2d/口井的频率，全厂 94 个班组平均每个班组需要工作 263d 即可完成全年工作量，提效 39%，同时没有成立新班组，降低了人员、设备成本(表 2)。

表 2 全年测调工作量对比表

应用情况	测试周期	工作量(井次)	施工时长(d/井次)	班组数量(个)	平均耗时(d)
应用前	统一周期	13587	3	94	433
应用后	个性化周期	12392	2	94	263

2.2.4 利用视频监督进行远程安全检查

在每台测试车辆上都安装视频监控设备，管理人员在指挥中心即可通过系统对所有施工现场进行视频监控，达到了安全环保检查率 100%。在保证监督率的同时，通过将安全节点提示嵌入系统，员工只有确认安全节点提示后方可进行下一步现场操作，提示员工进行安全操作，提高安全意识。

3 系统设计及功能介绍

3.1 系统概要设计

信息化测试管理系统创建了“测试运行、管理提升、安全环保、技能培训、队伍建设”五大功能模块(图 2)。

系统按照业务逻辑分为五层：图片压缩与展示层、地图业务服务层、业务处理层、测试反馈处理层、系统管理层(图 3)。

3.2 系统功能

3.2.1 测试运行平台

一是测试计划的提交与分配。系统根据上次测试时间及测试周期，自动计算即将到期井号并列出，采油队对上述井号进行筛选，将能进行正常测试的井列入计划，并可对特殊井进行加急处理，并提交测试计划，地质队审核后测试队分配给测试班组。

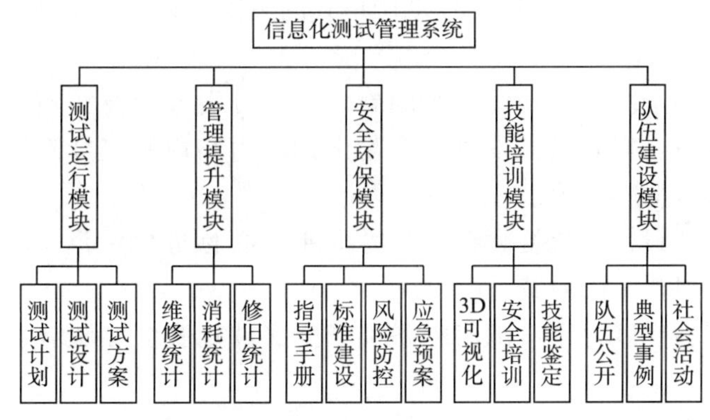

图 2　注水井分层测试管理系统功能模块图

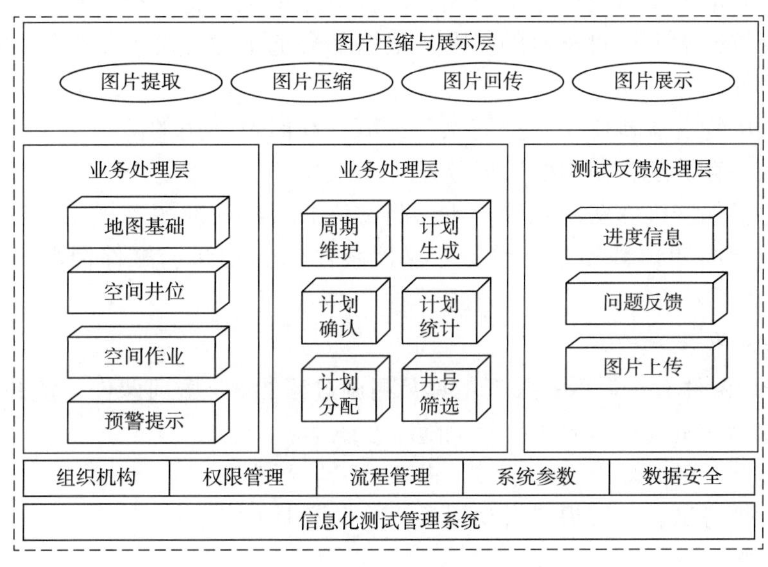

图 3　注水井分层测试管理系统架构图

二是测试过程的网上流转。测试班组通过移动设备接收测试任务，逐项完成从设计查询—开工交接—测试准备—下仪器测检配—调配完成—完工交接过程，生产指挥室可同步监测各班组测试进度情况及任务完成情况。

三是单井方案执行与历史资料在线查询。系统开发了 GIS 展示功能，实现了实时查看测试井的方案执行情况、单井基础信息、生产情况、测调进度、测试方案、测试设计、历史测调情况等信息查询功能。

四是智能分析实现个性化单井测调周期。智能分析提高注水质量，实现单井测调周期优化、层段注水方案优化、工作效率统计分析、测试资料自动审核。

五是现场操作远程视频监督与问题会诊。实现软件与视频监控连接功能，可在软件中随时观看视频监控，了解现场操作情况。遇到疑难井还可发起网络会诊，所有班组均可发表处理办法，由专家组经讨论决定处理方案。

3.2.2　安全环保平台

一是测试过程中安全节点确认。测试过程中增加安全提示功能，符合安全规定方可进行下一步操作，提高员工安全意识。

二是测试操作风险点识别。制作 3D 动画形式的风险点识别，提醒员工风险点源和控制措施。

三是手持终端实时上报测试现场安全隐患。员工可用手持终端随时拍摄安全问题上传系统，供所有班组阅览，提高员工发现安全隐患的能力和规避安全隐患的意识，做到广泛监督，随时上报，加强监察力度。

四是标准化班组建设标准化视频在线查看。将 HSE 标准化示范站队建设资料和标准化操作视频上传系统，供员工随时查看学习。

五是安全经验平台在线分享。随时将各类安全文件及安全经验分享上传系统，供员工随时查看学习。

3.2.3 降本增效平台

一是班组材料消耗实时统计分析对比。以班组为单位，将物资材料需求、消耗记录汇总。班组利用手持终端上报对材料的需求，根据平台记录的种类、年限等数据明细发放物资材料，降本降耗。

二是修旧利废物资流转使用数据记录。修旧、利旧及使用的队内记录、统计，做到人员、状况、数量、存放地、使用处清晰可查。

三是运转车辆保养维修费用统计对比，测试仪器校检周期预警提示。运转设备保养周期、测试仪器校检周期预警提示，设备、仪器维修保养记录、配件消耗实时上传，统计分析。

3.2.4 员工培训平台

一是 3D 培训课件。一系列的井下工具及测调过程的 3D 培训课件，使井下看不见摸不着的操作可见易学，员工可拿着手持终端随时在线学习。

二是手持终端，随时随地在线学习，提高员工学习效率。

三是在线模拟考试，一键提交自动阅卷，减少培训工作量。

3.2.5 队伍建设平台

一是多媒体电子展厅展示历史传承及队伍风貌。多媒体电子展厅展示荣誉陈列、管理经验梳理、典型事迹、社会活动、历史传承及队伍风貌。

二是触摸屏和手持终端随时查看队务公开、班组奖金、信息制度传递，促进干群融洽。

4 结论

(1) 整合现有测试设备、工作经验、管理方法，利用人工智能算法，形成一套易于复制、可推广测试管理信息化行业标准，有利于技术的承接与推广。

(2) 通过系统的现场应用，有效地促进了管理模式的转变，提高了管理水平，达到了降本增效的目的。

(3) 信息化测调管理模式前期仅投入软件研发费用 20 万元，某油田近 5000 口注入井全面受效，班组测调效率由 7.6 井次/月提高到 11.0 井次/月，操作人员减少 30%，注水合格率提高 2.1 个百分点，年增油 1.1×10^4t，年直接经济效益 4960 多万元。信息化测试模式的建立，实现了测试队伍优化简化，进一步降低了油田开发成本。在第四代注水技术成本问题解决之前，本项技术是一种成本低廉、即插即用、行之有效的分层测调提质增效手段，具有较高的推广价值。

参 考 文 献

[1] 王鹏程. 大庆油田分层测压技术研究与应用[J]. 化学工程与装备，2015(9)：197，205-206.

[2] 马珍福. 分层注聚测调一体化技术[C]//西安石油大学、西南石油大学、陕西省石油学会. 2017 油气田勘探与开发国际会议(IFEDC 2017)论文集. 西安石油大学、西南石油大学、陕西省石油学会，2017：9.

[3] 尹婷，孙超. 浅谈油田分层注水井测调中测调仪的应用探析[J]. 石化技术，2018，25(5)：177.

[4] 陈欢，曹砚锋，刘书杰，等. 海上油田有缆式测调一体化注水工艺及应用[J]. 石油矿场机械，2018，47(1)：57-61，66.

[5] 党海龙，张鹏，王涛，等. 延长探区数字油田平台设计与功能展示[J]. 非常规油气，2017，4(6)：109-115.

[6] 杨倩. 物联网及云计算在数字化油田生产中的应用[J]. 当代化工研究，2018(2)：86-87.

[7] 李斌，刘伟，毕永斌，等. 智慧油田建设与发展[J]. 石油科技论坛，2018，37(3)：47-52.

[8] 王辉萍，彭健，刘志海，等. 油田注水生产大数据挖掘系统的研制及应用[J]. 中国石油和化工，2015(11)：58-60.

[9] 王龙，杨志刚. 提高聚合物驱分层注入测调效率的措施研究[J]. 石油工业技术监督，2017，33(1)：13-15.

[10] 王龙. 提高聚合物驱分层注入测调效率[J]. 化学工程与装备，2016(6)：87-89.

[11] 曹明君. 合理确定注水井测调周期[C]//采油工程文集(2016 年第 2 辑)，2016：6.

[12] 杨华光. 分层井智能测调实现精准注水提高测调效率[J]. 化学工程与装备，2017(5)：57-59.

[13] 王利君. 智能油田建设中的关键技术研究与应用[J]. 中国管理信息化，2017，20(7)：164-167.

无线网桥技术在准东油田的应用研究

谢亚莉　秦朝辉　戴　静　吴　东　赵　军

（中国石油新疆油田公司准东采油厂）

摘　要：随着科学技术飞速发展，油田行业工业物联网建设需求不断上升。由于油田环境复杂多样，油田生产现场位置偏远，油气水井井场必要的网络条件匮乏，物联网技术、无线自组网技术的发展，为油田生产提供了新的技术方案。准东油田物联网建设过程中，通过对油田环境勘察，对无线技术的对比研究，选用了基于射频技术的无线网桥作为油区生产网的主要传输设备，构建以无线网桥为主干数据传输通道的物联网架构，解决了油田信息采集传输与成本高、施工难的矛盾，为油田生产提供自动化、智能化系统物联感知，提供科学经济有效的解决途径，构建适用于油田生产物联网的生态圈。

关键词：物联网；无线射频识别；油田生产；传输；网络架构

1　研究背景

准东油田所辖油区覆盖地域广，各采油作业区距离厂部生产指挥中心较远，且较为分散，最远的作业区距离厂部逾200km，部分井区地处沙漠戈壁腹地，人迹罕至，极为偏僻，距离作业区生活基地较远，油井疏密分布不均。油田开发初期，由于技术资金等条件限制，从厂部至作业区生活基地敷设了有线光缆作为主干通信传输链路，作业区基地至各井场则没有有效的数据传输手段，只能采取人工巡井、录入参数的方式进行油田主要生产数据的记录。近年来，按照中国石油天然气集团公司统一部署，各油田启动了油气生产物联网系统（A11）工程建设，准东油田也开始了油气生产物联网建设模式探索。如何实现作业区生活基地至油气水单井、计量配水站的数据传输，保证油气生产物联网在沙漠地区的建成和有效运行，是当前需要解决的主要难题。

根据油气生产物联网建设规范，结合准东油田现场实际情况，如果采取有线方式实现作业区至井场的传输系统建设，存在现场环境复杂、施工难度大、施工周期长、征地和建设成本高等特点。因此，在准东油田物联网建设方案设计之初，经过方案比对，决定采用无线部署方式实现作业区生活基地至井场的传输系统搭建，在低成本物联网建设方案指导下，经过筛选，准东物联网建设进行对LoRa、NB-IOT、无线网桥等几种主流无线传输技术比对，见表1。

此次物联网建设依据现有技术实现对油田偏远地区网络保障，且个别作业区有单井视频监控需求，视频数据对网络带宽、传输速率要求较高，综合考虑地形地貌、传输效率、

作者简介：谢亚莉（1979—），2003年7月毕业于新疆石油学院计算机科学与技术系，学士学位。现就职于中国石油新疆油田公司准东采油厂信息管理（自动化中控）站，高级工程师。现从事信息自动化及油气生产物联网系统研究。通讯地址：新疆阜康准东石油基地准东采油厂信息管理（自动化中控）站。E-mail：xieyali@ petrochina. com. cn。

施工难度等因素，准东油田物联网选择无线网桥作为骨干传输设备，搭建油气生产区域工业 WLAN 网络，保障主干链路在免授权频段内使用，构建一套稳定性高的无线通信系统，达到空中无线传输中的光纤品质，满足多路视频传输或流量传输的需求，达到超大流量、超强抗干扰、高可靠、高可用的数据链路的要求。

表 1　三种无线传输设备对比表

无线传输技术	无线网桥	LoRa	NB-IOT
工作频段	非授权频率 2.4GHz 或 5.8GHz	非授权频率 125～500kHz	运营商授权频率 180kHz
最远传输距离	50km	20km	20km
传输速率	0～150Mbps	300bps～50kbps(中)	理论 160～250kbps，实际一般小于 100kbps
优势	(1) 网络延展性好，覆盖面积大，价格相对较低； (2) 支持点对点，点对多点传输； (3) 可以达到较大带宽； (4) 部署方便，支持远程维护	(1) 运营成本低； (2) 功耗较低； (3) 传输速率有弹性	(1) 使用授权频率，干扰较小； (2) 可维持稳定的连接品质

2　无线网桥技术

无线网桥(Wireless Bridging)，顾名思义就是无线网络的桥接，它可在两个或多个网络之间搭起通信的桥梁。无线网桥是为使用无线进行远距离点对点网间互联而设计的。它是一种在链路层实现局域网络互联的存储转发设备，用于固定数字设备与其他固定数字设备之间的远距离、高速、无线组网。

射频识别技术是构建准东油田物联网体系最基础、最核心的技术之一。射频(Radio Frequency，RF)，字面理解就是“发射频率信号”。射频技术是一种将高频电波编码的无线通信技术。它通过创建无线信号来传输数据，这些信号可以在很大范围内传播，并在收发器和发射器之间传输数据。射频的传播由发射器首先传播至接收器，当一个信号从一个地方传输到另一个地方时，在发射和接收之间可以利用各种反射、散射等方式传播信号，这样就能让信号在较大的范围内保持稳定(图 1)。

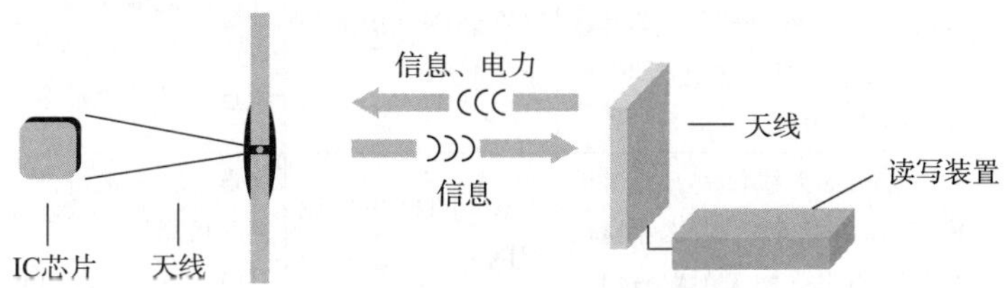

图 1　射频识别技术原理示意图

2.1　无线网桥的工作方式

在我国现在的油田开采中，主要是应用 5.8G 频段的网桥，该频段无须申请无线执照，在部署起来要远远方便于其他有线网络设备。无线网桥有点对点、点对多点，以及中继连接和以上两者的结合三种工作方式。在实际应用中，需要结合油田开采的实际通信需要和实际通信距离来选择适合的无线网桥工作方式。一般情况下，当终端距离较远时，宜采用点对点的方式；当终端距离较近时，宜采用点对多点的方式；而当同时出现以上两种情况时，则宜采用中继连接和以上两者相结合的方式。另外，在采购设备时，应根据作业现场的真实传输情况来确定相关技术要求和参数。

2.2 无线网桥传输方式

无线网桥在传输上主要有点对点型、单点对多点型或同时具备两种功能的无线网桥。

(1) 点对点型(PTP)：无线网桥设备可用来连接分别位于不同建筑物中两个固定的网络。它们一般由一对桥接器和一对天线组成。两个天线必须相对定向放置，室外的天线与室内的桥接器之间用电缆相连，而桥接器与网络之间则是物理连接。

(2) 单点对多点型(PTMP)：无线网桥设备能够把多个外围建筑物的网络连成一体，但结构更为复杂，需要使用全方位天线或大量的无线网卡和天线。

2.3 无线网桥的优势

在布设无线网桥时，只需在两个终端架设室外接收、发射设备及室内单元，即可实现无线通信，而不用铺设物理电缆。因此，无线网桥的移动性比有线网络要强。在准东油田生产区域，建有多个计量站，计量站担负着油井产量计量的重任，计量站内的站内压力、温度、分离器液位、站内可燃气体浓度等参数和站内视频监控，都需通过网络传输到监控中心集中监控。基于这种情况，准东油田生产监控中心至计量站采用点对多点的无线网桥工作方式，分别在中控室大楼外部和各计量站外部架设中心全向天线和终端用户天线。如随着油田生产发展，增加了若干计量站，只需架设一个远程用户终端，就可方便快捷地完成该计量站至中控室的网络传输搭建。这种网络部署方式，极大地简化网络扩展的步骤、提高网络扩展的效率。

3 准东油田无线网桥技术应用研究

准东油田物联网传输组网利用现有资源，在网桥、4G、ZigBee、LoRa WAN 这 4 种技术中选择，组合形成的组网建设方案见表 2。

表 2 准东无线组网方案表

方案	方案描述	应用情况	方案评价
方案一 LoRa+5.8G 网桥 不带 RTU	井口采用 LoRa 无线仪表，基站采用 LoRa 网关+5.8G 网桥。仪表数据经 LoRa 网关汇聚后通过 5.8G 网桥上传生产监控中心	已在新疆红山油田全面应用	优点：仪表造价低、功耗低，传输距离长；搭配 5.8G 网桥可实现区域视频传输。 缺点：基站数量多
方案二 ZigBee+RTU+网桥	井口采用 ZigBee 无线仪表，井口设 RTU 配 ZigBee 网关和 5.8G 网桥；仪表数据经 ZigBee 网关汇聚后通过 5.8G 网桥上传生产监控中心	仪表+RTU 为传统组网方式，应用较为普遍	优点：仪表造价低、功耗低；数据的实时性和可靠性高。 缺点：受无线仪表传输距离所限，井口设 RTU、网桥，投资高
方案三 有线仪表(利旧) +RTU+网桥	井口采用利旧的有线仪表，井口设 RTU 配 5.8G 网桥，仪表数据经 5.8G 网桥传输至基站网桥，上传生产监控中心	有线仪表+RTU 为传统组网方式，应用较为普遍	优点：仪表利旧、功耗低；井口设 RTU，数据的实时性和可靠性高。 缺点：利旧仪表年限较长，井口需重新挖沟布线，工程量较大

根据准东油田自身特点，结合中国石油天然气集团公司规范要求，准东油田物联网建设过程中，选用 5.8G 网桥作为油区传输链路主要设备。无线网桥有点对点、点对多点，以

及中继连接和以上两者的结合三种工作方式。在实际应用过程中，需要结合油田开采的实际通信需要和实际通信距离，以及地势起伏程度来选择适合的无线网桥工作方式。一般情况下，当终端距离较远时，宜采用点对点的方式；当终端距离较近时，宜采用点对多点的方式；而当地形环境复杂时，则宜采用中继连接和以上两者相结合的方式。准东油田无线网桥系统主要由两大部分组成，分别是基站（BS）和远端站（RB）。远端站是内置天线，用于接收终端设备的业务并传输给基站。基站采用外置天线，在汇聚多个远端站的业务后传输给上层网络。

设备频段指的是设备可用频段范围。信道间隔指的是其传输采用的1个频点所占据的带宽宽度。调制模式指的是将信号源的信息处理加到载波的程度，可以理解为将信息打包的复杂程度，信息打包越复杂，能够传输的流量越大，接收端对信号接收强度的要求就越高，传输距离会越短，需要根据数据传输需求进行取舍。单个基站空口最大吞吐量1700Mbps，单个远端空口最大吞吐量860Mbps。经过现场测试，可满足油田各类数据传输需求。油田现场根据视通与否，可分为视距场景和非视距场景，设备本质上为点对点传输，绕射能力相对于基站设备较弱。因此如若存在山丘或高楼建筑物遮挡会导致信号阻隔而断链，但对于树木遮挡透射，采用能力强的无线透射设备可解决问题。针对非视距场景，采用中继组网模式绕开，从而保证链路的可靠性。

在视距场景下，设备组网方式包括点对点组网（PtP，Point to Point）、点对多点组网（PtMP，Point to Multi-Point）和中继组网（Relay），如图2所示。

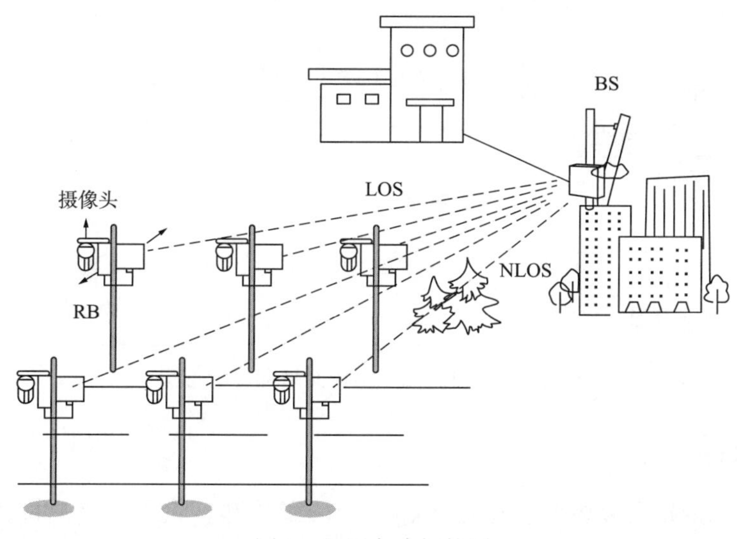

图2　组网方式拓扑图

根据油田的现场情况，准东油田无线网络系统采用以基站为中心向四周覆盖，基站站点网桥连接光缆，传输至作业区中心机房，再上传至厂部油田网络。每个基站设计覆盖半径10km以上，超过10km以上点位采用点对点方式传输至中心点，在阻挡情况下可以采用中继的方式传输至中心基站。10km以内的点位直接通过中心基站进行覆盖，有些点位在低洼地区的可以考虑以中继的方式传输至基站。油田自有铁塔资源及中心站站点，作为主站BS的站址选择，主站BS均采用扇区天线（19dBi天线增益），扇区天线的覆盖范围最大90°~120°。因此360°的覆盖需要主站BS为3~4个。中心站高度如图2所示。远端站可以选择集成天线（23dBi天线增益）设备，可选择以基站BS为半径15km进行设计。远端站可涵盖管汇站、计量站、井场监控站，收集其中的多通阀 RTU 数据、计量橇 PLC 数据、多井级联 RTU 数据和摄像头监控视频数据。每个远端站具备 100Mbps 净带宽传输能力。远端站的高度 8m 到 12m 不等，每个基站设计接入 15 个远端站。油区无线传输网络通过上述手段设计基本完成，经无线网络仿真测试，满足大部分井站的数据传输、视频传输需求，个别传输信号弱的井站采取通过将通信杆终端进行升高，或将通信杆移至高处并挖沟铺光缆至周边传输正常井的方式，解决网桥传输问题(图 3)。

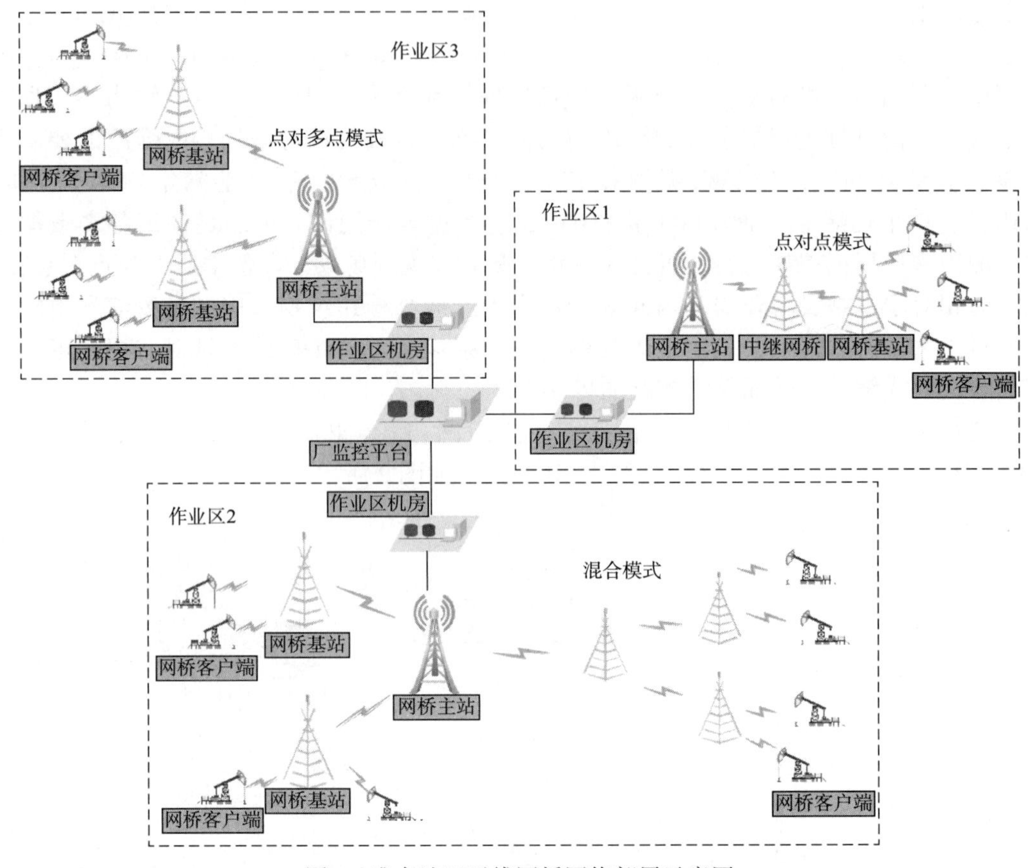

图 3　准东油田无线网桥网络部署示意图

4　达到的效果

准东油田物联网建设涵盖四个作业区和一个厂级总部。除了厂级总部到各作业区中控室敷设了光缆外，各作业区中控室到千余口油气水单井及百余座计量站的生产网络数据传输绝大部分由无线网桥和 LoRa 网关完成，一次性密集使用无线网桥 700 余台。从理论研究到测试再到实施，对中心站及各分中心整体规划布局，快速完成了准东油田物联网传输系统建设。为了提高物联网数据上线率，针对网络频点资源不足、分配不合理问题，经过实地勘测无线网桥信号强度，将油井就近接入附近的中心站，减少基站数量，释放频点资源；将全网频率详细规划增加频率复用率，增加带宽，最大程度降低干扰，保证带宽在 25M 以上，视频监控较多的扇区划分 30M 带宽，保证了传输的稳定性；建立高海拔位置分中心，使网络信号覆盖范围扩大，接入井站数增多，最大程度分担中心站负载。经过综合建设和有针对性的技术调整，达到了以下效果：

4.1 提高了网络传输稳定性

提高数据传输稳定性，保证网络传输通畅。通过油田无线网桥系统的规划部署，使基站、扇区、频率规划合理，使单井接入率提高，同时提高传输质量，减少数据掉线现象，大幅提高数据上线率。

4.2 提升了网络扩容能力

通过按需部署有线、无线网络，使油田物联网传输系统更加快捷可用，使用无线网桥设备，系统容量大幅提高，可扩容能力大幅提升。未来无须投资扩容即可满足井站新增50%自动化数据扩容能力，为未来物联网自动化建设及视频监控扩容提供了接入容量储备。

4.3 简化网络架构，提高可维护性

通过对无线网桥系统的深入研究，优化网络结构，减少网络节点，提高了网络系统的易维护性。简化网络架构，减少了故障点，大幅度减少网桥设备的维护工作量。

4.4 节约投资，提高建设效率

新疆油田公司第一次大规模密集性使用无线网桥承担物联网传输任务，准东油田先试先行，积累了数据传输的技术力量，节约了资源，提高了建设效率。传统的光缆建设，每千米建设费用 4 万元左右，经估算，准东油田若实现光缆到站形成骨干网络，从作业区联合站到计量站需敷设 300km 左右光缆，这项投资建设费用就高达上千万元。如果再从计量站到几千个单井，千米数必然会数成倍增加，且大多数油气井地处沙漠腹地，施工难度和建设周期不可预料。

4.5 保护自然生态，保障数据安全

准东油田生产现场大部分区域处于准噶尔盆地生态自然保护区内，如果敷设光缆，将会破坏植被，违背相关规定。准东油田利用网桥无线传输的优势，不仅保护了自然生态，还因为独立组网，直接进入油田局域网，相对北斗和 4G 等组网方式，与运营商没有交集，提高了油田生产数据的安全性，提升了油田生产网络的防御能力，保障了油气生产的安全。

5 结论

在无线网桥技术在准东油田如何落地的研究过程中，通过与国内不同厂家的开发方沟通，发现目前国内大面积应用网桥作为通信传输设备的情况并不常见，因此国内没有找到成熟可借鉴的应用；准东油田先试先行，将基于无线网桥作为油区链路主干网络设备，共投入近八百台基站网桥、点对点网桥、客户端网桥，成功完成了油区主干传输链路搭建，具有很强的推广应用价值。应用无线网桥设备建设油田区域物联网传输层主要设备，在满足油区生产、视频、办公数据传输需求的同时，节约了人力物力成本，加快了物联网建设周期，降低了物联网建设难度，在准东油田物联网建设中发挥了巨大的作用。随着物联网、大数据、人工智能技术融合发展，无线射频技术必将在油气生产物联网系统中发挥越来越大的作用。

参 考 文 献

[1] 油气生产物联网系统建设规范：Q/SY 1722—2014[S].

吐哈油田开发应用数智化平台建设浅谈

刘军辉　刘永军　惠会娟　宋成元　王斌文

(中国石油吐哈油田公司勘探开发研究院)

摘　要：传统油田开发过程中频繁出现人工处理数据烦琐、信息共享难度大、决策参考不够科学合理、生产效率低下、安全生产风险大等问题，开发应用数智化平台作为油田开发中的一种全新的数据管理和分析工具，为油田企业提供了全方位的数据支撑和管理服务，极大地提高了油田开发管理和研究工作的效率和智能化水平。本文将对数智化平台在油田开发应用中的必要性、技术架构与实现方案进行探讨，并阐释其对油田开发的意义和未来发展趋势。

关键词：数智化平台；数据管理；发展趋势

随着吐哈油气藏开发信息化建设的逐步完善，以及油气田开发管理工作的持续深化，迫切需要油田开发从数字化到智能化再到智慧化，搭建、开发出一套与油田未来发展相匹配的数智化开发应用平台，为各级开发系统管理与分析提供必要的专业图件和数据分析，尽快推动油田开发工作模式的智慧化转变，提升油田开发工作管理水平，助力油田提质增效。

1　开发应用数智化的必要性

随着信息技术的快速发展，数智化平台的应用日益普及。在石油行业中，油田开发是一个复杂的过程，优化生产作业将对产业链的各个环节产生正向的影响。油田开发与数智化平台相结合是未来发展方向，可以极大地提高油田开发的效率和质量，同时降低开发的成本。

1.1　油田开发应用业务日趋繁杂，难以实现精准管理

油田开发应用业务的范围广[1]，包括采集、钻井、采油和运输等多个环节，整个过程中涉及大量的数据和变量，需要对这些环节进行统一管理，从而保证整个油田开发的顺畅进行。不同的地质条件和不同的成藏机理所需开发应用的技术方法也各不相同，其管理的难易程度也不尽相同，这也导致不同油田应用的管理方式和技术手段也不相同。油田开发应用业务的日趋繁杂，需要数据化应用平台实现精准管理。

1.2　数据集成和分析困难

油田开发应用数据来源广泛，类型丰富，数据质量参差不齐、数据源复杂多样、数据存储规范性差等问题不仅影响了数据的使用价值，还增加了数据收集和整合的难度。同时，这些数据需要通过分析和处理，才能产生有价值的信息来支撑决策，传统的手动处理方式

作者简介：刘军辉(1983—)，2009 年毕业于青岛理工大学电气工程及其自动化专业，获学士学位，现任中国石油吐哈油田公司勘探开发研究院工程师，从事油田开发数据库管理及应用功能开发工作，中级工程师。通讯地址：新疆哈密市伊州区石油基地勘探开发研究院。E-mail：liujunhyjy@petrochina.com.cn。

难以高效地实现，而数智化技术可以提高数据采集的准确性，更精准地分析数据。采用数智化平台进行油田开发能够通过智能技术、自动化设备等技术手段，对采集的数据进行精准分析、管理，改善传统的数据管理方式，从而支持开发决策。

1.3 油田地质情况复杂，开发难度大

油藏的分布、性质及产出情况都会受到地质、构造、岩石及流体等多种综合因素的影响。不同油田的地质地貌和油藏分布情况均存在差异，导致需要针对不同的特征和情况，采取有针对性的开发方案。尤其是油田开发中后期，油田开发向非常规油气藏发力，油田开发面临的技术难点陡然增大。这就需要依靠先进的数智化技术，对油气藏进行全面细致地分析，以制定更加精细化的开发计划及方案。

1.4 现有油田开发技术急需突破

油藏的开发技术跟不上油田开发进度，开发工艺、技术难以满足当前的开发工作需求，缺乏有针对性的现代化手段。近年来随着科技的发展，出现了不少新技术，如分布式计算、大数据、人工智能等，应用这些前沿技术的开发应用数智化平台，将实现开发方式的转型升级，提高开发效率和质量。

2 油田开发应用数智化平台顶层设计

2.1 数智化平台设计思路

按照通用应用设计的思路和原则[2]，结合上游领域信息化建设顶层设计规划，围绕油气藏动态监控、产能建设全过程管理、规划及方案快速决策、协同研究、采油工程智能管理、地面生产智能管控、安全环保应急管理七大应用支撑体系，实现信息化建设对油气田开发领域业务能力的基本全覆盖，如图1所示。

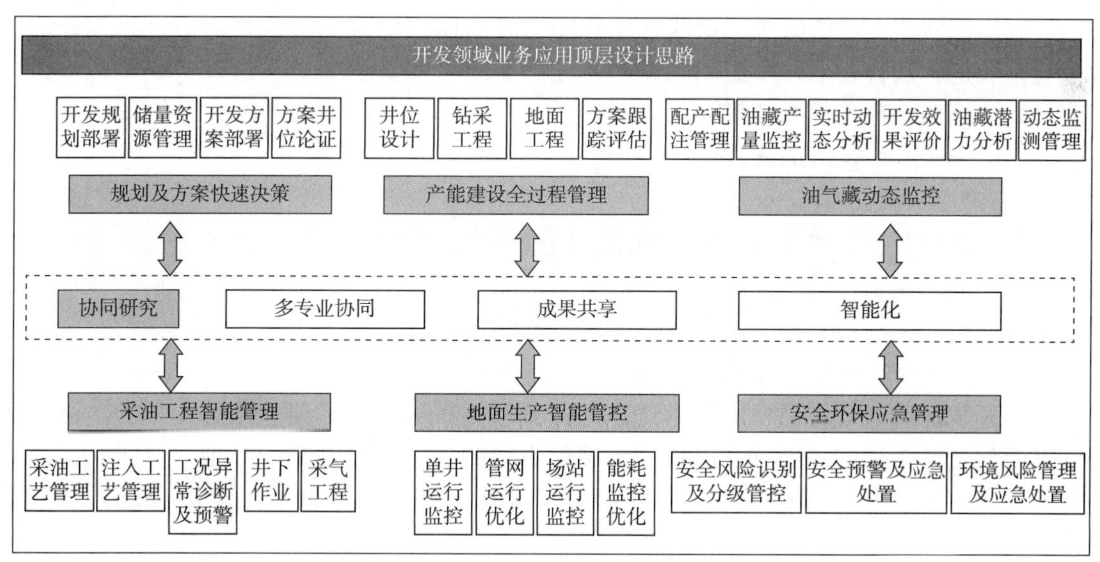

图1 油田数智化平台设计思路

2.2 数智化平台建设方案

根据油气开发领域智能化总体设计，通过梳理油藏工程系统业务内容，以实现数智化应用全覆盖为目标，结合生产数据、井口实时数据、监测数据等，围绕油藏模型和一体化

协同环境，推动方案设计、产能建设、生产管理等关键业务智能化应用。打造吐哈油田数智应用新模式，进一步推进多专业开发应用研究协同化，推动开发管理智能化水平全面提升，如图 2 所示。

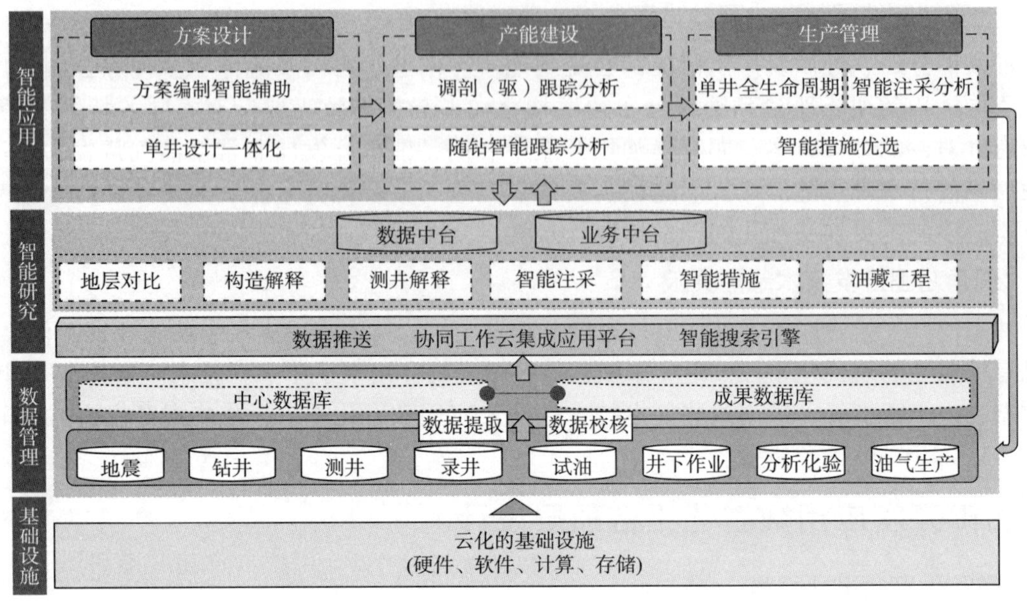

图 2　油田数智化平台研发规划

2.3　数智化平台管理、组织方式

2.3.1　统一的管理架构和组织结构

油田开发应用数智化平台应该有统一的管理架构和组织结构。管理架构包括平台管理部门、开发团队、运维团队等，这些部门和团队具有明确的职责和权限划分，以便能够有效地管理和运营数智化平台。组织结构包括项目组织、团队协作等，这些组织结构应该能够有效地协调和管理不同的开发和应用工作。

2.3.2　统一的开发和测试流程

油田开发应用数智化平台应该有统一的开发和测试流程。开发流程包括需求分析、设计、编码、测试等，这些流程应该按照统一的规范和标准进行，以便能够提高开发效率和代码质量。测试流程包括单元测试、集成测试、系统测试等，这些测试流程应该能够确保开发的应用在不同环境下能够正常运行和满足需求。

2.3.3　统一的运维和维护方式

油田开发应用数智化平台应该有统一的运维和维护方式。运维包括系统监控、故障处理、性能优化等，这些运维方式应该能够确保平台的稳定运行和高效性能。维护包括版本更新、问题修复、安全管理等，这些维护方式应该能够及时地修复问题和保障系统的安全性。

2.4　数智化平台研发模式

2.4.1　统一的技术架构

油田开发应用数智化平台应该有统一的技术架构[3]。首先，采用统一技术架构可以提高系统的稳定性和可靠性，确保系统的各个组件和模块之间的兼容性，减少系统中的冲突和不一致性，提高系统的稳定性和可靠性。避免了因软件架构和研发规范不一致造成的软件代码无法共享、功能模块难以复用、数据资源对接困难、维护升级复杂困难等问题。其次，统一技术架构可以提供一致的开发环境和开发工具，减少开发人员的学习成本和开发周期。也可以提供一致的代码规范和设计模式，提高代码的可读性和可维护性，从而提高开发效率和代码质量。再次，统一技术架构可以将系统划分为多个独立的模块和服务，通过统一的接口和协议进行通信和交互。这样可以降低系统的耦合度和复杂性，降低系统的维护成本和风险。最后，统一技术架构可以提供灵活的扩展和升级能力，通过增加或替换模块和服务来满足不同的需求和业务场景，保持系统的可伸缩性和可适应性，降低系统的升级和迁移成本。

2.4.2　统一的研发流程

油田开发数智化平台采用统一研发流程可以提高研发效率，降低开发风险，提高软件质量，提升用户体验，促进创新和持续改进。有助于推动油田开发数字化转型和提升油田开发的效率和效益。专业软件系统复杂庞大，为了确保研发效率，减少重复工作，制定涵盖软件研发应用全过程的流程是必不可少的，如图 3 所示。技术有形化就是把碎片化、隐形化的技术通过技术专家需求把控、归纳梳理、总结提升，转换为规范化、系统化的需求设计，使软件开发人员更深入、更准确地了解用户需求，更准确地进行软件开发。

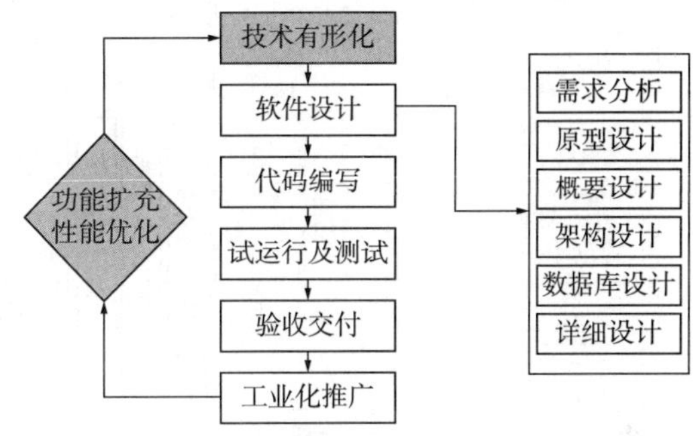

图 3　油田数智化应用研发流程

3　吐哈油田开发应用平台建设现状

2017 年，吐哈油田通过转变思路，决定以中国石油天然气集团公司统建系统为核心，以油藏开发管理信息化应用为主旨，在原有开发数据库建设的基础上建设油田开发应用统一平台，完善底层基础数据的集成和标准化。吐哈油田开发应用平台经过多年的建设与发展，积累了大量的数据资源和丰富的数据管理与数据建设方面的经验，取得了显著的经济效益和社会效益。

3.1　开发应用功能模块稳步推进

按照油田开发专业特点、研究分析内容和实现高效油田管理理念，吐哈油田开发应用平台已建成 8 个功能模块，覆盖油田开发全过程，具体为生产运行预警、开发动态分析、开发指标预测、开发效果评价、实验数据分析、经济效益评价、技术资料管理，以及油藏开发管理等主模块，如图 4 所示。

3.2　核心算法快速先进

数智化系统的实现不仅需要设计创新，也需要在算法上持续创新。平台建设中许多关键技术需要先进的算法，如等值图快速绘制，不仅能绘制只受外边界控制的等值线图形，还要能绘制内边界、断层半切割等多种复杂因素控制的等值线图形。这些算法是多学科、跨专业的系统工程，需要开发技术人员攻坚克难进行突破，确保各类算法保持一定的先进性，提高平台应用的技术层级和吸引力。吐哈油田开发应用系统一直对八大应用模块不断优化完善算法，持续创新。

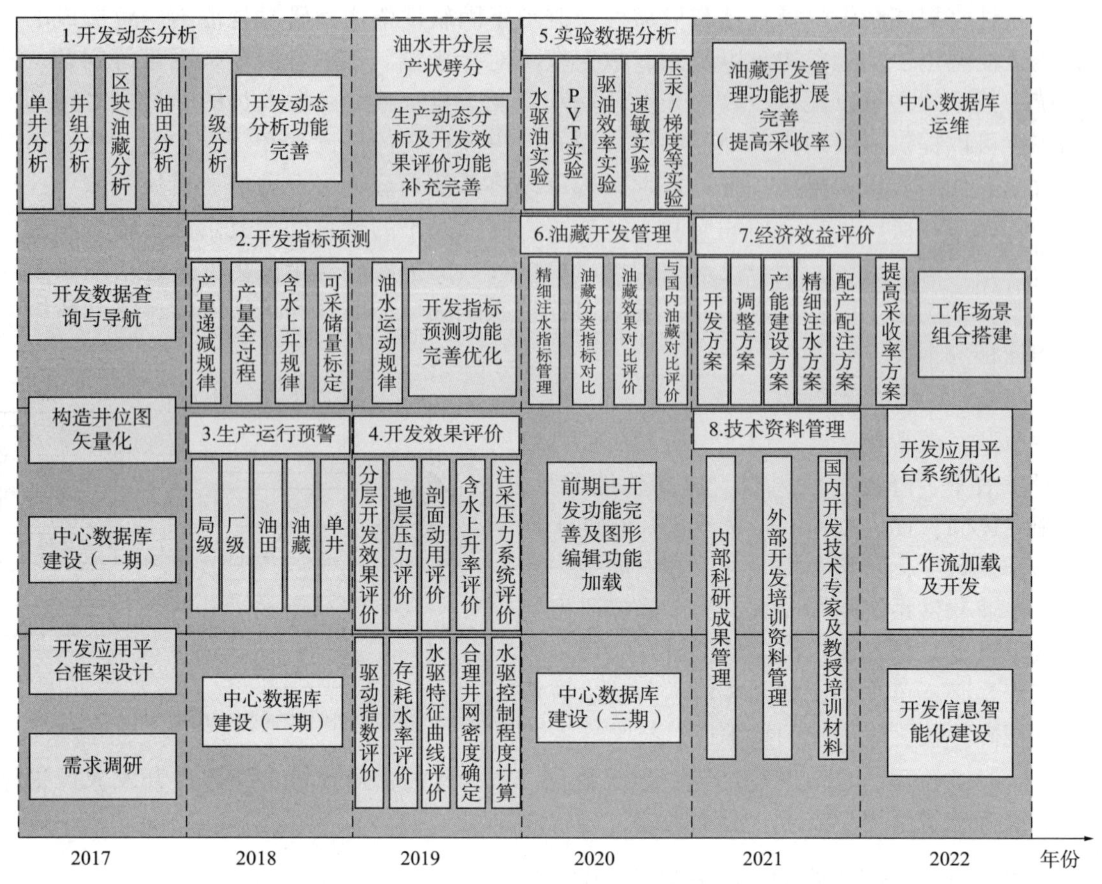

图 4　吐哈油田开发应用平台建设运行图

3.3　油田开发过程实现高效把控

油田开发管理和实时分析[4]调整贯穿于油田开发全过程，涉及业务内容多、范围广、时间长。吐哈开发应用系统通过对开发数据五年两轮次全面治理，对历史纸质数据成果的大范围集成、删选，对不同介质数据的搜寻、整理、汇总，通过把大量非结构化数据进行结构化治理，确保数据真实、可靠。目前，开发应用系统实现了开发形势全面把控、开发动态数据实时展示、开发调整效果实时跟踪，提升了油田开发精度，提高了油田开发效果。其中，生产运行预警模块实现日、月、季度、年多方位动态数据对比显示；开发动态分析实现单井、井组、区块、油藏等多级分析；开采、注水、注汽等多方式对比分析；开发指标预测实现产量递减、产量全过程预测、含水率预测、剩余油分布等多参数预测；开发效果评价实现动用剖面、注水压力、水驱特征、驱动指数、含水率评价、地层压力评价等多数据评价，一系列功能的实现，极大降低了技术人员劳动强度，大幅度提高了工作效率，提高了油田开发的效率，降低了风险和成本，持续提升了油田开发质量和可持续发展能力。

3.4　油藏研究应用高度集成

经过五年三期建设，吐哈油田开发应用平台不断开展功能研发，已具备构造图、油藏剖面图、物性分析图等图件的绘制功能，实现了油田开发历史再现和未来趋势变化预测，有效指导了油田开发方案编制，确保油田高效发展。通过搭建多学科协同研究与制图环境，连通了储层研究、地质建模、数值模拟、地震解释等数据资源的跨软件应用，更大发挥了成果软件的作用，丰富了应用场景，为开发油气藏应用提供了跨软件数据支持。

4 吐哈开发应用平台建设经验教训

4.1 取得的成果及经验

吐哈开发应用平台自2017年建设以来，获得了诸多成果，主要体现在：(1)整合开发数据、消除信息孤岛，实现开发类数据的一站式管理，体现在整合油田公司“开发数据库”、采油厂“数字油田”、采油工程、动态监测数据库、油藏报表等自建系统，提高数据应用效率和权威性，减少自建系统运维费用和消灭部分数据孤岛。(2)按照中国石油总部标准、围绕主营业务，打造开发系统数字化应用平台，体现在统一了平台建设的管理、组织架构，即做到了统一的管理架构和组织结构、统一的开发和测试流程、统一的研发模式、统一的运维和维护方式。

4.2 平台建设教训及规划

数据质量对于油田开发应用至关重要。高质量的数据能够提供准确、完整、一致、可靠、实时的信息，为决策支持、运营管理和成本控制提供可靠的数据支持。吐哈油田开发数据呈现多源化、碎片化、片段化、冗余等现状，数据治理[5]缺乏长效机制，影响数据应用效果。后期需要做的工作主要有：(1)明确数据治理相关制度、流程、规范，组建数据治理专班，数据治理专项工作层层穿透，追溯至个人。(2)规范数据管理制度，制定统一的数据管理标准，保障开发数据的准确性、及时性、唯一性。

5 油田开发应用数智化平台发展展望

当代信息技术发展迅猛，大数据[6]、人工智能、云计算技术的发展已经进入大发展时代，应用范围不断扩大，应用深度不断加深。国内外油气生产企业和部门也不断创新，已推出或正在大力发展诸多智能开发应用平台，提升自身信息化水平。吐哈油田近年来也不断加大开发应用信息化投入，加快信息化布局，推进智能油田建设步伐，进一步推动吐哈油田数智化开发应用平台建设势在必行。

5.1 加大智能化应用研究投入

油田在智能化应用、机器学习、大数据分析、认知计算等前沿技术[7]，在三维地震、测井智能解释、全幅面岩石薄片自动采集、四维油藏模型、油藏智能诊断与预警、钻井试油气地质设计、安全风险提示等方面的应用功能建设、技术积累、资金投入相对薄弱，需要统筹攻关智能化应用研究项目，共享技术成果。加大与信息化建设先进油田的交流力度，开展智能化应用模型建设积累，鼓励专业技术部门自主建设相关模型，掌握核心技术。

5.2 数据资源智能共享

首先，成为集成应用平台，即发展成统一的软件开发和集成平台，支持手机、桌面、大屏各类工作场景，支持地质工程、生产研究、勘探开发一体化的协同工作平台。其次，成为数据底台，即通过规范的数据治理工作，利用元数据、主数据管理等工具，实现数据高质量共享，并通过统一接口模式，为系统的业务应用提供高质量、高效率的数据应用服务。最后，成为业务中台，即根据不同业务系统的需求，将已有的开发数据资源快速、有效地整合起来，结合数据中台，把分散在各类开发系统内的数据和应用，以共享的方式提供给各类用户使用。

6 结论

数智化技术是推动油田开发高效、精准、可持续发展的重要手段。实现油田开发应用平台走向“数字化、智能化、智慧化”是一项系统性、战略性、长期性工程。数智化平台的建设需要进行系统的数据治理[8]，搭建完备的协同平台，加大对人才培养的力度，加强油田合作共享，紧跟新技术发展。这些措施的成功实施将会大大推动油田开发的进步和创新，为油田开发提供精准的数据技术支撑，助力油田增产增效。

参 考 文 献

[1] 高志亮. 数字油田在中国[M]. 北京：科学出版社，2011.

[2] 刘宝军. 智能油田建设构想[J]. 胜利油田党校学报，2015，28(6)：99-101.

[3] 田宏胜，李佳华. ORACLE数据库架构优化及数据治理研究[J]. 湖南邮电职业技术学院学报，2018(4)：40-42.

[4] 解巨军. 数字化系统在庆新油田的应用[J]. 油气田地面工程，2013，32(8)：44.

[5] 张莉，从庆平，王海国. 智能油田的数据治理工程及其应用分析[J]. 中国管理信息化，2020，23(6)：75-76.

[6] 崔海福，何贞铭，王宁. 大数据在石油行业中的应用[J]. 石油化工自动化，2016(2)：43-45.

[7] 许贤丰，强晓，屈俐眉. 智能油田研究与技术发展及趋势探讨[J]. 内蒙古石油化工，2018(8)：71-73.

[8] 孙敏，梅笑冰. 智能油田建设的数据治理工程及其应用[C]//第五届数字油田国际学术会议论文集，长安大学，2017，4.

智能化技术在乍得油田油气开采系统中的应用研究

李 洋[1] 孙振洲[1] 巩延年[1] 张亚文[1] 张楠楠[1]
王 晶[1] 祝 贺[2] 姜云峰[2] 杜 宇[3] 曾伟男[1]

(1. 大庆油田有限责任公司技术监督中心；
2. 大庆油田有限责任公司数智技术公司；
3. 大庆油田有限责任公司行政事务服务中心)

摘 要：油田智能化建设的指导思想是逐步从数字油田发展为智能油田，最终建成智慧油田。只有加快推进以油气生产物联网为核心的智能化建设才能满足智慧油田的建设需要，找准提质增效、深化改革的契合点。根据智能化建设总体要求，为了推进油气生产业务智能化建设，本文结合在乍得油田开展的油田智能化工程中的建设思路，包括地面设施、自控系统、数据网络LTE+4G、WLAN等主要设备的技术选择、传感器的部署原则、数据网络的优化等方面内容，通过建设数据全面采集、信息全面感知的智能化油田，逐步实施预测预警、分析优化、集成协同的智能化运营，促进油田的数字化转型和智能化发展。对今后海外油田智能化建设具有重要的参考意义。

关键词：油田智能化；地面设施；自控系统；数据网络；LTE+4G；WLAN

乍得油田自2009年H区块开发建设以来，2011年投产的1期工程实现产能100×10^4t/a；2014年投产的2.1期工程实现产能200×10^4t/a；目前正在进行规划产能为360×10^4t/a的2.2期地面工程项目建设。由于1+2.1期工程建设年限较早，井口设施智能化水平较低，乍得油田提出对1+2.1期工程进行智能化改造，按照智能油田与地面工程同步建设的原则，开展2.2期工程智能油田建设工作。

总体思路：按照“高水平、高效益、高效率”的目标，以及“低投资、低成本、低劳动强度、强化安全”的建设要求，积极推进井间站场数字化建设与应用工作，同时探索已建油田油气生产智能化建设和管理模式。

建设目标：建立一套覆盖乍得油田油气生产全过程的生产管理平台，创新乍得油田生产运行与管理模式，基本建成“智能油田”，为建设综合型能源公司提供有力的信息技术支撑。

1 建设现状分析

1.1 地面设施现状

乍得油田前期已完成1期和2.1期地面工程建设，正在进行2.2期建设。目前采用井场、计量站、转油站、联合站三级布站的集输方式，1+2.1期共有油水井数181口，其中螺杆泵井26口、电潜泵井123口、自喷井10口、注水井22口，地质关井14口；2.2期在建井77口。电泵和变频柜由乍得油田租赁，大庆油田力神泵业负责电泵和变频柜的运行和

作者简介：李洋(1983—)，男，高级工程师，2005年毕业于哈尔滨理工大学通信工程学院，工程学学士，现从事通信网络信息化、安全环保监督评价等方面研究。E-mail：liyang006@cnpc.com.cn。

维护。共有16座计量站，站内设有单量分离器，对井口来油进行手工倒井计量工作。转油站4座(2座已建、2座在建)，Mimosa转油站原油处理能力$63\times10^4m^3/a$，天然气处理能力$6.6\times10^4m^3/d$，Baobab转油站原油处理能力$315\times10^4m^3/a$，天然气处理能力$20\times10^4m^3/d$。联合站2座，年处理能力分别为240×10^4t和350×10^4t。

1.2 自控系统现状

现有1座联合站、2座转油站、14座计量站、159口采油井、22口注水井。目前已经建成联合站、转油站和计量站的自动化采集系统，实现现场压力、温度、液位、电参等生产数据和泵、阀门等运行状态自动采集与控制，计量站采用人工倒井对井口来油进行计量；Ronier区域所有井口均未进行智能化建设，井口仪表均为一次表，未传输至监控中心。

在Ronier区块建设了区域级SCADA系统，并建设该区域油气生产监控中心，联合站内DCS系统、SSS系统、PLC系统，以及Roneir区块1~3号计量站；Mimosa区块转油站、4号计量站；Baobab区块转油站、6~11号计量站；Prosopis区块5号计量站生产数据均接入至SCADA系统中，实现了各类站场的集中监控管理(图1)。

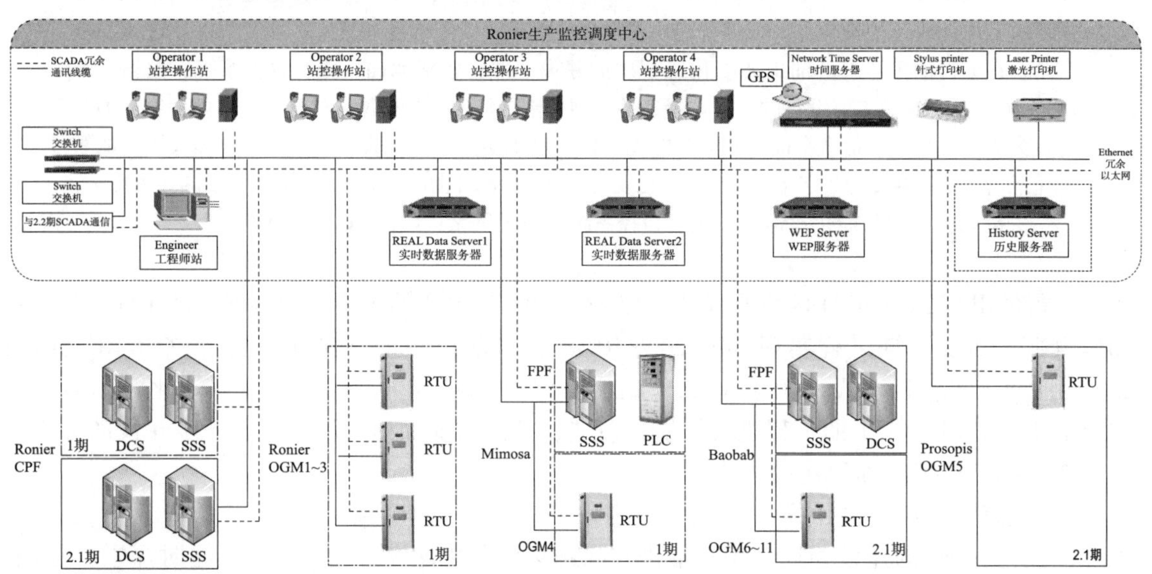

图1 前期已建SCADA系统架构图

1.3 数据网络现状

目前乍得油田已建成覆盖Ronier和Daniela区域的生产网，覆盖首都恩贾梅纳和Ronier营地的办公网，以及与国内通信的卫星链路，网络结构如图2所示。

2 乍得油田智能化技术应用研究

2.1 采集与控制子系统建设方案

2.1.1 单井智能化建设方案

按照中国石油天然气股份有限公司《油气田地面工程智能化建设规定》的相关要求，确定单井建设方案。本项目中，井场设备均应适用于乍得地区的特殊环境温度，以及防盗、抗破坏等要求，具备相应的防爆、防护等级。单井设置的仪器仪表将采集到的数据传送至井场RTU，然后通过无线网络上传到Ronier前线生产指挥中心。

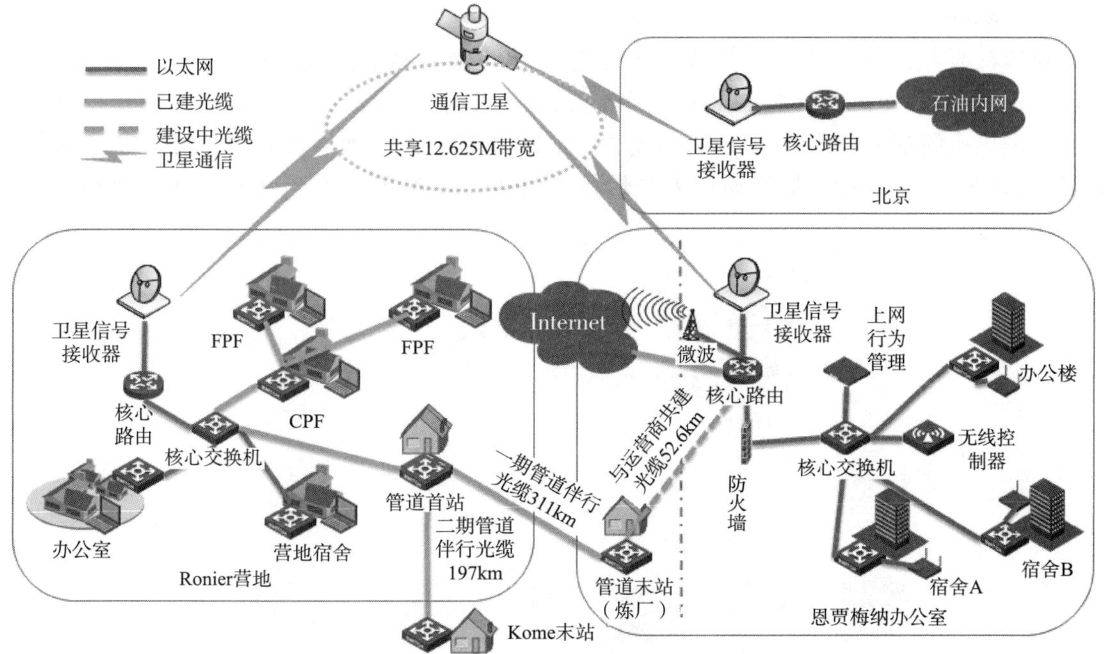

图 2　乍得油田数据网络架构图

采用 FOXBORO(福克斯波罗)的前端仪表和 RTU，以及大庆油田力神泵业的终端盒，对单井进行智能化建设。

(1) 电潜泵井建设方案。

对电潜泵井进行 RTU、压力变送器、温度变送器的建设，压力变送器、温度变送器通过有线方式(4~20ma 模拟量)与 RTU 连接，实现油压、套压、回压、油温等参数的采集，同时因现场已安装具有远传功能的井下压力和温度传感器，只需在地面变频橇架上增加一个终端监控盒及外围互感器，接入井下压力和温度传感器信号，监控盒通过 RS485 通信接口与井场 RTU 连接，实现井下压力、井下温度、启停状态、故障状态等数据采集，以及远程启停、变频控制等功能。最终通过无线传输模块将采集参数回传至 Ronier 前线生产指挥中心。实现方案如图 3 所示。

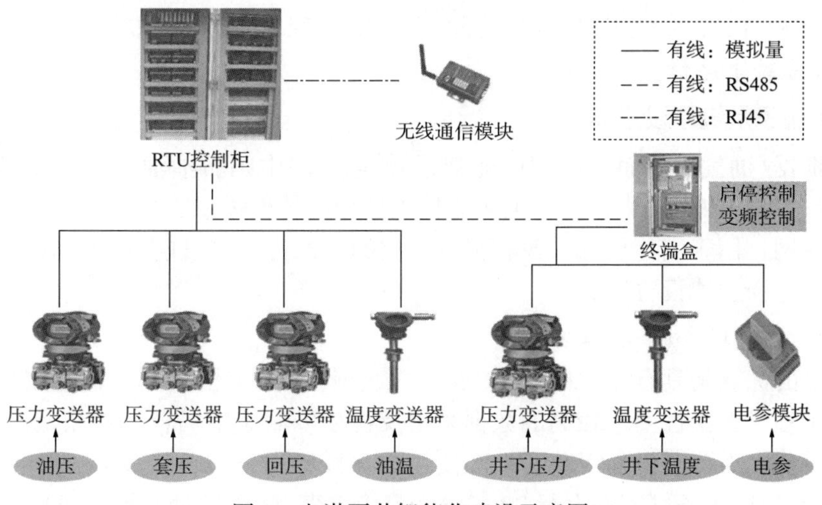

图 3　电潜泵井智能化建设示意图

(2) 螺杆泵井建设方案。

对螺杆泵井进行 RTU、压力变送器、温度变送器、终端监控盒的建设，压力变送器、温度变送器通过有线方式(4~20ma 模拟量)与 RTU 连接，实现油压、套压、回压、油温等参数的采集；终端监控盒通过 485 总线方式与 RTU 连接，实现启停状态、故障状态等数据采集及远程启停等功能。最终通过无线传输模块将采集参数回传至 Ronier 前线生产指挥中心。实现方案如图 4 所示。

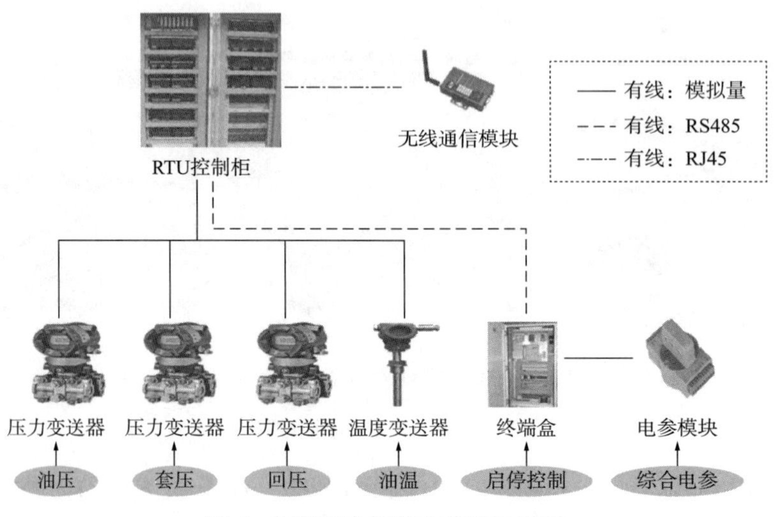

图 4　螺杆泵井智能化建设示意图

2.1.2　站场智能化建设

在 CPF、FPF，以及 Ronier 区域 SCADA 系统中新增单井监控页面，实现功能如下：

(1) 螺杆泵井：显示采集油压、套压、回压、油温、启停时间、启停状态、电机综合电参(电流、电压、电量、有功功率、无功功率)等参数。

(2) 电潜泵井：实现采集油压、套压、回压、油温、井下压力、井下温度、启停时间、启停状态、电机综合电参(电流、电压、电量、有功功率、无功功率)等参数。

本项目中，主要对 Ronier 区域 SCADA 系统，进行补点扩容升级，支持 OPC 服务并新增单井监控画面，实现单井数据采集与监控；同时对 Ronier 区域包含的 CPF、FPF 等站场进行 DCS、SSS、PLC 系统升级，以及配套升级工程师站和操作员站，以便系统可在 Windows 操作系统下运行。

2.2　数据传输子系统建设方案

本项目根据《油气田地面工程智能化建设规定》和《中国石油油气生产物联网系统建设规定》的要求，结合数据采集、井场视频监控等部分的传输需求，建设覆盖乍得油田井口无线油气生产专网，用于满足单井采集和视频监控的数据传输。目前有 LTE 4G 及 WLAN 网桥两种技术可以选择，建设方案如下：

2.2.1　方案一：LTE 网络建设方案

LTE 网络的优点是具有专用的网络频段，数据传输安全性较高，适合用户数量多、分布广，对安全性、保密性要求较高的数据采集及视频传输应用场合，缺点是投资相对较高。LTE 网络建设首先需要获得乍得政府批准使用的无线频段，以国内 1.4G 或 1.8G 频段设备为参考，每套 RRU 设备可实现上行 20~30Mbps 传输带宽(即每处站址可实现 60~90Mbps 传输带宽)，按照每路视频 3Mbps 带宽计算每处站址可实现 20～30 路高清视频传输。考虑到生产数据仅占用几 kbps 带宽，网络覆盖范围内生产数据并发数量不作为网络瓶颈限制。由于无线网络传输质量受环境影响且 LTE 网络带宽有限，因此建议对视频监控数据采用轮询观看、告警优先弹出的方式建设，同时在摄像头进行前端存储，减少无线侧网络带宽压力。

结合乍得油田 1+2.1 期油井分布情况，LTE 网络建设内容主要分为以下几部分(图 5、图 6 和表 1)：

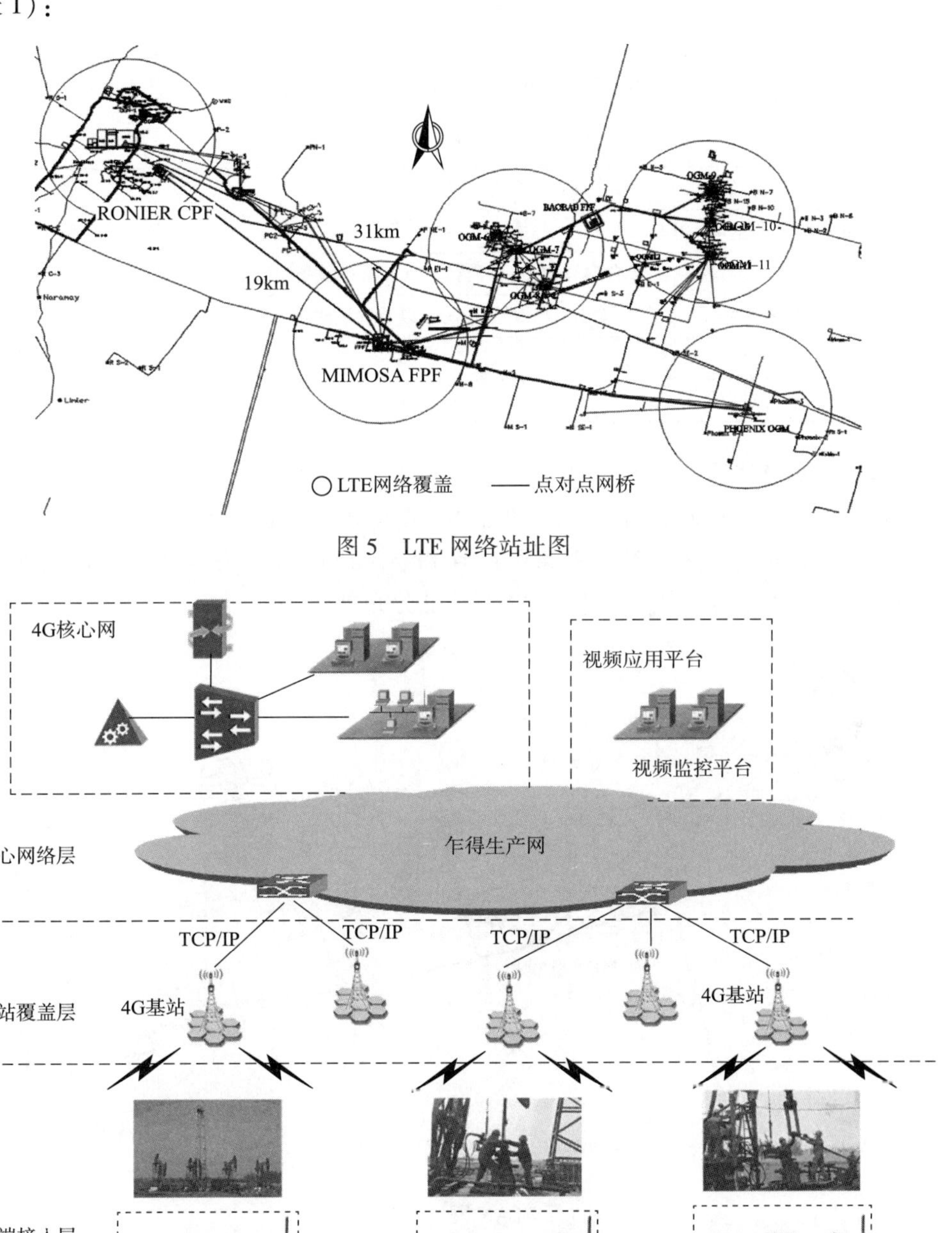

图 5　LTE 网络站址图

图 6　LTE 网络结构图

（1）在 Ronier 机房建设 LTE 网络核心网设备，实现对 LTE 无线侧基站的管理和数据配置等功能。

（2）除利用 Ronier（90m 高）和 Phoenix（60m 高）已建铁塔外，还需在 Baobab 的 OGM-7、OGM-10 和 Mimosa 的 FPF 新建 3 座 60m 高铁塔，用于建设 LTE 基站。

（3）按照每处站址基站网络覆盖 4～5km 考虑，建设 5 套 LTE 基站实现绝大部分生产区域的无线侧网络覆盖，利用现有各石油站场的光缆交换机等资源实现基站至核心网设备的传输。

（4）在油井侧建设配套的 LTE 数据传输模块，并对 20 个 LTE 基站网络无法覆盖或信号较差的偏远油井，进行点对点网桥设备的补充建设，并在油井旁配套建设终端杆。

表 1 LTE 网络建设配置表

序号	建设内容	规格参数	单位	数量
1	60m 通信塔		个	3
2	LTE 核心网设备	含网管设备，可管理 50 套基站设备	套	1
3	LTE 基站	1 套 BBU、3 套 RRU，以及安装附件	套	5
4	LTE 终端		个	161
5	点对点网桥	含配套终端杆	个	20

2.2.2 方案二：WLAN 网络建设方案

WLAN 网络所使用的频段为免申请的 2.4G 或 5.8G 频段，优点是建设投资相对较低，带宽相对较高，在可视条件下覆盖距离可达到 8km，缺点是无法实现移动通信业务，频率使用时可能存在频率干扰。建设 WLAN 网络站址分布如图 7 所示。

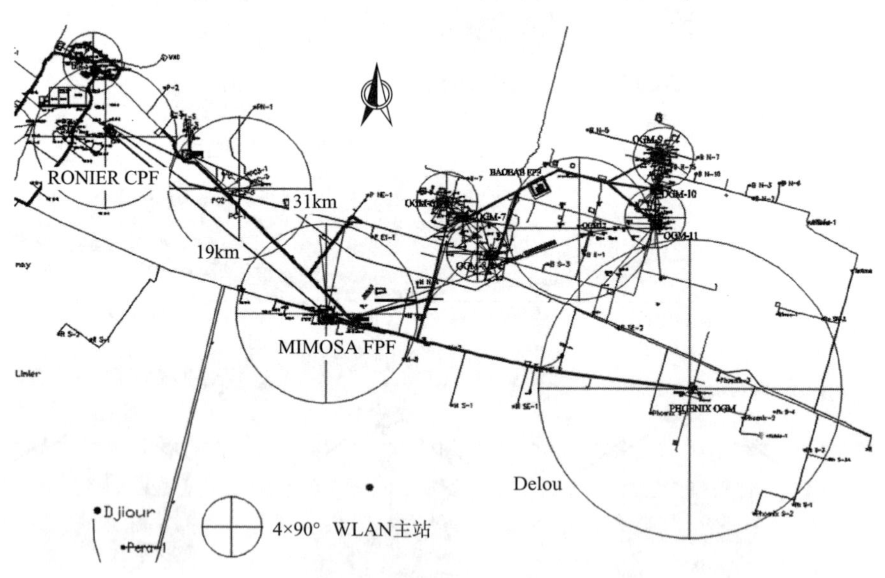

图 7 WLAN 网络站址分布图

每处 WLAN 站址建设 4 套 90°天线的中心站，每个 90°扇区内按照 50Mbps 带宽计算，可实现约 10 路井场视频和数据传输，如建设 WLAN 网络，建设内容如下（表 2）：

（1）在 Baobab 的 OGM-6 等处新建 30m 轻型塔 6 座（靠近有生产网交换机的各站机房），用于安装 WLAN 设备天线及主站。

(2) 利用新建轻型塔和原有铁塔建设 10 处 WLAN 站址，每处站址配套建设 90°天线 WLAN 主站 4 套，建设少量配套光缆就近接入已建生产网交换机。

(3) 在油井侧配套建设 WLAN 远端站，实现油井数据和视频数据的回传。

表 2　WLAN 网络建设配置表

序号	建设内容	单位	数量	序号	建设内容	单位	数量
1	30m 轻型塔	个	6	3	WLAN 远端站	个	181
2	WLAN 主站	个	40	4	配套光缆	套	6

2.2.3　方案对比

(1) 技术对比分析。

通过以上方案描述，结合乍得油田的无线网络需求来看，两种技术具体对比有以下几点：

① 网络管理：LTE 网络有专属核心网服务器进行设备和终端管理，WLAN 网络结构简单，因此管理方面相对较弱。

② 网络稳定性：LTE 技术无须视距传输，相对稳定；而 WLAN 技术需要中心端与端站之间可视方可稳定传输。

③ 网络传输带宽：LTE 技术传输上行带宽可达 20Mbps，WLAN 技术可达 150～200Mbps，均可满足油井生产数据的上传，LTE 技术单套基站带宽有限，因此建议采用轮询上传、告警优先的方式进行建设，WLAN 技术可满足所有油井的高清视频上传。

④ 网络系统扩展性：LTE 技术可扩展性较好，单套基站可支持 1200 个用户的接入，网络建成后扩建油井或 OGM 仅需进行终端的建设安装即可，且终端无须建设铁塔或高杆；WLAN 技术需要点对多点进行传输，扩建油井或 OGM 需调整中心站与扩建端站的天线角度以实现视距传输，且端站需建设高杆安装。

⑤ 网络频率问题：国内 WLAN 技术使用公免频段，无须申请即可使用；LTE 技术使用专有频段，需向当地无委会申请通过才可建设使用。

(2) 系统扩容对比分析。

如在已建无线网络覆盖范围内扩容，LTE 和 WLAN 系统的网络终端数量受限于单基站下同时传输终端占用基站的总带宽。在采用视频轮询的方式下，两种方式扩容仅需增加终端(注：WLAN 终端在同一主站覆盖范围内同时使用终端不宜超过 10 套，否则会影响数据传输质量，LTE 则需根据轮询系数和带宽计算)。

如在网络覆盖范围之外进行系统扩容，两种方式均需要考虑新增站址的铁塔建设，以及需覆盖范围内终端数量(数量较少时可选用点对点 WLAN 设备减少投资)。如新增终端数量较多，根据 LTE 网络无线覆盖特点需要建设有一定高度铁塔(如果现有铁塔可利旧使用)，并根据终端传输数量确定基站数量；WLAN 网络能实现视距传输即可，考虑到现场无线环境较好，建设轻型塔即可，每增加 1 套主站可满足网络覆盖范围内 10 台终端使用，扩容建设对比见表 3。

表 3　LTE、WLAN 系统扩容对比表

扩容规模	LTE 网络建设内容	WLAN 网络建设内容
增加 10 套终端	铁塔 1 座，基站 1 套，终端 10 套	轻型塔 1 座，主站 1 套，远端站 10 套
增加 40 套终端	铁塔 1 座，基站 1 套，终端 40 套	轻型塔 1 座，主站 4 套，远端站 40 套

2.2.4 最终数据网络建设方案选择

从技术性、经济性和系统可扩展性三方面综合分析，最终选用WLAN网络建设方案。

2.2.5 信息安全建设方案

（1）网络边界防护。

为抵御来自站库工控网外部的攻击和威胁，在Ronier CPF、Baobab FPF和Daniela FPF网络边界部署单向网闸进行防护，实现站库工控网和生产网之间的网络隔离和数据的单向传输。具体部署情况如图8所示。

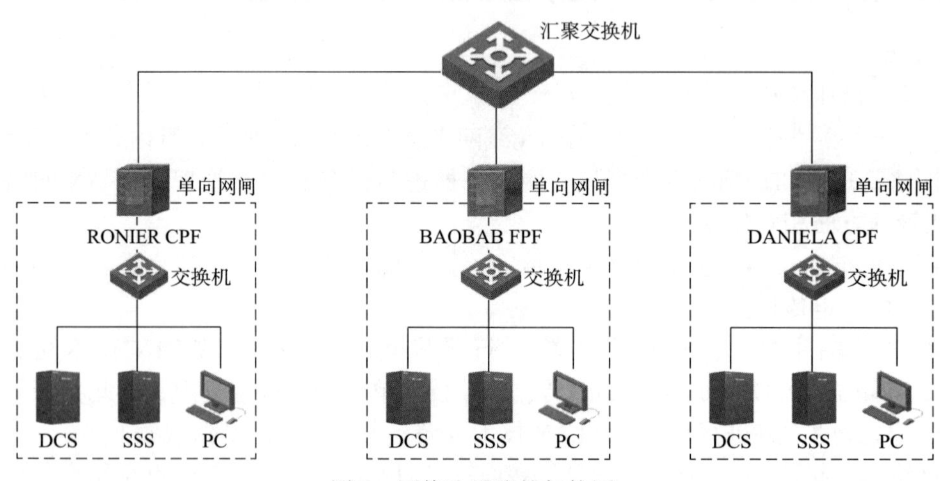

图8 网络边界防护架构图

（2）工控环境防护。

虽然Ronier CPF、Baobab FPF和Daniela FPF的站内主机没有外网环境，但容易受到来自移动存储介质、U盘和违规程序的病毒感染，控制系统面临极大的威胁。为保证工控系统的安全，在工控环境方面，通过部署主机安全卫士、安全管理平台、工业安全审计等设备对工控主机进行防护，具体架构图如图9所示。

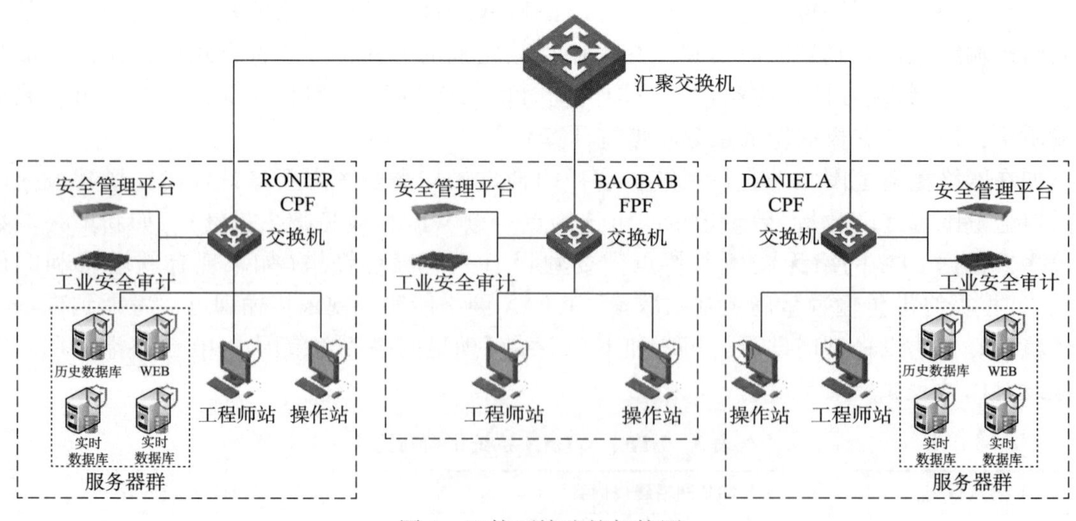

图9 工控环境防护架构图

3 应用效果和应用前景分析

3.1 智能化关键技术得到初步验证，取得可复制经验

乍得油田采用 Zigbee、WLAN 传输技术得到初步验证，为海外油田物联网建设取得了宝贵经验，为推进老油田生产管理模式变革、生产效率提高，以及物联网应用推广提供参考模板，为后续的智能化项目推广复制提供了技术储备。

3.2 提高了生产时率，生产效率大幅提高

智能化井间站的建设缩短了异常井发现时间、提高单井生产时率，还可以根据预警信息提前采取措施，减少单井不正常生产情况的出现概率。同时，结合监测数据，及时采取优化措施，在节能及改善机采系统、地面系统工作状况方面也起到了较好的效果。

（1）及时发现工况异常井 20 井次并采取作业、洗井等措施，减少产量损失 17t；及时发现问题井并采取措施 16 井次，减少维护性作业 22 井次。

（2）通过系统监测数据，及时发现管线穿孔、单井回站问题异常等生产故障 24 次，并及时采取措施，避免了更大事故的出现。

3.3 改变传统生产管理模式，生产组织高效运行

改变以往问题层级上报和指令层级下达的被动局面，实现了由线下转为线上、由人工转为自动的闭环管理模式。数据自动采集率达 98.1%，问题反馈及时率提高 50%以上；生产时率提高到 98%以上；指挥指令下达及时，问题落实和解决效率提高 35%以上(图 10)。

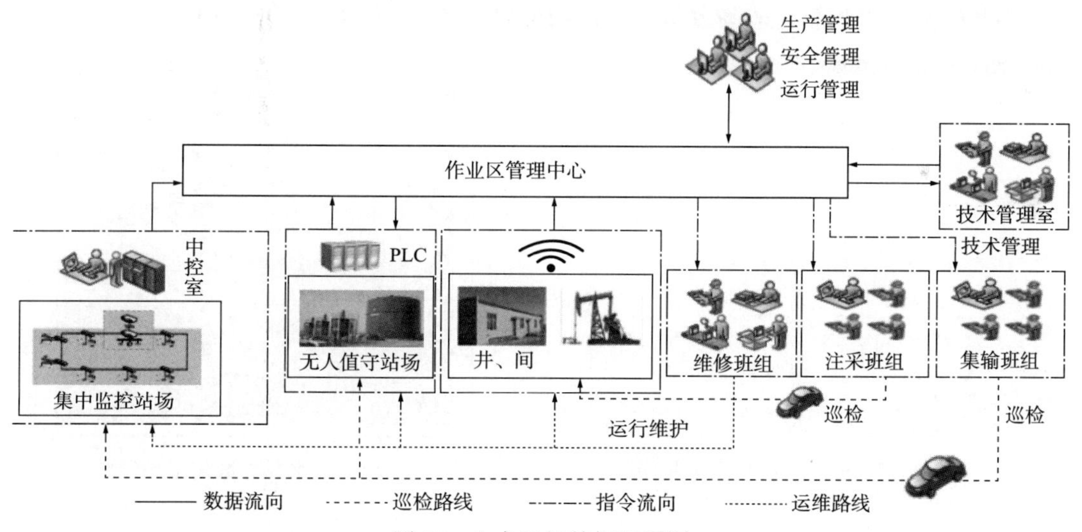

图 10 生产组织数据运行图

3.4 依托智能化应用平台，保障油气生产高效运行

（1）实现了油气生产现场电子巡检。通过 Paas 平台，实时监测油水井、阀组间、配水间生产情况，以及远程操作控制；全油田数据采集 700 余项，仅单井日采集数据达 7862 个；巡井由工人每天 1 次调整为 5d 1 次；维护维修由被动发现变为主动处理。

（2）实现了井间工况智能诊断。依托自主研发的智能化分析系统，应用大数据分析、人工智能等技术，实现油水井、阀组间 6 类 31 种工况智能诊断、及时预警报警，异常问题

发现时间平均缩短12h，动态分析周期由人工1次/月变为自动2次/h，提高生产时率和处置效率。

图11　掺水远程调控和视频监控图

(3) 实现了远程操作和智能控制。通过油水井的远程启停，实现阀组间掺水和配水间水量智能调控。

① 油井远程控制：批量启井效果显著。限电以来，远程启停96井次，对比以往，每口井节省20min，共减少产量影响12.6t。降低了劳动强度，提高了运行时率。

② 掺水远程调控：实现掺水自动调控。按照单井个性方案进行智能调控以来，单环回油温度由40℃稳定在36~37℃间。同时配合视频监控，实现无人值守(图11)。

3.5　深挖应用潜力，提高生产管理决策的科学性

(1) 制定科学合理的清防蜡制度。通过连续采集的大数据分析，判断地层供液能力及井筒情况的变化，及时修订单井的清防蜡制度；同时，能够及时预防泵况出现问题、及时发现和诊断问题，效率提高的同时，减少了对产量的影响。

(2) 依据油水井预警告警功能及时发现生产问题。系统自动筛选出超范围的预警井号及内容，监屏人员可通过该系统快捷准确地查询分析，并通知班组及时处理反馈，相比以前人工逐井核对各项数据，故障分析处理的时效性显著提高(图12和图13)。

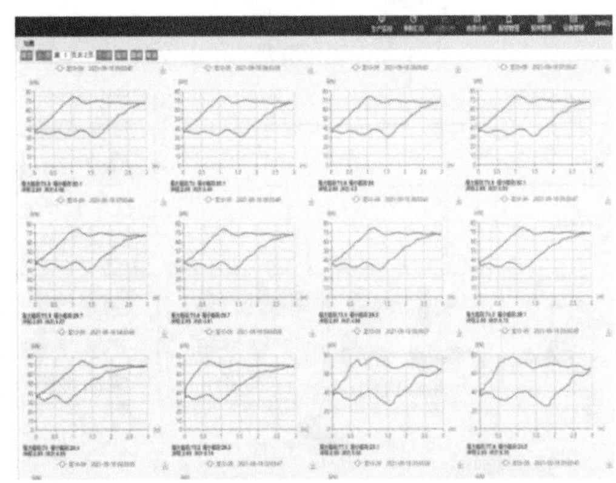

图12　每30min一次功图采集图

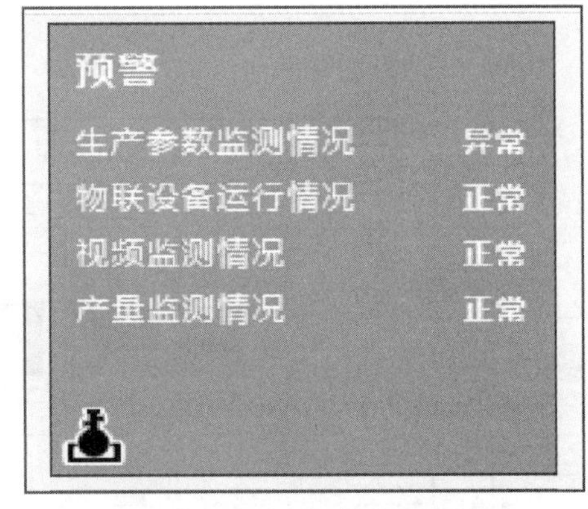

图13　油水井参数超限预警图

4　总结及下步工作

4.1　总结

本项目实施后，通过以智能化为基础，优化劳动组织架构，简化管理流程，减少了中间环节，实现了管理链条短、运行效率高的目标。

生产管理实现三个转变：(1)手工操作到全自动处理的转变。通过智能化建设，可实现电子巡井，监控室仅需几十秒可自动停井，单井掺水量、注水量完全实现远程自动调节，且恒流稳定精准。(2)断续数据点到连续信息流的转变。通过智能化建设，井站数据可实现

实时上传，各级管理人员能及时掌握生产系统运行实时状态。(3)经验管理到精细化管理的转变。油井单环掺水量可根据回油温度、注水井注水量可根据注入压力进行精确调节，做到精细化管理。

4.2 下步工作

4.2.1 继续优化流程、固化工序，提升智能化效益效果

根据乍得油田智能化示范区建设经验，完善管控平台功能，优化施工流程，继续总结施工、安装、调试、测试各环节协作流程和经验做法，固化管理制度，指导后续智能化建设。

4.2.2 加快推进智能化发展试点建设

以乍得油田为试点，继续编制智能化采油厂建设方案，计划开发油气开发、生产经营、安全环保等七类业务领域、十五个智能化应用场景建设，今后将启动相关智能化应用场景建设(图 14)。

智能现场操控	①智能井场	②智能注采井筒	③智能站场
智能生产运行	④智能运行管控	⑤作业区调度管理	
智能油藏管理	⑥油藏综合研究	⑦智能开发管理	
智能工程技术	⑧实时监测预警	⑨作业运行管控	
智能安全环保	⑩安全风险分级管控与隐患排查治理	⑪施工作业智能管控	⑫环保智能化管控
智能经营管理	⑬智能业财融合	⑭企业文化	
智能数字办公	⑮协同办公		

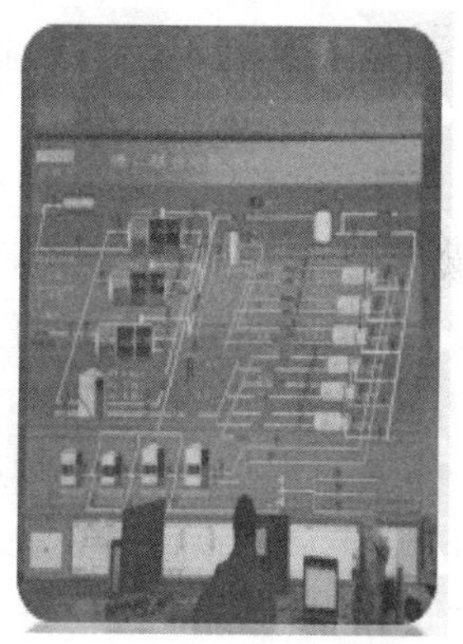

图 14　智能化应用场景建设构想图

4.2.3 探索转油站无人值守模式

按照“典型探索、示范引领”“推广应用、全面实现”两步走总体部署，探索无人值守站场建设模式。坚持“先优化简化再无人值守”的改造原则，通过工艺改造确保生产安全，配套自控升级实现无人值守。对照集中监控标准，对自控系统实施改造，增设远程监测控制仪表及阀门，依托作业区生产管理子系统，实现对无人值守转油站的远程监控，紧急情况“一键关停”，确保站内安全，并为劳动组织架构进一步优化奠定基础。

参 考 文 献

[1] 翟运益. 5G 物联网技术时代建设工程项目信息管理[J]. 智能技术与应用，2022(9)：4.

[2] 许瑾璐. 基于物联网的建设工程施工安全智能管理系统设计[J]. 长江信息通信，2022，35(3)：187-189.

[3] 张志鲲. 面向 5G 时代蜂窝物联网工程建设项目进度管理研究[D]. 南京：南京邮电大学，2018.

[4] 孙志伟. 物联网在建设工程智能化管理中的应用[J]. 山西科技，2015(3)：37-39.

[5] 赵渤锴. 物联网技术在建设工程质量检测中的应用[J]. 信息技术，2018，42(1)：3.

AI识别技术在井下作业违章行为的应用

巩延年　滕艳达　李　洋

(大庆油田有限责任公司技术监督中心)

摘　要：针对油田井下作业现场视频监控靠人工值守工作量大、存在监控遗漏和滞后，缺乏实时识别报警等问题，通过利用目标检测跟踪、智能变焦、实例分割和有向管状物体识别等技术研发了4种井下作业违章行为识别模型，开发了配套的视频智能分析与报警系统。现场应用表明，该系统可有效识别吊卡开口向下、液压钳未安装或关闭护板、人员在管桥上行走、人员肩扛油管时不同肩等现场典型违章行为，提升了井下作业安全管理智能化水平。

关键词：井下作业；违章；监控；智能识别

油田井下作业工作任务繁重、外部承包商队伍逐年增加，具有施工危险性大、操作人员多、事故事件频发等特点，及时发现、预防和杜绝井下作业现场违章行为已成为安全生产监督的重点。但目前井下作业现场的远程视频监控主要是依靠值班人员进行观察和记录，并事后进行问题追溯，人工值守很难做到长时间保持高度专注和面面俱到，发现违章行为问题会有遗漏或相对滞后。因此，亟须针对油田井下作业现场典型的违章行为包括吊卡开口向下、液压钳未安装或关闭护板、人员在管桥上行走和人员肩扛油管时不同肩等问题，通过掌握视频图像智能分析的关键技术，构建违章识别模型，基于远程视频监控系统和网络，同步对井下作业多路监控视频及时进行违章行为自动识别及报警，为提高智能化管控水平提供技术支持。

1　关键识别技术介绍

1.1　目标检测技术

利用神经网络对图片中已标的训练可识别物体进行检测，最终输出检测物体的矩形边界框及识别置信度。

1.2　目标跟踪技术

对目标或人进行移动监控跟踪，实现准确的定位和实时的跟踪，跟踪结果的准确性决定了违章行为判定的可靠性与连续性。

1.3　方位码技术

方位码技术一种目标间方位关系的编码方法，以实现对两个以上的目标检测对象间的方位关系进行通用的描述和判别。采用方位码结合深度学习技术，实现违章的最终判定。

作者简介：巩延年(1985—)，2008年毕业于东北石油大学，获工学学士学位，现在大庆油田有限责任公司技术监督中心从事HSE管理、人工智能技术研究工作，国家注册安全工程师。通讯地址：黑龙江省大庆市让胡路区西宾路552号。E-mail：231751616@ qq. com。

1.4 智能变焦技术

根据井下作业工作面，利用智能变焦将跟踪目标定位至吊卡、液压钳等小型设施附近。

1.5 实例分割技术

实例分割技术的目标是限定边框、针对边框的标记，以及针对检测目标的逐像素掩码，将背景与检测目标区分开来。

1.6 有向管状物体识别技术

针对人员肩扛油管不同肩违章行为，通过有向管状物体识别技术按人肩扛的前后顺序排序直接拟合点位，再进行分类判断其是否同肩。

2 违章模型研发分析

2.1 研发模型1：人员在提放油管桥上的管柱时，吊卡开口向下

若吊卡开口向下，一旦吊卡销损坏，会造成油管掉落，引起安全事故(图1和图2)。

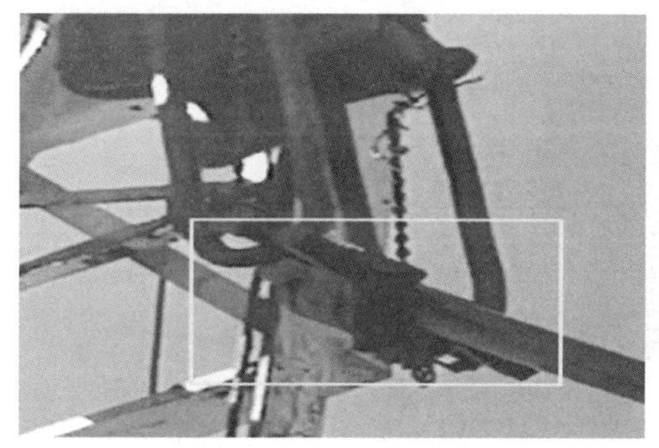

图1 模型1正确示范

图2 模型1错误示范

2.1.1 识别难点

(1) 作业场所距离摄像头过远，难以看清；(2)在夜间、逆光、阴影下等情况时，吊卡轮廓不清晰，无法判断其开口方向。

2.1.2 算法逻辑

首先采用目标检测识别井下作业工作面，当工作面上有人员作业时，利用变焦接口调用摄像头聚焦于工作面中心点并放大，直到工作面在图片中占比超过阈值则停止变焦。在变焦成功后，利用目标检测识别吊卡开口方向状态、吊环，利用方位码技术判定吊环与吊卡呈吊起态势，同时动态跟踪吊环与吊卡组合物判断运动状态。当识别结束后，摄像头根据变焦参数恢复至原位(图3)。

图3 智能变焦调度过程

2.1.3 判定标准

当吊环与吊卡组合呈向上或向下移动状态，且吊卡开口方向判定为向下时判定为疑似违章，在 10 帧中检测出 3 次以上疑似违章进行违章保存并预警。

2.2 研发模型 2：人员在使用液压钳过程中，未安装或关闭护板

液压钳未安装或关闭护板，对使用人员手部等会造成安全隐患。

2.2.1 识别难点

(1)作业场所距离摄像头过远，难以看清；(2)在夜间、逆光、阴影下等情况时，无法判断液压钳护板是否缺失或者是否关闭。

2.2.2 算法逻辑

首先采用目标检测识别井下作业工作面，当工作面上有人员作业时，利用变焦接口调用摄像头聚焦于工作面中心点并放大，直到工作面在图片中占比超过阈值则停止变焦(图 4)。在变焦成功后，目标检测识别液压钳、护板缺失或未关闭时的齿轮，利用方位码技术组合液压钳及其内部齿轮形成异常状态，跟踪使用至卸下液压钳过程中是否出现异常状态。当识别结束后，摄像头根据变焦参数恢复至原位。

图 4 井下作业远景图及智能变焦放大图

2.2.3 判定标准

跟踪使用至卸下液压钳过程中异常状态长达 3s 以上时判定为违章，进行违章保存并预警。

2.3 研发模型 3：人员在管桥上行走

由于管桥上油管不固定，且有可能湿滑，当人员在其上行走时，极易对人身安全造成伤害。

2.3.1 识别难点

(1)管桥区形状复杂，布局各异，对分割造成干扰；(2)当人员在管桥上或周边行走时，会影响分割结果；(3)在夜晚、逆光、强光反射等情况下，背景与管桥区边界无法区分、难以识别。

2.3.2 算法逻辑

首先采用目标检测识别人，再利用人体关键点检测识别人中常用关键点。采用实例分割模型分割出管桥区域(图 5)，对分割结果进行精细化后处理(消除分割结果中的孔洞特征)。最后利用方位码技术判断人体关键点脚踝部位与管桥区域的方位关系。

2.3.3 判定标准

当人的脚踝部位位于管桥区域内部时判定为疑似违章，连续检测出 5 次以上疑似违章进行违章保存并预警。

图 5　管桥区域分割结果图

2.4　研发模型 4：人员肩扛油管时不同肩

在肩扛或手抬油管过程中，有可能会因意外发生油管滑落的情况，若人员不同侧则极易对人身安全造成伤害(图 6)。

2.4.1　识别难点

(1)由于背景管状物体干扰，或人员错位，造成误报；(2)由于角度不合适、距离较远、逆光、夜间作业看不清而无法识别，造成漏报。

2.4.2　算法逻辑

修改神经网络结构，实现端到端人员肩扛油管时不同肩违章直接判定，具体做法为将原网络检测框预测[中心点坐标、长、宽(x，y，w，h)]修改为肩扛(手抬)三个关键点位(x_1，y_1，x_2，y_2，x_3，y_3)预测(图 7)。

图 6　模型 4 错误示范

图 7　肩扛油管点位分布图

2.4.3　判定标准

当模型识别出输入图片中有肩扛(手抬)油管不同侧时判定为疑似违章，连续检测出 5 次以上疑似违章进行违章保存并预警。

3　违章行为智能管理平台建设

通过组织和权限模型、业务流程模型、智能轮询调度、视频违章证据管理等关键技术，构建识别模块的人机交互界面，实现违章处理流程自动化、违章算力调度智能化、违章行为统计可视化和与原 IT 系统融合一体化，统一管理所有违章行为，统一协调所有相关的设备、网络，以及工作人员，降本增效，达到违章管理工作质量的提档升级。

3.1　功能模块

井下作业现场违章行为管理平台基于井下作业现场移动监控设备和远程视频监控系统进行研发，具备监控任务管理、违章处理、统计报表、组织结构管理、摄像头管理、设备管理等功能，实现了实时识别报警、报警视频图像截取，可对井下作业现场 4 种典型违章行为应用场景进行识别，同时具备深度学习算法模型，可根据现场不同环境学习训练后，快速搭建其他应用场景(图 8)。

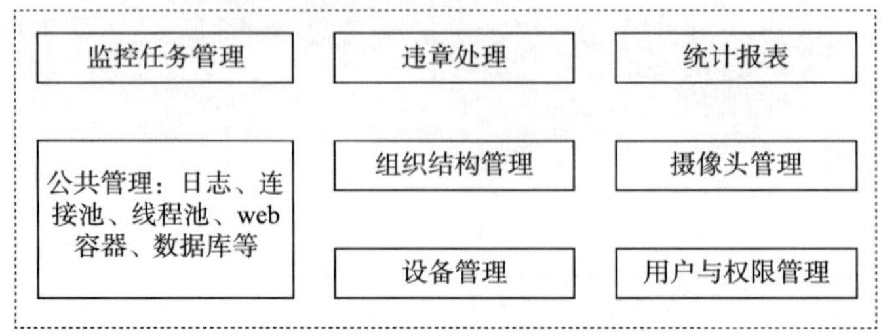

图 8　违章行为管理平台功能模块

3.2　技术架构

管理平台的硬件基础设施由集团内部私有云提供，确保安全可靠。在基础设施之上，主要分为数据层、服务层和应用层 3 层来构筑管理平台应用。数据层由 RDBMS 和 File System 两部分组成，其中 RDBMS 用来管理形式化的业务数据，比如摄像头清单、违章记录等，File System 存储非形式化数据，比如违章视频、日志等；服务层是针对三违管理平台开发的一些复用程度较高的中间构件，有了服务层和数据层的支持，可确保上层应用持续稳定运行；应用层是结合三违管理平台的业务需求定制的软件功能，管理业务模型和数据，为管理人员提供一个可视化的操作界面(图 9)。

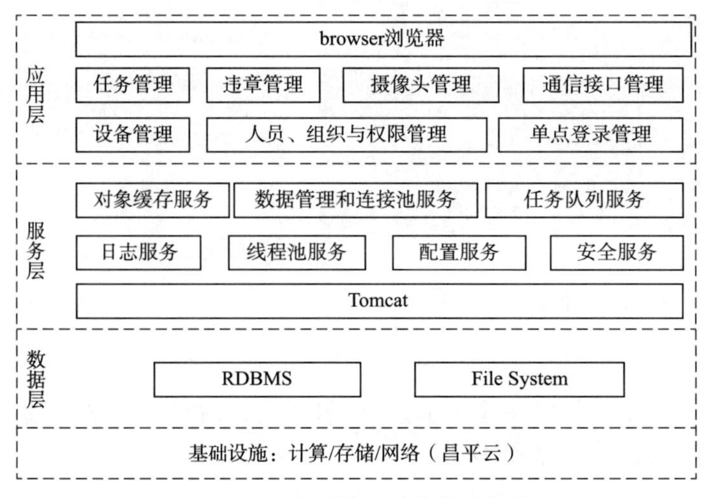

图 9　违章行为管理平台技术架构

4　应用效果

考虑到内网和外网的管理便利性，采用固定和移动视频监控采集两种方式，系统采用 RTSP 协议获取内外网监控平台中监控摄像头的码流，然后进行违章行为智能识别分析，以井下作业现场 4 种典型违章行为为例，采集视频分辨率不低于 1280×720px，目标在画面中的像素大于 50×50px，视频帧率为 25 帧/s，在满足光照、视角、分辨率、无遮挡等条件下，通过测试视频流对该算法验证，能够准确识别井下作业现场 4 种典型违章行为，识别准确率大于 85%。然而，由于井下作业野外作业受光照强度、大雾、拍摄角度、人员遮挡等环境和干扰因素影响，存在一定的误报、漏报。目前，油田共应用到6000路摄像头，违章问题发现率显著增加(表1)。

表1　井下作业违章行为模型测试结果统计表

序号	模型类型	测试视频数(个)	精确率(%)	反应时间(s)
1	模型1	(放大后)851	(放大后)90	(放大后)2~7
2	模型2	(放大后)835	(放大后)85	(放大后)2~7
3	模型3	821	95	2~7
4	模型4	833	96	2~7

5　结论

(1) 本文基于油田井下作业现场现有的远程视频监控系统，通过对人工智能神经网络的深度学习及理解，研究基于人工智能算法、目标动态跟踪等智能视频图像分析的关键技术和违章行为智能识别模型构建，开发了视频监控智能分析与报警平台。

(2) 平台能及时进行井下作业现场违章行为自动识别及报警，将现场识别报警图像和视频及时推送给监控管理人员，减轻了视频监控人工值守工作量和工作压力。

(3) 避免了视频监控遗漏和滞后问题，提升了井下作业现场安全风险提前研判、实时预警及应急处置能力。

(4) 创新了违章行为安全管控模式，提高了井下作业现场安全事故事件防控水平。

参 考 文 献

[1] 李千登，王廷春，郝文亮，等. 钻井作业典型违章行为视频监控智能分析技术研究[J]. 工业安全与环保，2019，45(12)：46-49.

[2] 里沙尔·赫班斯. 人工智能算法图解[M]. 北京：清华大学出版社，2021.

[3] 周波，谢光. 人工智能在模式识别中的关键技术探究[J]. 现代信息科技，2019，3(22)：110-111.

[4] 李环. 人工智能中人脸识别技术的应用分析[J]. 科技论坛，2021(1)：130，137-138.

[5] 刘晓垒，马祥厚. 人工智能技术在油田联合站生产安全预警中的应用[J]. 信息系统工程，2020(2)：92-93.

[6] 李雪松，张骁，管震，等. 基于图像识别技术的钻井井漏溢流智能报警系统开发[J]. 世界石油工业，2021，28(1)：48-54.

[7] 曾瑜民. 探讨神经网络算法在人工智能识别中的应用[J]. 信息通信，2019(7)：104-105.

外围低产油田数字化建设认识与探索

樊晓飞

(大庆油田有限责任公司第十采油厂)

摘　要：“十二五”至“十三五”期间，某外围小型油田通过产能、老改等资金渠道，逐步推进油田数字化建设，实现了站内生产集中监控和小型站场无人值守，取得了初步成效。“十四五”期间，分析前期数字化建设运行中存在的问题，给出解决意见，通过安排物联网建设，优化劳动组织结构，评价综合效益，给出下步数智化建设方向。

关键词：外围；低产；油田；数字化；效益

1　某外围油田概况

外围A油田探明含油面积500km²。截至2022年底，管理油水井6500口，累计生产原油3000×10^4t，下设14个部室，20个矿级单位，员工4000余人。外围B油田现有员工350人，矿权面积140km²，探明储量2806×10^4t。截至目前，共有油水井1100口，累计产油400×10^4t。

A、B外围油田均具有储层丰度低、产量低等特点。根据各油田储层开发实际，适配简化地面工艺数字化建设技术，满足低成本开发需要的同时，也为油田持续高产稳产提供了可靠的保证。

1.1　地面工艺技术现状

外围油田为了提高边际油田的有效动用程度，针对油田的不同特点采用以环状掺水流程为主，偏远、零散缺气区块应用电加热及混输工艺、单井或集中拉油、提捞采油为辅的集油工艺(图1)。

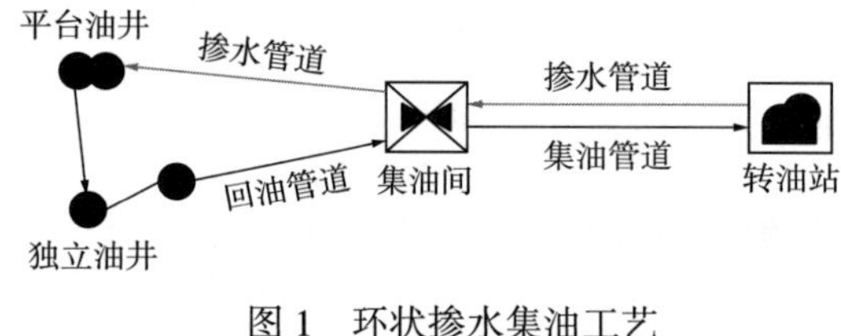

图1　环状掺水集油工艺

转油站主要采用分离、缓冲、沉降“三合一”或采用分离、缓冲、沉降、加热“四合一”处理工艺。集油间来气液混合物进转油站，在组合装置内进行油气分离、沉降出回掺水、加热、缓冲后，经组合装置处理后的含水油由输油泵增压后输至脱水站进行脱水处理，沉降出的回掺水经掺水泵升压后掺入站外集油系统。

转油站及集油阀组间来气液混合物进入“五合一”装置或三相分离器，实现气液分离、游离水脱除、加热及电脱水，脱水后的净化油经加热炉升温、输油泵增压、计量后外输；脱除的含油污水进入污水沉降罐，一部分经掺水泵增压、加热炉加热后输至掺水分配阀组；

作者简介：樊晓飞，1997年毕业于大庆石油学院腐蚀与防护专业，现任大庆油田有限责任公司第十采油厂工艺研究所副所长，从事油气集输、油田数字化建设等方面研究工作，中级工程师。通讯地址：黑龙江省大庆市萨尔图区世纪大道卡尔加里路5号第十采油厂工艺研究所。E-mail：fanxiaofei@petrochina.com.cn。

另一部分含油污水经污水泵升压后输送至污水处理站。

外围油田通常将普通和深度处理工艺合一建设。采用“两级沉降+两级压力过滤”。

外围低产油田开发初期含水较低，注水补充水源以承压层地下水为主，在处理上主要解决含铁、悬浮固体和粒径中值的问题，采用了“锰砂除铁+压力过滤”的工艺。回注高渗透层处理工艺：当原水含铁、锰超标时，采用锰砂除铁工艺。在回注高渗透层处理工艺上增设精细过滤，精细过滤器采用纤维球过滤器等成熟工艺；在回注低渗透层处理工艺上增设超滤，超滤采用中空纤维膜等成熟工艺。

1.2 油田数字化建设现状

1.2.1 国内国际油田数字化建设现状

国内传统油气田生产管理层级多、用工多、管理效率低、生产成本高等问题突出。随着已开发油气田面临生产设施老化问题，油田进入高含水、特高含水期开采阶段，老气田进入增压开采期，生产成本显著增加。新发现的油气田资源劣质化严重，新增探明石油/天然气储量绝大部分为低—特低丰度、低—特低渗透。与常规油气田相比，油气井数和地面设施成倍增加，控制投资成本的压力大，为此必须应用先进技术，全面提升管理水平，提升生产效益，实现从传统生产向精益生产的转变。力推上游业务可持续发展，推进主营业务转型升级，达到世界一流国际能源公司水平。根据中国石油天然气集团公司部署，按照数字化、智能化、智慧化三步走实施数字油田建设。国外石油公司根据油田实际情况，地面工程在建设之初注重“安全环保第一、经济效益为先”的建设理念，形成了一整套简单实用的场站建设标准，大幅度提升场站监控和自动化水平，实现站场无人值守。

1.2.2 外围油田数字化建设历程

2010 年外围 B 油田为破解劳动用工紧张、生产成本攀升等诸多难题，开启数字油田建设，经过 13 年探索实践，历经数字化建设和智能化提升两个阶段、四次组织架构调整，智能管理方式成为提高企业发展动力的重要手段。

2011 年，外围 A 油田试点大型联合站集中监控改造，通过近 3 年的试运摸索、总结经验，形成了以“生产过程集中监控、生产数据逐级上传”的数字化建设模式。“十二五”至“十三五”期间，通过产能、老改等资金渠道，重点安排 8 项数字化建设，初步实现了站内生产集中监控和小型站场无人值守，2022 年起，规划剩余区域数字化建设。

2 外围油田数字化建设规模及成效

2.1 数字化建设规模

外围 B 油田已安排 1000 余口抽油机井、10 余口气井、100 多座集油阀组间、200 多座配水间、10 余座大中型站场的数字化建设，油井数字化设计覆盖率 33%，小型站场数字化覆盖率 77%，中型站场数字化覆盖率 42%，大型站场数字化覆盖率 100%。

外围 A 油田历经三期改造和产能建设工程，完成了覆盖全油田的物联网建设，依托井、间、站物联网采集设备及高效数据驱动技术，建成了完整的数据采集系统。1000 余口油水井、20 余座集配间和 3 座处理站，共 13000 多个点全部实现数据自动采集，彻底改变了人工录取资料的工作方式，采集数据在流计算平台运算生成各类生产日度报表，取代了人工录取数据、填制报表工作，提高了资料精度，大幅降低了人工的劳动强度。

2.2 外围油田数字化建设成效

数字化油田建成后，技术、业务和管理得到充分融合，按照“用数据指挥、依数据流转、靠数据优化”的数字管理理念，多层级协同发力，形成了具有外围特色的高效运营管理模式。

2.2.1 围绕“用数据指挥”，重点打造“油田数字大脑”

生产指挥中心是生产运行的“大脑”，下设油田管理室、监控指挥室和运维管理室，主要负责生产系统智能预警处理、生产指令下达，以及仪表维修等工作。通过强大的技术支持、数据分析和运行维护能力，将分散在各个单元的生产指挥、开发管理和数字化运维等业务整合，形成了“油田数字大脑”，实现由“凭经验管理”向“用数据指挥”升级。

2.2.2 围绕“依数据流转”，再造高效管理流程

依据数据流向，重新梳理管理流程，促进数据顺畅流转，带动管理效率提高。

一是优化生产故障处理流程。梳理各类生产问题处理流程127项，生产指挥中心人员在系统发出报警后，分析诊断故障原因，除个别疑难或重大故障问题请示厂业务主管领导外，其他80%以上的常见故障直接下发指令给专业化大班组处理。传统模式下5级问题上报流程精简为2级，处理时间大幅缩短(图2)。

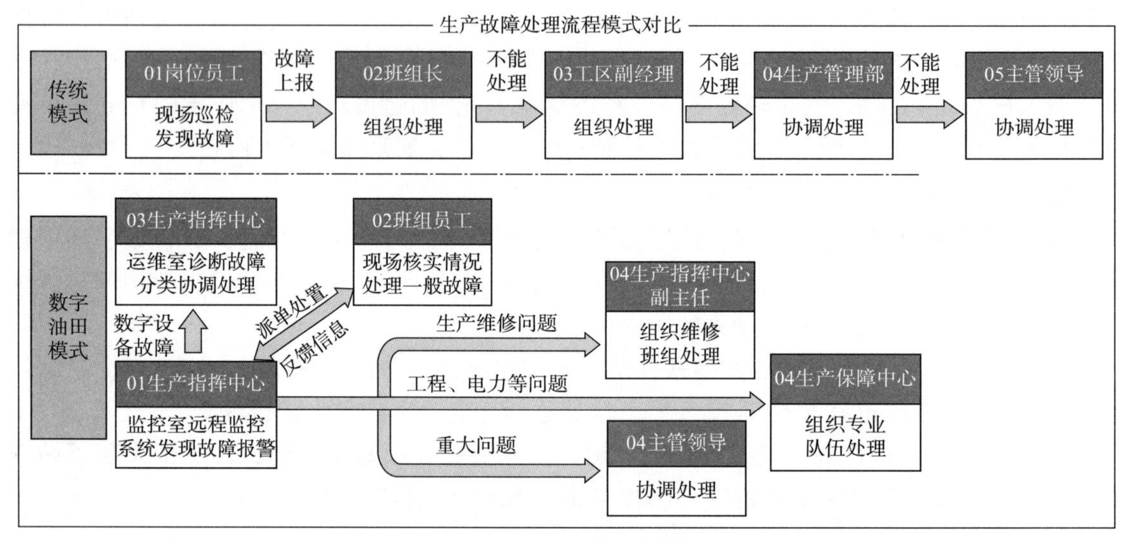

图2 生产故障处理流程变化示意图

二是优化技术方案管理流程。传统模式中，采油区根据油水井日常生产情况，编制洗井、加药等纸质方案上报研究所，审批通过后执行。智能化管理后，系统根据油水井生产数据自动分析维护需求，研究工艺研究中心技术人员根据实际情况，一键生成各类方案，方案指令推送至专业化大班组执行。施工过程中，监督人员通过测调人员上传的视频，对施工过程进行管控。方案实施后，系统自动跟踪、评价方案有效性，大幅缩短方案编制周期，提高了方案的有效性。

2.2.3 围绕“靠数据优化”，油藏采油智能协同

开发管理平台将油藏和采油数据层面进行了统一，将两大专业软件成果进行了封装和共享，实现了数据—成果—软件“三共享”，油藏工程与采油工程“两融合”，研究与管理“两协同”的线上工作模式，工作方式发生“三个转变”，提高了协同工作能力和开发管理水平。

3 当前面临的问题

3.1 已建数字化工程存在运维问题

外围油田已安排的数字化建设工程中，尚有 4 项未施工完成，存在仪器仪表过质保期、控制系统通信数据不兼容等问题，需要投入资金整改。

3.2 基础建设需要完善

外围 B 油田数字化建设于 2023 年起步，要在前期采集端建设的基础上查缺补漏，加快完成总体布局。

3.3 缺少标准的综合数据库

某外围油田没有建设数据治理中心，各专业应用无法互联互通，形成数据孤岛，没有统一共享。

3.4 仪器仪表采购渠道不畅

适度放宽供货及服务价格指标，通过技术谈判及规模招标采购，建立多家长期稳定合作渠道，延长供货商资质期限，保障采购、售后服务的通用性及连续性。

3.5 专业技术和软件开发人才短缺

需合理规划培养从事数字化管理、研发、运维人才，加大专业人才引进、培养力度，在实现生产运行监控基础上，需加快提质增效和协同办公软件开发。

4 下步数字化建设内容及安排

根据油气生产物联网建设工程实施方案，对 7 个作业区进行数字化建设。通过优化调整与筛选排查，精简数字化建设投入规模，对 4000 余口油井、水井及气井，350 余座站场进行数字化建设。建设作业区管理中心 7 座，将井间及大中小型站场数据上传至作业区管理中心。

5 实施效果预测

应用信息自动化技术，搭建信息共享平台，优化了管理流程，缓解人力资源不足，实现"生产效率提升，管理水平提升、治安环境改善、劳动定员优化"。

一是新型组织架构下用工效率显著提高。目前外围油田共有员工 3000 余人，平均单井用工 0.42 人，预计数字化实施后，本次实施范围内的前线员工由 2257 人调减至 1691 人，共节约前线用工 566 人，减员比例 25%，单井用工降至 0.32 人/井(表 1)。

表 1 本次实施物联网建设后效果预测表

项目	物联网实施前(目前)	物联网实施后	调减	调减比例
采油矿(个)	9	7	2	22.2%
小队(个)	48	0	48	100%
班组(个)	374	72	302	80.8%
人员(个)	2257	1691	566	25.07%
单井用人(人/井)	0.42	0.32	0.10	23.8%

二是机采管理指标持续向好。通过数字化建设可加强油井过程管理，动态优化油井运行参数，可实时跟踪热洗质量，降低泵况发生概率，检泵率可降低 1.5 个百分点，全年少作业 75 口井，节约费用 262 万元；通过精细能耗管理可及时采取机采节能措施，消耗功率预计可下降 0.3kW，年耗电量下降 768kW · h，节约费用 490 万元。

三是实现多环节能降耗。数字化后，可及时掌握集油系统各节点回油温度、井口回压情况，适时进行各站、间的掺水量、加热炉出站温度调控，年节约掺水 $120\times10^4m^3$，年节电 $57\times10^4kW\cdot h$。

四是生产过程各节点管控效率明显提高。通过数据自动采集、报警自动检测、指令快捷下传、报表自动生成等功能，按岗位分级授权，油田管理走向精细化、自动化、一体化，杜绝了停井不能及时处理情况，缩短了停机恢复时间，缩短油井泵况判断时间，油井生产时率和利用率将显著提高。初步预测，单井异常停机恢复时间缩短至 2h，单井泵况判断时间缩短至 8h，油井生产时率比数字化前提高 1.5 个百分点，每年可多产油 4.65×10^4t。

五是员工生产工作环境更好。数字化建设后，解放了一线员工繁重重复体力劳动，降低了员工户外恶劣环境下的工作强度。

六是提升了油田安全监控能力。利用数字平台实时监控员工上岗、设施运转、关键部位状况，及时发现和纠正违规隐患，掌握了风险防控主动权。

6 数智化转型与发展探索

6.1 智能化建设思路探讨

6.1.1 地面工程一体化协同研究

通过在线仿真系统建设，整合工程建设信息数据，推进地面建设工程数据全面统一、感知交互可视、系统融合互联、供应精准匹配、风险预警可控，实现工程建设“精益管理、数据传承、知识共享”的目标。

6.1.2 智能生产管控研究

建设透明油气藏、透明井筒、透明站厂和透明管道，强化管控风险，逐步精简人员。通过打造油气田智能化管控新模式，推行油气田全生命周期管理，提升气田建设期、运营期安全管控水平，在建设期内开展归档资料的组卷与全数字化移交，运营期内生产系统与设备设施状态监测与多参数预测，实现新区气田全面自动化、整体智能化、全面无人值守。

6.1.3 智能经营管控研究

以项目为中心整合生产经营全过程的业务流程，着力项目全生命周期协同、综合效益评价协同及物资供应协同等方面实现业财工作从流程到数据驱动的转型，缓解效益发展与成本居高不下矛盾。投资项目管控协同旨在实现对项目前期、投资计划、概算造价、项目执行、供应链、项目竣工、后评价的闭环管控，建立业务与财务的实时跟踪，打造投资项目规划计划管理与建设过程管理“双闭环”管控模式。

6.2 智能化建设保障措施及建议

数智化转型是“油公司”模式改革的重要内容，也是实现“油公司”模式的重要手段。为确保实现预期目标，应从制度保障、支撑依托、人才培养等方面强化保障。

6.2.1 强化制度保障

完善数字化管理规章制度。业务部门将数字化转型纳入年度重点工作，配套完善相关制度，重点统一建设、运行、考核等管理制度和工作质量标准，并编制本业务数字化、智能化建设指导意见。加大数字化转型考核力度。每半年组织开展专项检查，监督检查数字化转型工作进展情况。

6.2.2 强化支撑依托

择优选择设计单位，固化项目设计人员，确保设计质量。优选施工单位及供货商，建立长期战略合作关系，确保建设质量。学习借鉴中国石油天然气集团公司、塔里木油田、大港油田等先进油田公司数智化转型先进经验，不断优化智能化转型发展建设模式，确保高质量转型发展。

6.2.3 强化人才培养

引进数字化、智能化专业人才。加强数字化人才需求预测，适时引进熟悉数字化、智能化管理人才，补充到业务部门及二级单位加强对员工的数字化培训。吸取先进教育培训经验，完善数字化教育培训体系，加强员工数字化培训，为数字化转型提供智力支撑。

6.2.4 强化文化培育

培育包容、创新的数字化企业文化。将数字化转型融入广大干部员工的工作、生活中，逐步形成线上流程思维、数据共享思维，让数字化转型行稳致远、全面成功。

7 结论

（1）外围油田数字化建设起步早，数字化建设基础较好，在大型站场集中监控和井间无人值守方面取得了一定的成效，但也要看到对标其他油田，在数字化专业技术人员数量、采购施工周期、运管体系建设方面还有一定差距。

（2）当前数智化建设已经提上日程，时间紧、任务重，迫切需要设计、采购、基建、作业区、运维中心、职能部门各方共同努力，完善建、管、维一体化流程，做好数据治理及发布，让实时、真实的生产数据发挥最大决策效能。

（3）随着无人值守站场和先导智能化试验的大面积推广，数智化转型升级必将在减员增效、智能运维、精益生产、节能降耗、延长设备运转周期、安全生产等方面发挥更大的作用，油田数智化发展的明天定能越来越好。

参 考 文 献

[1] 由丹. 油田数字化建设实践与认识[J]. 油气田地面工程，2022，41(12)：57-61.

[2] 刘旭. 油田数字化建设存在的问题及对策[J]. 化学工程与装备，2023(2)：66-67.

[3] 赵仕达. 物联网技术在油田数字化建设中应用分析[J]. 信息系统工程，2022(1)：20-23.

[4] 吴迪. 油田数字化建设存在问题与对策分析[J]. 信息系统工程，2022(11)：14-17.

[5] 侯伟超. 油田数字化监控系统运维体系分析[J]. 电脑知识与技术，2021，17(12)：214-215.

北斗短报文通信在油田数据传输中的应用与探索

董　虎　陈亚颐　赵　黎　罗李黎　尹　权　张　乐
再开日亚·安尼瓦尔　刘振国　木塔里甫·木拉提

（中国石油新疆油田公司准东采油厂）

摘　要：北斗3号短报文通信技术具有终端集成度高、成本低，安装方便、可实现点对多点通信、保密性高等特点，且不受地形、地貌、空间距离的限制，适合油田边远井、预探井、单罐井等位处沙漠腹地、无人值守的应用场景。本文通过对北斗短报文通信特性的分析，结合油田数据传输要求，总结RTU和LoRa数据采集网关两种应用场景下开展实践测试的情况，验证了北斗通信系统在油田现场进行数据传输的可行性，为类似应用场景提供了参考借鉴。

关键词：北斗卫星；短报文；油田；数据传输

油田分布区域广而且地形复杂，特别是许多油田地处沙漠、戈壁等人迹罕至的地区。同时，油气田还存在边远井、预探井、单罐井等部分边远单井，这些单井远离油田主力区块且分布稀疏，一直是各油田生产管理的难题，使用人工对井场进行数据抄录，巡检周期长、工作量大、耗时费力，且不能体现数据的及时性和准确性，用信息化技术进行远程管理是解决这些管理难题的有效方式。但因地理位置偏僻、分散，边远单井往往没有可依托的数据传输网络，不具备数据传输条件，造成远程自动化监控难以实施。因此，想用信息化技术解决管理难题，必须解决数据传输网络问题。

1　油田数据传输概况

随着油田物联网建设的逐步推进，各油田主力区块正逐步实现物联网覆盖。数据传输是油田物联网数据链路的重要组成部分，是数据上传下达的通道，如果数据通道出了问题则难以实现远程自动化监控。目前，已建油田物联网系统数据传输多采用无线网桥、4G等方式，现场采集控制设备基本采用RJ45、RS485等通信接口与传输网络设备连接，从而实现数据远传，数据传输协议主要使用MODBUS通信协议。此类数据采集传输方式解决了大部分油气生产现场的数据传输问题。但是在偏远井区、计量站、运输管线，由于地理位置偏僻，传统的光纤、无线网桥、4G网络等无法覆盖或建设成本过高，造成在特定的生产现场无法实现数据的回传。随着北斗卫星短报文技术的发展，使数据传输技术在传统基础上又增加了可选方案，因北斗卫星传输采用天—地通信方式，不受地形、地貌、空间距离的限制，适合油田边远井、预探井、单罐井等位处沙漠腹地、无人值守的应用场景。

作者简介：董虎（1982—），2015年毕业于中国石油大学（北京）石油工程专业、本科学历，现任中国石油新疆油田公司准东采油厂信息管理（自动化中控）站助理工程师，从事油田自动化、智能图像识别等方面研究工作。通讯地址：新疆油田公司准东采油厂信息管理（自动化中控）站。E-mail：donghu666@petrochina.com。

2 北斗短报文通信在油田数据传输应用的可行性分析

北斗卫星系统已在定位、导航等多领域提供了广泛的服务，因卫星通信具有不受地形、地貌、空间距离的限制，安装方便灵活，可实现点对多点通信，保密性高等特点，非常适合油田偏远井的数据传输。但在实际应用中必须将北斗通信系统的特点与油田数据传输的具体要求相结合才能实现北斗卫星通信服务于油田数据业务。对此，笔者进行了初步的可行性分析。

2.1 物理接口

油田现场与通信系统的硬件接口多采用 RJ45 和 RS485，数据传输协议多采用 MODBUS 协议，现场设备通信接口已实现数字化。北斗卫星短报文通信本质也是一种数字化通信方式，在物理层面可以灵活配置相应的数据接口，将数据按照北斗短报文要求进行排序及组包，具备油田应用的物理条件。

2.2 数据传输能力

利用北斗三号系统的短报文通信服务支持文字、字符、数字传输，并支持 569 字，7979bit(四级卡)全球通信能力技术，按照油田现场的数据情况计算后可同时并发多组数据量，可将采集上的电参、油压、功图、冲程、冲次、运行状态等参数和状态分 4 组包(单包小于 7979bit)上传，经过服务器解析整合后上传数据库，由油田生产监控平台通过 Modbus TCP 协议访问映射井场的数据。在数据传输能力上可以满足油田应用需求。

2.3 数据传输要求

目前油田数据采集周期为 3min/次，可满足绝大部分生产管理的需要，北斗短报文上传频次可达到 1min/次，满足油田生产管理需求。

北斗卫星三号短报文传输机制有别于 RS485、RJ45 的实时传输方式，它是一种非实时的传输机制，且会受到终端入站服务频度、终端传输能力、通信等级(汉字长度)的限制。

通过以上初步分析可知，以北斗三号通信为基础，对终端设备进行兼容性、适配性研发，在符合北斗三号短报文通信要求的前提下，对数据进行组包和解析完全可以实现油田生产数据的传输。

3 油田现场工作场景测试实践

在上述可行性分析的基础上，基于油田现场的采集环境和要求，根据现油田数据采集设备 RTU、LoRa(图 1)，在油田实际现场有针对性地开展实施北斗数传在多种数据传输链路下的测试工作，测试旨在通过部署北斗数据组包程序，以及安装北斗指挥机和北斗数传终端，实现油井数据的采集封装、卫星传输、解析映射，最后油田平台能够通过 Modbus TCP 协议的方式访问映射井场的数据，达到测试油井北斗数传系统软硬件适配性、功能完整性等方面是否可靠。

3.1 北斗数传终端与现场设备通信连接的建立

北斗数据采集传输一体化终端(图 2)与 RTU 或 LoRa 网关采用有线方式(RS485/RS232)连接，进行数据读取，经发射端数据调制，发送至通信卫星。

终端主要技术指标为：

(1) 符合油田公司《油气生产物联网系统建设规定》运行规范要求；

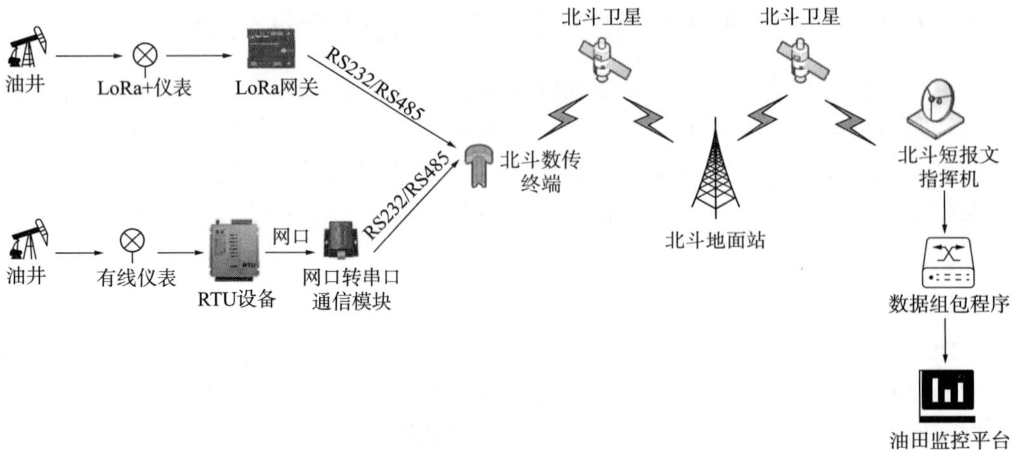

图 1　数据传输链路

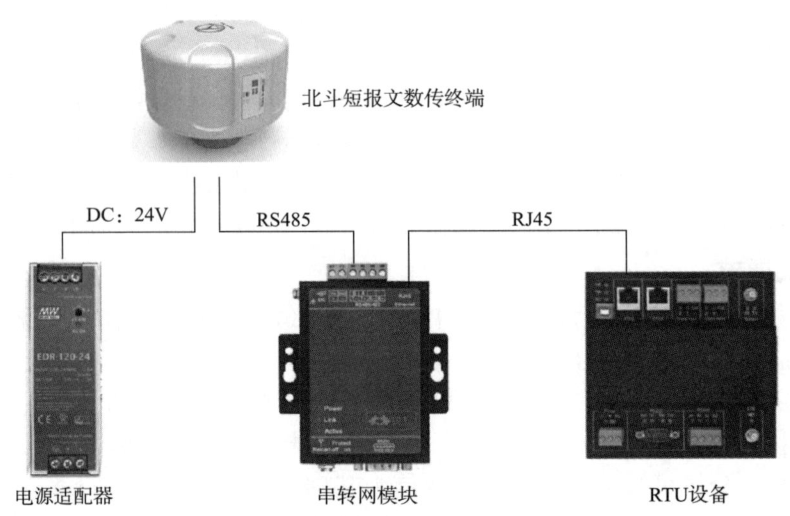

图 2　北斗数据采集传输一体化终端发射终端

（2）提供 RS232/RS422 接口用于数据交互；

（3）支持短报文通信，支持文字、字符、数字传输。

北斗数传终端和油田现场设备硬件连接完成后，通过笔记本电脑或手机端 APP 对连接情况进行了测试，测试结果显示连接正常，可以进行数据收发，如图 3 所示。

3.2　数据流

北斗数传终端通过串口 Modbus 协议访问 RTU，获取井场的压力、流量、温度、电压、电流、变频器参数等数据。然后通过北斗链路将数据传送至北斗指挥机。北斗指挥机通过串口/网口将数据透传至服务器端的数据组包程序，在该程序中将井场数据映射至模拟井场。油田平台可通过 Modbus TCP 协议去访问模拟井场获取实际的采样值。

油田平台通过 Modbus TCP 协议对数据映射关系表进行控制指令下发，数据组包程序收到控制指令后进行组帧通过网口发送至北斗指挥机。指挥机通过北斗链路将控制指令传送至目标井场的北斗数传终端。北斗数传终端通过 Modbus 协议将控制指令下发至 RTU，由 RTU 执行控制指令(图 4)。

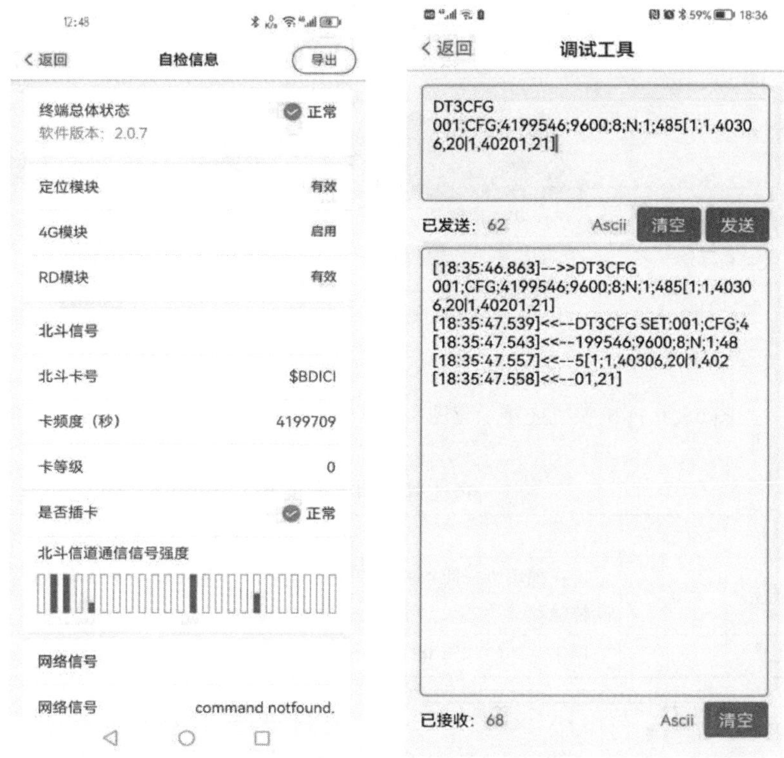

图 3　手机端 APP 测试调试工具

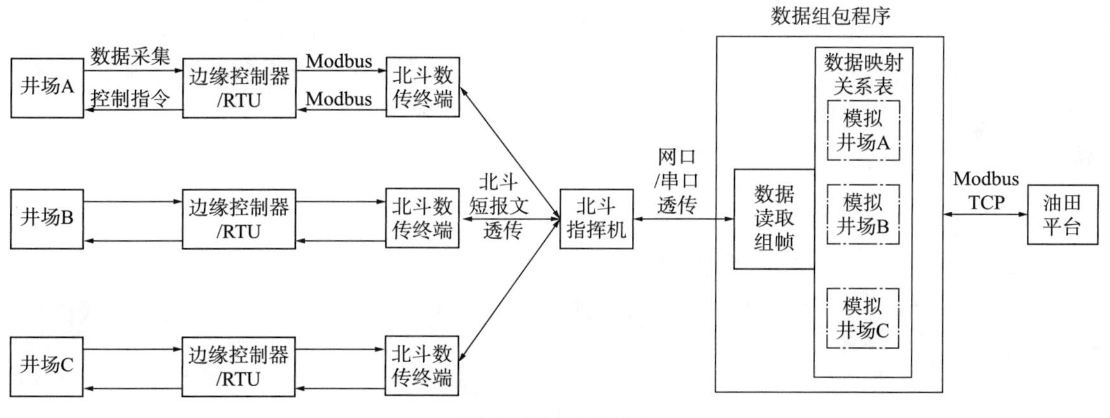

图 4　数据流向图

3.3　北斗数传管理系统部署

（1）北斗指挥机：通用型北斗三号短报文、北斗三代通信定位导航终端一体机集成了 RDSS(短报文)技术，负责接收各北斗短报文数传终端反馈的采集数据，同时对多终端系统进行统一指挥调度(图 5)。

（2）北斗解析服务器：负责部署油井北斗数传系统的指挥机数据组包软件和建立油井数据库，对指挥机推送的短报文进行解析和数据映射(图 6)。

3.4　北斗数传测试设备

LoRa 网关和 RTU 的配置情况见表 1。

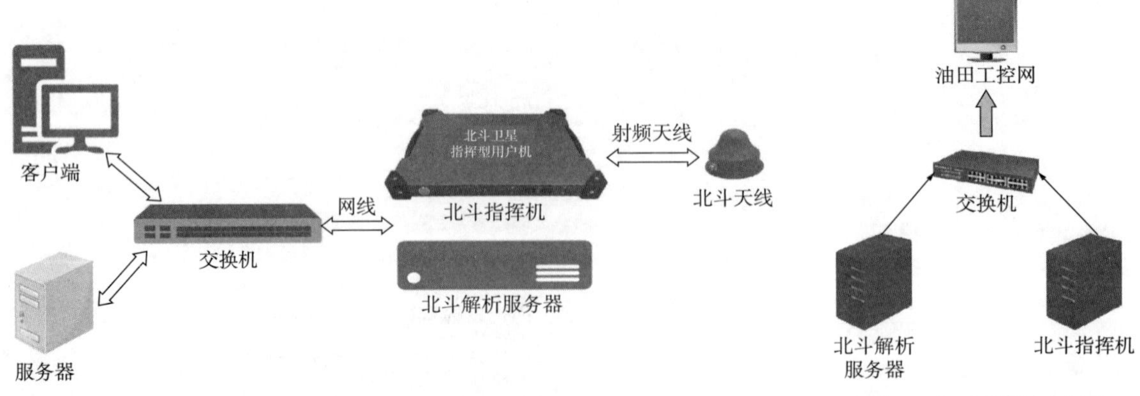

图 5　指挥机整机连接示意图　　　　图 6　北斗部署拓扑图

表 1　北斗数传测试设备表

序号	设备名称	数量	备注
1	LoRa 网关	1	可在现场进行简单的编程和逻辑控制，同时省去数据采集服务器部署，减少中间传输环节
2	RTU	1	用于北斗终端与 RTU 通信连接及数据传输测试

3.5　数据接入

基于油田现场的有线采集环境和无线采集环境情况，制定以下 2 种测试方案：

（1）无线采集：井口采用 LoRa 仪表和 LoRa 网关进行数据采集，网关与北斗数传终端用 RS232/RS485 串口相连，数据交互采用 Modbus 协议进行，再由北斗数传终端通过北斗短报文方式将采集数据发送到北斗指挥机，由北斗数据解析服务器完成数据组包后，最终将数据经交换机传送至油田平台服务器，数据传输链路如图 7 所示。

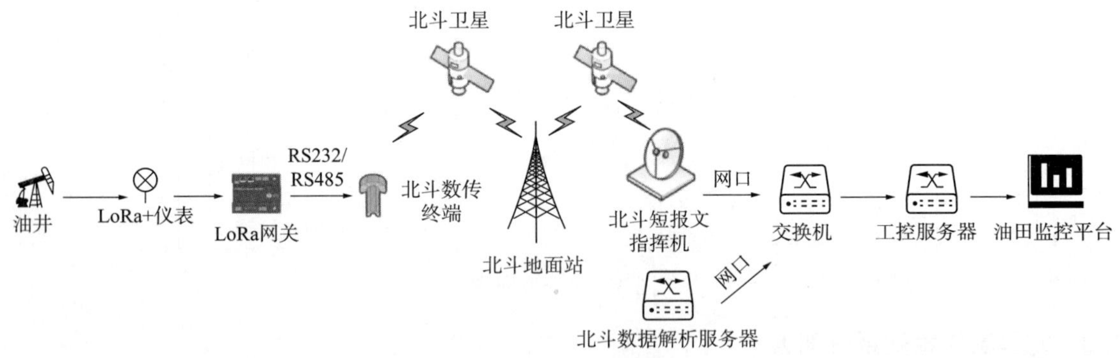

图 7　无线数据传输链路

（2）有线采集：井口采用有线仪表及 RTU 进行数据采集，RTU 通过网口转串口通信模块与北斗数传终端的 RS232/RS485 串口相连，数据交互采用 Modbus 协议进行，再由北斗数传终端通过北斗短报文方式将采集数据发送到北斗指挥机，由北斗数据解析服务器完成数据组包后，最终将数据经交换机传送至油田平台服务器。数据传输链路如图 8 所示。

3.6　数据落地

服务器部署数据组包程序，负责完成数据接收、数据组包处理，同时在服务器端模拟井场数据情况，实现远端实际井场在服务器端的数据映射。油田生产管理平台系统能够通过 Modbus TCP 协议的方式访问映射井场的数据(图 9)。

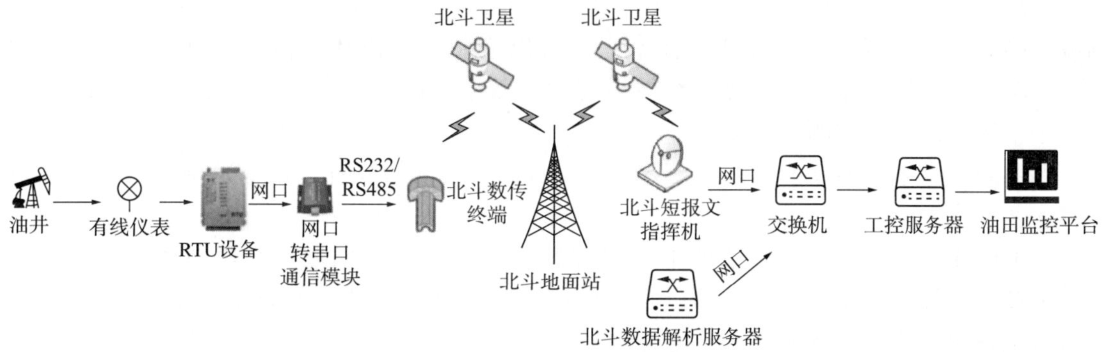

图 8　有线数据传输链路

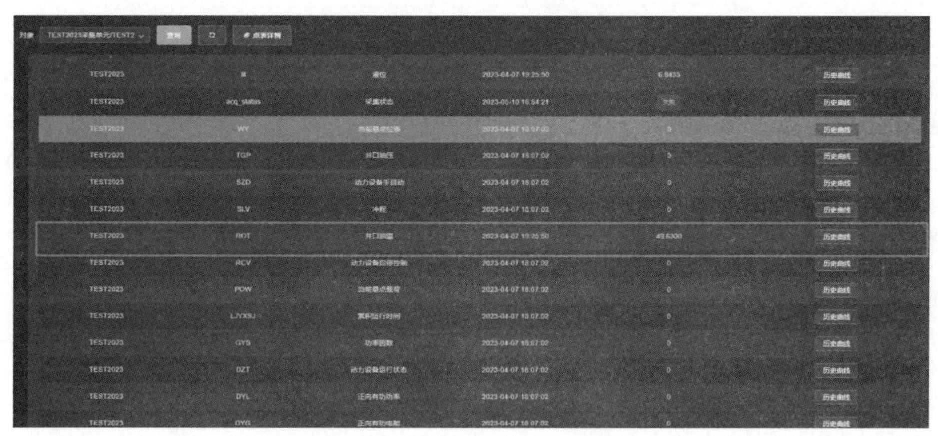
图 9　单井测试数据上线

4　推广情况

通过前期北斗数传系统的技术论证及现场实景测试，充分验证北斗短报文通信可以在油田生产中推广应用，特别针对油田沙漠腹地，无人值守油区的边远井、预探井、单罐井生产数据可以实现同步卫星数据传输。

准东采油厂在边远井推广应用北斗卫星短报文终端 70 余套，通过北斗卫星的成功实施应用，实现油田偏远地区数据的回传，为企业有质量、有效益的生产提供技术支撑，形成以下效果：

(1) 在边远井、单罐井等偏远井区的日常生产管理中，北斗卫星的投用大大减少了员工单井巡检次数，缩减人力薪金费用，达到减员增效目的。

(2) 为偏远井区的数据采集提供技术支撑，提升油气田偏远井管理效率，提高油田数字化的覆盖率，为油气田偏远井在无光缆、无运营商网络覆盖条件下实现远程数字化管理提供了新的手段。

(3) 单罐生产井液位采集精准预警。利用北斗数传短报文技术，解决了偏远油区单罐生产井数据采集问题，消除数据传输孤岛，避免大罐溢罐、原油偷盗等情况，降低生产环境风险、提升油田本质安全。

5 结论

经过油田前期技术论证及现场测试，北斗数传终端可适配具有 RS485/RS232 输出的现场数采网关，北斗卫星短报文通信技术完全可以应用于油田数据传输，可实现偏远油井、水井、单罐井等生产数据的回传，有效提高生产效率，保证生产安全。但在油田现场生产应用中，应注意以下问题：

（1）需注意平台连续下发指令会导致指令排队，北斗指挥机卡频度为60s，1min 内只能下发一次指令。

（2）由于北斗三号短报文系统上传发送数据包有限，如果数据长度过大，组包过多，会造成数据延迟等一系列问题，所以在实施前，应当仔细评估采集数据量是否会对北斗三号短报文系统造成过大的压力。

参考文献

[1] 孙波. 北斗卫星通信技术在水文测报数据传输中的应用研究[J]. 工程技术(全文版)，2016(7)：209.

[2] 邓志君，梁松峰. 基于 RS485 接口 Modbus 协议的 PLC 与多机通讯[J]. 微计算机信息，2010(8)：107-108.

[3] 姚彬. 偏远油气井北斗短报文数据传输系统的建构与应用[J]. 油气田地面工程，2019，38(9)：4.

[4] 胡海林，刘克岩. 基于北斗卫星的油田数据传输系统的研究[C]. 中国宇航学会，2013.

实时数据治理在工程技术远程监督的应用

惠小龙　张闻晨　阿比旦·斯提瓦力地　徐欣祎

(中国石油新疆油田公司数据公司)

摘　要：钻完井工艺技术的发展不仅需要理论知识的指导，更需要对钻完井过程中产生的大量数据资料进行分析处理，形成规律性的认识，促进工艺技术完善和优化。本文通过开展钻完井实时数据治理，提高实时数据质量，规范实时数据使用，支撑钻井远程监控及辅助决策应用，发挥实时数据价值，实现对风险井、重点井和水平井的远程监控，以及对事故实时预警和报警，同时为决策层提供决策依据，提升油田公司对钻井作业现场的管控能力。

关键词：钻完井；数据治理；实时数据；辅助决策

随着新疆油田加大准噶尔盆地南缘勘探力度和提高玛湖致密油、吉木萨尔页岩油气田开发速度，风险探井、重点井和长水平段水平井数量越来越多，施工难度越来越大，但钻井监督人员数量有限，需要智能化应用系统辅助生产，缓解钻井作业现场管控压力。基于新疆油田已经开展的现场钻井、录井、LWD/MWD、压裂和试油数据实时传输工作，充分利用和挖掘油田现场实时数据价值，由技术专家团队应用“钻井远程监控及辅助决策系统”可视化技术及相关专业分析软件，对风险探井、重点井和长水平段水平井从井位论证、钻前踏勘、钻进过程实施全程跟踪监控和研究，包括实时监控，事故实时预警、报警，钻井优化，事故复杂处理分析及辅助决策，提升油田公司对钻井作业现场的管控能力。

同时，新疆油田复杂深井、超深井、水平井的增多，以及非常规资源的开发，对精细优化钻井、压裂工艺设计、与油藏工程专业的高度结合提出了更高要求。要实现效益建产，需采用地质工程一体化工作模式，用地震、测井等数据构建地质模型，通过工程施工实践验证，再利用钻井和测井资料，不断修正优化地质模型及参数，获得真实的地质(储层)参数。借助于信息化技术，在实践中通过地质与工程的交互验证优化，积累油气藏基础数据，促进地质再认识，修正和有效传承工程设计与施工技术，高效建井和修井。

1　钻完井工程智能化应用及数据问题

1.1　钻完井技术进展

在深井、超深井钻完井方面，井身结构优化与拓展、井震结合风险预警、非平面齿PDC钻头、耐高温螺杆、高效扩眼、耐高温井筒工作液等多项技术取得突破性进展。在水平井钻完井方面，突破旋转导向、大功率顶驱、长寿命螺杆、水平段一趟钻钻头、油基钻

作者简介：惠小龙(1991—)，2015年毕业于中南大学电子信息工程专业，获学士学位，现任中国石油新疆油田公司数据公司工程师，从事油田数据治理与应用等方面研究工作，中级工程师。通讯地址：新疆克拉玛依市世纪大道7号油田信息楼607室。E-mail：hxiaolong@ petrochina. com. cn。

井液、韧性水泥浆等关键核心技术，形成地质工程一体化井眼轨迹优化设计与精确导向控制、长水平段安全下套管等配套技术[1]。我国在进行钻井勘探开发过程中逐渐采用智能钻井技术，利用信息技术和大数据的手段实现钻井过程的智能化，借助各种智能化的钻井工具对钻井过程的数据和参数进行实时采集、计算和调控，减少人为因素产生的数据问题，提高整个钻井过程的质量和水平[2]。

1.2 智能化技术

智能化技术主要包括智能监测技术和大数据技术。智能监测技术实时获取井下数据，用于井下复杂工况的实时诊断与预测，为智能决策提供重要数据支撑。贝克休斯开发了基于连续管的智能监测技术，实现了井深、地层压力和温度等参数的动态监测[3]。大数据技术是将智能化大数据钻井技术渗透到整个钻井过程中，包括井下测量系统、随钻测量系统、地面监控分析系统[4]。智能化技术实现的核心是数据的实时监测。

1.3 新疆油田智能化应用

1.3.1 压裂远程实时监测应用

基于大数据算法与模型构建技术，建立压裂施工远程实时监控、风险报警和前后方一体化决策的工作模式，构建压后效果评价标准化模板，从而解决压裂过程监控与分析评价工具缺失问题，提升压裂事故快速处置效率，提高水平井压裂效果。

1.3.2 地质工程一体化协同研究应用

基于统一技术平台，按需推送地质研究、工程技术、现场动态相关资料与数据，为勘探开发研究与决策业务提供产量、产能、钻井、试油、压裂、钻机六方面数据宏观统计，为地质跟踪研究提供多维度综合查询展示、对比分析，实现数据按需推送，提升方案编制、动态跟踪优化效率，研发储量报告辅助编制功能，实现储量参数与附表联动，减轻储量报告编制工作量。

1.4 钻完井数据特点及问题

钻完井工程包括多个工作流程，在工作过程中产生多种多样的数据。钻完井工程按时间先后分为钻井施工、完井施工、测井施工、压裂施工、试油试气等阶段，每个阶段都产生大量内容繁多、形态各异的数据[5]。

新疆油田在数字油田建设过程中，建成了井设计、钻井、录井、测井、压裂、试油、分析化验、试井、生产测试、井下作业等专业数据库。钻完井工程智能化应用，需要在专业数据库基础上，扩充钻井、测井、压裂、试油、地面和采油工程施工动态数据采集、传输和存储，增加随钻测井、压裂和试油实时监测数据传输和存储。

目前压裂施工依靠技术人员现场跟踪，人力资源消耗高，且施工数据滞后一周才到甲方手中，施工质量难以实时判别，亟待解决压裂等实时数据采集、传输、存储问题，为压裂远程实时监测与支持提供数据源，以完成压裂数据的实时传输与展示，并实时计算井筒受力状态、桥塞封隔有效性评价，为后期的压裂改造效果、SRV 计算与经济效益评价奠定数据基础，并为公司提供一手的压裂资料。

实时数据在钻井单位采集后，需要传输至新疆油田数据中心，按照数据治理思路统一编码、质检入库、监测管理，结合元数据管理最终提供高质量的实时数据服务。

2 实时数据治理思路和方法

2.1 数据治理方法

数据治理主要流程包括调研数据问题、评估数据治理成熟度、确定治理与服务目标、获取高层支持、确定关键领域、明确职责边界、理解数据、建立元数据存储库、专题领域治理、数据应用、数据治理与服务成效评估等 11 个步骤[6]。

2.2 油田数据治理方法

油田数据治理采用以油田指标数据驱动数据源头治理实施思路，由指标从上至下分解至源头数据，让管理决策人员可以清晰看到影响指标的关键数据项，以此为抓手开展数据认责，提升基础数据质量[7]。数据治理的要务是数据治理资源盘点，掌握数据现状，通过人工逐条、逐字段地定义数据标准、核实数据质量等工作，确保数据符合业务需求[8]。

数据治理实施方法以业务对象为核心实现数据在各环节的联通与流动，包含四大步骤 9 类工作模板，为勘探开发数据治理提供方法指导(图 1)。

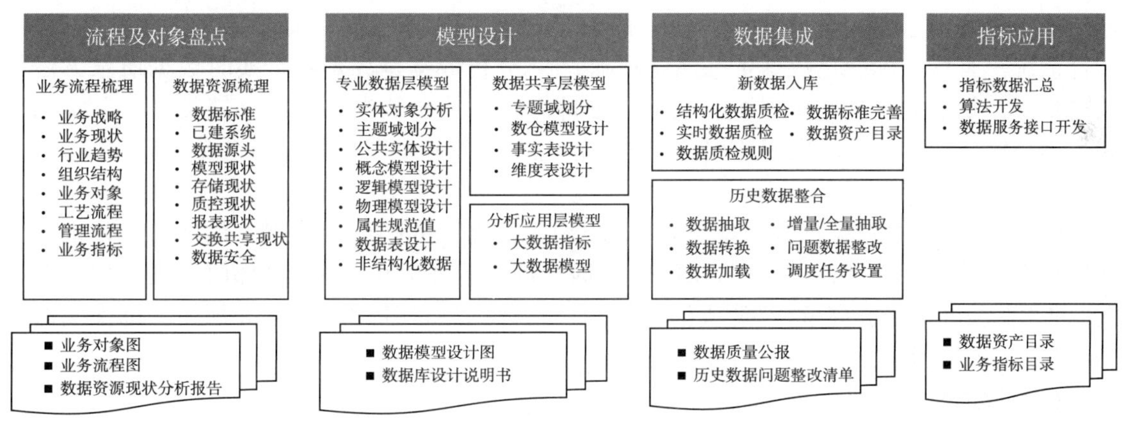

图 1 以业务对象为核心的数据治理步骤

业务流程及对象盘点是基于系统化思维逐步分解细化的过程，以实体对象与业务流程为核心理清数据上下游血缘关系，理清数据标准、数据模型、应用系统等内容，评估数据覆盖度、完整性和准确性，形成数据资源现状分析报告。模型设计遵循全数据一体化、管理体系数据架构分层分级原则，专业数据层模型实施“数据源唯一、易扩展、无冗余”策略，数据共享层模型实施“专题汇总、适当冗余”策略，分析应用层模型实施“敏捷高效、快速应用”策略。数据集成按照数据模型入库，新数据按照质检规则入库发布数据质量公报，历史数据集成按照多套数据整合、问题数据整改、专题数据汇聚等业务场景形成历史数据基础问题清单，满足各类场景高质量数据治理与服务需求。指标应用直接反映了数据资产价值，按照三层级业务用户视角发布数据资产目录，沉淀一套业务指标算法，形成业务指标目录，从而支撑生产现场智能化、科研决策协同化和生产经营一体化，为未来数据资产运营奠定基础。

2.3 实时数据治理方法

2.3.1 实时数据采集

数据接入：利用消息总线技术建立多主题多副本的数据总线，从源头梳理并规范井、站等实体对象，完成实时数据与主数据的关联映射，建立实时数据接入主题规范、点表信息规范、数据传输频率规范等，定义并控制消息交互，包括数据变更、数据告警等机制，有效保障实时数据的全面接入。

数据处理：研发少代码数据处理程序，通过配置元数据、实时数据模型，实现实时数据的高效收集和处理，同时对采集任务进行有效监控，包括采集程序状态和数据处理的效率，以确保采集任务的正常运行。

数据存储与管理：建立实时数据库，满足每秒 100 万点的接入存储能力，根据不同业务进行数据建模，将采集的数据存储在实时数据库中，并完成相应管理工具的研发，包括模型管理、元数据管理、权限管理、状态监控与告警、日志管理，质量管理等功能。

数据接口服务：提供多种形式的数据接口服务以满足不同的应用场景，包括：流式数据服务接口、历史数据服务接口、统计分析查询接口、数据推送服务接口、元数据接口。

2.3.2 实时数据治理

实时数据具备时效性高、数据量大、数据分散等特性，其治理过程应有别于业务数据的治理方式，充分考虑其数据的时效性和分布特性，有针对性地采取治理措施[9]。实时数据治理从业务需求源头开始，采用统一的治理语言为业务建模，输出标准化的数据架构，为打造统一有机的标准化数据生态建立基础[10]。分析数据是界定整个实时数据质量方法的关键步骤，是数据管理者认识所有数据的维护需求，了解数据格式、存储类型、采集内容和数据传输质量，并及时发现数据源和采集信息不一致和不匹配情况的途径[11]。

(1) 数据认责确权。

坚持“业务就是数据，数据就是业务”的理念，管业务必须管数据。数据认责是推进数据质量提升的重要基础，理清“数据源—数据管理—业务应用”各层级部门权责，建立明晰的“谁产生、谁负责、谁审核”源头治理机制，将数据质量延伸至各业务部门，确保实时数据、生产管理数据、油气田空间数据质量。

(2) 数据质量监督管理。

采用“以标准规范为依据、以校验规则为依托、以软件工具为手段”的数据质量监控机制，实现对数据录入、质检、入库及质量公报评估全过程的数据质量监控，保障质量管控落地实施。

(3) 数据质量沟通联络机制。

数据监督与业务部门构建良好的沟通与协作机制，形成覆盖数据质量需求、问题发现、问题检查、问题整改的良性闭环，制定短、中、长期解决方案，及时反馈业务部门。分业务领域构建数据质量分析模式，针对问题数据形成《数据质量报告》，分析问题、提供建议，精准为业务单位提供数据质量考核依据，保证数据质量不断提升。

(4) 数据质量考核。

通过与主管部门加强沟通联络，将存在问题及时与业务部门沟通，定期通报数据质量问题、数据专项分析等情况，由主管部门推进考核落实、落地。将数据纳入油田公司每月生产数据质量公报，反映当月数据传输及时率、差错率，明确入库数据类型、数据量、数据源单位、业务主管部门等，包括数据质量及传输加载情况统计、数据质量问题汇总等内容。

2.3.3 实时数据接入设计

新疆油田实时数据治理坚持源头治理机制，从数据标签命名、数据推送格式、数据推送主题设计等方面规范数据接入。

(1) 数据标签命名设计。

坚持源头治理机制，制定数据标签命名规范，包括《钻井数据命名规则》《压裂数据命名规则》，以及《工程技术实时数据命名规则》。各生产单位按照数据标签命名规范建立点表映射关系，数据管理单位审核通过后，按照数据标签，推送点位数据。

(2) 数据推送格式设计。

① 批量数据推送格式。

数据发送的基本单位为一个设备，或者一个设备的一个采集单元(频率保持一致的一组测点)在一个时刻的数组包，数组包内为基础的数据包，数据包基本格式、数据包内的数据时间保持一致。

② 单值数据推送模式。

数据发送的基本单位为一个设备的某一测点在一个时刻的采集量，其中 tag 为油田公司统一编码；data 为测点数据值，通过数组满足工图数据、时间数据等特殊的数据格式存储；时间统一，并精确到毫秒。

③ 数据推送主题设计。

数据总线以油气生产单位为主体，每个单位建立一个主题，采集到的数据独立推送至该主题，主题内采用多分区，以提高数据吞吐效率。

3 压裂远程实时监测应用效果

钻井远程监控及辅助决策应用实现了压裂远程监控及决策支持，现场施工全过程、全方位、全时域监督与分析。最新的压裂远程实时监测应用进入 RDC 监督中心，一改原有的现场人工跟踪模式，有效节约人力资源，大幅提高施工监测效率，监测效率提高 10 倍以上。同时整合邻井压力数据、设计数据等，使现场沟通更及时，决策更加方便高效，提升压裂施工效率 10%以上。

针对不同压裂施工风险的预报警，解决压裂实时监控过程中工程风险预警工具缺失问题，大幅提升压裂事故处治效率，提升压裂效果。截至目前吉庆玛湖等地区共监测 107 口井，其中基于砂堵、压遇天然裂缝小样本数据报警准确率达到 70%。对于桥塞坐封与暂堵有效性这种需要全样本压裂参数数据来判定的智能算法，准确率也达到了 65%以上。

4 地质工程一体化协同研究应用效果

复用 RDC 工程模块部分内容，实现宏观统计数据、地质跟踪研究关注动态按需推送，建成了钻井跟踪、压裂跟踪、试油分析等业务应用场景，成果资料的便捷查询，提高了业务人员在收集、查询、应用资料的工作效率，增强了各类资料的共享能力。

从地质油藏—钻井—压裂—生产跟踪—经济评价全链条、一体化实时交互，形成地质工程一体化协同研究决策支持平台，解决了研究人员“数据来源多，数据收集、整理工作量大”的痛点。通过研发储量参数联动修改功能，解决了储量研究人员“参数修改工作量大、易出错”的痛点，提高研究工作效率。

5 结论

通过钻完井实时数据治理，提高了实时数据质量，结合信息化技术，扩大了实时数据应用场景，使新疆油田重点井、风险井和水平井钻井做到实时监控，为钻井工程技术监督和管理人员提供钻井数据查询、统计分析、实时监控、事故预警、分析处理、优化决策工具，降低钻井监督管理人员的工作强度，提高工作效率，实现新疆油田钻井提速目标。

参 考 文 献

[1] 汪海阁，黄洪春，纪国栋，等. 中国石油深井、超深井和水平井钻完井技术进展与挑战[J]. 中国石油勘探，2023，28(3)：1-11.

[2] 陶宇龙. 智能钻井技术研究现状及发展趋势探究[J]. 石油化工建设，2022，44(2)：151-153.

[3] 李根生，宋先知，田守嶒. 智能钻井技术研究现状及发展趋势[J]. 石油钻探技术，2020，48(1)：1-8.

[4] 杨飞，周静. 智能钻井大数据技术的发展研究[J]. 石化技术，2017，24(9)：68，230.

[5] 耿黎东. 钻完井大数据特点与应用方案研究[J]. 石油钻采工艺，2022，44(1)：89-96.

[6] 孙少波. 油气田勘探开发生产中的数据治理方法与技术研究[D]. 西安：长安大学，2018.

[7] 苗玉，张新，徐欣祎，等. 油气田勘探开发数据治理方法研究与应用[C]//中国石油新疆油田分公司(新疆砾岩油藏实验室)，西安石油大学，陕西省石油学会. 2022 油气田勘探与开发国际会议论文集Ⅲ，2022：1098-1104.

[8] 邓红梅，姚卫华，焦扬，等. 基于油气田企业的数据治理方法研究[J]. 价值工程，2023，42(5)：11-13.

[9] 李泓燊，周波，李晓科，等. 基于大数据的实时数据治理系统设计[J]. 数字技术与应用，2021，39(12)：155-157.

[10] 罗睿，庞武华，王毅，等. 基于实时数据治理的电厂运行绩效指标构建及应用[J]. 热力发电，2021，50(6)：106-113.

[11] 史旻，袁则名，于忠涛，等. 钻井实时数据质量提升管理方法探讨[J]. 石油工业技术监督，2019，35(10)：45-48.

信息化建设推进数字采油厂建设进程

魏莎莎　何小龙　胡友刚

（中国石油化工股份有限公司西北油田分公司采油一厂）

摘　要：中国石化西北油田采油一厂信息化建设自 2011 年持续推进，初步建成数字采油厂，完成了多项油气生产过程智能化应用场景。本文分析了建设数字采油厂的主要难点，基于油气生产过程中实际业务需求，总结了油气生产过程可视化、采油气井自动化提升、信息化促采油管理区模式转变、注水系统的数字化应用、RPA 报表自动化减负提效 5 项智能化应用场景及应用效果。提出要进一步聚焦油气生产业务，加强先进技术与油田业务深度融合，全力推进油田数字化转型、智能化发展。

关键词：数字采油厂；信息化；智能化应用场景；物联网

智能油田是一种油田信息化建设的发展理念，即综合利用物联网、大数据、云计算、边缘计算等信息技术，围绕油田核心业务，将各业务环节采集到的相关数据与信息实时地上传到服务器，实现对现场的智能化感知、跟踪与监测，利用大数据及云计算技术，处理与分析采集到的海量数据，建立生产、管理，以及决策的优化模型，从而对生产全过程进行监控、预警、管理、决策等[1-2]。

在数字油田、智能油田建设背景下，以油田信息化为主要手段，将油田生产的自动化与信息化结合，物联网、信息技术被逐步应用到石油生产中，对油田公司长期战略经济效益产生重大影响。现阶段，中国各大油田应用物联网技术，实现数字化日常生产运营管理、数据采集、数据传输和远程监控[3]。

中国石化西北油田采油一厂信息化建设自 2011 年启动，历经十余年多轮递进式推进。应用物联网技术，对油气井生产、计量阀组站、计转站、集输站等生产环节进行实时数据采集、传输和集中监控，先后完成 813 口生产井生产数据远程监测，覆盖率 100%；430 口生产井视频监控建设，覆盖率 74%，108 口生产井注水伴水信息化改造；在此基础上，推进井口设备自动化提升，完成 446 口机抽井远程启停改造，42 口井井口液压防喷器关断改造，完成 265 口单井加热炉自动控制改造；跟进单井注入流程自动化改造，完成 9 座计转站、7 座注水站无人值守改造，优化用工 96 人，集输管线异常联动无人机巡飞，巡线效率提升 80%以上。

1　建设数字化采油厂主要难点

（1）油气生产过程数据种类繁多，分布范围广，数据采集与远程控制难度较大。在油田开发与生产过程中，油区分布范围比较广、过程繁杂，需要采集与监测的数据种类繁多，

作者简介：魏莎莎(1987—)，2009 年毕业于中国地质大学(武汉)测控技术与仪器专业，获学士学位，现任中国石油化工股份有限公司西北油田分公司采油一厂仪表自动化主管，从事油田信息化方面工作，中级工程师。通讯地址：新疆乌鲁木齐市米东区古牧地路 1860 号。E-mail：meiliweishasha@ 126. com。

远程控制的难度亦相应增大[1]。

(2) 网络的带宽不足，时延高，可靠性低。西北油田生产油井地处偏远，油气井的信息传输链路主要依托于运营商和无线传输方式，受地域和风沙的影响，导致传输不稳定，带宽受限。新数据技术和新信息技术，对通信网络带宽要求和交换设备上的通信负载容量，提出更高的技术要求[4]。

(3) 设备本质安全对信息化进一步创效存在制约，且可投入资源有限，控制系统及仪器仪表运行时间长，可靠性、准确性降低，故障率和维护频次增加。

(4) 海量的数据信息未能有效利用，数据价值密度低。数字油田已经呈现一种向智慧油田发展的趋势，在油田开采与运营过程中会产生大量的数据，但是数据体现出的价值密度非常低，同时种类非常复杂[1]。

2 油气生产过程数字化、智能化应用场景

数字油田、智能油田建设不能只是“高大上”的概念设想，如何解决油田生产问题才是关键[2]。解决生产问题，需要立足于采油厂油气生产过程、立足于各业务的未来发展需求，刻画智能化应用场景，并通过信息化、自动化手段来实现。西北油田采油一厂基于采油气生产过程中的难点和实际业务需求，完成了多项油气生产过程数字化、智能化应用场景。

2.1 基于物联网技术的采集及可视化应用场景

油气生产物联网是物联网技术在我国石油行业油气生产领域的应用，西北油田采油一厂已经搭建了 PCS 油气生产指挥系统(图 1)，汇聚了 800 余口油气井生产过程数据，在此基础上，拓宽数字化范围至注水和注气业务、井口注水流程、掺稀生产流程、原油倒运流

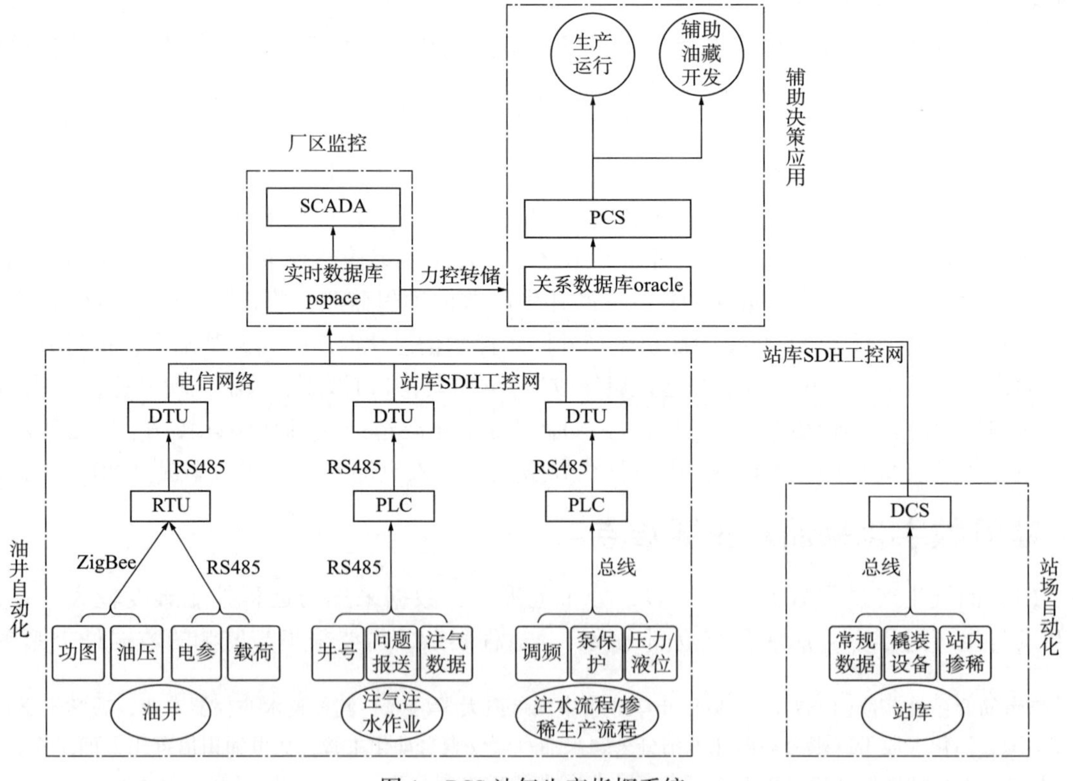

图 1 PCS 油气生产指挥系统

程等，通过信息化、自动化技术，实现单井注水、掺稀、原油倒运流程的罐液位、设备运行状态在线监控，动设备自保护、变频连锁、自动/远程启停功能。该应用场景直接改变了原有采油现场管理模式，由人工现场巡检转变为在线巡检(数据+生产监控视频可视化)，有人值守转变为无人值守模式。

2.2 采油气井自动化提升

采油一厂油藏类型复杂、注采方式不同，根据各类油气井生产方式结合本身油藏类型特点，从井控风险角度分为一类高压油气井、二类抽喷高风险井、三类抽喷中风险井和一般风险井四类。根据井口风险分级，分类实施单井自动化提升，实现异常时能在第一时间进行自动预处置或远程处置，消减风险进一步升级的可能性，整体提升了油气井安全生产能力、井控风险防控能力(图2)。

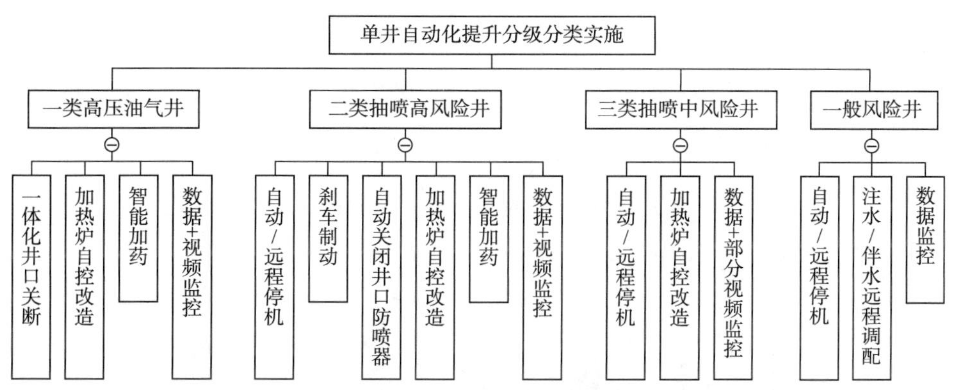

图2 单井自动化提升分级分类实施

以TK347H井为例，该井进行过3轮次注气，油品物性较稠，产出稠油易造成光杆滞后、井筒及地面管线堵塞，地层能量充足，易抽喷，归为二类抽喷高风险井，对该井进行自动化提升，实现该井连续、安全、无人值守生产：

加热炉自控改造：通过出口温度的设定实现大小火的自动转换和启停加热炉，低温启炉高温停炉；通过水浴温度的设定自动启停加热炉(90℃停炉，降低10℃后自动启炉)；手动自动切换、燃气压力检测关闭气源、燃烧器熄火保护断开燃气。

井口液压防喷器关断改造：(1)自动状态：远程停机三级关断液控装置联锁井口油压值，当油压值达到设定阈值就会触发停机信号并关停抽油机，5s后触发自动刹车，20s后自动关闭防喷器半封，并做到井口防喷保护。液压系统保持在9.5~12MPa。(2)手动状态：若井口作业要求，可在现场将液控装置改为手动模式，均可对抽油机停机、刹车制动和关闭半封进行手动操作。

抽油机远程启停：当井口油压值或套压值任意一个达到设定限值都会触发停机信号并关停抽油机，通过RTU给出一个停机信号实现抽油机的启停。

智能掺稀：通过对掺稀流程安装压力、流量、液位等传感器实现流程参数、设备运行状态的在线监测和回传；同时实现喂油泵、掺稀泵的远程启动，掺稀油量的远程调节。

管理方式上通过“323”线上线下联动机制促进现场管理升级，即三项制度、两项会议、三种手段(图3)，结合单井自动化提升，油井生产异常发现和处置时效得到显著提升，其安全效益突出，在井控风险防控方面，高压油气井、易抽喷起压井的异常自动处置，处置时间由30min以上减少到目前的1min。同时，通过有效推进标准时效应用，待产井占产逐年降低，生产时效得以提高 0.3%。加热炉温控改造也有效避免了非金属管线超温运行可能发生的安全风险、环保风险，节能降碳也有明显效果，年节气 $145.5\times10^4 m^3$，减少碳排放 2685t/a。

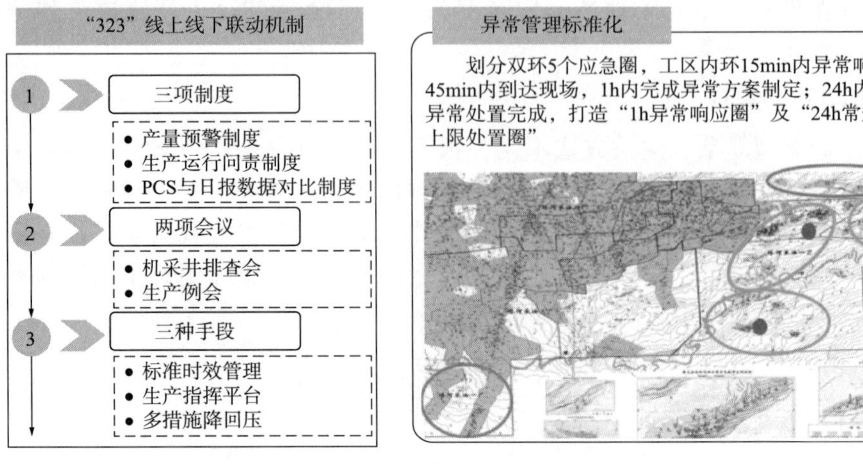

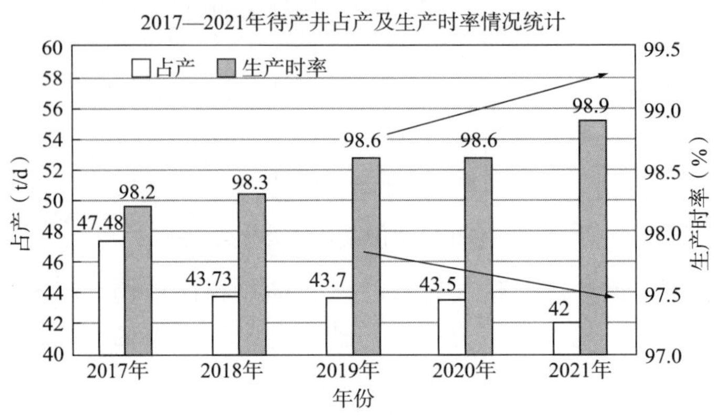

图 3 生产管理"323"机制

2.3 信息化促使采油管理区模式转变

采油一厂依托现阶段管理模式，主动推进信息化与相应的业务流程、模式之间动态匹配，提出开展信息化示范班组。分解当前采油班组岗位结构，确定信息化示范班组实施思路：以采油班组为一个基层管控单元，对在实施的信息化项目由过去的单点、散点需求，向一个班组重点倾斜，打造覆盖全面、高度集成的信息化生产现场。通过生产现场信息化实施后，开展班组模式优化调整，形成以信息化专业监控统筹和井场维护应急处置两大专业队伍为主力的新型采油班组(图 4)，并由信息化班组逐步向信息化采油管理区试点推进。

2.4 注水系统的数字化应用场景

随着开发变化，采油一厂采出水及注水量不断提高($1.5\times10^4\sim1.6\times10^4 m^3/d$)，已建采出水处理系统包含增压注水站、外包注水设备、自有泵注水流程、就地分水系统等，具有多节点、多设备、多管线、节点联动反应等特点，大大增加了注水管理的难度。分析注水业务的信息化、数字化管理应用场景，需要实现注水节点生产参数全采集、集中监控、上下游联动、报警预警的信息化监控整合。

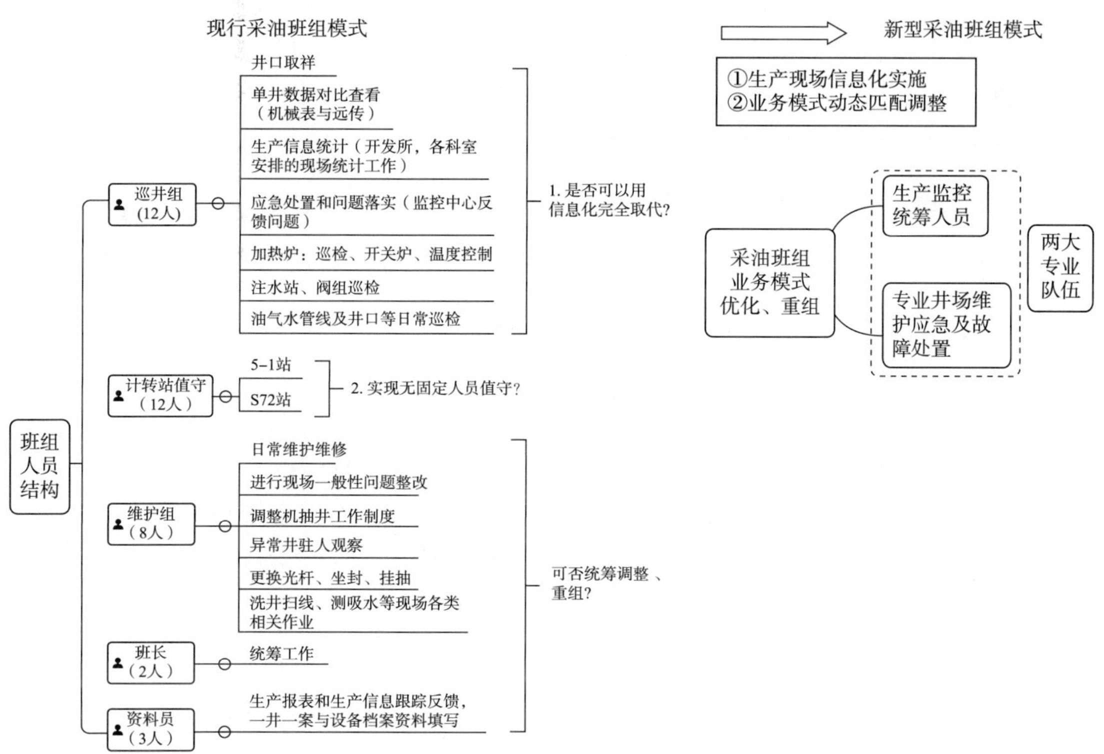

图 4　采油班组模式优化

在此背景下，基于 PCS 系统，建立注水管理信息化提升模块，实现注水站、就地分水流程、注水流程、外包注水设备、注水井等运行监控整合、报警预警和异常分析，根据库存、进站液量、注水量等信息实时监控注水的波动，及时发现异常、处理异常(图 5)。下步应用物联网、大数据、人工智能等技术，开展注水系统优化运行和智能诊断决策，对注水系统生产运行模式产生变革，提升系统的智能性。

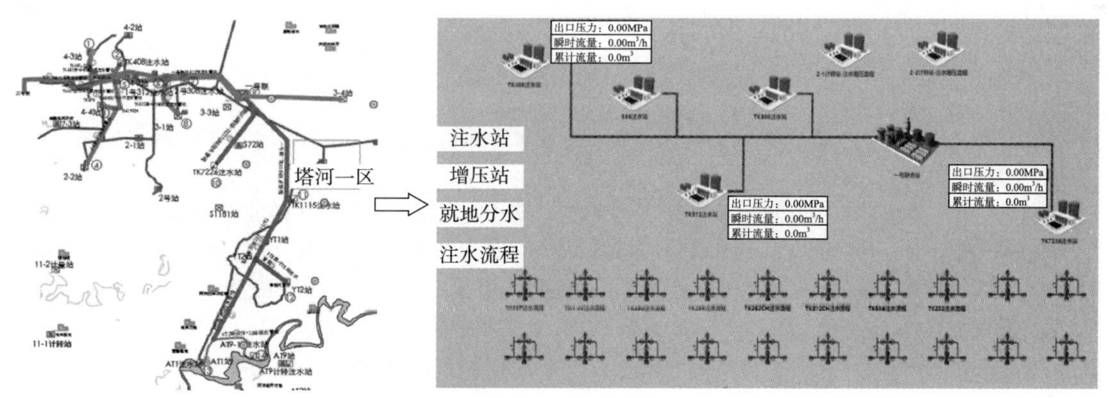

图 5　注水系统信息化、数字化

2.5　RPA 报表自动化帮助业务人员减负提效

采油厂各业务岗位日常管理过程中，涉及很多报表汇总、统计分析工作，这些报表一般为多数据源，报表制作耗时耗力。引用 RPA 报表机器人工具，该工具可模拟人工的操作来完成类似网页点击识别、excel处理、图像判断这些操作，可以处理重复性高、工作量繁杂的日常工作。该工具应用到YQ区块的管理中，通过从管理区日报、倒液系统、含水表等多处判断、抓取、计算所需要的数据，自动生成YQ区块核产报表，提升了报表制作效率的同时，准确率提高，减负提效效果突出。

3 数字采油厂建设进程对策

数字采油厂要进一步建设，需要继续聚焦油气生产业务，加强先进技术与油田业务深度融合，构建油田的智慧指挥与决策平台，促使向智能采油厂转变。

（1）完善计量系统、能耗系统、井下作业环节的物联网建设，以辅助产量分析业务、能耗分析、节能降碳，以及精细作业管理提升。

（2）继续提升生产前端的自动化、智能化水平，推进无人值守站改造进度，建成具有单井智能诊断、生产协调指挥、油藏智能分析、一体化优化的指挥中心。

（3）网络层持续完善提升，主干网络双链路保障、单井4G网络的整体升级、5G技术应用，可以充分解决当前网络资源不足的矛盾，网络的稳定性、安全性得以加固，有利于数据传输的畅通、扩展。

4 结语

数字采油厂建设始终围绕采油厂核心业务，立足采油气生产过程中具体的业务需求，完成对不同数字化、智能化应用场景刻画，通过一个又一个的智能应用场景的实现，逐步实现数字化转型、智能化采油厂发展。智能油田建设是一个长期的过程，也是一个系统工程，任重而道远，需要做好顶层设计。国内油田搭建“315”的智能油田建设架构，以数据治理、云资源基础、网络安全基础，打造工业互联网平台，围绕油田核心业务，构建开展了包含勘探开发一体化协同、高效生产智能运营等五大业务支撑平台。

智能油田是油田可持续发展的需要，是油田生产与信息技术融合的必然产物和体现，给石油行业注入了新的发展动力，必将给油田行业带来新的挑战与机遇。未来，各个油田企业必然都会加强智慧化方面的建设与推广。

参 考 文 献

[1] 孙鉴，孙文珠，李钊，等．基于“5G+大数据”智慧油田的指挥与决策平台研究[J]．网络安全和信息化，2022，72(4)：22-24.

[2] 段鸿杰．第七届数字油田国际学术会议专家采访[C]//长安大学智慧油气田研究院(Research Institute on Wisdom Oil & Gas Field，Chang’an University)，长安大学数据实验室与研究中心(Data Science Laboratory and Research Center，Chang’an University)，中国石油化工股份有限公司胜利油田分公司信息化管理中心(Information Management Center)．第七届数字油田国际学术会议论文集，2021：3.

[3] 高胜，王妍，任永良，等．大型复杂油田注水系统优化运行关键技术与智能化展望[J]．东北石油大学学报，2020，44(4)：11-12，91-98.

[4] 丁晓美．信息化建设推进数字油田建设进程[J]．信息系统工程，2023，349(1)：110-112.

数智化技术助力一体化指挥中心的建立

李春峰　徐兵兵　李　川　马世翔　朱文斌　何　利

（大庆油田有限责任公司试油试采分公司）

摘　要：以“数字化转型、智能化发展”为指导，全面推进“十四五”信息化建设发展工作，强化信息化核心技术的攻关力度，夯实数字化转型数据基础；遵循“数字油田、智能油田、智慧油田”三步走发展战略，加快实施推进数字化与井下作业业务深度融合，拓展生产运行管理所需数据的覆盖面。

关键词：数智化；一体化；指挥中心

以两级数智指挥中心建设为基石，以平台架构设计为核心，以开展物联网应用研究为延伸，围绕智能化作业现场、智能生产运行管理、辅助经营管理决策、采集技术装备研发四大转型方向，建立生产运行、经营管理及协同办公业务流程的一体化信息技术平台。

1　总体建设思路

按照“系统唯一、统一标准、统一协议、统一平台”的建设思路，结合大庆油田试油试采分公司（以下简称分公司）特点，打造各单位、各部门多层级管理、上下贯通、层层穿透、功能对应的一体化两级智能指挥平台。

重点实现强化应急管理：实现突发事件信息采集、传输、危机判定、决策分析、命令部署、实时沟通、联动指挥、现场支持等功能。打造数据集群：实现现场生产运行信息、应急指挥、HSE 管控、设备管控、物资保障、经营分析、一体化联动等数据的储存及分析。远程视频指挥：实现两级指挥中心及现场视频会议室建设。现场实时监控：实现施工画面、物料管理、现场勘察等动态数据展现。地图轨迹反演：记录行程路线，标注现场重点因素，绘制上井轨迹。

2　一体化指挥中心总体架构

一体化指挥中心总体架构如图 1 所示。

2.1　基础设施层

建设目标：围绕以“高稳定、全覆盖、强感知、易扩展、保安全”为中心的建设目标，打造联网终端规模化、感知识别普适化、异构设备互联化、管理处理智能化、应用服务链条化的物联网体系。

作者简介：李春峰，现任大庆油田有限责任公司试油试采分公司生产运行部副主任，数字化专班负责人，中级工程师。通讯地址：大庆油田有限责任公司试油试采分公司，邮编：163412。E-mail：sc-lichunfeng@ petrochina. com. cn。

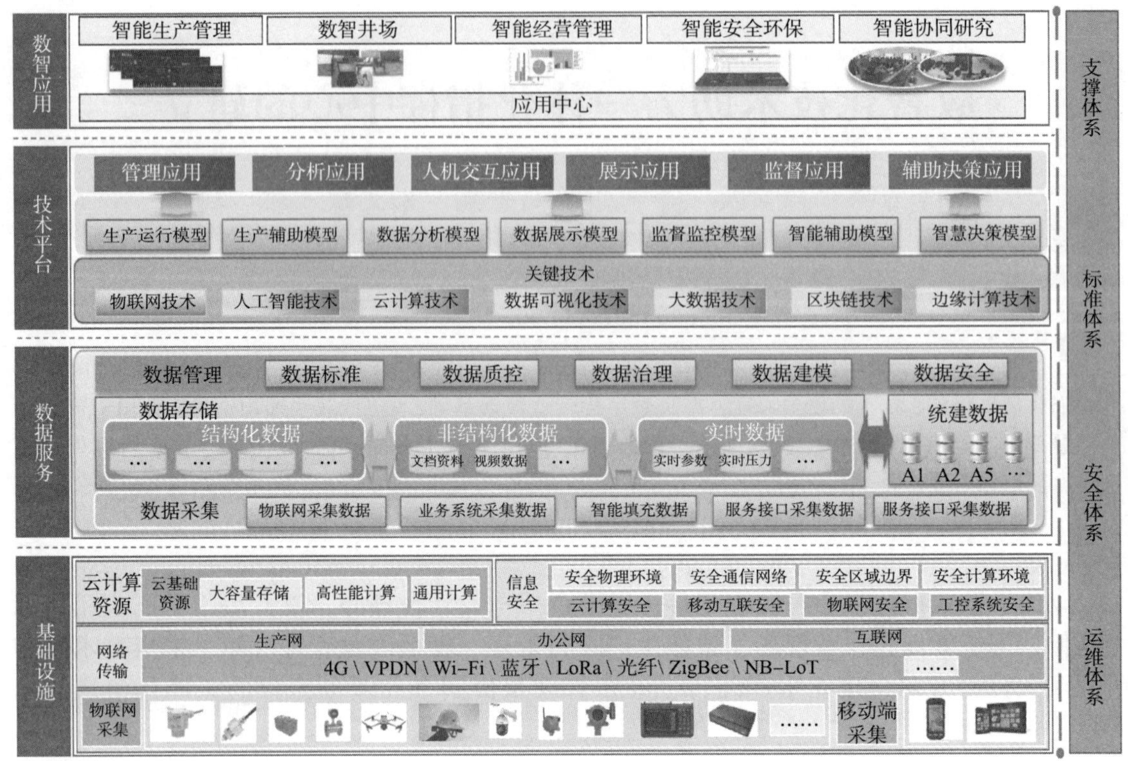

图 1　总体架构图

架构思路：

一是对物联网设备深入研究。对照企业标准剖析重点工序的技术要点，提取影响质量、安全、环保、时效的风险点项。深入研究预警范围及采集方式，为采集设备选型提供依据；探索组网技术与传输技术，根据现场需求研究物联网建设方案。

二是对采集设备深入研究。将采集设备拆分成数据采集模块、数据预处理和通信模块、储能模块等多个独立模块，优化系统灵活性、可扩展性和可维护性，提高系统的安全和稳定性。

2.2　数据服务层

建设目标：为各类数据提供一体化采集、存储、管理全流程解决方案，形成涵盖分公司油气勘探、生产运行、经营管理、协同办公、安全环保 5 类综合数据集。

架构思路：以业务为主导，发挥数据驱动效能，实现数据“规范采集、集中存储、统一管理、共享应用”，为一体化平台建立高质量数据服务体系。

一是统一数据标准，丰富获取途径，拓展数据涵盖范围。为多源数据建立统一采集标准，构建规范化数据获取模式，通过物联网采集、智能填充、数据服务接口等方式实现多样化数据及时入库，实现数据兼容服务。

二是明确数据分类，建立存储模型，强化数据多方互通。依据采集数据与对应标准，构建油田通用数据集，实现结构化、非结构化、时序数据分类存储。搭建与油田特色数据间的交互渠道，促进数据的多方互联互通，实现数据集中服务。

三是加强数据管理，提升数据品质，提供数据深度服务。梳理现有数据，清理无效数据，确保数据的完整性、准确性、唯一性，实现数据高质量服务。

2.3 技术平台层

建设目标：结合业务特点，利用关键技术，建立共享、开发和运维一体化的智能应用平台，实现危机判定、辅助决策分析、联动指挥、现场支持等功能。

架构思路：一是建立统一服务开发和部署框架。支持客户端、浏览器和移动应用混合开发和定制集成，提升系统开发效率和用户体验。

二是实现智能模式识别及辅助决策支持。基于边缘计算和知识库相结合的数据智能认知技术，开发人工智能和数据分析模型。

三是设计系统应用架构。根据具体的业务需求和技术要求进行合理地组合和调整，划分为生产运行管理、人员管理、设备管理、安全监督管理等系统，以满足平台的实际需求。

2.4 数智应用层

建设目标：通过五大创新应用研究，打造数智一体化管理模式，实现减员增效、业务联动、安全管控、智能分析、智能预警、辅助决策的目标。

架构思路：

一是创新智能生产管理模式。通过井场自动化建设，推进井场数字化进程，实现生产数据和现场视频集中展现，为远程专家指导、辅助决策提供有力依据。

二是创新智能经营管理模式。通过对生产、经营数据进行深度挖掘，研发结算管理、规划统计、物料管理等系统，形成数智一体化分析管理模式。

三是创新智能安全环保管理模式。通过厂库可视化、巡查可视化、井场可视化等视频研究，实现 HSE 现场远程监督管理、应急视频管理、隐患流程跨平台管理、风险作业无纸化管理，最终实现质量安全的智能分析预测功能。

四是创新协同办公管理模式。充分利用先进的信息化手段，做到管理业务实时跟进、业务资料网上流转、在线流程审批、会议信息化管理，补全分公司一体化信息建设。

3 结论

（1）通过数智一体化指挥中心的建立可达到现场施工直观展现，安全隐患提前判别目标，提高现场施工安全管理能力，实现集中管理、实时监督。

（2）可达到生产流程及时管控，任务指令精准送达目标，实现生产管理高效协作、全程管控。

（3）可达到施工信息实时调取，统计分析实时汇总目标，实现数据汇总、集中展示。

油气生产实时数据治理与智能分析应用

张羽喆　苗　玉　雷雨轩　肖　雨

（中国石油新疆油田公司数据公司）

摘　要：随着物联网技术与分布式处理技术的不断进步，实时数据的获取、处理能力得到了显著提升。实时数据能及时反映各项业务的动态，提供真实、准确的数据信息。本文通过分析油气生产实时数据存储分散、质量控制难、数据价值未充分挖掘等业务痛点，提出实时数据治理与智能分析应用的方法，通过实时数据治理提升数据质量，结合人工智能、机器学习等技术，挖掘数据价值，从而提高生产运行效率、实现降本增效的目标。通过实时数据治理方法的试点应用，已大幅度提升实时数据高质量存储、共享和应用能力，并在生产实时指挥、单井问题智能诊断、机采效能提升等方面实现实时数据深化应用。

关键词：油气生产；实时数据；数据治理；智能应用

随着新一代数字技术的飞速发展，数字经济成为各国经济创新发展的主要方向，数字化领域的新进展正深刻地影响着各行各业。在这个数字化时代，企业迎来了前所未有的机遇和挑战，数字化转型已成为企业迈向未来的关键一步。而数据作为数字化转型的基础，为企业的发展决策提供了重要信息。简单的数据查询统计，已难以满足企业数字化转型及提质增效的迫切需求。有效地挖掘、利用数据中存在的价值，是提高企业工作效率、优化业务流程中的重要环节。新疆油田自物联网建设以来，截至 2023 年，老井区物联网覆盖率达 86%，站库物联网覆盖率达 89%，积累了大量的油气生产实时数据资源。本文将以新疆油田为例，介绍油气生产实时数据治理的方法，以及油气生产实时数据在新疆油田的智能应用。

1　油气生产实时数据现状

新疆油田负责油气生产、运输、储存的单位共计 15 家，自物联网技术在油气田推广应用以来，已有 8 个采油(气)厂基本实现全覆盖，实现 2 万余口井、3000 余座站库的实时数据采集，现场实时数据采集点近百万个，每天产生近亿条数据，积累了丰富的数据资源。海量的实时数据如何管理，是一个极具挑战的工作，主要面临如下痛点：

1.1　实时数据存储分散

新疆油田土地广阔，采油厂呈零散式分布，大多数实时数据仅在各厂处进行汇聚，以供各厂级应用使用(图 1)，分散存储管理的模式不利于公司层面对各采油厂生产运行状态的全面实时感知，无法支撑满足公司级业务应用。同时，各采油厂间的实时数据无法共享，

作者简介：张羽喆(1999—)，2017 年毕业于中国地质大学(武汉)计算机科学与技术专业，获学士学位，现任中国石油新疆油田公司数据公司助理工程师，从事油田数据管理分析等方面研究工作。通讯地址：新疆克拉玛依市克拉玛依区迎宾大道 36 号(数据公司)。E-mail：zyz2021@ petrochina. com. cn。

不能有效比对数据间的共性和差异，无法有效挖掘数据的价值。

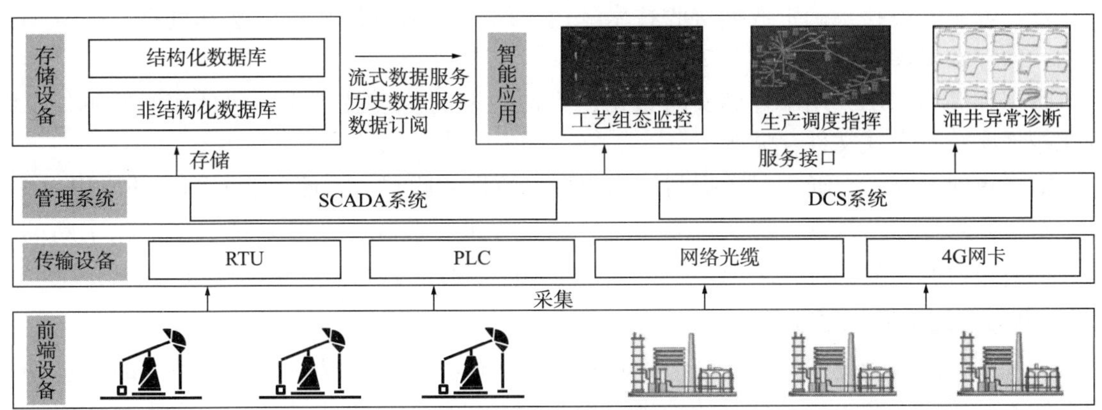

图 1 采油厂级管理

1.2 实时数据质量控制难

实时数据由于其数据量大、频率高等特性，其质量监督有别于普通的录入数据。现场网络的通信状况、采集设备运行状态都会直接影响实时数据的质量。同时，人工难以审查数百万采集点的数据质量，无法人工判断实时数据的及时性、准确性、一致性，只能通过机器来识别处理。海量的数据在几秒钟时间内一批批涌入数据处理端，对服务器和程序解析的性能要求是十分苛刻的，稍有不慎就会丢失大批的数据资源。

1.3 数据共享关联性差

实时数据尚未打通与静态数据的关联关系，数据分析的全面性受到限制，业务人员难以对数据集整体进行深入洞察，影响准确地决策。同时数据的整合过程也变得更加困难，需要花费更多的时间和资源去解决数据不一致性的问题。导致数据的利用价值下降。

1.4 尚未实现实时数据价值的有效挖掘

实时数据主要的应用大多为生产运行的监控，仅为数据展示的基础应用，尚未与人工智能、机器学习等技术相互融合，应深度挖掘实时数据的价值，形成智能的分析型应用。

2 油气生产实时数据治理方法

针对新疆油田的实时数据管理与应用现状，本文提出了一种油气生产实时数据的治理方法，从实时数据汇聚、规范制定、数据质量监控等方面多方位治理，提升数据质量，强化数据共享。

2.1 实时数据集成

由于分散存储管理模式存在着众多缺点，在公司级建立实时数据库来汇聚各采油厂的实时数据，以转变原有的管理模式，改变存储分散的现状。实时数据集成共享包含以下 7 项工作内容：数据源识别与连接、数据转发与传输、数据收集与缓存、数据清洗与转换、数据存储与应用、数据集成共享、实时质量监控与预警。

数据源识别与连接：确定实时数据来源，包括现场采集设备、云平台、服务接口等。建立数据源与消息通道的连接。

数据转发与传输：开发数据转发程序，通过光纤、4G 网卡等网络设备，打通网络的传输通道，以传输实时数据。

数据收集与缓存：确定数据接收技术，用于缓存数据以供数据清洗和处理，包括消息队列、内存数据库、分布式缓存等。

数据存储与应用：用于存储实时数据，方便后期的管理及应用，包括实时数据库、结构化数据库、分布式文件存储等。

数据集成共享：打通实时数据与结构化静态数据的联系，方便各业务领域的应用。

实时质量监控与预警：对实时数据全传输过程进行监控，及时发现数据传输中断的现象。同时，对实时数据进行空值、异常值等质量问题监控，确保数据准确可用。

2.2 实时数据标准规范制定

无统一标准的管理规范也是分散式管理的重大缺点，各采油厂对本单位实时数据的管理办法不一致，不利于进行统一的管理。为改变差异化管理带来的问题，首先需要对实时数据汇聚过程中的各项环节进行统一，形成标准的规范。不仅保障了物联网采集点在传输、管理、维护、应用上的可读性，还减轻了数据预处理的难度，以便后续的问题诊断和处理。规范化工作包含以下 3 项内容：采集点命名规范化、传输格式规范化、数据接收端命名规范化。

采集点命名规范化：根据采集点所依附的实体对象，将采集点分为不同的类别。以单井实体对象为例，这类采集点划分井类，命名标签包含单位、作业区、站库、井号、生产参数等多项内容。其中单位、作业区采用公司组织架构的统一命名方式，站库选取地面工程的统一命名方式，井号选取油气水井生产数据管理系统的统一命名方式，生产参数遵循油气生产物联网标准的命名规范。保障了实时数据在各项数据间的关联性。

传输格式规范化：制定从数据源传回数据接收端的格式标准。根据传输数据类型的不同，可大致将数据传输格式分为三类。(1)单点传输格式：用于传输站库等单点单次采集设备。(2)多点传输格式：用于传输单井等多点单次采集设备。(3)功图传输格式：用于传输功图—位移等单点多次采集设备。

数据接收端命名规范化：根据各采油厂在公司组织架构的名称，制定数据接收端的名称。同时，在接收端进行源数据和清洗数据的命名划分，方便后期定位数据质量问题。

2.3 数据质量监控

对实时数据流进行连续而及时地监测和评估，以确保数据的准确性、完整性和可靠性。及时发现和纠正数据质量问题，以保证实时数据的可信度和有效性。针对实时数据数量大、传输链路长等特性，通过实时数据监督平台，建立全传输流程、全数据应用流程、全数据质量三层监督机制，解决实时数据质量监督难的问题。

全传输流程监督：实时数据汇聚到公司级实时数据库需要经过现场采集、数据转发、数据传输、数据清洗解析 4 个流程，其中难免存在网络传输中断、采集设备故障、数据清洗解析程序错误等众多问题。为解决这类问题，实时数据监督平台分采集层、数据加工层、存储层三层，从监控预警信息准确定位出现错误的流程，结合采集点元数据，及时联系数据源单位改正问题，以此来减轻数据传输中断的影响。

全数据管理应用监督：实时数据通过应用才能发挥数据价值，但现场难免发生采集点变更、采集点废弃等问题。为解决这类问题，在实时数据监督平台上建立实时数据元数据管理表及实时数据元数据应用表，当采油厂出现点位变更，需及时上报元数据管理表，待审核通过，平台可自动更改应用表相应数据，避免业务应用程序接口的频繁调整，以此来减轻数据变更带来的影响。

全数据质量监督：实时数据的数据质量有别于人工录入数据，其更考虑数据的连续性和及时性。海量的实时数据难以用内存服务器等存储设备进行大批量缓存，大多数数据还未处理完就被遗弃，造成数据连续性的丢失。由此在实时数据监督平台上，建立消息队列集群来缓存数据，缓解服务器短期内接收大量数据的压力，保障了实时数据连续性。通过大数据分布式处理引擎，批量清洗和解析数据，控制数据延迟时间在秒级以内，解决实时数据的及时性问题。

2.4 实时数据共享与价值挖掘

实时数据汇聚到实时数据库中，对外只能提供实时数据的查询服务，无法关联到其他业务数据库当中，对业务应用产生了极大的不便。为解决实时数据共享关联性差的问题，通过实时数据库自带的服务接口，将其集成至全数据管理平台，通过平台与前期制定的采集点编码规范，打通与各项业务数据库的关联关系，达成实时数据与单井、站库、管线等静态数据的互联共享。

在油田领域，实时数据的价值应用对于油气开发和生产运营至关重要。结合国内外先进示例，按场景建立实时数据分析模型，可在生产运行监控、故障预警分析、采油提效等多个业务领域进行智能应用。可以直接提升油田开发和生产运营的效率和可持续性，同时降低风险与成本。

3 油气生产实时数据智能分析应用

为提高企业的运行效率，降低运营成本，坚持绿色可持续的发展观念，新疆油田在数字化转型的进程中，众多智能应用也提出了实时数据的应用需求，包括生产运行监控、单井问题诊断、抽油机采集提效等业务场景。通过对油气生产实时数据的治理工作，实时数据的质量得到进一步提升，符合各项应用的用数需求。所涉及实时数据涵盖单井、场站、管道等实体对象，通过大数据、人工智能的手段，有效地发挥了实时数据的价值。

3.1 生产实时指挥

在油气田的开发中，生产运行调度是各项作业中极为重要的一环。及时准确的生产指挥调度能有效地提高各项工作的效率，实时监控也保障了现场作业安全稳定地进行，为人员安全提供了良好的保障。新疆油田通过汇聚采油气现场温度、压力、功图、负载数据，利用实时数据特性，横向贯穿生产、运销、预警等多业务领域。同时应用全数据管理平台，将各单位的生产实时数据与静态数据相融合，用信息全面感知生产运行的各个流程，解决了数据感知慢、指令下达滞后等问题。实现了井场、站库、管网“一张图”的实时数据应用，支撑生产监控、生产保障业务应用。

3.2 单井问题诊断

油井的正常运行，关乎着原油的产量，是油田高效开发的重要前提。由于采油井大多数设备深埋于地下，不能通过肉眼直接辨别其运行状况。井下结构复杂，存在着砂、土、水、液、腐蚀等多种不确定因素，油井出现的故障种类更是层出不穷。由此，从油井采集设备传回的数据，是判断油井正常运行的唯一途径。新疆油田从地层、井筒、地面三个层次出发，进行逐级问题诊断、优化。在地层方面，通过前端传输回的油压、套压等实时数据，结合地层压力、压力系数等静态数据，从液量、含水、注水量等三方面进行分析，从地层伤害、边底水突进等9类问题中定向；在稀油井井筒方面，通过对抽油井功图、含水量、产量等实时数据变化分析，从阀漏、卡泵、油管结蜡等28类问题中定向；在地面上，主要通过抽油井的电参及功图实时数据变化，从电机故障、抽油机本体异常等5类问题中定向；在此基础上，对油井实时传回的电参数据，结合示功图变化数据，应用三层BP神经网络结构、线性回归分析、灰度诊断法等技术，构建专家知识库和单井问题预测模型，以对单井生产和措施调整提出合理建议。在该项智能应用推出后，异常井诊断符合率达90%，极大程度上解决人工诊断用时长的问题。

3.3 机采提效

新疆油田大多采用机械采油的方式抽油，该方式通过将电能转化为机械能，为采油提供压能。由于机采井体量大、机械采油能耗高，机采井所使用的能耗占据企业耗电量的大头，不符合企业绿色发展的需求。同时，由于地层区块位置的不同，原油储量的多少也存在着差异，机采井资源的合理利用率不高。为解决这类问题，新疆油田根据抽油机功图、电参等实时数据，建立机采模型，根据抽油井实时的运行状态，智能调节抽油井的各项参数，以达到更高的开采效率，有效解决了电力资源浪费的现象，提升了机械采油的整体效率。

4 结束语

针对新疆油田实时数据现状的四类问题，结合国内外实时数据管理与实践经验，通过实时数据治理方法，改变原有分散式管理模式，建立新型公司统一的管理模式(图2)，解决了用数难、数难用的问题，快速做到实时数据质量的提升，应用于各项智能应用场景，具备良好的可推广性。

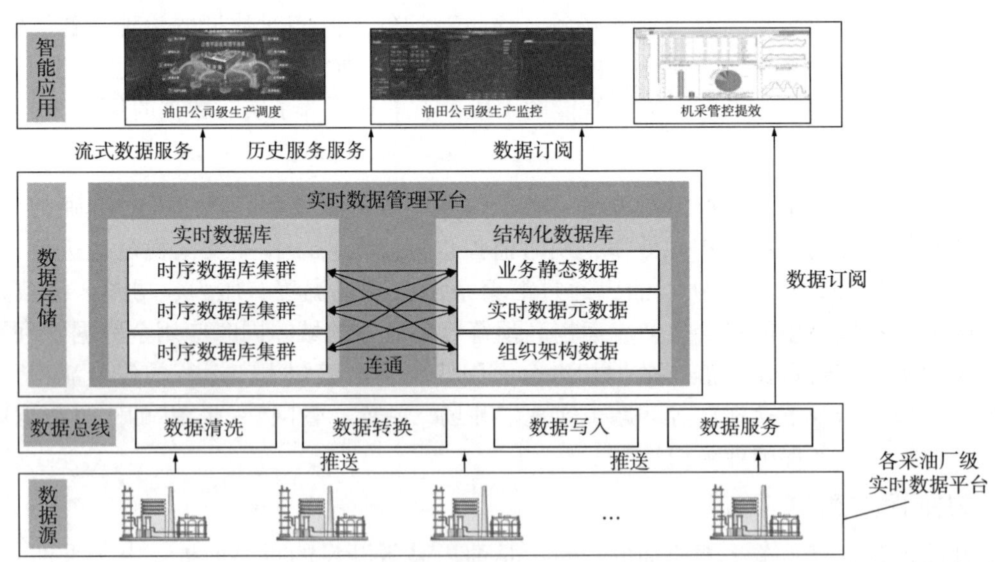

图2 公司级管理

在数字化油田的建设中，离不开数据的支撑。而物联网设备的普及，实时数据的采集与存储，应运而生出一批又一批的智能化应用，为油气生产指挥调度、单井问题诊断等一系列业务提供了帮助，真正为企业做到了提质增效。

参 考 文 献

[1] 陆运韬. 生产实时数据管理系统在油气田的应用[J]. 中国石油和化工标准与质量，2023，43(2)：84-86.

[2] 李元宗. 油田生产实时数据工业大脑的研究[J]. 上海电气技术，2022，15(2)：24-30.

[3] 孙晓红，曾昭虎. 油田生产实时数据的建设与管理[J]. 信息系统工程，2020，324(12)：62-63.

[4] 郭鑫. 天然气生产运行中生产调度的作用研究[J]. 化工管理，2021，600(21)：72-73.

[5] 康雅茹，安硕辉，阿斯利扎提·巴吾尔江. 新疆油田某采油厂机采提效做法及效果评价[J]. 化学工程与装备，2022，309(10)：67-69.

油田产能建设业务与投资一体化管理探讨

董文涛　牛贝贝　王　婷

（中国石油新疆油田公司）

摘　要：油气田产能建设具有资金量大、利润风险高、建设周期紧迫、涉及专业领域繁杂等一系列特点，本文将结合油田产能建设业务和投资管理业务，利用数智化技术对油田产能建设领域原有投资管理工作模式进行改造，解决业务与投资管理融合性差、投资管控难度大、投资分析水平低等问题，实现业务与投资管理数据的互通共享，满足油田现场产能建设生产投资管理辅助分析决策需求。

关键词：产能建设；投资管理；数智化技术

油气田产能建设是连接油藏描述、探明储量计算、油气开发生产等环节的重要纽带，是保障油田增产稳产的核心，它包含油藏、钻井、测井、采油和地面建设等多个专业工程。横向涉及地质人员、钻井工程人员、地面工程人员、采油工程人员、生产运行人员、投资管理人员六大角色，纵向涉及现场执行层、管理层、决策层三个层级，涉及人员范围广，对管理要求高，需要在安全、环保、依法合规的前提下，发挥统筹管理优势，坚持方案实施跟踪研究与优化调整，不断推行新颖、成熟可行的工艺技术应用，科学组织工程实施。

对于各大油田企业，产能建设的主要目标是在控制投资成本、提增效益的前提下加大产能建设规模力度。因此，加强油藏评价和产能建设技术管理与施工管理的规范化、标准化，不断提高工艺技术、工程质量和投资管理水平成为各油田企业控制投资成本、提增效益的重要手段。在此背景下，本文将根据油田产能信息化建设中的实际经验，探讨油田产能建设业务与投资一体化管理模式对于产能建设控制投资成本的重要作用。

1　产能建设业务面临的主要问题

由于产能建设工作具有投资额巨大、风险性高、建设全过程周期长，以及较大的可变性等特征，造成产能建设管理工作任务繁重、投资控制要求严格、生产信息的及时性和共享性要求高。虽然目前各油田企业都在大力开展产能建设领域数字化建设，以此来提高管理效率、精细化控制投资成本，但仍然存在以下共性问题：

1.1　业务层面流程覆盖不全，信息孤岛问题严重

（1）业务覆盖不全面：油田产能建设涉及前置项、钻前工程、钻井工程、录井工程、测井工程、采油工程、地面工程、经营管理等众多业务，导致利用信息化手段实现端到端

作者简介：董文涛（1999—），2021 年毕业于湖南大学计算机科学与技术专业，获学士学位，现任中国石油新疆油田公司助理工程师，从事新疆油田公司信息化项目管理、业务流程梳理等工作。通讯地址：新疆克拉玛依市克拉玛依区世纪大道 7 号油田信息楼。E-mail：dwt2021@petrochina.com.cn。

的产能建设全业务流程线上化管理难度较大。目前绝大多数软件仅实现部分业务环节的线上化管理，其余业务线下开展，无法实现全流程管理。

(2) 信息、数据孤岛问题严重：钻井管理系统、压裂管理系统、地面工程管理系统等各专业系统林立，导致职能部门之间的信息共享与业务协同机制欠缺，各部门信息系统的数据难以共通共融。信息系统架构、服务割裂，无法形成有效联系，各业务之间的数据互联互通尚未实现。因此造成数据的重复、冗余、无效等情况，降低了数据的质量和准确度。同时，由于各专业部门存在信息壁垒和信息堵塞，造成产能建设数据共享不及时、不准确，无法简单共享，影响时效性。

1.2 业务财务分离，投资管理工作效率低下

(1) 业务计划与投资计划严重脱节，管控难度大。计划需要通过不同业务人员与投资管控人员多次反复沟通对接、讨论，制定业务实施计划和投资管理详细计划耗时长。

(2) 投资管理过程中与现场工程实施进展结合性差。由于现场施工有很多不确定因素，投资管控人员对业务不熟悉，理解业务数据难度大，同时获取现场实际进度及时性差，现场投资管理情况跟踪效果差，导致把控投资费用难度大。

(3) 产能建设投资分析难度大。由于业务与投资管理严重脱节，无法直接定位超预算项目或具体业务环节，需要消耗大量人力分析确认原因，导致投资分析难度大。

1.3 产能建设投资预测目前主要依靠个人经验，缺乏有效指导

现有年度投资预测分析大多依靠专家线下讨论及历史经验共同分析预测，存在业务不通、沟通效果差、分析水平参差不齐等问题。导致年度产能建设投资预算工作复杂、预测周期波动性大，过于依赖分析预测人员业务能力、工作经验，造成工作难度大、效率低。

本文将结合上述问题，对产能建设业务与投资一体化管理模式进行探讨与研究，通过数智化技术进行流程再造，将生产与经营有机结合，建立一套涵盖产能业务与投资管理的一体化管理模式，解决产能建设生产与投资管理过程中的问题，提高运行管理效率、有效控制成本、强化投资分析，实现多专业闭环式生产经营监控、分析预测。

2 产能建设业务与投资一体化管理的必要性

2.1 打通生产经营全业务流程，提高运行管理效率的需要

产能建设是油田稳产上产和可持续发展的一项重要措施，是一项覆盖地质、工程、经济等多专业，涉及工程建设服务商、监督方、管理方等多部门，横跨立项、设计、合同、施工、验收、结算等全阶段的系统性工程，具有投资规模大、利润风险高、专业技术衔接紧密等特点。随着油田开采难度不断加大，产能建设投资成本逐年攀升，实施管理难度逐年增大。需要打通产能建设生产经营各业务环节，构建方案计划、前置项、钻井、地面、经营等多专业、全链条综合管理平台，加强资源协调配置、端到端业务流程前后衔接，实现产能建设全业务流程线上流转、生产运行实时跟踪，支撑产能建设工程效益效率最大化，为油田的持续稳产提供保障。

2.2 构建产能建设精细化管理模式，促进控投降本的需要

当前油价长期波动、经营形势复杂多变，“低成本战略”形势下对产能建设降本增效提出了更高的要求。随着近年来非常规产能逐渐增多，受水平段变长、压裂规模增大、部分技术工艺不成熟等因素影响，单井投资远高于常规水平，规模效益建产面临较大挑战，产

能建设单位成本大幅度增加，成本管控压力激增。需要通过数智化建设，融合产能建设业务管理与投资管理，构建强矩阵投资预算管理体系，实时掌握各业务环节投资动态、及时纠偏，为经营结算提供可靠依据，助力事前算盈、事中干赢，推动产能建设全员全方位全要素提质增效，助力45美元/bbl效益建产目标实现。

2.3 提高投资预测能力，辅助专家决策的需要

产能建设项目实施过程中，受地质地况、工作环境等多方面因素影响，投资预算波动性较大，需要在项目立项过程中对各环节进行精细化计算及风险预判，对各种突发情况进行分析及预测。现有年度投资预测分析完全依靠投资管理人员、业务人员基于线下讨论及历史经验的共同分析，存在业务不通、沟通效果差、分析水平参差不齐等问题。需要构建投资预测模型，对比分析业务数据、投资管理数据，实现投资预测智能化，支撑“油公司”战略目标下“智能决策、数字监督”新型业务模式，推动产能建设业务数字化转型。

3 产能建设业务与投资一体化管理模型设计与实现

3.1 建立产能建设一体化管理业务模型，实现产能业务全流程管理

针对产能建设业务覆盖不全和信息孤岛、数据孤岛问题，围绕产能建设全业务域，梳理前置项、钻井工程、采油工程、地面工程等全业务环节流程及关键数据。结合业务人员现有管理流程，利用数智化技术，打通产能建设业务壁垒，实现产能建设业务端到端管理，建立产能建设业务一体化管理业务模型。业务模型需要包含产能方案、部署计划、前置项、钻井工程、采油工程等全业务相关的地质、工程数据，实现产能建设从产能方案到新井投产评价一体化管理，为投资管理与分析奠定数据基础。

3.2 融合产能建设业务管理与投资管理，实现生产与投资一体化管理

围绕产能建设所涉及的油藏工程、钻井工程、采油工程、地面工程等专业，利用数智化技术，根据各专业情况，建立专业定额管理模型。

针对投资管理与油田产能建设业务紧密结合性差问题，基于产能建设业务模型和定额管理模型，智能生成投资管理模型，实现产能建设业务运行与投资情况同步管理。首先，基于定额模型及产能工作量进行年度投资估算，估算前置项、地面工程、钻井系统工程全年计划工作量。其次根据定额模型，对前置项、地面工程、钻井工程年度投资费用进行估算，根据控投指标进行对标，找出差距，提出优化方向。根据优化后数据进行指标分解，设置上限阈值。在实施过程中结合当年投资计划、投资完成情况绘制当年同区块同井别实际投资曲线，通过对比分析计划投资曲线、历年同区块同井别投资曲线，定位工程或项目超额环节和超额原因，辅助专家智能决策。实施完成后，以单井为单元，实现单井从前置项到投产全费用统计和查询，便于领导层分析决策。

3.3 建立产能投资管理专家知识库，实现投资预测智能化

(1)以产能建设生产与投资一体化管理为基础，结合历年产能建设投资情况，建立产能建设投资管理专家知识库。(2)利用卷积神经网络等相关技术，建立产能建设投资预测模型，分专业进行投资预算，提高年度产能投资估算工作的工作效率。(3)利用可视化技术，按照不同区块、不同井别，展示产能建设总体投资预算，协助现场实施层、业务管理层、领导决策层等各层级人员完成对投资预算的最终决策。

4　技术路线

总体技术架构：产能建设业务与投资一体化平台预计采用微服务架构进行功能设计和研发，利用 B/S 版可视化定制完成各类数据采集、报表展示、曲线图形等应用功能的设计开发，避免大量的代码编写，便于后续的功能扩充和应用完善。

数据架构：采用华为国产自主研发数据库(GaussDB)替代以往 Oracle 等国外数据库，保证数据安全。建立产能建设数据湖，实现数据共享共用。

投资预测模型建设思路：(1)基于上述功能架构建立并完善产能建设投资管理一体化平台后，将往年产能建设投资数据进行整理、清洗，建立专家知识库，为投资预测模型的建立提供可靠的数据支撑。(2)建立基于神经网络的产能建设智能投资预测模型，实现每年投资预算的智能化。(3)投资预测结果将利用流程引擎，通过智能应用集成平台、移动端协同办公平台，按照产能建设相关单位组织架构，针对领导决策层、专业管理层等不同角色、专业进行投资预测结果分类推送，确保预测信息及时送达。总体上降低投资预测工作量。

投资预测模型：利用产能投资管理知识库建立卷积神经网络(CNN)+支持向量机(SVM)的投资预测模型。卷积神经网络主要负责特征提取和分类(预测)两个步骤，卷积网络通过卷积、池化等降维操作将数据进行降维处理后，实现对输入数据特征的提取，提取到的特征输入感知层实现分类(预测)功能。

与 BP 神经网络等模型相比，CNN 的优点是具有良好的特征提取能力，被广泛用于图像识别及回归预测。卷积神经网络(CNN)通过局部感知和权值共享的操作使其大大地减少了网络中参数的数量，提高了模型效率。但是利用单层感知机对卷积神经网络提取到的特征进行预测、分类，在一定程度上容易发生“过拟合”或局部最优问题。另一方面，本文需要建立的油田产能建设投资模型属于回归预测模型，卷积神经网络的输出层所能选择的传统分类函数准确率不高，因此应当选择回归函数进行分类处理。而支持向量机(SVM)在非线性数据预测方面有着十分优秀的表现。综上，本文采用了卷积神经网络(CNN)—支持向量机(SVM)组合模型，实现了 CNN 模型和支持向量机模型的优势互补，预计将在很大程度上提高预测模型的精度。

5　结论

通过建立产能建设业务与投资一体化管理模型，针对产能井开发建设过程中各个实施环节实现节点跟踪分析及经济预测优化，实现效益建产。

(1) 业务融合、提质增效。通过产建运行节点管控，将各业务节点产生的生产、经营的数据同步共享，消除信息孤岛、数据孤岛问题。同时解决业务与投资管理结合性差的问题，实现同步知会、协同办公和提前预警。使生产管理人员能够及时掌握和控制本业务的费用使用情况、工作量形象进度等内容，从而提升各部门迅速、及时响应和联动能力，提高建产速度和建产质量。

(2) 闭环控投、保障效益。产能建设运行与投资过程的一体化管理，从方案设计部署、施工建设跟踪、生产运行管理、经济效益评价等全方位优化入手，坚持效益优先、先算后干的经营理念，强化业务与投资一体化协同管理，建立“动态优化”的投资管控机制，进一步提升产能建设投资项目经济效益。

(3) 智能分析、辅助决策。利用产能建设专家知识库，建立投资预测模型，实现投资预测智能化。同时密切跟踪产能建设项目运行投资、经营效益与方案设计各项参数差异，建立分析模型，跟踪和反馈产能建设实施效果，及时调整建设运行安排，降低投资风险，辅助决策“事前算盈”，全面管控“事中干赢”，保障投资效益。

参 考 文 献

[1] 李宇鑫. 油田产能建设精细化管理的应用研究[J]. 化工管理，2017，17：49-52.

[2] 张浩然. 增加产能建设规模的经济评价模式研究及应用[J]. 油气田地面工程，2021，40(6)：1-4.

[3] 刘燕俐，韩俊伟，马骥. 油田产能建设信息系统设计与实现[C]//旭日华夏(北京)国际科学技术研究院. 首届国际信息化建设学术研讨会论文集(二)，2016：15-16.

[4] 刘彦岐. 预算管理在油田产能建设中的作用[J]. 农家参谋，2020(2)：223.

[5] 冯旭军. XJ 油田原油产能建设投资控制对策研究[D]. 青岛：中国石油大学(华东)，2016.

监控云平台在油田生产管理中的应用研究

周　敏　刘　婷　吕燕蕾

（中国石油新疆油田公司石西作业区）

摘　要：在油田生产管理领域中，随着科学技术的不断发展，SCADA 系统由原来的电脑客户端发展成为云平台网页模式，由原来单一的监控功能趋向于具有生产调度、指挥功能。基于此，本文首先对 SCADA 监控云平台进行概述，继而提出 SCADA 监控云平台在油田作业区生产管理中的智能化应用与研究。

关键词：SCADA 监控云平台；生产管理；调度；应用

1　SCADA 监控云平台概述

1.1　SCADA 监控云平台

SCADA 监控云平台基于原来的 SCADA 自动化监控系统，即数据采集与监控控制系统，是计算机技术不断发展下的衍生品，结合电子自动化监控系统与自动化各类监测仪表所生成的一项软件技术。当今 SCADA 监控云平台在各个行业中都有十分广泛的应用，通过对整个 SCADA 监控云平台展开分析，通常可以将其划分为多个功能模块，包括通信系统、监控系统、信息采集系统、报警分析系统等，不同模块具有不同的功能，所以 SCADA 监控云平台在油田生产上智能化应用需要从多个方面进行考虑。

1.2　SCADA 监控云平台的效能

SCADA 监控云平台可以结合不同区域特点，采用不同的监控方法，如在远程监控模式下，主要是通过通信模块，对单井压力、温度、负荷、功图、电压等进行全面监测，对计量站的重要数据进行远程监测和计量。通过采用各类传感器可以采集数据，通过目前主要流行通信方式(如无线网桥、LoRa)连接到监控室中，监控云平台可配置分析功能对数据信息进行分析，将分析结果通过分析线图形式进行展示。监控岗位人员在监控中心中可以对各个控制点进行远程遥控，观察实际工作状态，可以为系统设置运行参数及运行形态。云平台为报警事件划分等级，级别不同的报警事件用不同颜色标识，监控岗员工针对不同级别报警事件做出相应应急处理措施，既让生产作业更加安全，也在作业区油田生产管理调度指挥中发挥实效。

2　SCADA 监控云平台在油田作业区生产管理中的应用与研究

2.1　生产运行监控

SCADA 监控云平台可以对计量橇、单井(油、气、水井)的各个生产参数点进行数据采

作者简介：周敏(1985—)，2004 年毕业于中国石油大学(北京)自动化专业，获工学学位，现任中国石油新疆油田公司石西油田作业区工程师，从事油气自动化监控、数据分析等方面工作，通讯地址：新疆克拉玛依市克拉玛依区宝石路 256 号。E-mail：714013783@qq.com。

集、监测，并对控制点位进行远程控制。同时还将集输站点的重要生产参数(如：液位、压力、流量等)接入监控云平台，进行全流程的生产监控。全天24h的动态监控，不同监控单元有不同的监控流程页面，系统采用了自动统计方法，站点油井数量、当前油井开井数量、油井功图上线数量、油井工况等各类信息都能够实时显示。

2.2 注水流量监控

在SCADA监控云平台应用当中，主要是对瞬时流量、分水器压力、累计流量、实时注水量、库存注水量等信息进行监控，实时监控注水阀组的运行参数，并在显示屏上显示信息，包括站点名称、分水器压力、配水间名称、管压、注水井名称、瞬时流量、累计流量等各项数据参数，结合自动调整和远程监控等功能灵活展开操控，无须现场人工手动设置配注量。

2.3 安全生产计量控制

云平台对远程自动化计量进行了全面优化，提出了面向过程的计量管理功能，研发了以区块为基本单位的管理方式，岗位员工可编制计量计划、远程操作、动态跟踪、结果分析和工况信息管理。云平台提供可视化计量管理界面，自动执行计量计划顺序，异常信息自动提示，计量结果对比、历史计量曲线一键调用；在计量安排、下发、执行三个环节进行井站状态判断，多重保险杜绝误操作。通过将岗位员工操作经验转变为计算机语言，简化了计量工作流程。

2.4 生产报警的闭环管理机制

云平台根据多数据阈值报警通常都指向一个工艺生产的异常这一特征，将生产报警以“事件”形式进行闭环管理。通过对阈值报警进行解析归类，同一个生产单元同一个故障类型下，不同参数的报警状态进行规则梳理和总结，定义为一个报警事件，根据工艺报警事件发生、发展、处理、关闭四个阶段，以系统提示的方式进行闭环跟踪管理。在报警管理中，还可以将报警的状态分为“紧急”“重要”等状态，并用不同底色进行提醒，从而对不同问题进行分类处理。实时数据云平台采用事件报警理念、自动消警方式、应用颜色警示标识(红、黄、蓝)和目视化管理界面实现报警闭环管理模式，替代旧系统以阈值报警、人工消警的开环管理。

3 结语

综上所述，监控云平台是集数据采集、应用、分析、运维于一体的自动化生产监控系统，平台分析总结了石西油田作业区多年的自动化监控生产经验，全流程计量管理模式、事件消警方式、多参数预警报警等模式，创新优化了在用系统功能，提高了工作效率，保证了报警数据的准确性和及时性，对同类油田具有很好的借鉴作用。

参考文献

[1] 刁海胜，谢银伍，朱文涛. SCADA系统在作业区生产管理中的研究与应用[C]. 宁夏青年科学家论坛石化专题论坛，2014.

[2] 朱振兴，赵天福，李鹏. SCADA系统在作业区生产管理中的应用分析[C]. 宁夏青年科学家论坛石化专题论坛，2015.

[3] 周敏，吴志刚，门虎. SCADA系统在作业区生产管理中的研究[J]. 信息系统管理，2019(3)：1.

云计算环境下油田网络安全研究与应用

吴　东　秦朝晖　戴　静　谢亚莉　赵　军　赵雅文

（中国石油新疆油田公司准东采油厂）

摘　要：近年来，随着计算机技术的不断发展，信息技术在石油企业的应用也越来越广泛，云计算技术的出现，更加方便了人们的工作，提升了企业的经济效益，以云计算为基础的信息资源共享，大大提升了企业信息的传输和处理效率。与此同时，云计算在使用过程中涉及的网络安全技术问题也更加受到人们的关注。本文结合实际工作遇到的问题，从用户身份认证安全、数据的安全性、数据共享过程中的安全性进行研究，企业要想实现云计算中的网络安全，就必须兼顾这三方面，从而实现云的全过程安全。

关键词：云计算；云环境；网络安全；身份认证；数据共享

云计算最基本的概念是：整合、管理、调配分布在网络各处的计算资源，并且以统一的界面同时向大量用户提供服务。云计算其本身具有灵活可扩展、绿色节能、高可靠性等优势。随着云计算技术的不断发展，越来越多的企业开始采用云计算技术在企业内部构建私有的云平台，实现资源共享。

1　云计算环境下油田网络安全隐患分析

云计算的安全问题自从云计算存在那天开始就一直备受关注。云计算是一种在构建上非常具有弹性，依赖于互联网并且以网络技术、分布式计算为基础的计算方式，任何一种依赖互联网的应用都具有很大的风险，在利用云计算技术提高信息化水平及资源使用效率的同时，企业面临着云环境下应用引发的网络安全问题。在设备方面，平台现有服务器及交换机，设备老旧、易出故障，无法满足数字化发展需求及信息安全要求；在网络架构方面，在功能方面，边界防护、入侵检测等安全措施不足，数据丢失风险较高；在网络管理方面，需要建设统一的网络运维及管理平台、网络安全策略以规范用户上网行为。

2　油田网络安全技术策略研究

随着云计算技术，在企业的数据传输与应用中运用得越来越广泛，网络安全技术也变得越来越重要。根据当前面临的网络安全问题，结合数字化油田的发展趋势，通过对技术的深度研究，分析大数据、物联网、人工智能在油田的应用需求，提高网络安全防护能力，形成智能化的管理。对于石油生产企业而言，转油站、计量站等小型站场工控网、视频网、办公网三网物理分离。油田作业区网络分为两类：一是工控网单独组网，视频网和办公网

作者简介：吴东（1977—），2003 年毕业于中国石油大学计算机专业，现任中国石油新疆油田公司准东采油厂信息管理（自动化中控）站高级工程师，主要研究计算机系统及网络安全等方面工作。通信地址：新疆昌吉州阜康市石油基地准东采油厂信息管理（自动化中控）站。E-mail：wudong@ petrochina. com. cn。

进行逻辑分离；二是工控网、视频网、办公网逻辑分离。采油厂工控网单独组网，视频网和办公网进行逻辑分离。由以上特点可以看出现行油田工控网通过与办公网的网络隔离，基本可以实现物理安全和功能安全。油田作业区各井、间、站采集监控的数据，勘探、开发等数据的安全性要采取相应的安全手段，如果网络安全防范措施不到位，造成相关信息泄露或者造成数据失窃甚至被破坏，将对石油勘探开发及油气生产造成重大影响。笔者将云环境遇到的网络安全问题分为三个方面：一是用户身份认证安全；二是数据的安全性；三是数据共享过程中的安全性。因此，企业要想实现云的安全，就必须兼顾这三方面，从而实现云的全过程安全。

2.1 用户身份认证安全

传统的用户身份认证方式是采用用户名与口令验证的登录方式进行，这种方式用户名及密码比较容易泄露，存在较大的安全隐患。云计算环境中，用户登录到云端访问应用与服务，系统需要确保使用者身份的合法性，才能为其提供服务。如果非法用户取得了用户身份，则会危及合法用户的数据和业务，所以要采取更为严格的措施来确保网络安全。通常解决办法是采用身份认证管理系统，与 USBKEY 智能卡认证相结合等方式来保证用户身份认证的安全。USBKEY 是一种智能存储设备，可以用于存放数字证书，其内部的 CPU 芯片进行数字签名及签名验证的运算，提高了安全性。在用户使用的过程中，通过身份认证管理平台，将数字证书编号、个人证书、证书授权等信息进行绑定；在防止盗用方面，用户登录时使用身份识别码与个人账号同时进行验证，确保用户身份的安全。

2.2 数据的安全性

人们使用数据的安全意识不断提高，对数据传输及处理的安全性要求随之提高。云计算中的数据存储于虚拟的云服务器中，其数据存储于不同数据中心，存在的安全漏洞是网络黑客的攻击目标，数据主要存在数据泄露、数据丢失、数据劫持等威胁。云计算通过密钥技术和加密算法等手段来保护数据的隐私，同时对数据本身提供了保护。在数据的传输、存储及处理的不同阶段对数据进行加密，通过利用云安全技术对信息进行处理，实现信息隐蔽，保护用户数据的安全。云端数据是大量内部数据的汇集，云计算中各类 SaaS、PaaS、IaaS 提供的服务及应用都可能存在着安全隐患，需要对数据采用有效的保护措施。企业数据安全不仅包括生产业务数据，还包括勘探开发、评价、经营等系统及数据的安全。

在云计算中，数据遇到的主要风险分为两类。第一类是云服务商提供的服务存在安全漏洞，黑客对其进行攻击或者窃取数据库中的数据。在加强身份认证管理的同时，要限制云数据的访问，指定管理员修改权限等方式来提供保护。第二类是在使用数据过程中，发生数据丢失、损坏等风险。可以采取相应的措施，如数据中心异地备份、数据存储加密等，以确保数据的安全及完整性。数据的安全性是企业生产的基础，在生产数据的使用中，由于安全性威胁导致的数据丢失问题，可以通过云平台备份和恢复得到解决，通过数据恢复功能保证数据安全。

2.3 数据共享的安全

通过数据资源共享，合理地开发和使用数据，可以大大提高数据的资源利用率。但是共享资源的同时会产生新的网络安全问题，可采取以下措施保证数据交换、数据存储等过程的安全，保证数据共享过程中的安全性。

2.3.1 网络安全域划分

计算机网络划分为不同的区域，使网络结构更加直观明确，对每个区域进行层次化有重点地保护，是提高系统安全的有效手段。通过网络安全域的划分，可以把一个复杂的大型网络系统安全问题转化为较小区域。化整为零，将其变为更加简单的安全保护问题，能够更好地控制网络安全风险，降低系统风险。信息部门在管理过程中划分出单独的安全管理域，统一管理所用设备的安全运维、日志收集、安全配置、安全接入；采取合理的 IP 地址规划，为设备划分专门的地址段，可采取绑定物理地址、IP 地址，作为设备管理专用，采用 MAC 地址认证、实名认证接入用户，记录用户的姓名、MAC 地址与手机号信息，同时避免 IP 使用时的随机性。

2.3.2 边界防护

在采油厂、联合站、转油站、计量站的工控网络边界部署具有访问控制功能的防火墙，实现基于控制协议深度解析的白名单形式访问控制策略，按照安全管理和控制要求为各安全域分配不同的 IP 地址网段，各网段间应设置安全措施进行隔离。采取边界防护措施，通过网络划分区域后，不同级别的安全区域产生网络边界。跨边界致使计算机系统可能受到来自网络的攻击。为此，需要在网络边界处实施安全保护。在油田作业区联合站、计量站等重点站场的工控网络边界部署具有访问控制功能的工业防火墙、工业网闸等单向隔离设备，保证数据传输交换中的安全性。通过安装网络安全设备实现了基于控制协议的深度解析，在访问数据时，可以运用白名单技术形式访问控制策略，禁止没有防护措施的工控网络与外部网络连接，保证生产数据的安全。

2.3.3 部署安全运维系统

在服务器端安装部署安全管理运维系统。通过对登录网络设备、安全设备的用户进行身份鉴别及权限控制，只允许相关管理人员等登录设备，保持服务器的环境相对简单。对油田网中的安全设备或安全组件进行统一管理，建立一条安全的信息传输路径，实现策略集中配置下发，对分散在各个安全设备上的审计数据进行集中分析。该平台需具备智能监控、日志审计、安全运维、准入控制等功能；对应用服务器、网络设备、数据库等设备的本地操作和工控网内部远程运维进行身份认证、资源授权及操作审计；只允许合法的、值得信任的端点设备接入网络，而不允许其他设备接入。在部署安全管理系统的过程中，根据实际情况封闭闲置或有潜在风险端口，防止黑客攻击端口，并且屏蔽有扫描症状的端口。

3 应用效果分析

油田企业通过云计算技术体系建设，能够为云计算提供良好的服务和应用环境，通过对数据进行分布式存储，将数据存储在多个地点。如其中一个地点出现故障或攻击，可以快速将数据迁移至其他地点，保证了数据的可靠性，为油田提供了更加有效的信息服务，提高了云计算应用的效率和安全性。通过油田桌面云系统的建设，可以满足用户灵活的访问要求，系统通过云安全系统的构建，具有稳定、可靠的特点，能够进行快速异地备份，在一定程度上解决了信息安全隐患的问题。在云计算应用的过程中，要提高云端数据的安全性，推广应用网络安全防范机制，确保云计算的安全应用。

4 结论

随着现代化信息技术不断发展，互联网技术在石油行业应用已经非常普遍。云计算、大数据等技术也随之运用到企业的生产、经营等各个方面。云计算对油田生产、经营模式的转变与企业的可持续发展有重要的意义，企业在新技术应用的同时面临复杂的网络安全问题，加强云计算环境中的网络安全技术的研究应用极为重要。

参考文献

[1] 石国伟，孙军军，李志红. 云计算技术在油田企业的安全应用分析[J]. 中国管理信息化，2021，24(6)：101-102.

[2] 赵文军. 云计算技术在计算机网络安全存储中的应用分析[J]. 电子世界，2020(5)：161-162.

[3] 殷海华. 社会保障管理信息化中云计算的应用研究[J]. 信息技术与信息化，2014(11)：95-97.

[4] 刘佩君. 探析云计算环境下网络安全技术[J]. 网络安全技术与应用，2020(5)：80-82.

数据分析辅助工况诊断提升油井精细化管理水平

周秋实　尹　权　赵　黎　赵　昱　木塔里甫·木拉提　张　乐

（中国石油新疆油田公司准东采油厂）

摘　要：油井工况诊断作为石油开采中的关键问题之一，数十年来经历了人工识别、自动化诊断到智能化诊断三个阶段。其中，智能化诊断阶段普遍运地用数据分析与挖掘、机器学习和人工智能等技术。本文通过对应用了数据分析技术的工况诊断系统的原理研究和应用状况分析，探究其对老井持续稳产可能的积极意义。

关键词：油井；工况诊断；数据分析

油田生产过程复杂，是一个典型的大型、复杂和动态的系统。油井工况诊断作为石油开采中的关键问题之一，一直面临很大困难。由于油井分布分散，抽油杆和抽油泵等大量重要装备位于数千米深的油井内，不可视、不可及，其工况难以直观判断。同时，受系统结构复杂性及井下的腐蚀、出砂、结蜡、产气和产水等因素的影响，油井可能出现的工况种类十分多样，监测指标和工况间的响应关系复杂且不清晰。作为典型的高风险高能耗系统，油井工作条件复杂恶劣，在长期运行过程中一旦发生异常，不仅会造成原油产量损失，甚至可能导致恶劣的安全和环境事故。因此，及时准确地掌握油井的工作状况，对于油田安全高效生产和提高采收率具有重要意义。在传统的油田工作模式下，基于油井的数据采集、抽油机操作控制、工况诊断、趋势预测和生产参数优化等，主要依赖人工作业和个人经验，缺乏对油井运行状态发展变化情况的准确掌控。

随着当前油田信息化建设的不断深入，大量传感器装配在油井生产系统中，实时采集油井的温度、压力和电流等数据并源源不断地传入油田数据中心，形成油井生产监测大数据。同时，大数据和深度学习技术正在引起新一轮技术革命，在图像识别、语音处理、无人驾驶和医疗诊断等多个领域不断取得突破性进展，石油公司也纷纷出台大数据和人工智能相关战略和发展计划，大数据和深度学习技术在油田应用迎来战略机遇。在这种情况下，基于“大数据+深度学习”的新一代人工智能技术，有望突破现有技术的局限，引领油井工况诊断技术进入新的阶段。

以准东油田为例，随着开采时间增长，不少区块出现了产量递减、含水率逐步上升等典型老井特征，对这些区块的管理维护工作要求也随之调整转变。进行自动化建设前，主要依赖纸质办公资料人工对工况进行确认，存在数据样本小、工况判断精度不足、难以定量分析和作业效率偏低的问题。进行自动化建设后，基本实现对井场数据自动采集、实时传输、实时监控等基本功能，当前油井的回压、套压、温度、电参、功图等数据实现了自

作者简介：周秋实（1997—），2020 年毕业于吉林大学信息管理与信息系统（信息系统）专业，现工作于中国石油新疆油田公司准东采油厂信息管理站，自动化岗，助理工程师。通讯地址：新疆阜康市准东石油基地。E-mail：zd_hsszqs@ petrochina. com. cn。

动化、高频次、高精度的采集。通过对大量实时动态的油井运行数据和基础数据进行融合分析，提取有效信息，结合信息技术手段以期实现对油井运行状态的全面掌控和生产趋势的准确预判。

1 数据分析工况诊断技术实现

1.1 工况诊断原理

对于抽油机井，工况诊断分析主要依靠功图数据、形状、动液面、沉没度等进行比对分析，建立有杆泵抽油系统力学振动的数学模型，对功图进行定量分析，确定泵的有效冲程、充满系数、漏失量。该项技术的关键是对泵功图的识别，可以准确地确定阀的开启、关闭等四个关键点，描述出关键的点、线、面的几何特征，计算产液量，并运用几何特征法、矢量特征法、神经网络法实现对功图故障的准确判断；结合压力、温度、电参的数据变动趋势，来对油井工况、泵况泵效进行综合分析和评估(图 1)。

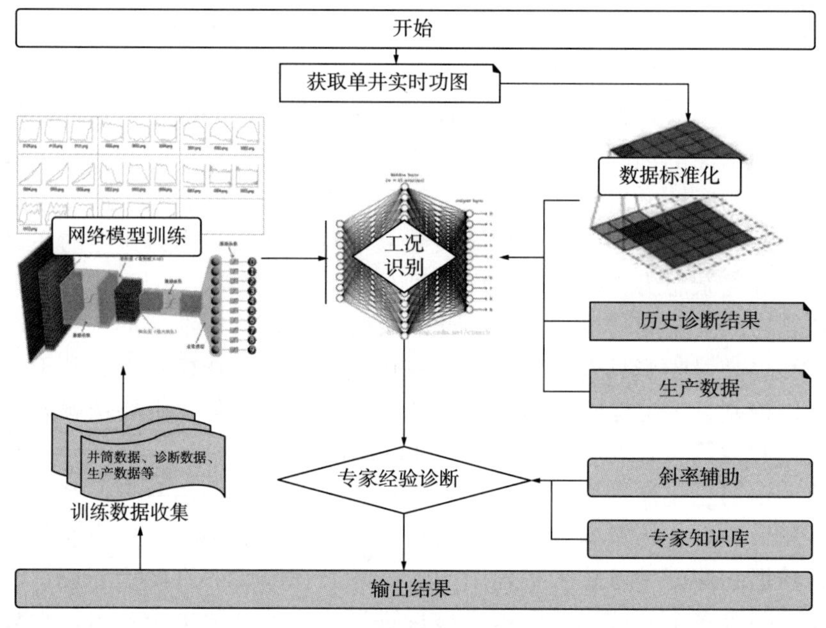

图 1 功图诊断计算流程

1.2 关键技术路线

功图诊断主要采用图像匹配算法、专家诊断知识库和斜率辅助诊断，通过三次诊断方式对工况进行判断(图 2)。一次诊断利用模式识别技术将所要诊断的功图与功图特征库中的功图进行对比，找到相似度最高的功图，那么这幅功图的诊断结果就是当前诊断功图的一次诊断结果。针对一次诊断不准确的状况，采用专家经验公式进行工况二次诊断，将该井一次诊断的详细信息(比如动液面、沉没度、含水率、日产液量波动百分比等具体值)与二次诊断参数表的条件进行对比和匹配，如果满足专家库中某一诊断结果的所有条件，就可确定二次诊断的结果，大幅提高功图诊断的准确性(表 1)。如二次诊断还难以确定功图属于这两者中的哪一种，如比较类似的特征功图所代表的工况，那么还可以采用功图斜率的计算进行工况的第三次诊断。

第一次诊断：通过模式识别AI技术进行功图特征识别诊断，结合人工智能与深度学习技术（SVM+TensorFlow CNN）；
第二次诊断：通过专家诊断知识库算法判断；
第三次诊断：功图斜率辅助判断。

第一次诊断： 功图诊断（结论：1~3个结果）	第二次诊断： 专家知识库诊断（结论：1~2个结果）	第三次诊断： 复杂功图斜率诊断

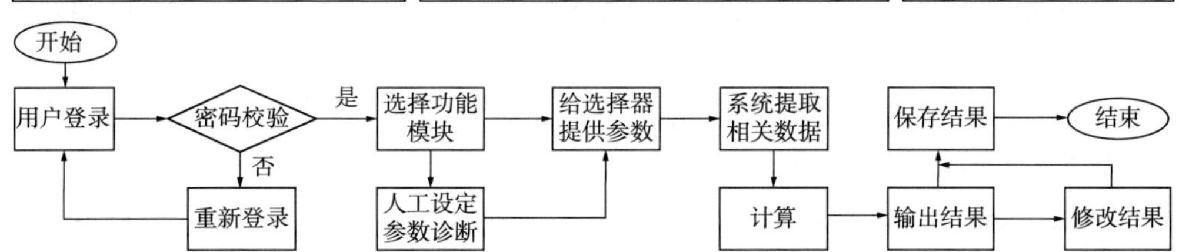

图 2　功图工况诊断关键技术路线

表 1　专家知识库简化示例

序号	诊断结果	二次诊断参数和方法
1	阀漏	前 5d 工况供液不足，功图计产上升 20%
		(1) 产量下降(前 5d 正常开井时间，功图计产平均值)
		(2) 动液面上升
2	供液不足	动液面接近泵挂深度或两者距离较近，沉没度较小(三叠系 50m，侏罗系 100m)
3	气体影响	油气比高于设定值
4	气锁	产量小于 $3m^3/d$，沉没度小于 50m； 前 5d 如连续两天或大于等于 3d 是气锁，则不考虑动液面的条件
5	泵卡(软卡/气锁)	载荷差大于正常载荷差(不同于当前工况且最近的一次工况)30%
6	泵卡(硬卡)	(1) 上行载荷持续上升，上行最大载荷和正常最大载荷比大于 5kN，下行载荷小于 10kN
		(2) 产量=0
7	活塞脱出工作筒	做 6 张特征功图，用图形比对
8	筛管堵	产液量下降，功图表现严重供液不足，沉没度大于 300m
9	连抽带喷	(1) 当前产量大于理论排量 80%
		(2) 液面小于 100m，液面在井口(没有液面可以不判断)
10	杆断脱	(1) 产量下降 80%(与前一天正常功能相比)
		(2) (最大载荷-最小载荷)<(正常最大载荷-正常最小载荷)×0.4
11	严重结蜡	(1) (最大载荷-最小载荷)>正常最大载荷-正常最小载荷(前 15~20d 平均载荷)，大于 2kN
		(2) 产量大于前 15~20d 平均产量
12	油管漏	(1) 产量下降：目前产量小于 30d 前月平均产量 80%
		(2) 沉没度上升：沉没度上升 200m(和上月沉没度平均值比)
		(3) 载荷下降：(最大载荷-最小载荷)<(正常最大载荷-正常最小载荷)×0.8

2 数据分析工况诊断应用

2.1 应用系统架构

2.1.1 系统架构

准东油田功图诊断量液系统采用B/S架构设计，系统分三个层次(图3)：(1)显示层：通过浏览器将系统界面展示给用户并提供交互操作；(2)计算层：涵盖功图诊断、功图量液和知识库管理等主要功能的核心算法；(3)数据层：包括日志数据库和井场实时数据等。以井场采集的实时数据和日志数据库为数据源，建立油田知识管理中心(包括功图特征库、专家诊断经验算法、单井特性算法等)，方便用户使用(图4)。

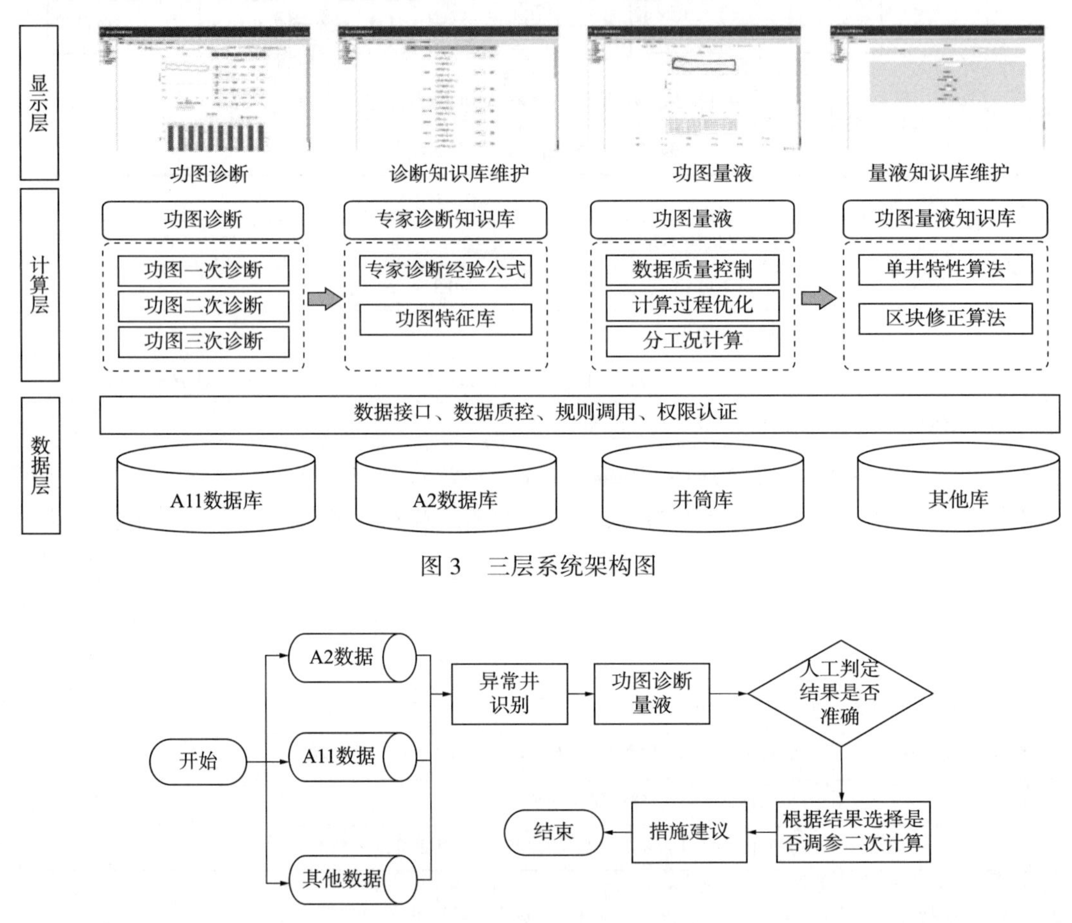

图3 三层系统架构图

图4 与其他业务系统协同

2.1.2 业务架构

系统采用复合计量法(三合一计量法)，第一次采用功图诊断，第二次分工况计量，第三次根据单井特性算法修正(图5)。功图诊断将诊断结果分成两大类，正常工况和不正常工况。针对正常工况，按照工况正常处理，调用功图量液主算法；对于非正常工况，功图诊断将其细分为供液不足、气影响、阀漏失等多种异常工况，分工况计量时针对不同的异常工况采用对应的修正算法；对于一些特殊井，比如间开井、间歇出油井、低产高气井等，则根据单井特性建立单井修正算法，量液准确性较高。

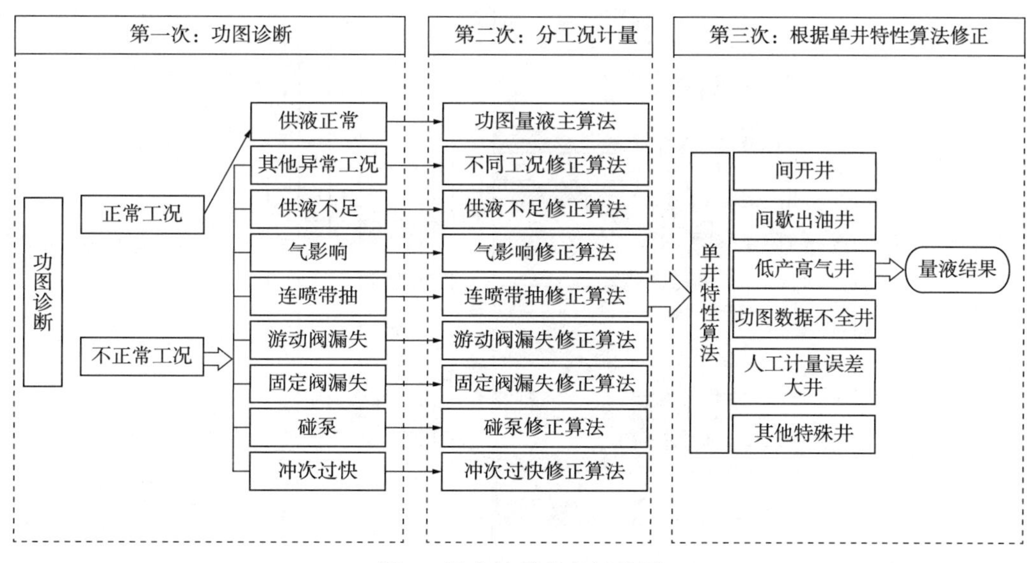

图5　复合计量业务架构图

2.2　应用效果

该系统的应用当前可起到以下几方面的效果：

2.2.1　提高工况判断准确性

该系统能提高工况判断的准确性。通过该系统的运用，对功图数据和其他生产数据进行定量分析，运用大量数据样本降低误差，完善诊断参数，对不同区块的历史数据分别进行训练得到有针对性的诊断模型，可将总体诊断准确率提高到93%以上，对于特殊工况井的计量问题也一定程度得到解决(图6)。

2.2.2　实时进行油井工况监控及报警

实时报警程序的主要功能是对油井工况监控和故障诊断结果进行实时报警(图7)，安装实时报警程序的任何计算机终端都能实时收到故障的语音、颜色、闪烁报警。

油井工况监控报警是对工况监控系统中发现的故障进行报警，比如：停电、停机、油压异常、缺相及电流异常、皮带打滑、防盗红外监控，曲柄销松动脱落等进行报警。故障诊断结果报警是对基于泵功图的特征诊断出的油井故障进行报警，比如：抽油杆断脱、供液不足、气锁、气体影响、阀漏失、泵筒弯曲、完全泵阻等进行报警。

2.2.3　优化措施效果，提高生产时率

基于采集的油井生产动态数据，研究油井产量递减规律，进一步运用神经网络等人工智能技术，建立油井工况趋势预警预测模型，确定适用的油井产量递减模型，对油井的生产状态进行分析和预测。根据油井运行状况，有针对性地给出相应的控水稳油措施，以减缓油井产量递减和含水上升速度；通过精确判断泵况，延长检泵周期，能降低维护成本，提高生产时率。

2.2.4　改进间抽控制

基于数据分析与预测，可实现油井的智能间抽控制。通过实时工况诊断数据及预测预警模型的应用，对供液不足、气影响等特殊工况井可实现对工作制度的动态、智能调整，改进现有的间抽控制。另外，通过对油井地面功图分析冲程比变化情况，在泵效尽量高的

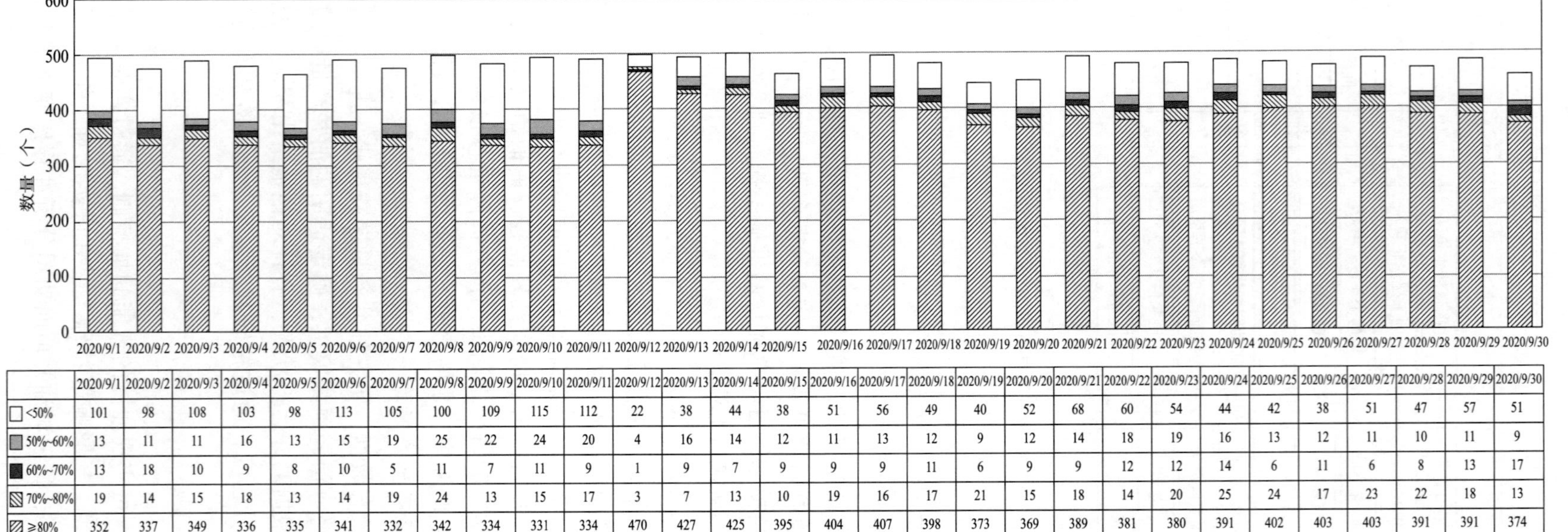

	2020/9/1	2020/9/2	2020/9/3	2020/9/4	2020/9/5	2020/9/6	2020/9/7	2020/9/8	2020/9/9	2020/9/10	2020/9/11	2020/9/12	2020/9/13	2020/9/14	2020/9/15
<50%	101	98	108	103	98	113	105	100	109	115	112	22	38	44	38
50%~60%	13	11	11	16	13	15	19	25	22	24	20	4	16	14	12
60%~70%	13	18	10	9	8	10	5	11	7	11	9	1	9	7	9
70%~80%	19	14	15	18	13	14	19	24	13	15	17	3	7	13	10
≥80%	352	337	349	336	335	341	332	342	334	331	334	470	427	425	395

	2020/9/16	2020/9/17	2020/9/18	2020/9/19	2020/9/20	2020/9/21	2020/9/22	2020/9/23	2020/9/24	2020/9/25	2020/9/26	2020/9/27	2020/9/28	2020/9/29	2020/9/30
<50%	51	56	49	40	52	68	60	54	44	42	38	51	47	57	51
50%~60%	11	13	12	9	12	14	18	19	16	13	12	11	10	11	9
60%~70%	9	9	11	6	9	9	12	12	14	6	11	6	8	13	17
70%~80%	19	16	17	21	15	18	14	20	25	24	17	23	22	18	13
≥80%	404	407	398	373	369	389	381	380	391	402	403	403	391	391	374

图6　系统符合率统计

前提下，维持抽油机以较低频率运行。以高泵效、低能耗为原则，设计油井智能优化变频方案，并结合油井动态控制图评价结果对抽油机控制策略进行修正，使油井保持高效生产，做到节能降耗。

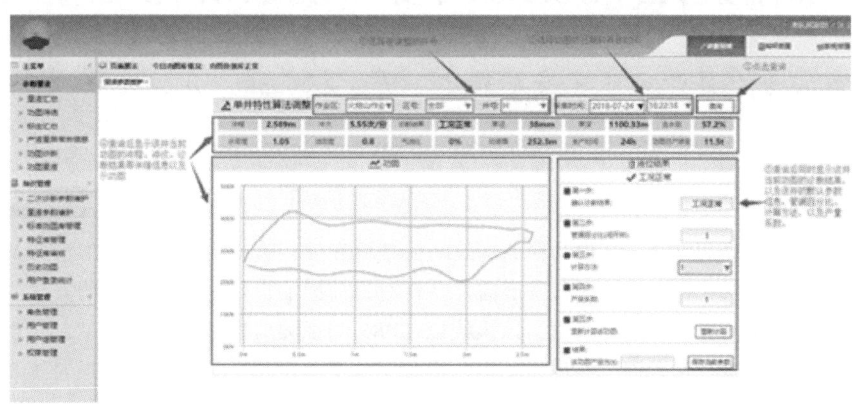

图 7　系统工况监控界面

3　结论

运用基于数据分析和人工智能的功图辅助工况诊断技术，能够及时准确地诊断出油井的生产状况，简化油田生产管理中诊断分析的流程，节约相关设备投资，降低老井的生产运营成本；能更高效地对工作制度调整做出决策；能及时有效地反映地层供液情况和产量变化对应关系，为实时掌握措施效果提供可靠保障；基于功图工况诊断的分析结论，能辅助功图量液系统对油井产量进行更精确地计量，保障油井产液量计量的准确性、连续性和实时性。

通过全面运用智能工况诊断，结合智能调控技术，可实现单井的动态化管理，改变目前单一固定的生产制度，可对油井灵活地进行实时调开关控制，可有效避免产生空抽、供液不足、液击等现象，提高生产效率，节能降耗。

通过对数据分析工况诊断系统的进一步应用，全面、实时感知油井运行状态，可将油井生产管理从事后处理提高到事前预警的高度，实现油井生产工作状态的分析诊断及智能优化控制，为智能油田的建设提供理论参考与技术支持。

参　考　文　献

[1] 王相，杨耀忠，何岩峰，等. 基于深度学习的油井工况智能诊断技术研究及应用[J]. 油气地质与采收率，2022，29(1)：181-189.

[2] 杜娟，刘志刚，宋考平，等. 基于卷积神经网络的抽油机故障诊断[J]. 电子科技大学学报，2020，49(5)：751-757.

[3] 张立婷，李世超，郑东梁，等. 基于多源信息融合的油井态势感知系统[J]. 自动化仪表，2019，40(9)：52-54.

[4] 仲志丹，樊浩杰，李鹏辉. CNN-SVM 模型在抽油机井故障诊断中的应用[J]. 河南理工大学学报(自然科学版)，2018，37(4)：112-117.

[5] 仲志丹，李鹏辉，郭苗苗，等. 石油生产中有杆抽油机故障诊断研究[J]. 计算机仿真，2016，33(2)：443-447.

[6] 刘春海，邵慧，刘丽，等. 油井智能监控系统及实时诊断技术[C]//2013 数字与智能油气田(国际)会议暨展会论文集，2013：208-214.

原油拉运智能安防调度系统的研究与应用

陈亚颐　黄大勇　再开日亚·安尼娃尔　尹　权　张　乐　木塔里甫·木拉提

(中国石油新疆油田公司准东采油厂)

摘　要：面对能源安全、环保和快速高效的信息化发展，边远油区依靠人工指挥油罐车拉油的传统原油运输方式已不适应时代发展需要。针对目前原油运输过程中存在的安全问题，提出了一种原油拉运智能安防调度系统，该系统以 GPRS 和视频监控等技术为基础，实现原油装卸过程中精细化、规范化管理，实现油罐车轨迹跟踪、实时定位、实时监控与报警等功能，可以有效地解决原油在运输过程中的安全隐患，保障能源运输安全。

关键词：能源安全；油罐车；视频监控；智能锁；过程监控

随着国家对安全、环保要求的日益提高，油罐车在装卸、运输成品油过程中产生的环境污染和安全风险逐渐引起了人们的重视。油田边远地区油井由于处在各采油作业区边远位置且分布稀疏，建设输油管道性价比极低，故采用抽油机井旁大罐储油定时或定量油罐车拉油方式进行存储和运输。现阶段原油运输制度依靠采油工定时查看油罐的液位进行运输调度，且在原油运输过程中存在油品被偷盗的问题，需专人跟随油罐车进行规范检查和签封，流程繁杂，存在因装卸油流程缺乏有效监管，关键环节不受控，易出现漏查而导致着火爆炸等安全隐患。

当前原油运输行业发展迅速，单纯依靠人工指挥油罐车拉油的方法不适应时代发展需要。原油运输过程中采用一次性签封，签封的验证和加注过程复杂，运输较为复杂，且传统的物理铅封受材质、设计、纸质信息传递及人为施打等客观条件约束，存在较高的破解风险，且手工填写拉油票，信息只能人工报表填报，信息化程度不高且存在数据错误、造假的风险，已不能满足能源运输安全及企业的经营管理需要。随着企业管理信息化、自动化、集成化的快速发展，铅封的有效性、准确性及过程信息动态高效传递等关键问题亟待解决，拥有一套可对成品油运输车辆进行实时监控的智能信息系统成为原油运输管理不可或缺的重要辅助手段。

油罐车作为一种专门运输易燃易爆化学品的典型危险品运输车，其运输过程中的安全性至关重要，以此为目的本文借助物联网技术设计了一个原油运输监管系统对油罐车驾驶员和远端的监管中心提供帮助。该油罐车监管系统设计主要包括油罐液位监测、运输任务智能调度、原油运输过程监控的油罐车运输安全的计算机软件设计，最终通过物联网将油罐车、驾驶员、储油罐和监管中心四者相互关联来确保油罐车的运输安全和对意外情况提供及时处理，使原油运输管理更加标准化、程序化、制度化。

作者简介：陈亚颐(1972—)，2007 年毕业于西安石油大学工商管理专业，现任中国石油新疆油田公司准东采油厂信息管理站工程师，从事油田信息自动化规划、建设等方面工作，高级工程师。通讯地址：新疆阜康市准东石油基地。E-mail：cyy@ petrochina. com. cn。

1 系统框架

原油拉运智能安防调度系统由边远井储油罐区监控系统、油罐车监控系统、拉油调度指挥系统及智能终端四部分组成，四部分相互配合，实现整个拉油过程全程监控和记录，实现智能联控，如图 1 所示。

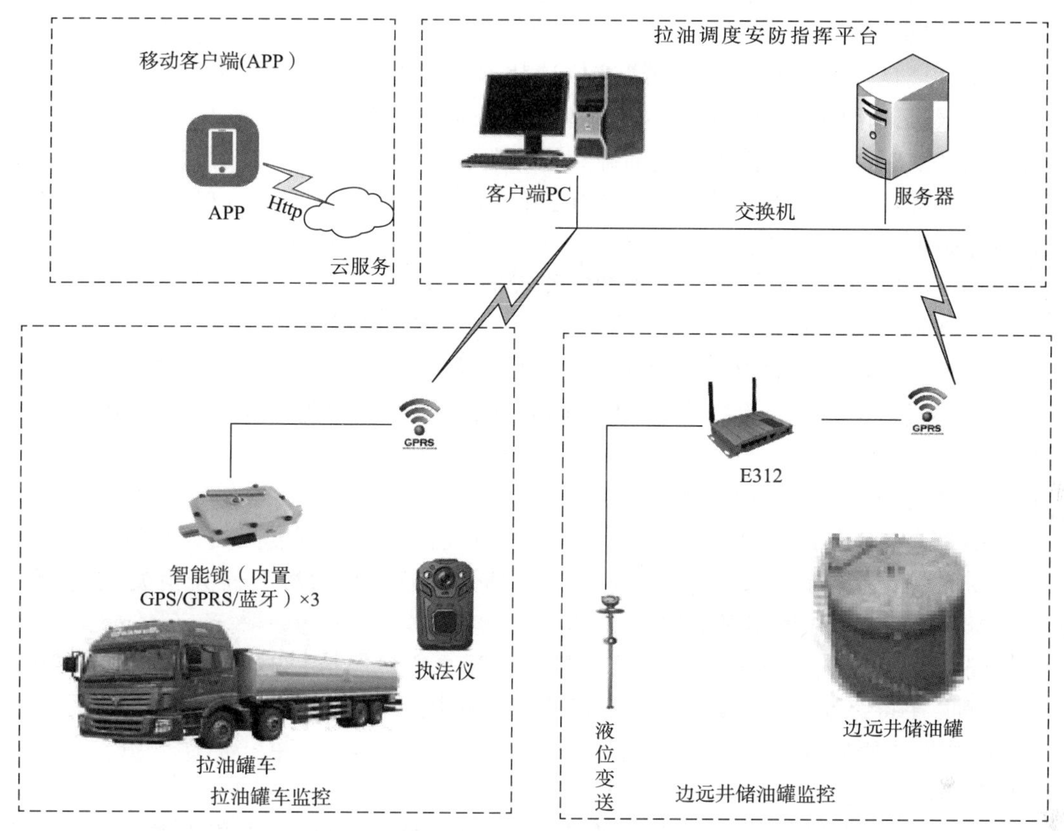

图 1 系统架构

边远井储油罐监控系统：由液位计和控制箱(Effice-E312)组成；液位计实时测量罐体内液位；在有网环境下，相关数据进行实时回传，在无网环境下，通过 Effice-E312 对实时采集数据进行存储，在运油过程中，由手持终端通过 Wi-Fi 连接 Effice-E312 进行数据获取，并在有网环境下进行回传。

油罐车监控系统：由智能锁、执法记录仪组成；智能锁实现对注油孔、观察孔和卸油孔进行监测；执法记录仪由司机持有，实现对装卸油过程进行监测；智能锁在有网环境下可实现实时回传当前油罐车注油孔、观察孔和卸油孔状态；智能锁基于 GPS 功能，实时回传智能锁的位置。

油罐车调度指挥系统：通过实时接收油罐处 Effice-E312、智能终端，以及智能锁实时回传数据，并依据相关数据，实现对油罐统一管理、趋势预测、智能调度、报警预警；同时实现对拉油任务下发、司机信息的认证等工作。

智能终端：是基于 Android 系统的手持终端，实现对智能锁的开闭、无网环境下 Effice-E312 系统回传数据，拉油过程的流程控制、关键环节拍照等功能。

2 软件系统设计

2.1 智能调度系统

原油拉运智能安防调度系统由智能调度平台及配套的软件服务(监测与分析，短信，数据驱动等)、数据库服务构成。具有以下功能：

(1) 储油罐油量检测与分析。

在网络环境良好的条件下，储油罐液位计数据通过 Effice-E312 定时回传至调度平台，平台接收并根据油罐的物理信息计算并存储储油罐油量。

在不具备实时通信的条件下，储油罐液位计数据由 Effice-E312 定时监测并存储，在拉油罐司机到达储油罐处，使用手持终端 APP，使用 Wi-Fi 的方式连接 Effice-E312，将历史液位计数据带回，上传至数据库。储油罐油量分析服务会根据该储油罐的历史液位数据，智能化推断下一次拉油时间，为下一次智能通报提供根据。

(2) 油罐油量智能通报。

当储油罐油量达到储油罐容量的 $X\%$，其中 X 由系统统一设置或根据储油罐物理信息单独设置，通过短信通报、手持终端 APP 提醒，智能调度平台列表提醒具有接收通报权限的组成员。

(3) 实时与历史数据管理。

实时数据：正在执行的任务，包括任务起始时间，参与的调度人员，司机，车辆，手持终端，储油罐，智能锁，摄像头(执法仪)，当前任务执行阶段，任务相关记录(照片，描述等)；储油罐液位数据实时上传。

历史数据：历史任务管理，包括任务起止时间，各阶段执行时间，参与的调度人员，司机，车辆，手持终端，储油罐，智能锁，摄像头(执法仪)，任务相关记录(照片，描述等)；储油罐液位历史数据管理。

(4) 数据统计与分析。

根据历史和基础数据，提供定制化的统计和分析数据。包括司机和调度人员的业务能力评估和绩效考核等。

2.2 软件设计

系统软件主要包含：基础数据、生产数据、任务调度、系统管理、统计报表、GIS 服务六个功能模块和实时数据采集驱动、APP 接口、视频监控回传驱动等三个服务端口(图 2)。

(1) 基础数据管理。

主要涵盖管理员用户，调度人员，司机，车辆，手持终端，储油罐，智能锁，摄像头(执法仪)等其他相关的基础数据的管理维护。

(2) 生产数据管理。

主要涵盖实时数据、历史数据、趋势分析、APP 带回数据等。显示油罐最新的液位信息，包括增长率、容量、调度百分比等信息，方便管理者实时跟进掌握油井生产状态，并根据 APP 带回数据，逐条计算液位占比、增长率，存入储油罐液位历史数据，通过历史数据进行趋势分析预计下次拉油时间。

(3) 任务调度管理

当液位达到调度液位后，该油罐信息显示在调度列表内，等待下发生成任务。管理员

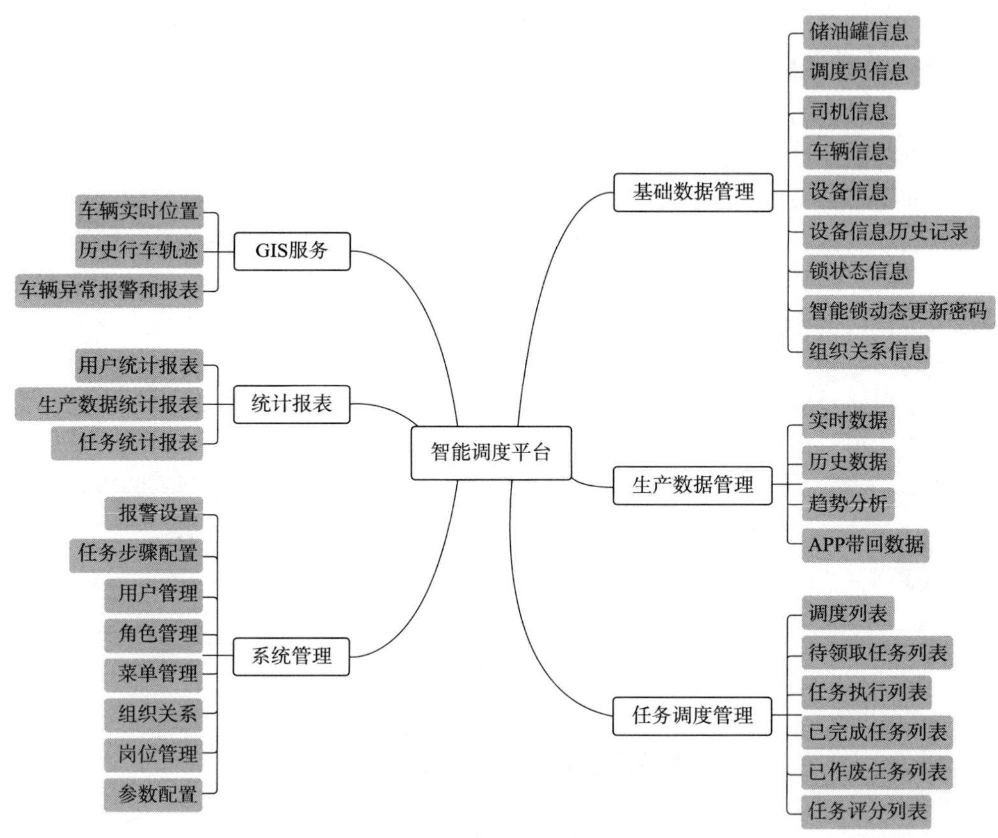

图 2　系统软件结构图

可对液位比进行排序，优先对液位比高的储油罐下发任务，任务下发后由调度员领取和后续的执行。

（4）GIS 服务。

实时跟踪车辆位置，基于定位设备的坐标实时回传，展示车辆实际位置。通过历史轨迹回放，可以了解车辆的行驶情况，便于管理部门查看、监督车辆和驾驶员的工作情况，便于了解原油运输情况。用户可以设定各种发出警报条件，如偏离路线报警、超速报警、停留时间过长报警、故障报警等，当车辆状态超出设定范围时系统自动向用户发送警报信息，如车辆位置、报警原因等，以便管理员更快掌握车辆和原油当前信息，对突发状况尽快提出解决方案。

（5）统计报表。

该模块主要包括用户统计报表、生产数据统计报表、任务统计报表三部分。主要对调度人员、驾驶员参与任务、完成任务、任务评价等进行统计，并对每个储油罐的产液量、平均拉油次数、平均拉油周期等各项生产数据进行统计，方便管理人员掌握各岗位人员工作情况及储油罐井生产情况。

（6）系统管理。

该模块主要用于设置各种报警条件及相关参数配置，报警内容包括：监测对象，报警类型，监测范围，是否报警等，并可配置展示拉油过程需要完成的步骤，每一步骤开始时间、完成时间、持续时间，以及其图片、重量、金额、是否完成等参数的可视化展示，管理者可根据相关规定对拉油过程中的每一步骤进行增删改一系列操作。

2.3 油罐车拉油流程监控

油罐车进入联合站泄油台后，由站内工作人员向油罐车分配智能锁，并对油罐装油口和观察口，以及泄油口三处位置加锁，给油罐车司机分配开锁智能终端及操作记录仪。油罐车进入拉油点后，司机使用智能终端开启智能锁，开锁后对罐车进行装油操作，通过手持终端读取储罐液位，返回泄油点后上报油罐动态信息。装油完毕，司机关闭截止阀并加装智能锁；车辆返回联合站泄油点，由站内工作人员进行检查，确定拉油过程完整、操作规范；站内工作人员操作智能终端对智能锁解锁，泄油操作完成，联合站工作人员回收智能终端、锁具、行动记录仪，并且通过智能终端上报本次拉油全程操作记录，数据入库存储。行动记录仪通过数据线或者无线方式，将本次拉油视频传输到系统平台。该阶段拉油流程可定制化实现，用户可依据现场实际需求，更改拉油流程(图3)。

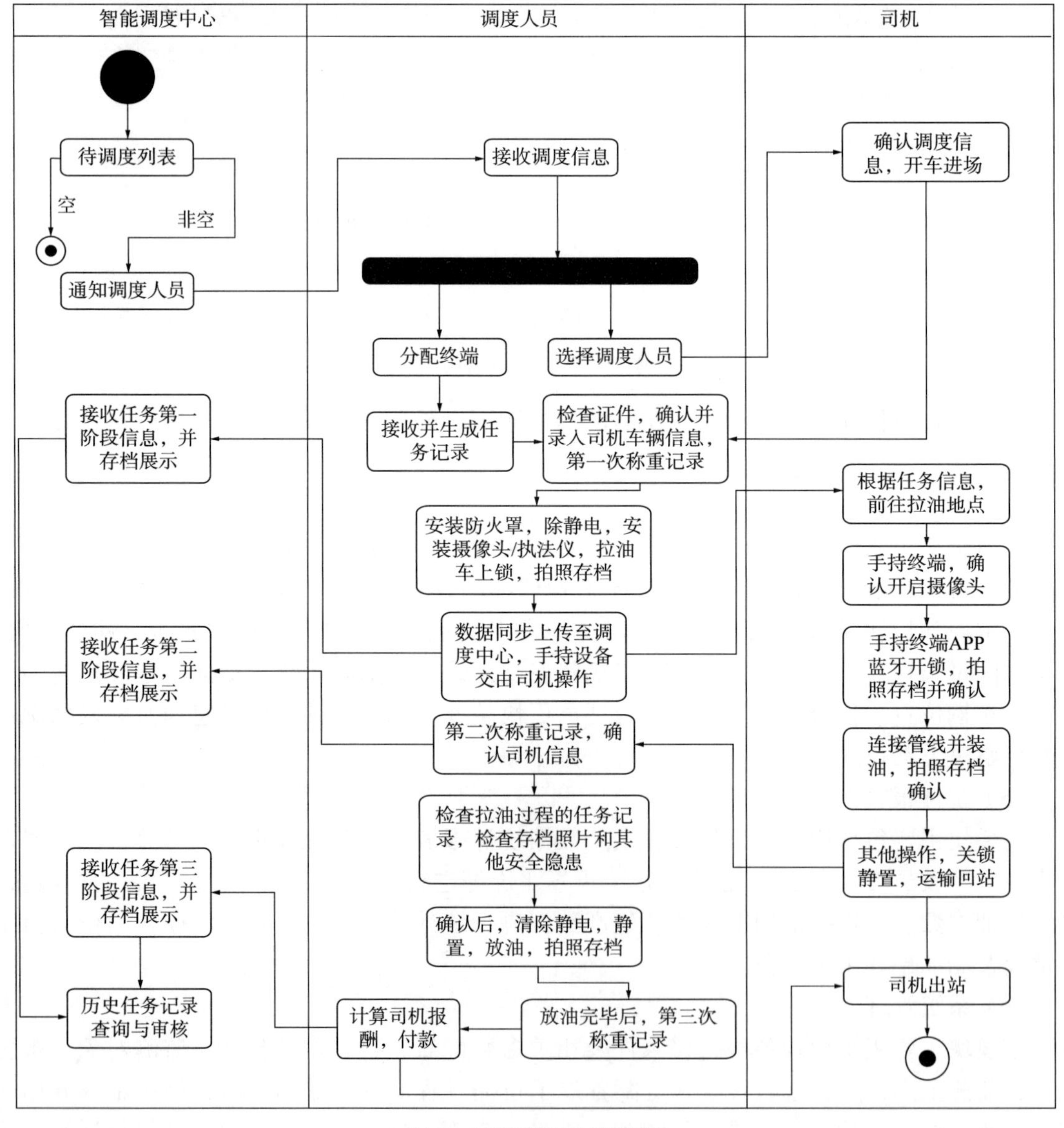

图3　油罐车拉油流程图

3 总结

该系统涵盖了拉油罐车全流程管控，使装油、运输、卸油关键环节形成闭环管理，全过程信息化节点化，充分利用信息化技术手段，解决了偏远油区的信息采集问题，消除系统间信息孤岛，实现整个原油储存、运输过程数据可追溯，轨迹可查控，从减少生产事故发生、提升油田本质安全、降低生产环境风险、提升业务管理效率等方面，实现了人员、车辆安全作业行为规范化，安全生产管理数字化，形成智能、高效、安全的油田油罐车原油运输新的管理模式。

该系统应用后，通过原油运输全过程管控、生产数据更新共享、工作流程可控追溯、原油盗抢智能防范等功能，实现智能化拉油预测，科学安排装油时间。相比于传统油田拉油管理方式，取消了放油工，可缩减单井巡检次数，缩减人力薪金费用，达到减员增效目的，推进油田生产管理模式创新发展。

参 考 文 献

[1] 雷壮吉．成品油公路运输的防盗方法[J]．石油库与加油站，2013，22(6)：1，11-13.
[2] 章坚．成品油公路运输防盗无线视频监控技术[J]．电子技术与软件工程，2018(5)：79.

感知层设备大规模应用共性问题探索
——物联网感知层设备配置技术研究

孙长江

（新疆金牛能源物联网科技股份有限公司）

摘　要：针对目前物联网感知层设备大规模应用过程中存在的设备配置工作量大、配置操作复杂等问题，通过对存在问题及现有配置方式的调研分析，研究“无感知配置”相关技术，开发了设备无感知配置解决方案，能够极大减少配置步骤，满足物联网感知层设备大面积、大规模部署应用的需要。

关键词：物联网；感知层；无感知配置

随着感知层智能仪表的海量应用、大规模部署，各类物联网系统的应用深刻改变着人们的生活方式，但其背后还隐藏着很多不被人们关注的问题，例如物联网系统中覆盖空间跨度极大，种类众多，数量庞大，存在一定专业技术背景的感知层设备，应该如何部署，如何运维，如何管理[1]。这些问题已在各种领域，各类行业，各个环节，方方面面地影响着物联网系统的部署规模、应用效果和发展前景。

1　存在的问题

聚焦到物联网系统部署应用的关键环节——物联网感知层设备配置，尤其是感知层智能仪表大规模动态应用与人工配置[2]之间的矛盾问题，是当下困扰物联网现场管理的重大问题之一，主要表现在以下几个方面：

1.1　智能仪表数量众多

由于智能仪表数量众多，必然存在安装工艺位置不同、生产厂家不同、协议不同、量程不同、精度不同、配置软件不同、配置工具不同。以新疆油田采油二厂为例，已实施油井三千多口，安装智能压力变送器六千多台，每个工艺点对应的智能仪表配置的参数都是不一样的，这就会派生出六千多个配置清单。众多的物联网设备对管理人员提出了很高的要求[3]。

1.2　少量工程技术人员与众多需要配置的智能仪表之间的矛盾

由于智能仪表的配置相对比较复杂，主要需配置网络 ID 号、通道号、仪表组号、仪表编号、连接密钥、仪表最大休眠时间、周期休眠时间 7 个参数。由于厂家的不同，又造成

作者简介：孙长江（1972—），1996 年毕业于江汉石油学院电子仪器及测量技术专业，获学士学位，现任新疆金牛能源物联网科技股份有限公司副总经理兼研究院院长，从事工业物联网系统研究工作，教授级高级工程师，通讯地址：新疆克拉玛依市吉云路克拉玛依云计算产业园区金牛物联。E-mail：scj@xjjn-ny.com。

配置方法不尽相同，主要表现在配置软件不同，配置工具不同，有用笔记本进行配置的，也有用手操器进行配置的。以上原因造成能满足配置的工程师必须是经过专业培训的人员，基本以产品厂家人员为主。

1.3 智能仪表不是固定在某个位置永远不动

油井初次实施物联网建设，智能仪表的参数都是由厂家技术人员根据井号规划出对应的配置参数，并完成智能仪表的参数配置工作。当这些油井转到属地单位进行管理后，智能仪表会因为各种原因需要从安装的工艺部位拆除，如仪表校验、现场修井等情况，拆除之后就要面临着重新安装，一旦安装错误，数据将无法回传到后台。排查此类故障也将费时费力。

1.4 智能仪表被拆除之后，仪表自己和后台并不知道仪表已被拆除

这种情况造成的结果就是仪表依然在往后台发送数据，但此时的数据已为无效数据，仪表电池电量被白白浪费；后台人员通过数据值可认为现场仪表出现故障，发出派遣仪表工进行检查的指令，造成人员工作的浪费。

2 问题存在的原因分析

物联网发展至今，很多技术都在突飞猛进，表现在芯片处理能力不断提升、功耗越来越低、抗干扰能力越来越强，但围绕感知层、传输层、应用层的物联架构关系没有发生本质的改变，往下对现场工艺部分的感知一直没有得到重视，也没有成熟的技术手段去感知工艺部分。仪表往上为实现这三层架构，存在必须通过人工参与三层的所有配置工作、三层设备必须一一绑定等弊端。仪表感知层往上、往下分别存在的问题，造成我们普遍见到的物联网运用，都不是一个完整的物联网系统架构(图1)。

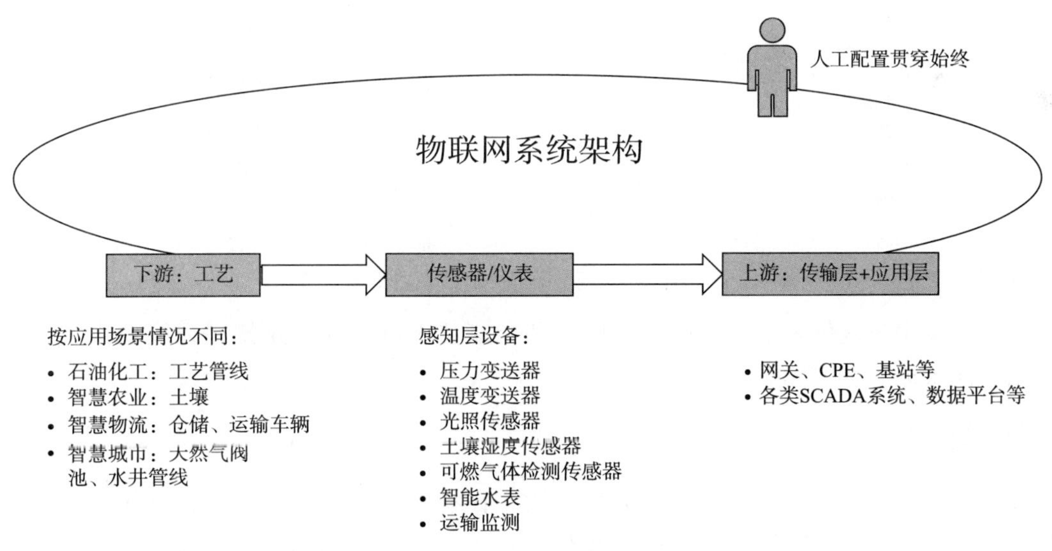

图1 感知层设备配置贯穿物联网系统各个环节

因为智能仪表的配置参数中绑定了每个工艺点所要求的对应数据，这些数据又是事先写入到每个智能仪表中，智能仪表一旦被写入相应的参数数据，就宣告了这个智能仪表只能隶属于某个工艺节点。

3 常规解决方案

3.1 管理规定法

通过管理规定避免智能仪表变动安装位置，其实质就是把智能仪表的部署变为静态部署，不能随意改变安装位置。目前该方法在油田现场被大量采用，虽然有一定的效果，但是随着智能仪表数量的增加，智能仪表从外观上又很难区分开对应在哪个工艺节点上进行安装，该方法大大增加了现场的工作量和管理难度。

3.2 平台配置法

对相同网关下的智能仪表提前在后台通过数据库配置好相应参数，可以实现相同网关下的仪表互换，但跨网关则无法互换，使用非常受限。

4 最新的解决技术

要解决感知层智能仪表大规模动态应用与人工配置之间的矛盾问题，核心是要解决智能仪表事先绑定了工艺节点的相应配置参数，而是能根据工艺节点的变化，灵活地给仪表自动配置上工艺节点所需的参数。

借助无感知配置技术，该项技术是为解决工艺部分的识别与物联，同时取代人工在物联网系统中的配置工作(图 2)。使每一个工艺节点都能被感知，打通智能仪表、网关、平台与工艺环节的数据互联互通，依托该项技术，无须工程技术人员参与智能仪表的配置工作，智能仪表可以打破管理规定，随意安装。

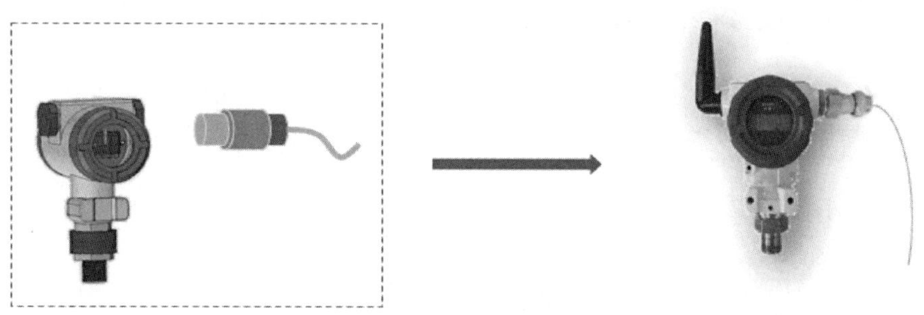

图 2 无感知配置操作示意图

通过该技术智能仪表一旦被拆除，后台和智能仪表可以立即感知，智能仪表就不再采集数据，仪表进入深度休眠状态。

5 技术的创新点

该项技术实现了非绑定状态下的数据识别，在物联网系统中要实现数据识别，在用的传统技术都是通过前端物理绑定、后端数据比对的方式来完成的，研发团队攻克众多技术难点，首次在国内实现了无需绑定即可完成感知层的数据识别。

该项技术可实现仪表的全生命周期的动态管理(图 3)。仪表全生命周期管理最大的难点在于，仪表是动态变化的，靠人工无法实时地掌握这些变化。不管仪表是处于工作状态、库存状态，还是处于检定状态等，都可以用该项技术进行动态管理。

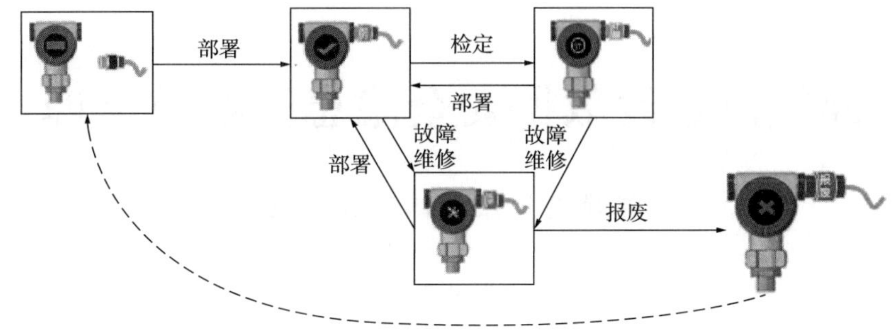

图 3　通过该技术实现设备全生命周期动态管理

6　该技术的推广价值

该技术解决了物联网系统中物物相联的共性问题，在物联网领域有着广泛的推广价值，尤其适用于大规模、动态部署的感知层仪表。

7　面临的问题

笔者团队深耕油田物联网行业十几年，得出一个重要结论：物联网系统必须是系统性地运用，才能发挥物联网系统的最大价值。而目前中国石油的采购方式是智能压力变送器、温度变送器、示功仪、RTU 都是分开单独采购，各个产品厂家也是单独办理准入、单独供货，这必然造成目前物联网系统不能系统性地解决现场各类存在的问题。希望中国石油能够与时俱进，改变目前物联网领域中的传统采购方式，建议设立物联网系统的采购编码。

压力变送器为一类物资，大大限制了有技术无资质的厂家参与中国石油的物联网建设。

参　考　文　献

[1] 陈秀新，王靖韬，张元博. 基于云技术的工业物联网数据采集平台设计与实现[J]. 物联网技术，2023，13(7)：120-123.

[2] 樊琳娜，李城龙，吴毅超，等. 物联网设备识别及异常检测研究综述[J]. 软件学报，2024，35(1)：288-308.

[3] 赵巍. 基于 IPv6 的物联网中低智能节点接入技术研究[D]. 沈阳：辽宁大学，2012.

油气田建设数据安全隐患分析及治理

郭焕忠　徐嘉铭　郭晓丽

（大庆油田有限责任公司井下作业分公司信息中心）

摘　要：在几十年的发展中，网络信息化建设逐渐普及到了石油行业，经过一系列的技术准备，很多石油企业已经构建了相对成熟的油气田信息系统。网络信息涉及的内容比较多，在油气田信息系统运行过程中，存在较多的不可控因素，这些都会对系统运行的稳定性造成影响，其网络信息安全问题更是一个重要管控点，本文就对油气田信息系统中所涉及的数据安全隐患相关内容进行了一个较为详细的概述，并说明了数据信息安全在数字油气田建设中的重要性。

关键词：数据安全；数字油田；重要性分析

随着时代的快速发展和社会的进步，我们进入到一个信息化社会，在信息资源急速上升的今天，信息产业也逐渐渗透到了各个行业领域中。就油气田建设而言，采用网络信息化技术已成必然趋势，它对于推动数字油气田建设有着重要的作用。数字油气田建设是一个综合性的过程，需要综合考虑各个方面的影响因素，通过数字油气田建设，可以更好地帮助企业做出决策，使得企业在最短时间内获取更多有价值的数据。数字油气田建设是基于网络技术和信息技术的基础上进行优化的，所以要注重于网络信息安全管理，加强与油田各个技术环节的对接，从而有效增强企业的综合实力，保证石油企业的可持续发展。

1　油气田数据安全的重要性

随着科学技术的进步，我们逐渐进入了信息化时代，在信息时代，我们每天产生的信息数据非常多，这些信息数据包括各个方面的内容，其中不乏个人隐私数据，所以信息安全在信息化时代中显得尤为重要。网络信息安全是一个社会性的话题，它覆盖的范围非常广，网络信息的演变具有一个过程，随着网络信息的进一步延伸，数字油气田是石油企业发展的一个重要方向，其中最为主要的就是保证其网络信息安全。数据安全是一项综合性的工作，它涉及了很多科学技术的交互，包括计算机技术、网络技术、通信技术、信息安全技术等，网络信息安全在于保护个人数据的私密性，保证其数据不会被泄露，能够控制非常规手段获取数据。在网络信息安全管理调控下，可以控制很多影响社会稳定性的言论，避免负面信息的肆意传播，同时也可以避免企业机密数据遭到泄露。

1.1　在通信方面的作用

网络信息安全在通信方面的作用是多方面的，可以抵御病毒的入侵，抵御很多非法入

作者简介：郭焕忠（1973—），1998年毕业于大庆石油学院计算机工程专业，获学士学位；2006年吉林大学研究生毕业，获计算数学硕士学位。现就职于大庆油田有限责任公司井下作业分公司信息中心，从事油田数据开发应用及数据研究分析工作，中级工程师。通讯地址：黑龙江大庆市让胡路区龙岗街道大庆油田井下作业分公司信息中心。E-mail：guohzh@ petrochina. com. cn。

侵手段，防止间谍和不健全软件的攻击，使数据运行更加安全稳定，对于保护企业资料和个人隐私数据有着重要的作用。在网络广泛普及的今天，人们可以在网络上畅所欲言，从某种程度上来说实现了言论自由，但网络不是任何言论都可以随便说的，对于危害社会稳定性、攻击社会安全的有害言论，需要进行严格地把控，这时就需要利用到网络信息安全手段。具体来说就是，它是基于一系列的保护手段保护用户数据的真实性和稳定性，采取防护措施避免网络不法分子窃取数据，利用用户信息关联的账号在网络上发布一些有害的言论，数据安全系统会自动检测，并对有害言论敏感词进行屏蔽，这样也有效保障了用户的个人合法权益。

1.2 在计算机方面的作用

计算机是网络运行的一种介质，其功能需求比较强大，通过对计算机的合理规划，可以有效提高工作效率。在计算机管理中，要重视信息安全管理，做好网络信息安全，不仅是对计算机运行打好基础，更是为了防止计算机内部数据丢失造成严重的经济损失。必须要重视网络信息安全，采取多方面的措施进行管控，如果少了网络信息安全，就会使得数字油田建设透明化，很多关键的油田数据得不到保障，容易被不法分子窃取并利用。计算机网络之间具有一定的连接性，一般来说，当一台计算机网络受到病毒入侵，这种病毒就会逐渐蔓延到其他电脑网络中，使得整个计算机网络系统瘫痪，很多工作无法正常开展，造成的影响是多方面的。从企业的角度来说，计算机被入侵，代表企业内部数据的流失和泄露，安全措施不到位，很多数据就会遭到严重的破坏，对企业的打击是巨大的，所以网络信息安全是非常重要的。

2 数据安全隐患分析和信息化建设现状

2.1 信息化建设现状分析

信息化建设有着一定的演变历史，在20世纪中期阶段，计算机技术一经出现就有应用到油田开发方面的趋势，基于计算机技术强大的性能优势，在油气田开发中的应用范围比较广，所取得的应用效果相对来说也比较理想，在地质勘探和工程设计中发挥了关键性的作用，对于提升油田产能有着明显的作用。随着后来网络技术的广泛普及，使得信息化建设逐渐系统化，油田企业的数字油田建设基本完成，但因为构建的系统涉及的操作指令、操作步骤比较复杂，在实际运行过程中，还存在很多的问题没有得到有效地解决，其中就包括网络信息安全。

在数字油气田建设中，油田勘探开发是一个重要的环节，油田勘探开发需要用到的数据比较多，很多数据都是依托于系统检测获取的，其很多信息都是非常有用的，虽然对勘探开发信息进行了优化处理，但实际应用效果不是很理想。主要原因在于各个环节采集的数据是不相同的，很多油田单位都掌握着大量的勘探开发数据，对这些数据还专门建立了数据库进行分析和管理，数据信息含量多并不代表可以应用于实践中，因为很多信息数据其专业对接性很强，不同的信息数据无法形成有效的对接，所以无法进行有效的信息共享，需要经过相关技术性处理才行，更需要依托于网络信息安全作为基石，保证各项数据信息的准确性和稳定性。如果没有网络信息安全为依托，那么很多信息数据的存储就非常不稳定，任何一项信息数据的丢失都有可能导致全盘否定(图1)。

在数字油气田建设中，涉及了很多部门的管理，不同的部门管理方式不同，管理者的

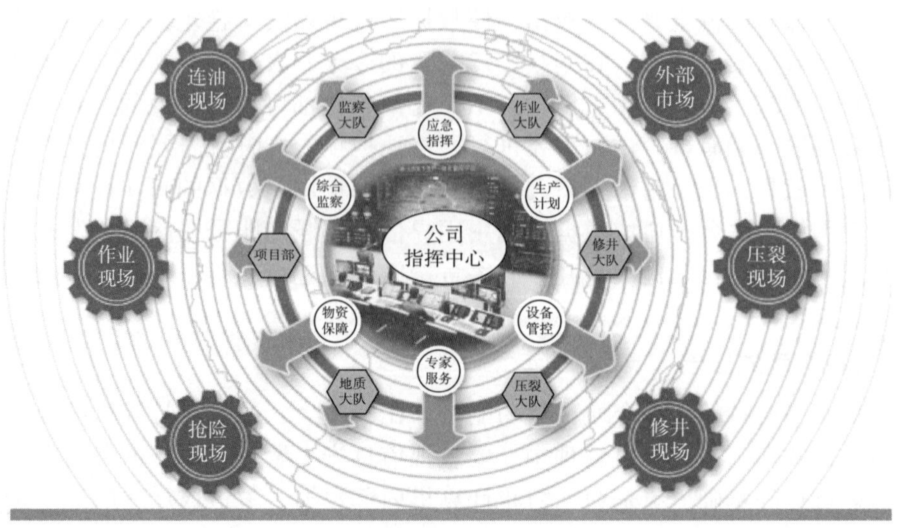

图 1 “智慧井下”布局图

决策措施也有差别，从现实基础出发，不同部门都应该有自身专属的制度与规划，保证部门日常运行的合理性。但从实际的部门管理情况来看，存在很大的问题，经费的规划不合理，勘探信息没有形成统一化管理，采用的是分化管理方式，这就使得很多制度措施无法得到一个有效的落实，无意义的事情重复做，增加了成本费用还降低了技术水平，出现这种问题的主要原因在于信息系统建设过程中没有形成统一的规划管理，在数字油气田建设中，涉及了多个系统之间的交互，自动化系统和智能化系统占据主导地位，要做好数据安全防护工作，网络信息安全工作没有做好，就容易导致不法分子入侵到系统中，恶意篡改文件系统内容，使得文件审批和相关工作流程受到影响，无法正常执行，带来的后果是非常严重的。

2.2 数据安全实施现状分析

国内外黑客技术水平逐渐提升，很多黑客技术也越来越透明化、职业化，各种攻击手段层出不穷，使得网络病毒泛滥，数据安全故障频出，用户对数据安全的需求越来越大，这从某种程度上促进了国内数据安全技术的进步。我国在数据安全方面整体起步较晚，国内厂商的软硬件技术都远远落后于国外，存在一定的差异性，随着这几年科学技术的进步，这种差异性在逐渐缩小。专业性的安全服务逐渐成为数据安全发展的主流，主要是利用系统化的安全分析为用户提供更加全面稳定的数据安全解决方案。专业性的安全服务也是对网络服务企业的一个挑战，促使企业不得不做好相关工作，使得网络安全更加成熟化。

3 油田数据安全隐患治理对策

在油田信息建设中，对数据的分析和采集是非常重要的，收集到的信息数据有着极大的参考价值，将采集的信息整合到一起，以分布式数据库和分级管理的方式进行优化。数据中心负责信息系统的运行，保证油田开采过程中各项数据能够稳定上传和发布等。在数据研究方面，更侧重于对油田数据量的管控，数据是系统运行的关键，数据在传输使用过程中，必须依托于数据安全，如果失去了对数据安全的保护，那么很多数据都会出现问题，导致油田信息化系统无法正常运行，数据也没办法及时更新，所以加强数据中心网络防护力度是非常重要的，是保障系统数据可持续传输的关键(图2)。

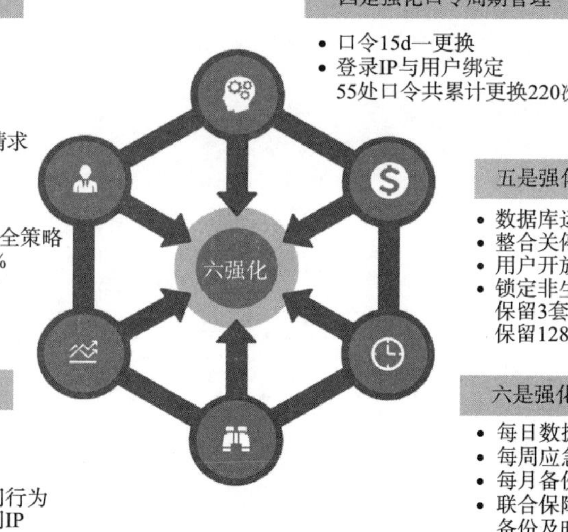

图2　强化数据安全

在数据安全方面，要加强网络运行的维护管理，认真总结各项数据安全事故的成因，分析其中的利害关系，有针对性地制定解决措施。可以采取的防护措施较为多样化，比如建立硬件防火墙、数据安全管理系统等，可以对网络系统的稳定运行起到一个支撑作用，防止木马的入侵，数据安全管理系统的搭建对油田数据的管理更加方便，可以随时记录油田运行的数据状态，根据相关系统指令需求找出异常数据，从而保障系统数据的准确性。可以安装杀毒软件，对电脑进行多重防护，保护电脑数据，避免数据丢失。

4　结论

随着现代化社会进程的加快，数字化油田建设是一个必然的趋势，从目前的情况来看，数字化油田建设在未来有很大的发展潜力，它涉及了多个方面的内容。要合理构建数字化系统框架，制定科学合理的数据安全防护措施，最大程度上保障系统的稳定运行。

参　考　文　献

[1] 浦冬梅，刘必渝，程超. 浅析网络信息安全在数字油田建设中的重要性分析[J]. 中国计算机用户，2018(26)：54.

[2] 裴勤锋，刘光辉，朱志伟. 长庆油田信息分析数据库系统设计概述[J]. 企业技术开发，2018(1)：28.

[3] 邵春燕，安琪飞，何海莹. 油田企业网络信息常见的安全威胁和相关对策分析[J]. 科技创新与应用，2017(27)：12.

智能化装备与技术

科研管理模式创新赋能新型智能塔架式抽油机研发制造

贾子凯[1]　金岩松[1]　姚国庆[1]　钱　坤[2]　惠小龙[2]

（1. 大庆油田有限责任公司科技信息部；
2. 大庆油田有限责任公司采油工艺研究院）

摘　要：随着大庆油田进入“双特高”含水后期开发阶段，开发效益显得尤为重要。为了节能降耗，油田应用了多种类型的塔架式抽油机，经过现场试验取得了不错的节能效果，但在应用过程中也出现了许多问题，例如复杂井况适应性差、动力不足、让位操作复杂、故障率高、控制策略不完善、电气元件可靠性差等。基于此，通过创新科研管理模式，整合调动高端资源，提出了“创新、高端、智能、绿色、融合”的举升装备发展理念，助力打造新型智能塔架式抽油机自主研发制造的创新示范工程，为油田提质增效提供支撑。

关键词：新型智能塔架式抽油机；研发制造；科研管理模式；创新

截至2022年底，大庆油田共有抽油机井65000余口，平均单井系统效率28.4%，日耗电165kW·h，年总耗电约40×10^8kW·h，占比超过油田总耗电量的三分之一以上，是油田能耗大户[1-3]。经测算，若抽油机井系统效率每提高1个百分点，则油田年可节约电费约4400万元，因此如何提高系统效率成了机采提质增效的关键所在[4-7]。近年来，油田研究应用了抽油机井精细调参、能耗最低机采系统优化设计、不停机间抽等一系列技术措施，取得了一定成效，但常规游梁式抽油机传动环节多、平衡效果差、功率利用率低等导致采油能耗高的根本问题仍未得到彻底解决，加之部分老旧抽油机无法采购配件、日常维护调整工作量大、存在一定安全隐患等诸多因素叠加，其不适应性日益凸显，因此为破解人工举升面临的新问题、新挑战，大庆油田亟须自主研发制造新型高效举升装备[8-10]。

新型抽油机研发制造工作专班已正式组建成立并开展工作。本文将对工作专班成立以来的科研管理模式创新主要做法、取得效果及认识进行详细梳理与总结，为推进人工举升领域转型发展提供一些参考和借鉴。

1　新型智能塔架式抽油机工作原理

新型智能塔架式抽油机由永磁同步电机、联轴器、减速滚筒、导向轮、皮带、配重箱等部件组成（图1）。永磁同步电机通过联轴器将动力传递至减速滚筒（减速滚筒内置行星减

作者简介：贾子凯（1990—），2019年毕业于东北石油大学石油与天然气工程专业，获硕士学位，石油大庆油田有限责任公司技术发展部干事，从事采油工程领域相关技术研究与管理工作，中级工程师。通讯地址：黑龙江省大庆市让胡路区大庆油田有限责任公司技术发展部。E-mail：jx_x3jiazikai@petrochina.com.cn。

速器)，减速滚筒外表面固定缠绕三组皮带，两根窄皮带一端连接抽油杆柱，一根宽皮带一端连接配重箱，控制电机正反转运动实现皮带传动系统上下往复运动，从而完成采油动作。

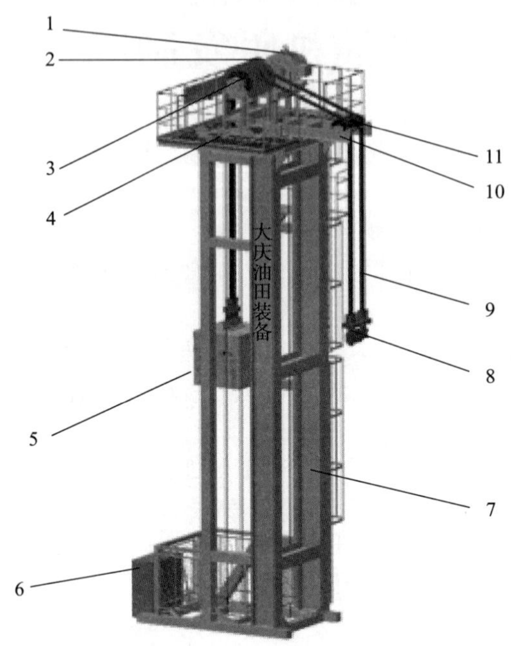

图 1　新型智能塔架式抽油机

1—永磁同步电机；2—联轴器；3—减速滚筒；4—上平台；5—配重箱；6—控制柜；7—机架；8—悬绳器；9—皮带；10—前导向支臂；11—导向轮

2　科研管理模式创新主要内容

2.1　坚持问题导向，以调查研究为基础明确攻关方向

新型抽油机研发制造工作专班从调查研究入手，发现关键问题并反复核实，以问题导向找准解决问题的突破口。首先深入调研了国内外新型抽油机的技术现状、发展趋势，初步明确了大庆油田举升设备的技术需求为低能耗、智能化、精确平衡、高适应性。塔架式抽油机属于“长冲程、低冲次”机电一体化抽油机，因其结构设计简单、高效节能等特点与油田应用需求高度吻合，因此确定了以研发制造新型智能塔架式抽油机为主要任务的攻关方向。

首先，专班开展了大庆油田塔架式抽油机运行现状实地调研，其次委派技术人员对国内 7 家油田用户和 7 家生产企业(表 1)从技术优缺点及适用范围、质量控制和制造工艺现状、数字化建设水平等七个维度开展全产业链调研(图 2)，最终形成塔架式抽油机应用前景报告、可行性研究报告、经济技术评价报告各 1 份(图 3)。

表 1　调研范围及对象

调研范围	调研对象
油田用户	大庆油田、胜利油田、大港油田、新疆油田、辽河油田、长庆油田、吉林油田
生产企业	胜利高原、大庆丹诺、山东名流、百恒石油、冀东机械、河南焦作、山东创新

调研结果显示，塔架式抽油机在运行维护、机械故障、电控故障、结构设计等方面存在诸多问题，经总结梳理后形成51项问题清单(表2)。此外，调研过程中还发现五类亟须系统思考并解决的难题，一是自主知识产权创新难，检索到的密切相关专利高达287项，同时现行标准体系不完备，指导性不强，需要自主建立标准体系；二是大庆油田在自主设计制造能力方面尚需提升；三是理论体系创新难，油田现有理论研究能力存在不足；四是在用社会厂家的塔架式抽油机没有经过权威机构的检验评测，存在一定的安全隐患；五是时间紧任务重，整合和配置攻关力量难度大，需要整合资源协同联动。

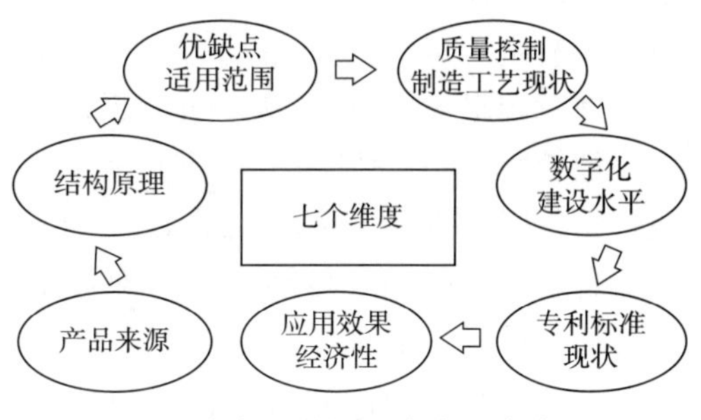

图2　全产业链调研内容及方向

塔架式抽油机

技术调研及应用前景报告

负责单位：采油工程研究院

参加单位：开发事业部、装备制造集团、采油一厂、采油二厂、采油三厂、采油四厂、采油五厂、采油六厂、采油七厂、采油八厂、采油九厂、采油十厂、榆树林油田、头台油田、庆新油田、方兴油田、呼伦贝尔分公司

2022年12月

塔架式抽油机

全生命周期经济技术评价报告

负责单位：采油工程研究院

参加单位：开发事业部、装备制造集团

2022年12月

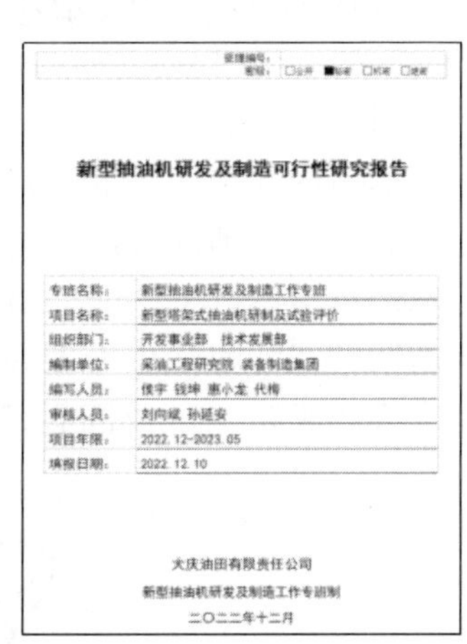
新型抽油机研发及制造可行性研究报告

专班名称：	新型抽油机研发及制造工作专班
项目名称：	新型塔架式抽油机研制及试验评价
组织部门：	开发事业部　技术发展部
编制单位：	采油工程研究院　装备制造集团
编写人员：	侯宇　钱坤　惠小龙　代梅
审核人员：	刘向斌　孙延安
项目年限：	2022.12-2023.05
填报日期：	2022.12.10

大庆油田有限责任公司

新型抽油机研发及制造工作专班制

二〇二二年十二月

图3　调研成果报告

表2　塔架式抽油机问题清单

序号	问题类别	问题数量	核心技术瓶颈
1	运行维护	11项	平衡重安全缓降、高空巡检、皮带性能及寿命、智能控制、结构安全稳定等
2	机械故障	5项	
3	电控故障	11项	
4	结构设计	24项	

面对疫情、核心技术瓶颈、知识产权保护等上述诸多难题，专班系统分析了自主研发制造新型抽油机的自身优势条件及深远意义，明确了专班任务定位既是对习近平总书记指示要求的积极响应，也与油田提出的“一稳三增两提升”奋斗目标中“提升科技创新能力、提升发展质量效益”紧密相关，此项任务既是时代赋予的责任使命，也是油田高质量发展的迫切需要，必须不打折扣、不讲条件、不降标准地坚定执行。

2.2　坚持协同创新，整合调动资源组建联合攻关团队

系统谋划思考，构建“管理+产学研用”一体化攻关机制。在前期问题分析基础上，系统梳理油田具备的优势条件与短板，开展顶层设计与整体规划，确立了要促成油田内部单位、高等院校和科研院所有机结合、协同创新的攻关路线，充分发挥大型国有企业优势，

整合调动高端优势资源，释放彼此间“人才、信息、技术”等创新要素活力进行深度合作。为此，制定了以“管理”带动“产学研用”为系统统一谋划、整体推进的一体化攻关模式，充分发挥“管理”对技术研发方向、研发重点、实施路线、创新要素配置的导向作用，以科学决策把控“产学研用”的工作重点和着力方向，同时建立起完善的运行机制，最终实现“管理+产学研用”的高度耦合与良性互动。

合理规划排布专班矩阵，明确各单位职能定位。管理团队由油田专班领导小组、技术发展部、开发事业部、质量安全环保部、物资装备部等机关部室组成，负责统筹组织与顶层设计。生产单位由装备制造集团牵头，负责图纸绘制、方案论证、室内检测检验等任务。科研单位由采油工程研究院牵头，与外部协作院所密切对接，主要负责理论支撑、指标体系建立、专利标准挖潜等任务。技术监督中心负责建立长效产品制造质量、应用评价的监督机制，培养大庆油田自主监督能力与监督队伍。采油单位作为油田用户，主要负责跟踪测试、剖析现场问题、现场应用评价等。各单位间各司其职，管理团队最终根据各环节收集反馈的问题，全过程把握攻关方向，构建了全要素汇聚、全链条联动、一体化推进的“管理+产学研用”闭环体系。

挖掘油田内部技术力量，首创“双师团队”协同工作模式（图 4）。组织建立采油一厂至采油十厂总师、技师两支技术团队，兼顾科研项目顶层设计与一线实际需求，共同审核把关新型抽油机整体方案论证、结构设计、现场试验应用等关键环节，确保设计方案满足现场应用需求。双师团队中专家总师 19 人，牵头负责设计方案论证评审；工匠技师 25 人，主要负责现场跟踪测试及问题反馈，形成了“总师团队精准领航，技师团队协同联动”新局面。

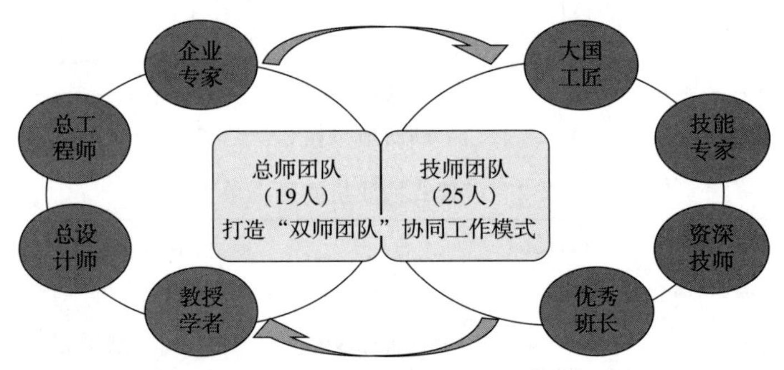

图 4 “双师团队”人员结构

发挥科研院所技术优势，“借脑引智”突破技术瓶颈。围绕塔架式抽油机理论支撑、强度稳定性校核、基础优化、智能控制等瓶颈问题，与东北石油大学、挪威船级社、武汉中科院岩土力学研究所等科研院所开展合作，强化理论研究指导。其中，与东北石油大学主要合作开展抽油机稳定性与可靠性验证、平衡重安全缓降、智能运行控制、数字化工况诊断与计量等八项理论技术研究，为新型抽油机结构设计和电控策略制定提供科学依据。此外，开创性引入国际第三方权威认证机构——挪威船级社（中国）有限公司开展新型塔架式抽油机全过程技术与质量评估验证工作（图 5），涵盖研发方案论证与评审、设计文件审核及验证、制造商质量管理审核评估、工程样机制造过程验证、潜在问题预警及解决 5 部分研究内容，采用国际化标准严格监造，实现新型塔架式抽油机设计科学、制造精益、用户满意。

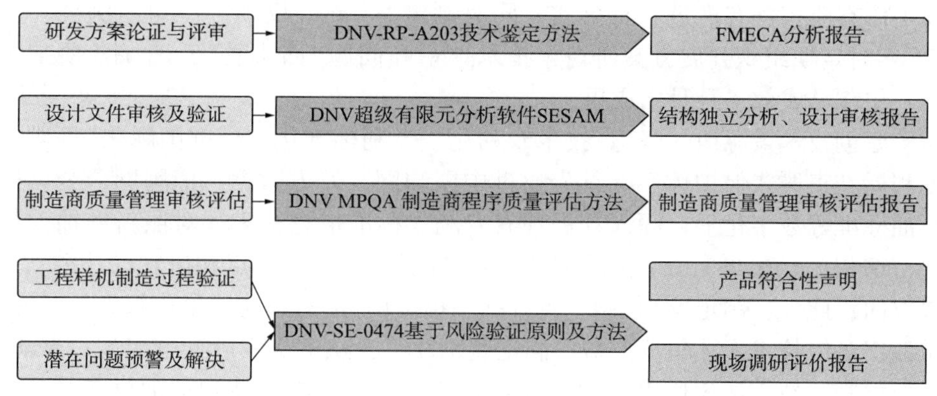

图 5　新型塔架式抽油机全过程技术与质量管理

2.3　坚持目标导向，以科学管理推动专班工作高效运行

基于前期调研结果和意见反馈情况，明确新型塔架式抽油机研发务必要坚持自主化制造、打造知识产权集群式保护体系，最终实现“四性三高”总体攻关目标，即产品设计要具备“先进性、适用性、经济性、安全性”，最终实现“高水平、高效益、高寿命”，这一总体目标的确立为后续科研攻关指明了方向(表 3)。

表 3　新型智能塔架式抽油机“四性三高”攻关目标概述

序号	四性	产品总体性能指标	三高
1	先进性	(1) 高端科学设计：创新研制基于皮带缠绕式、集成式行星减速驱动装置、半封闭桁架结构的智能塔架式抽油机系列产品，实现结构先进。 (2) 智能运行控制：创新发展塔架式抽油机电参数字化技术，实现工况诊断、产量计量、动液面计算、异常预警、在线监测和高空无人巡检全过程智能控制。 (3) 绿色融合发展：创新集成新能源、共直流母线集控技术、“一变多井”模式，做到多井馈电互补、错峰运行，实现绿色采油	高水平
2	经济性	(1) 节能高效：与游梁式抽油机对比，系统效率提高 7 个百分点，节电率达到 27%以上。 (2) 效益可观：全生命周期综合成本下降 15%。 (3) 寿命延长：研发新材料芳纶纤维传动皮带，寿命可达到 5 年以上	高效益
3	安全性	(1) 安全风险受控：具有断杆、断带、卡泵等极限工况下自动保护功能。 (2) 整机结构稳定：优化整机质心、工作重心分布，解决整机易倾斜问题。 (3) 国际标准监造：采用高于 API 标准的 DNV RP-A203 技术鉴定方法、SE-0474 风险验证方法、MPQA 制造商程序质量评估方法监造	高寿命
4	适用性	(1) 产品全系列：机型涵盖 6、8、10、12、14 等系列型号。 (2) 应用全覆盖：不同井型条件、不同驱替方式、不同地理环境。 (3) 日常运维简易：配件更换方便，参数调整便捷，小修作业无须移机	

为进一步强化专班运行管理，围绕上述目标任务，建立了专班工作模式及考核制度。将整体工作任务细分为方案设计、方案论证、样机制造、现场试验、应用评价五个阶段，建立工作任务分解表单，确保每项任务落实到具体责任人和时间节点，以“挂图作战”方式

保证每项工作有流程、有推进、有落实。同时制定“一周一反馈、一旬一例会、一月一总结”制度，定时定期组织开展方案研讨、技术评审和问题“回头看”，确保各项工作任务周周有进展、旬旬见成效、月月出成果。

为做实原创技术策源地，坚持“技术专利化、专利标准化、标准国际化”原则，超前布局先进专利标准集群式保护体系。首先通过中国知网、万方数据、佰腾网、全国标准信息平台、石油标准等数字化平台深入开展现有专利、标准信息检索，对照新型抽油机设计方案，筛选密切相关专利 287 项、标准 13 项，分析现有专利保护点和研发设计创新点，明确计划申报方向；此外，制定“分担制、英雄帖、招贤榜”的有形化成果申报方针。专利方面，广泛动员油田各级技术人才集思广益，制定奖励政策，从解决实际问题出发，聚焦新技术、新工艺、新材料、新方法积极申报相关专利。标准方面，围绕新型抽油机产品、技术、管理三个维度开展标准制修订工作，推进标准体系构建，实现行业引领。通过建立以上工作制度形成了专班从总师到技能专家“人人有分工、人人抢争先”的工作局面，促进全产业链的专利标准体系建立，全力提升行业话语权和影响力。

3　应用效果

(1) 通过调研明确塔架式抽油机 51 项问题并制定措施逐一整改，完成新型塔架式抽油机 206 张图纸绘制、工艺文件编制、工装设计，建立了多系列、多目标、多类型的新型智能塔架式抽油机技术指标体系。

(2) 与东北石油大学合作形成塔架式抽油机整机结构建模仿真技术，不断开展结构优化，为新型抽油机机械设计和电控策略制定提供科学依据，新型塔架式抽油机基础理论研究不断夯实。

(3) 全方位对标国际一流标准研发制造，推进新型塔架式抽油机设计与质量监督管理工作，组织挪威船级社开展了研发方案评审、设计图纸审核、质量管理评估、样机监督制造，确保全过程质量安全管控。

(4) 对接中科院武汉岩土力学研究所，初步形成了适合大庆油田气候特征的塔架式抽油机基础优化设计方案。

(5) 历经多次筛选、校对、整合、审议，组织完成了专利矩阵、标准树建设工作，其中组织申报外观设计专利 2 件、发明专利 60 件，其中 34 件核心专利已通过初审，组织开展制修订标准 26 项(其中国际标准 1 项、国家标准 1 项、行业标准 2 项、团体标准 3 项、企业标准 19 项)。

(6) 高效完成首批 6 台新型塔架式抽油机生产制造，目前已在采油二厂开展 4 台塔架式抽油机安装调试，后续将开展效果跟踪评价。

4　结论

(1) 通过多方式、多维度全产业链技术调研，梳理明确塔架式抽油机现场存在问题，为新型智能塔架式抽油机攻关研发指明了方向。

(2) 创新构建“管理+产学研用”一体化攻关机制，整合调动内外部资源，成立联合攻关团队，首创了双师团队+借脑引智高端合作协同工作模式，支撑新型智能塔架式抽油机高水平研发制造。

(3) 通过“周反馈、旬例会、月总结”，以及“分担制、英雄帖、招贤榜”等工作机制、考评激励制度创新赋能科研管理，促进了新型智能塔架式抽油机全产业链专利标准体系快速建立，助力科研项目攻关提档加速。

参 考 文 献

[1] 刘长松 . WCYJW 型节能抽油机应用与评价[J]. 石油矿场机械，2014，43(11)：99-101.

[2] 甘松灵 . 新型塔架式抽油机节能效果评价[J]. 石油石化节能，2018，4(8)：46-49.

[3] 朱改新 . 新型智能塔架式曳引抽油机[J]. 装备制造技术，2018，6(1)：33-34.

[4] 孙令路 . 塔架式抽油机在萨北开发区的应用[J]. 石油石化节能，2019，9(2)：53-56.

[5] 王鑫 . 塔架式抽油机发展历程及规模应用的经济效益评价[J]. 石油石化节能，2021，14(12)：45-47.

[6] 孔令维 . 新型节能塔架抽油机举升技术的应用[J]. 化工工程与装备，2021(4)：55-57.

[7] 吉效科，许丽，张浩 . 浅谈节能抽油机节能的几个误区[J]. 石油地质与工程，2013，27(3)：136-138.

[8] 李长生，曹鼎洪，苗苗 . 直接平衡式抽油机的节能效果与机理[J]. 石油石化节能，2021，11(6)：1-5.

[9] 于德水 . 塔架式数控抽油机应用效果评价[J]. 石油石化节能，2014(4)：13-15.

[10] 罗锐妮 . 萨北油田节能抽油机应用效果评价[J]. 石油石化节能，2015(10)：38-41.

长庆油田智能固井滑套研究现状与展望

赵　硕　任　勇　王尚卫　任国富　罗有刚　刘忠能

（中国石油长庆油田公司油气工艺研究院）

摘　要：水平井分段压裂技术是非常规油气藏的高效开发技术手段。非常规油气藏储层砂岩与泥岩交错，可开关滑套分段压裂技术使得井壁稳定，实现安全高效的增产改造。可开关智能固井滑套是新一代水平井压裂与完井工具，可满足油气水平井出水治理、补能驱替、动态监测等需要，具备良好的应用前景，是当前研究的热门技术。可开关智能滑套兼容管外有缆监测，结合管外光纤可对井筒进行实时监测，是实现全生命周期管理的重要工具。

关键词：分段压裂；智能滑套；光纤监测

非常规油气藏是当前勘探开发的重点领域，非常规油气藏的地质构造具备整体薄层为主、非均质性强、岩性致密、物性差的特点，不具备自然高产稳产的条件，水平井分段压裂技术是实现低渗透油藏效益开发的重要技术手段，桥塞压裂、连续油管拖动底部分割器压裂和可开关固井滑套压裂是常见的分段压裂工艺。桥塞压裂需要火力射孔，多簇起裂有效性难以保证，不具备生产可控功能，仅用于压裂阶段，需要泵送桥塞，层间转换慢，桥射作业完成一段压裂作业需要 3h；连续油管拖动底部封隔器压裂需要水力射孔，不具备生产可控功能，水平段长度受限制，仅用于压裂阶段，连续油管转层水力射孔完成一段压裂作业需要 1h；可开关固井滑套分段压裂工艺精准布缝，充分改造储层，无须射孔，快速完成层间转换，具备可选择开关、变序压裂、控水生产、井筒再造、段间补能和产能测试等功能，连续油管转层开关滑套完成一段压裂作业需要 20min，作业效率大幅度提升。可开关固井滑套分段压裂技术解决了水平井裸眼分段压裂技术存在的井壁稳定性差和完井风险大的问题，实现了砂岩与泥岩交错的非常规油气藏安全高效的压裂增产改造[1-2]。可开关智能固井滑套的进一步研究是非常规油气效益开发的重要发力点。

1　可开关固井滑套现状

可开关固井滑套是以免射孔+精准压裂+可开关来实现全生命周期为目标设计的完井工具，贯穿于钻井、固井、压裂、生产、二次作业等全过程[3]。

1.1　NCS 可开关固井滑套

可开关固井滑套技术是在连续油管拖动压裂的基础上发展起来的最新一代精准压裂与生产控制技术，近年来逐步在北美扩大应用。该工具的典型特点是固井时下入结构完全相同的多级全通径滑套，不需要特殊的固井要求，采用连续油管作业。其技术原理为：通过采用可开关固井滑套代替射孔工艺，使得井筒与储层连接通道开关可控，从而在试油压裂

作者简介：赵硕，硕士研究生，主要研究方向为井下作业工具，就职于中国石油长庆油田公司油气工艺研究院井下作业与工具研究所。E-mail：zhaoshuo_ cq@ petrochina. com. cn。

和生产管理等开发管理阶段实现一系列的工艺目的(图 1 和表 1)。

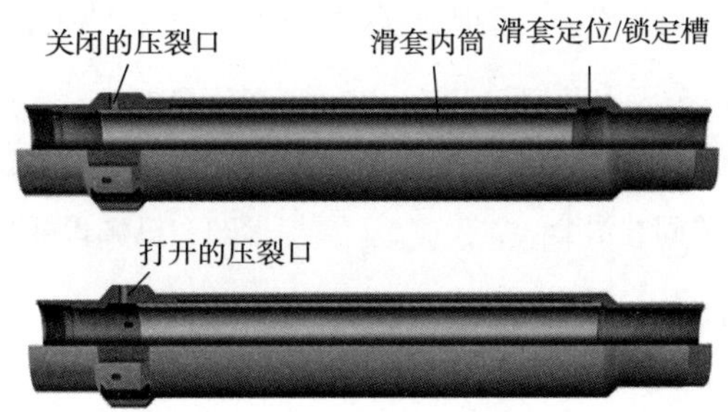

图 1　NCS 可开关固井滑套

表 1　NCS 滑套基本参数

项目	参数	项目	参数
最大外径(mm)	178.0	连接螺纹	5½in 17ppf LTC
最小内径(mm)	124.26	抗压等级(MPa)	70
工具长度(mm)	1.93/4.60(带提升短节)	温度等级(℃)	180

1.2　可开关固井滑套技术优势

(1) 免射孔、10~20min 实现连续油管拖动换层压裂，大幅缩短段间等待时间，提高作业效率；

(2) 单级单簇，解决水平井分段多簇压裂簇间压裂不平衡的问题，实现精准改造；

(3) 压后关滑套实现支撑剂零返排，无须钻塞或冲砂，节省工序和费用；

(4) 关滑套为重复改造构建完整井筒，延长单井寿命、增加累计产量；

(5) 通过可开关滑套实现产层控制(关闭出水层段、补能、分层测试获取产液剖面等)。

1.3　实际应用

在得克萨斯州阿纳达科盆地狭长地带的非常规储层采用固井滑套精准改造与桥射联作工艺进行对比。结果表明，固井滑套工艺被证明远优于桥射联作工艺，导流能力分析预测显示，精准压裂改造沟通区域比桥射联作高 50%以上。

在马尼托巴省西南部的 Kirkella 油田开展的第 1 口井(25 级，水平井)采用可开关固井滑套实施重复压裂，与同类重复改造工艺相比，节省 1/3 费用，可有效降低风险、提高效率。

2　长庆油田智能固井滑套研究现状

长庆油田以精准压裂+全生命周期管理为目标，结合多种工艺自主研发可开关固井滑套，立足低渗透油气藏生产开发需求，以页岩油长水平井精准压裂+控水试验评价、页岩油长水平井压后防返吐试验评价、页岩油长水平井补能试验评价、注水区及叠合区水淹治理、加密区压裂见水及水淹治理等工艺方向持续探索可开关滑套的工艺方向。

2.1　机械式可开关固井滑套

针对加密区短水平井压后控水技术需求，为克服黄土塬地貌对连续油管设备的制约、提高工艺适应性，自主研发了机械式可开关固井滑套。

机械式可开关固井滑套使用油管或连续油管机械力上提开启、机械力下压关闭，设计独立式开启封隔工具，具备自动定位捕捉开关滑套能力(图 2 和图 3)。

图 2　机械式可开关固井滑套

图 3　机械式可开关固井滑套开关工具

当前累计现场试验 9 口井，工具入井、固井、承压性能正常，整体性能满足应用需求。优化改进后开启成功率由 26.2%上升为 93.0%；开展生产井关闭试验 1 井次(选择性关闭 2 级)，产液量明显下降，起到了控水作用。

2.2　液压式可开关固井滑套

针对页岩油长水平井压裂、富水区致密气井压裂、后期可控生产等技术需求，基于现场实际作业方式，开展液压式可开关固井滑套研发工作。

液压式可开关固井滑套使用连续油管带底部封隔器助推开启滑套，机械力上提关闭，设计一体化开启封隔工具，人工识别信号捕捉开关滑套(图 4 和图 5)。

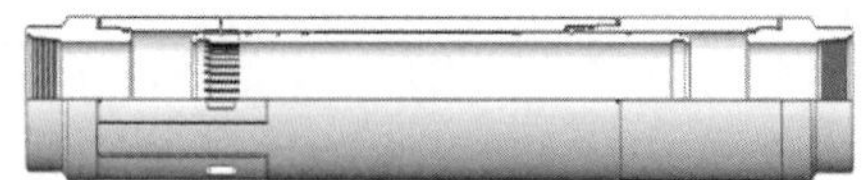
图 4　液压式可开关固井滑套示意图

图 5　液压式滑套开启封隔器示意图

2.2.1　室内模拟评价实验

对液压式可开关滑套进行承压测试，滑套开关实验前通过阶梯打压 50MPa×5min；75MPa×5min；100MPa×15min，过程无泄漏(图 6)。滑套开关实验后通过阶梯打压 50MPa×5min；75MPa×5min；100MPa×5min，过程无泄漏(图 7)，滑套承压性能满足设计要求。滑套重复开关 20 次后承压正常，滑套开关性能满足设计要求。

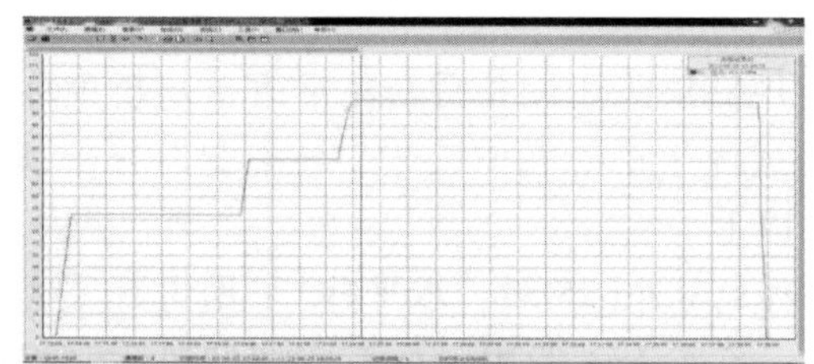
图 6　滑套开关实验前承压曲线(100MPa)

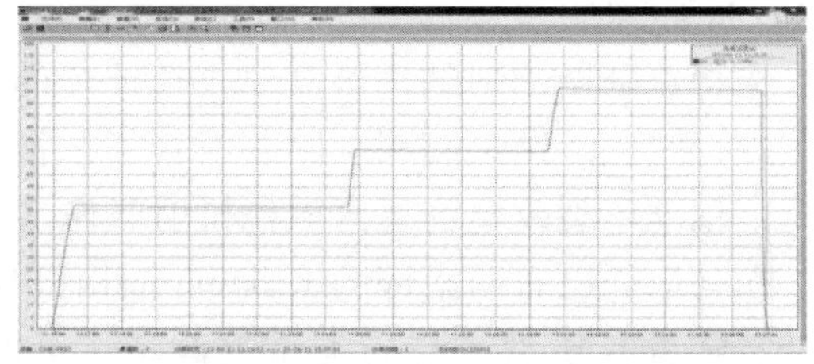
图 7　滑套开关实验后承压曲线(100MPa)

2.2.2　现场试验

试验井完钻井深 3101m，地质解释气层 3 段，其中山 2 层为含水气层。该井成功下入 2 套 4.5in 液压式可开关滑套，电测校深滑套端口位置山 1 层 3007.29m，山 2 层 3031.29m，均在设计范围内，固井碰压 24.2MPa，施工正常(图 8)。

图 8　可开关固井滑套分段压裂示意图

2.3　套管外光纤技术

将光纤布置在滑套外，成为可开关固井滑套的“耳朵”，“听取”地层信息。将可开关固井滑套连接在套管上，用油管或者连续油管下入滑套开关工具，后期生产出水后，下开关工具定点关闭出水段滑套，实现全生命周期管理。

2.3.1 技术原理

管外光纤技术分为分布式测温系统（DTS）和分布式声波传感系统（DAS）。分布式测温系统根据光时域反射原理，实现井筒温度的测量。由激光发射器发出的光，经光纤传输后，一部分会返回发射器。地面接收系统对返回的光信号进行解析得到 Stokes 光和与温度相关的 Anti-Stokes 光，根据两种光的光强比值可以获得反射点的温度[4]。在井筒上取若干个测试点，便可以得到整个井筒的温度分布情况。

分布式声波传感系统根据光信号的强度反推声音或者振动的强度。通过各个监测点振动幅度判断该点进液程度[5-6]。振动幅度越大则表明进液程度越高、压裂改造的效果越好，振动幅度越小意味着井段进液程度不充分，未达到理想的改造效果。

2.3.2 现场试验

试验井水平段长为 1100m，人工井底 3623.7m，钻遇率 99.24%，位于注水开发叠合区，区域改造见水风险大，生产见水后找堵水难，创新开展全自主“可开关固井滑套+套管外光纤”试验，下入 28 级滑套，套管外布放两根光纤。

当前完成 25 级滑套开启，滑套开启成功率 89.3%，全程光纤响应明显。DAS 及 DTS 综合分析有 14 级压裂效果较好，占 60.9%，下步计划根据光纤监测解释，确定出水位置，下开关工具关闭滑套（图 9 和图 10）。

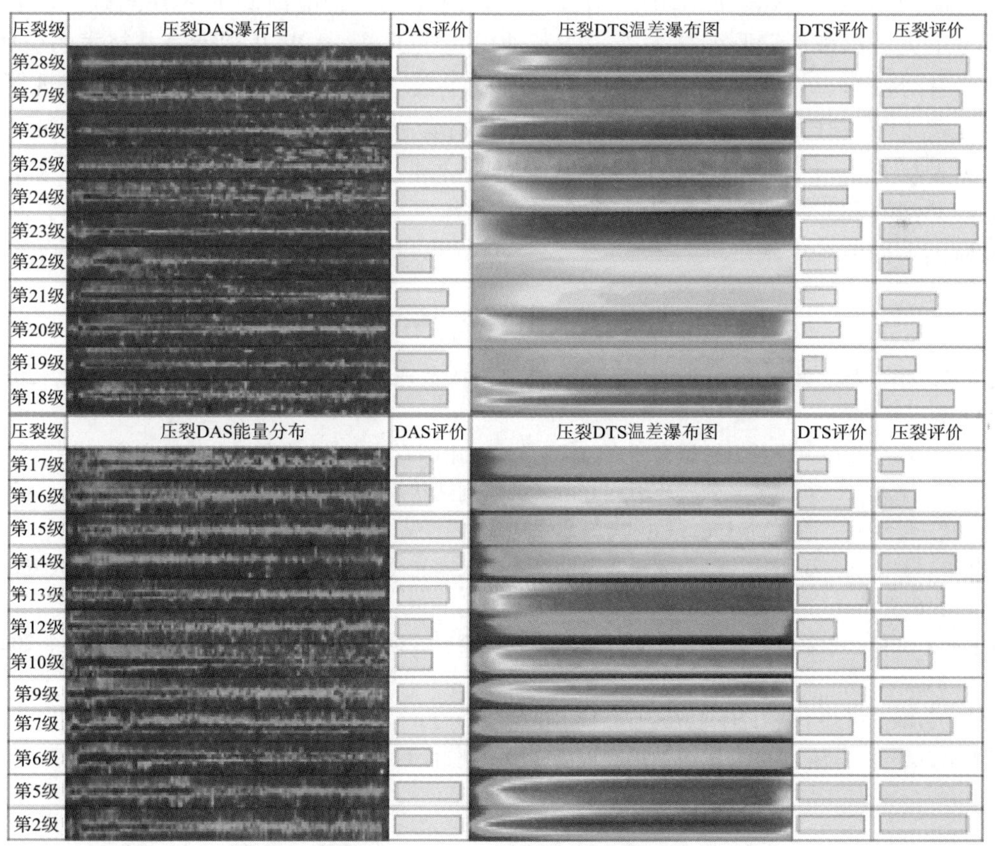

图 9 光纤监测压裂效果综合评价

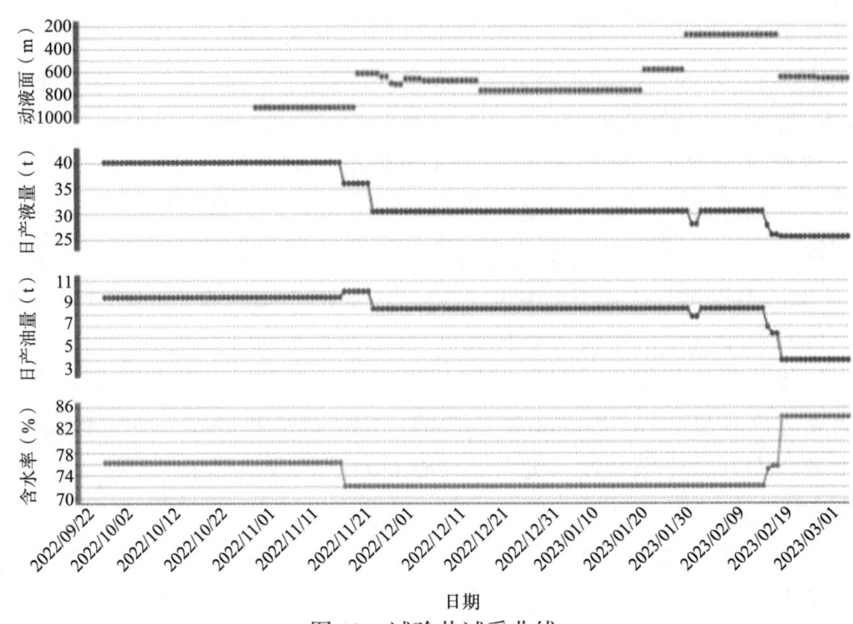

图 10　试验井试采曲线

3　前景展望

当前，在油气开采由传统方式转向智能化数字化的时代浪潮下，智能滑套和光纤监测技术已经应用到油田实际生产当中。中国海油目前完成了智能滑套的入井测试；新疆油田完成了井下光纤压裂裂缝监测技术[7]；蓬莱油田完成了 Smart Well 智能完井技术的应用[8]。

水平井分段压裂是非常规油气藏的有效开发手段，固井滑套分段压裂已经实现了规模应用，是实现效益开发的重要举措。可开关固井滑套+管外光纤是井下作业工具智能化应用的一个典型场景，可以实现目标井的全生命周期管理，为认识油藏提供更多的信息。可开关智能固井滑套和光纤监测技术为非常规油气藏水平井开发提供有力支撑，在非常规油气藏开发应用方面前景广阔。

参　考　文　献

[1] 姚展华，张世林，韩祥海，等．水平井压裂工艺技术现状及展望[J]．石油矿场机械，2012，41(1)：7.

[2] 姚本春．水平井多级压裂电控滑套研究[D]．北京：中国石油大学(北京)，2018.

[3] 关皓纶，王兆会，刘斌辉．分段压裂固井滑套的研制现状及展望[J]．石油机械，2021(11)：49.

[4] 赵业卫，姜汉桥．油井高温光纤监测新技术及应用[J]．钻采工艺，2007，30(5)：3.

[5] 任利华，陈德飞，潘昭才，等．超深高温油气井永久式光纤监测新技术及应用[J]．石油机械，2019，47(3)：6.

[6] 吴宝成，王佳，张景臣，等．管外光纤监测压裂单簇裂缝延伸强度现场试验[J]．钻采工艺，2022，45(2)：84-88.

[7] 石钻．新疆油田井下光纤压裂裂缝监测技术试验成功[J]．石油钻探技术，2016，44(5)：1.

[8] 谢玉宝，郭鑫．智能滑套在渤海油田的现场应用及评价[J]．化工管理，2014(20)：1.

油田油水产量的在线自动计量技术

陈 晨 边 鑫

（大庆油田有限责任公司试油试采分公司）

摘 要：为实现油田油水产量的精确监测，设计了一套在线自动计量系统。该系统通过多相流量计实时测量各相流量，并在线分析油水含量，结合密度计测定液相密度，根据物料平衡原理计算不同油水品级的产量输出。试运行结果表明，该系统能实现油水产量的在线准确计量，为优化油田开采提供关键技术支持。

关键词：油田产量计量；多相流；在线分析

油田开采过程中，实时准确获取油水产量数据对优化生产至关重要，油田油井计量主要采用玻璃管量油，双容积、井口翻斗计量装置，活动计量车、质量流量计、超声波流量仪等手段[1]。但目前多依赖离线检测，不能满足需要。因此，开发在线自动计量技术刻不容缓。本文主要研究智能差压称重式计量橇在实际应用中的优势。

1 智能差压称重式计量橇系统设计

1.1 系统构成

智能差压称重式计量橇主要构成部件：A 组计量罐、B 组计量罐、三通换向阀、液位传感器、温度传感器、电磁截流器、差压变送器、旋进旋涡流量计、防爆控制柜等部件（图 1）。

1.2 工作原理

智能差压称重式计量橇的工作原理主要分为液相计量和气相计量两部分。

液相计量：通过设置 A 组、B 组计量罐交替进行进液和排液（图 2），当 A 组计量罐内的液面升至设定液面高度时，换向阀将液体导向 B 组计量罐的同时，通过设备内程序计算 A 组罐内的液体重量和含水率，记录保存后放液；当 B 组计量罐内的液面升至设定液面高度时，换向阀将液体再导向 A 组计量罐的同时，通过设备内程序计算 B 组罐内的液体重量和含水率，记录保存后放液，依次循环，实现无间歇计量，大大提高了计量精确度。

气相计量：通过设置在排气管线上的气体流量计进行测量。

多相流量计实时测量油气水三相流量，在线分析仪监测流体组分，密度计测定液相密度。计算机综合各项指标，按物料平衡计算不同油水品级的产量。在线油水分析通过质量含水率计算模型通过多次计量，精确计量产量。

作者简介：陈晨（1989—），2012 年毕业于黑龙江八一农垦大学，获学士学位，现任大庆油田有限责任公司试油试采分公司试油大队技术负责人，从事在线自动计量等方面研究工作，助理工程师。通讯地址：黑龙江省大庆市让胡路区银浪乘南十八街十八号。E-mail：sc_chenchen@ petrochina. com. cn。

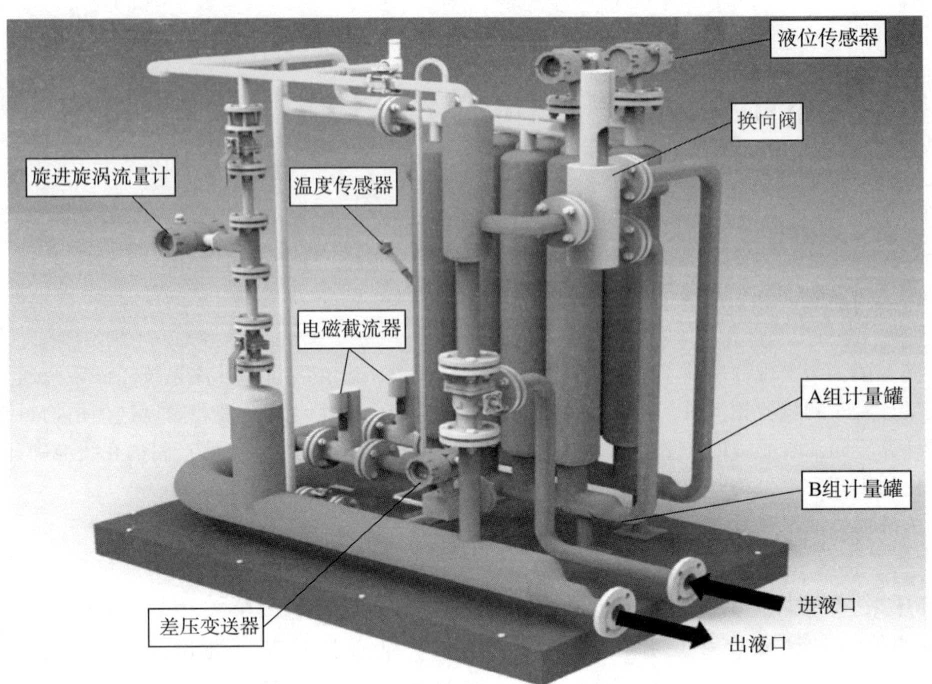

图 1　智能差压称重式计量橇系统结构

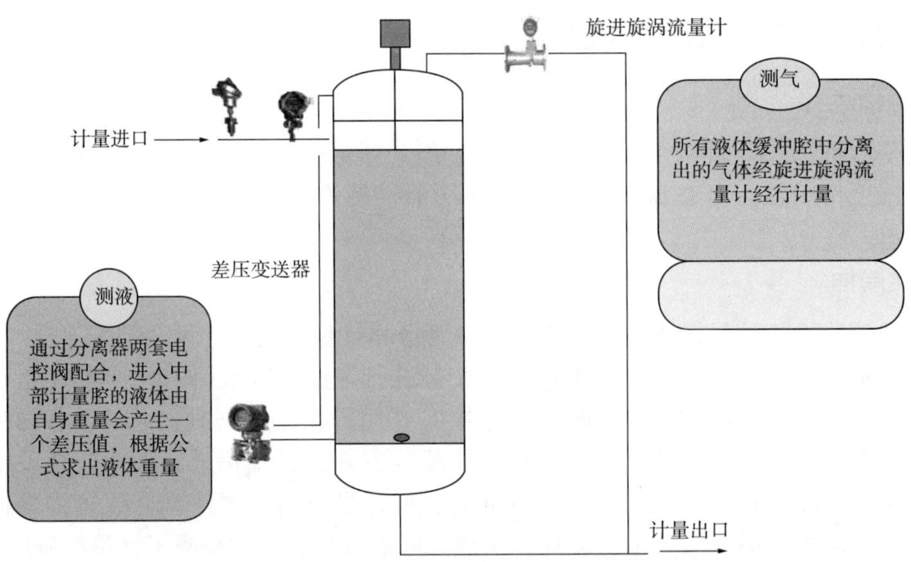

图 2　智能差压称重式计量橇系统工作原理

$$\Delta p = p' - p_1 \tag{1}$$

$$\Delta h = h' - h_1 \tag{2}$$

$$f_w = \frac{\rho_w}{\rho_w - \rho_o}\left(1 - \frac{g\Delta h\rho_o}{\Delta p}\right) = \frac{\rho_w}{\rho_w - \rho_o}\left[1 - \frac{g(h' - h_1)\rho_o}{p' - p_1}\right] \tag{3}$$

式中：f_w 为质量含水率；ρ_w 为纯水密度；ρ_o 为纯油密度；g 为重力加速度；h_1 为初始液位；p_1 为差压值；h' 为进入原油后的总液值；p' 为进入原油后的总差压值。

2 智能差压称重式计量橇试运行结果

本套系统在大庆地区页岩油多口井试运行表明，该系统实现了油水产量的在线自动计量，允许误差不大于0.5%，满足精确监控需求，智能差压称重式计量设备在大庆地区页岩油井中的应用取得了较好的效果，有助于精确录取页岩油试油成果，助力油藏的进一步分析。比对情况参见图3。

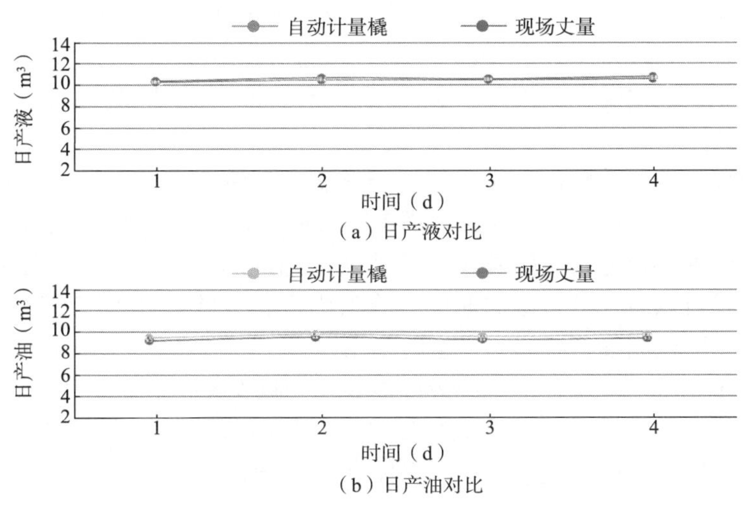

图3 大庆地区页岩油井试运行比对情况

3 经济效益分析

该套设备提高了计量精度和准确性：在线自动化计量系统通过实时监测和控制，可以减少因人为因素和环境因素引起的误差，从而提高计量精度和准确性。这意味着在生产过程中，可以获得更加真实的数据，为后续生产决策提供更可靠的依据，工作界面较为简单明了(图4)。

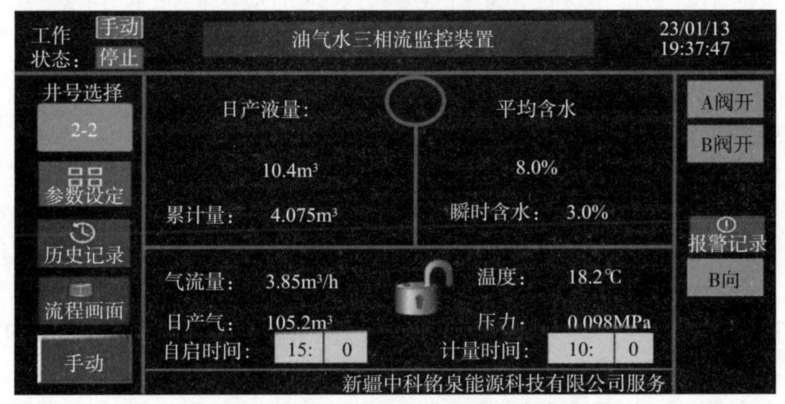

图4 智能差压称重式计量橇系统工作界面

降低了运营成本：在线自动化计量系统可以实现24h不间断工作，无须安排人工进行计量作业，大大降低了人工成本。此外，减少了人为操作失误，提高了设备的使用效率，进一步降低了运营成本。

该套设备提升了生产效率：在线自动化计量系统通过实时数据采集和分析，可以更快地发现生产过程中的问题，及时进行调整，从而提高生产效率。这意味着在相同的生产条件下，提高企业的经济效益。该系统实现了自动在线监测，大幅减少了检测工作量。

提高测量精度：智能差压称重式计量橇采用先进的传感器技术和控制系统，可以实现较高的测量精度。这意味着在试油过程中，测量数据更接近实际值，从而避免了由于测量误差导致的额外工作。智能差压称重式计量橇具有自动运行、数据存储和分析功能。操作员只需设置参数，系统即可自动进行测量和记录，从而大大降低了人工操作的工作量。此外，系统还能够实时显示测量结果，方便操作员进行现场监控和调整。

减少人为干扰：智能差压称重式计量橇的自动化操作可以有效减少人为因素对测量结果的影响，提高测量数据的可靠性。这有助于确保试油工作的顺利进行，降低因数据错误导致的返工和修改。

提高试油效率：智能差压称重式计量橇能够实现连续、高效的测量，从而缩短试油时间，提高工作效率。这有助于降低因试油周期延长而导致的成本增加，提高企业的竞争力。

降低设备故障率：智能差压称重式计量橇采用先进的传感器技术和控制系统，具有较低的故障率。这样可以减少设备维修时间，降低因设备故障导致的工作中断。同时，较低的故障率也有助于降低因设备维修而产生的费用。

节省人力成本：智能差压称重式计量橇能够大大减少操作员的工作量，降低人力成本。这意味着在试油过程中，需要的操作员数量较少，从而节省了人力成本。此外，较少的操作员也有助于提高团队的协作效率，提高整体试油工作的质量。

4 智能差压称重式计量橇优势分析及应用前景

4.1 智能差压称重式计量橇优势分析

智能差压称重式计量橇进一步提升计量精度和可靠性。

引入动态模型：为了更好地适应不同油水井的特性和环境变化，系统引入了动态模型。动态模型可以实时监测油水井的工作状态，并根据实时数据对计量结果进行修正和优化。通过对动态模型的不断更新和迭代，系统能够更好地适应不同油水井的生产环境，提高计量精度和稳定性。

优化计量器设计：为了减小计量器的计量误差和响应时间，系统采用了高精度的计量器设计。计量器采用了高灵敏度的多相流量计、高精度的密度计和先进的差压传感器等部件，确保了计量器的准确度和稳定性。同时，优化计量器的结构设计，减小计量器的体积和重量，降低了计量器的安装和维护难度。

引入物联网技术：为了实现油水产量的实时监测和远程控制，系统引入了物联网技术。通过部署在油水井现场的传感器和无线传输设备，将油水井的实时生产数据传输到云端服务器。用户可以通过手机 APP、电脑网页或第三方平台实时查看和分析油水井的产量数据，并根据需要对油水井的生产参数进行远程调整和控制。

加强系统安全防护：为了确保系统的稳定运行和数据安全，系统采用了多种安全防护措施。系统采用了数据加密技术和身份认证机制，防止数据泄露和恶意攻击。同时，系统采用了冗余设计和故障容错技术，保证了在系统故障或突发事件时，能够迅速切换到备份系统，保证生产的正常进行。

持续优化和升级：系统采用了模块化设计和可扩展性架构，便于未来的升级和扩展。同时，系统具备自学习和自适应能力，可以根据油水井的实际生产情况和用户需求进行自动调整和优化，提高系统的性能和稳定性。

该套设备优化了资源配置：在线自动化计量系统可以实现数据的实时共享，有助于各部门之间的信息互通，更好地进行资源配置。这有助于企业在生产过程中更好地利用资源，提高资源利用率。井口实时连续计量，数据效度更高，有利于及时优化生产方案。

提高了安全性：在线自动化计量系统可以实时监测设备的运行状态，发现异常及时进行报警和处理，降低了因设备故障导致的安全事故。此外，自动计量系统还可以减少人为操作环节，降低因操作不当导致的安全事故。

可扩展性和灵活性：在线自动化计量系统具有很强的可扩展性和灵活性，可以根据企业的实际需求进行定制，满足不同场景下的计量需求。这有助于企业更好地适应市场变化，提高竞争力。

4.2 智能差压称重式计量橇应用前景

在试油现场，自动化计量的应用前景非常广阔。自动化计量系统可以提高工作效率、减少人为误差、降低成本并确保数据准确性。

无人值守井口自动化计量：通过安装传感器和自动控制系统，实现对油井、水井、气井等井口设备的实时监控和数据自动采集。

试油监测自动化：采用现代传感技术，实时监测试油过程中的压力、流量、温度、密度等参数，为现场工程师提供实时数据，以便及时调整试油方案。

井下仪器监测与数据采集：实时监测井下仪器设备(如压裂车、泵、射孔枪等)的工作状态和数据，确保试油过程中设备的稳定运行和安全生产。

数据存储与分析：建立自动化的数据存储与分析系统，对采集到的数据进行处理、分析和挖掘，为试油过程优化和决策提供支持。

远程监控与故障诊断：通过网络实时监控现场设备的运行状态，及时发现故障并进行诊断和维修，降低试油成本和风险。

油气资源管理：利用自动化计量技术和物联网技术，对油田的油气资源进行精确管理，提高油气资源的开发利用效率。

现场决策支持：自动化计量系统可以为现场工程师提供实时的数据支持，帮助他(她)们更好地制定试油方案，提高试油成功率。

智能化决策支持：通过大数据和人工智能技术，对大量的历史数据进行挖掘和分析，为现场工程师提供智能化的决策支持。

5 结论

通过在大庆地区多口页岩油井对该计量系统进行研发应用，实现了油田产量监测的自动化与信息化，对提升油田精细化生产管理具有重要意义。随着技术的不断发展，现场自动化计量技术将在试油领域得到更广泛的应用，提高试油效率、降低成本、保障安全生产，为油气行业的可持续发展做出贡献。

该在线自动计量系统实现了对油田油水产量的实时监测，为优化生产决策提供了精确的数据支持，具有重要的科学价值和经济价值。

参 考 文 献

[1] 万仁溥，罗英俊. 采油技术手册第一分册[M]. 北京：石油工业出版社，1993.

深度学习技术在开发试井资料智能解释中的应用

梁　旭　齐占奎　蔡　兵　闫　术　张晓辉　康秀兰

（大庆油田有限责任公司测试技术服务分公司）

摘　要：试井是认识油藏特性和油、气、水井动态分析的重要手段之一，其解释结果是油田动态调整的重要依据。传统的试井解释方法主要为专业人员根据理论经验对试井压力恢复曲线进行试井模型识别判断，通过手动方式对试井曲线拟合调参。单井解释周期长，专业知识、现场经验要求高。利用人工智能深度学习技术建立深度学习卷积神经网络能够实现试井模型的智能识别与曲线的智能拟合，经过现场实际资料解释检验，其解释结果达到试井资料解释的要求，解释效率比传统手段提高了 20 倍以上。

关键词：开发试井资料智能解释；深度学习；人工智能；卷积神经网络；试井模型智能识别；试井曲线智能拟合

试井是油藏开发过程中获取详细的井、储层信息最常用的方法。通过分析井底压力、温度或流量等试井数据，可以用来估计地层和井筒参数，有助于描述油藏动态特征，预测中长期产能，优化产能。长期以来人们不断探求试井模型识别、试井曲线解释拟合的自动化方法。自 20 世纪 90 年代以来，传统的人工神经网络在试井解释中得到了应用[1-2]。但是利用基于传统人工神经网络的试井分析方法存在以下问题。首先，把压力导数曲线的部分特征作为神经网络的输入，导致试井自动解释困难，例如，仅将切比雪夫多项式系数作为网络输入[3]。其次，试井曲线复杂多变，需要大量的数据来训练网络。然而，传统的三层或四层网络往往会训练失败，这限制了其自动解释能力的提高。深度学习是机器学习的一个新领域。深度学习的本质是构建含有多个隐藏层的网络模型，通过学习大规模的数据，获得更具代表性的高维特征，从而提高预测和分类的精度。近年来，深度学习也开始被应用于石油领域[4-8]。卷积神经网络是深度学习算法的一个重要的组成部分，它和传统神经网络的区别在于：(1)卷积神经网络打破了传统神经网络对层数的限制，可增加网络层数，成为深度网络，这样就能更好获取数据的高维特征；(2)卷积神经网络采用特征学习的方法，通过逐层提取特征的方式使得预测或分类问题更易实现；(3)卷积神经网络在近年来人工智能浪潮中发展出了各种不同网络结构模型，使其在试井解释中的应用成为可能。

试井资料解释过程分为两个阶段：(1)油藏模型识别；(2)油藏参数估算。以往油藏模型识别是由专业人员根据自己的经验进行的，这需要石油工程师具备较高的专业水平。21 世纪以来，石油天然气工业的发展走向智能化。然而，试井在效率和精度方面依然依靠传统的方法，因此迫切需要智能化改造，提高解释效率，变革试井解释方法。

作者简介：梁旭(1982—)，2011 年毕业于西安石油大学石油工程专业，获学士学位，现任中国石油大庆油田有限责任公司测试技术服务分公司评价中心副主任，从事试井解释方法研发及科研管理工作，工程师。通讯地址：大庆市让胡路区西柳街 2 号。E-mail：dlts_liangxu@ petrochina. com. cn。

为此，本文提出基于深度学习卷积神经网络的自动试井模型识别与试井曲线拟合新方法[9-10]，将压力和压力导数数据输入到优化训练好的深度学习神经网络中就可解释出地层参数，无须人工调参拟合，目前已经实现 10 种常见试井模型识别与试井曲线拟合的自动化。经过现场检验，新的试井解释方法效率提高 21 倍以上，在减少解释人员的工作量的同时也提高了试井资料标准化程度。

1 卷积神经网络

卷积神经网络是深度学习发展历史中最为经典的模型之一。简单层单元用于提取感受野内的特征，复杂层单元则用来接收并反馈不同感受野的同一特征，二者组合构成了隐藏层。Neocognitron 模型的隐含层组合属于神经网络的突破性的发展，并对应地实现了卷积神经网络中卷积和池化组合的功能。2006 年深度学习理论提出后，卷积神经网络的表征能力得到了广泛重视与应用。2012 年，Alex Krizhevsky 等构建了 AlexNet 网络，2014 年发展出了 Google InceptionNet。2015 年 Kaiming He、Xiangyu Zhang、Shaoqing Ren、Jian Sun 等提出了深度残差网络(Residual Network，ResNet)。残差网络的深度远高于之前的深度网络结构，达到了 152 层。卷积神经网络经过了几十年的改进发展，已经有了许多优秀的改进模型，在多个领域发挥重要的作用。

2 试井资料智能解释

利用卷积神经网络实现试井资料的智能解释主要要解决三个问题，一是训练数据的采集；二是建立合适的卷积神经网络结构实现试井模型的智能识别；三是建立合适的卷积神经网络实现试井曲线的智能拟合。多年来试井模型发展出多种类型，对大庆油田的实际情况统计分析，最终选择了 10 种常见的试井模型进行智能识别与拟合。10 种模型分别为：(1)定井储均质无限大试井模型；(2)变井储均质无限大试井模型；(3)定井储均质半无限大定压试井模型；(4)定井储均质半无限大封闭试井模型；(5)定井储复合无限大试井模型；(6)变井储复合无限大试井模型；(7)定井储复合半无限大定压试井模型；(8)定井储复合半无限大封闭试井模型；(9)变井储复合半无限大定压试井模型；(10)变井储复合半无限大封闭试井模型。本文以变井储复合无限大为例，阐述试井资料智能拟合的全过程。

2.1 训练数据的采集与生成

卷积神经网络的基础是要有大量的高质量数据为前提，只有数据的数量高、质量高，利用卷积神经网络训练得到的结果才具有好的泛化能力，才能够在实际应用中得到好的效果。大庆油田多年来积累了大量的试井原始数据与解释结果，但是与卷积神经网络要求的训练数据相比其还远远不够，因此根据对实测数据分析，设定无量纲参数范围(表 1)，在保证数据数量与计算机算力的前提下，编制相关软件生成试井曲线理论数据作为主要的训练数据。

曲线生成的过程中，使用结合蒙特卡罗的拉丁超立方采样方法对试井参数进行采样，根据采样结果使用试井软件计算相应的试井曲线。根据数据类型、曲线波动形态、所含物理信息，对得到的试井曲线进行特征分析和特征采样，为使样本数据作为模型的输入而具有相同的维度，建立标准试井曲线库。

表 1　变井储复合无限大试井模型无量纲参数范围

无量纲参数	最小值	最大值
$C_D e^S$	10^{-2}	109
变井储时间系数	10^{-3}	1000
变井储压力系数	-500	600
复合半径	10	400
流度比	0.01	100
储容比	0.01	100
边界距离	20	2000

2.2　试井模型智能识别方法

对于要进行智能识别的 10 种试井模型，根据训练数据作出相应的标记，采用独热编码方式对每个曲线模型进行标记，然后利用设计的深度学习神经网络进行训练分类，根据训练的结果对神经网络模型的参数、层数等进行优化处理，得到最终满足要求的深度学习卷积神经网络结构。本文采用了以下的神经网络结构进行模型识别，其具体结构见表 2。

表 2　试井解释模型智能识别深度学习卷积神经网络结构表

层序号	类型	卷积核数量	卷积尺寸	步长
1	卷积层	96	3	2
2	池化层	96	2	2
3	卷积层	256	3	1
4	卷积层	256	2	2
5	卷积层	256	3	1
6	池化层	256	2	2
7	卷积层	384	3	1
8	卷积层	384	3	1
9	卷积层	384	3	1
10	池化层	384	2	2
11	卷积层	512	3	1
12	卷积层	512	3	1
13	卷积层	512	3	1
14	池化层	512	2	2
15	全连接层			
16	全连接层			
17	全连接层			

由于网络训练、调参过程太过复杂，本文不展开描述，训练完成后，其训练集与测试集的识别准确率分别为 98.67%和 98.5%，可以看出网络的识别能力和泛化能力良好且可以实现油藏模型的自动识别。

2.3 试井曲线智能拟合方法

利用深度学习卷积神经网络对各种试井模型进行曲线拟合，属于深度学习中的回归问题，通过试验与实际效果分析检验，对10种试井模型分别建立独立的神经网络结构，对其参数进行优化，就可以得到理想的网络结构。下面以变井储均质无限大试井模型曲线智能拟合方法为例进行说明。

变井储均质无限大试井模型解释的参数为：无量纲组 $C_D e^{2S}$、时间系数 $C_{\alpha D}$ 和压力系数 $C_{\phi D}$。取其对数形式 $\lg(C_D e^{2S})$，$C_{\alpha D}$、$C_{\phi D}$ 不变，并将其归一化。

实现基于卷积神经网络的试井自动解释方法的步骤如下：首先需要收集与处理试井数据，其次利用数据对卷积神经网络进行训练和优化，最后，最优的训练好的网络就可以用于试井曲线参数的自动拟合。

（1）数据收集与预处理：一共取得20万个变井储均质无限大试井油藏的双对数图及其对应的油藏参数 $\lg(C_D e^{2S})$、$C_{\alpha D}$、$C_{\phi D}$。

每个模拟双对数图中的压力变化和导数曲线各有141个数据点，而实际现场压力恢复数据为80个数据点左右。为了保持输入维度的一致性，在每次迭代训练时，选取80个连续点。

（2）卷积神经网络的训练和优化：由于双对数曲线为一维数据，因此使用一维的卷积神经网络来训练和测试。截取后的双对数曲线和对应的参数组合 $\lg(C_D e^{2S})$、$C_{\alpha D}$、$C_{\phi D}$ 分别作为卷积神经网络的输入和输出，90%、10%的数据分别用于训练和测试。损失函数为均方误差。在反复试验中对网络进行优化，优化过程包括改变网络深度、宽度、超参数等，加入正则化方法或其他优化方法，最终得到了最优的网络配置。

（3）利用最优的训练好的网络进行试井参数解释的自动初拟合：将测得的压力数据转换成双对数图，输入最优的训练好的卷积神经网络中，输出为 $\lg(C_D e^{2S})$、$C_{\alpha D}$、$C_{\phi D}$，从而得到无量纲组 $C_D e^{2S}$，以及时间系数 $C_{\alpha D}$、压力系数 $C_{\phi D}$，实现了试井参数解释的自动初拟合。

测试集数据用于验证最优的训练后的卷积神经网络的解释精度。表3给出了测试集数据解释的均方误差和平均绝对误差。从表3可以看出3个油藏参数的误差都很小，说明网络训练得很好，具有很好的泛化能力。

表3 测试集数据的均方误差和平均绝对误差

参数	均方误差	平均绝对误差
$\lg(C_D e^{2S})$	0.0009655706986910812	0.0009655706986910812
$C_{\alpha D}$	0.0015002397596457695	0.0015002397596457695
$C_{\phi D}$	0.0003373835355434348	0.0003373835355434348

其他试井模型的曲线智能拟合方法与上述方法类似，只是根据实际训练效果需对神经网络结构进行微调，直到得到最优网络为止。

3 试井智能解释结果正确性检验及应用效果

为了保证智能解释结果的正确性，采用两种方法进行检验，一是采用试井理论设计数

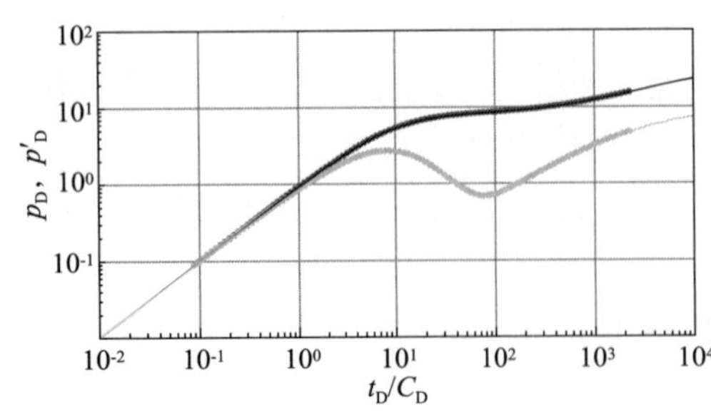

图 1　智能解释结果效果图

据进行结果对比检验；二是采用专家解释结果与智能解释结果进行对比检验，两种检验结果都证明了本文方法正确可靠。

3.1　理论设计数据解释结果对比

利用 Saphir 试井解释软件对定井储复合油藏模型进行理论设计，具体设计参数与对比解释结果见表 4，解释效果图如图 1 所示。可以看出各个关键参数误差非常小，完全满足试井资料解释需要。

表 4　理论设计参数与智能拟合解释参数结果对比表

对比参数	理论设计参数	智能拟合解释参数	绝对误差
渗透率(mD)	20	19.58	0.42
表皮系数	2	1.85	0.15
流度比	20	20	0
储容比	1	0.97	0.03
界面半径(m)	100	101	-1
井储系数	0.5	0.49	0.01

3.2　试井专家解释结果与智能解释结果对比分析

以变井储径向复合模型为例，实际资料检验 100 井次，对其解释结果中的渗透率、表皮系数，井储系数、流度比、储容比、界面半径进行综合分析，智能解释结果精度满足现场资料解释需求。其具体解释对比结果如下：

渗透率对比结果：实际资料渗透率范围分布 0~50mD，智能解释拟合结果与人工专家拟合结果绝对误差主要分布在 0~1mD 区域，占比 89%(图 2)。

表皮系数对比结果：实际资料表皮系数范围分布在-5~10，智能解释拟合结果与人工专家拟合结果绝对误差主要分布在 0~0.4 区间，占比 94%(图 3)。

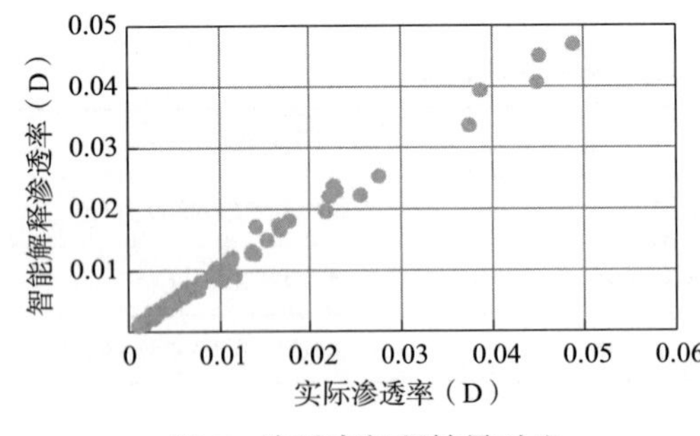

图 2　渗透率解释结果对比

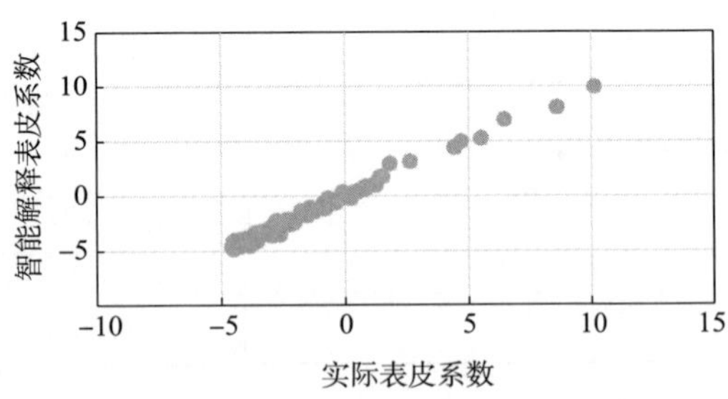

图 3　井筒表皮系数解释结果对比

井储系数对比结果：井储系数范围分布在 0~5 区间，智能解释拟合结果与人工专家拟合结果绝对误差主要分布在 0~0.5 区间，占比 95%(图 4)。

流度比对比结果：流度比范围分布在 0~20 区间，智能解释拟合结果与人工专家拟合结果绝对误差主要分布在 0~0.5 区间，占比 90%(图 5)。

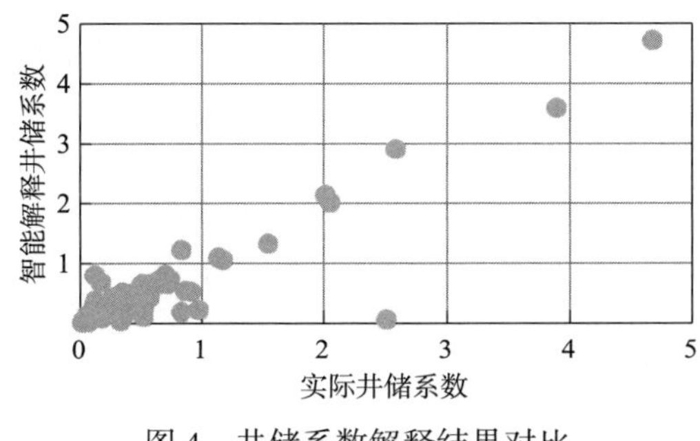

图 4　井储系数解释结果对比

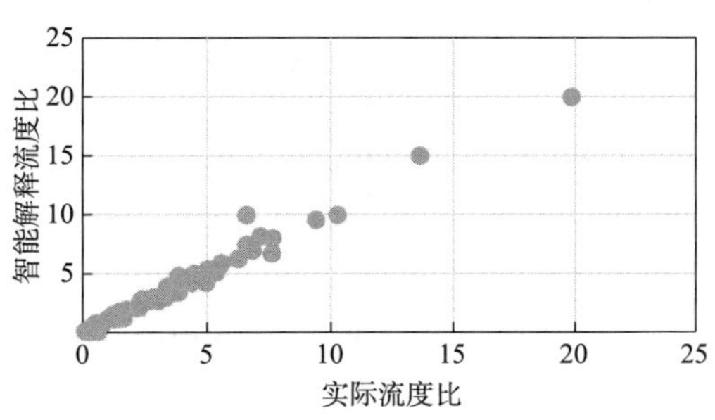

图 5　流度比解释结果对比

储容比对比结果：储容比范围分布在 0~10 区间，智能解释拟合结果与人工专家拟合结果绝对误差主要分布在 0~1 区间，占比 97%(图 6)。

界面半径对比结果：界面半径分布范围为 20~150m，智能解释拟合结果与人工专家拟合结果绝对误差主要分布在 0~5m 区间，占比 88%(图 7)。

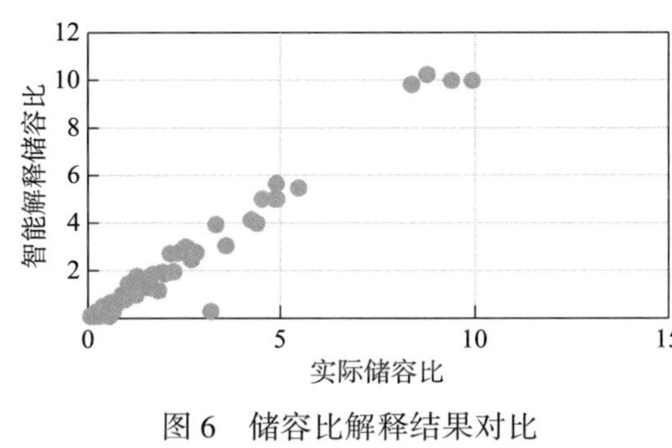

图 6　储容比解释结果对比

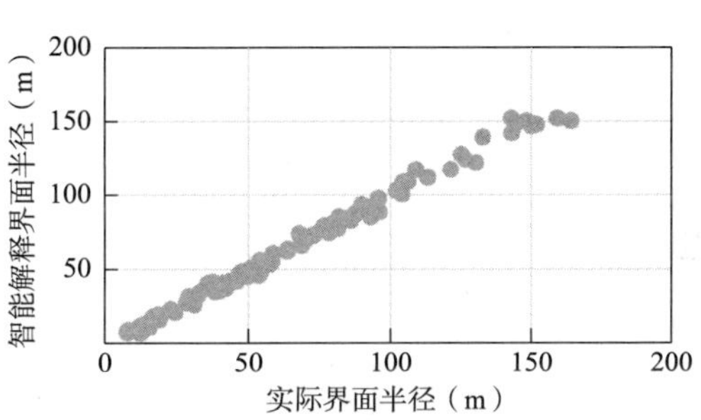

图 7　界面半径解释结果对比

3.3　试井资料智能解释方法应用效果

利用上述方法编制的水驱常规试井资料智能解释软件已经在油田各个采油厂的开发试井资料解释中开始了矿场应用。目前已经解释实际试井资料 900 余井次，解释结果已经外报采油厂，其结果得到了油藏专家的认可。

4　结论

(1) 经过理论与实际检验证明人工智能深度学习技术在试井资料解释中应用是可行的。

(2) 目前实现了 10 种常规试井模型的智能识别与曲线智能拟合，还需要在其他试井模型上面开展相关工作，进一步提高本文方法的适用范围。

(3) 在试井解释中应用深度学习技术在国内外尚属首次，没有经验可循，需要通过后期不断研究来进一步完善本方法。

在此感谢合肥工业大学李道伦团队给予的技术支持。

参　考　文　献

[1] 邓远忠，陈钦雷．试井解释图版拟合分析的神经网络方法[J]．石油勘探与开发，2000，27(1)：64-66.

[2] 李道伦，卢德唐，孔祥言，等．BP 神经网络隐式法在测井数据处理中的应用研究[J]．石油学报，2007，28(3)：105-108.

[3] ADIBIFARD M, TABATABAEI-NEJAD S A R, KHODAPANAH E. Artificial Neural Network(ANN) to estimate reservoir parameters in Naturally Fractured Reservoirs using well test data[J]. Journal of Petroleum Science and Engineering, 2014, 122: 585-594.

[4] MOHAGHEGH S D. Reservoir simulation and modeling based on artificial intelligence and data mining (AI&DM)[J]. Journal of Natural Gas Science and Engineering, 2011, 3(6): 697-705.

[5] ESMAILI S, MOHAGHEGH S D. Full field reservoir modeling of shale assets using advanced data-driven analytics[J]. Geoscience Frontiers, 2016, 7(1): 11-20.

[6] AKIN S, KOK M V, URAZ I. Optimization of well placement geothermal reservoirs using artificial intelligence [J]. Computers & Geosciences, 2010, 36(6): 776-785.

[7] PANJA P, VELASCO R, PATHAK M, et al. Application of artificial intelligence to forecast hydrocarbon production from shales[J]. Petroleum, 2017.

[8] 张东晓，陈云天，孟晋．基于循环神经网络的测井曲线生成方法[J]. 石油勘探与开发，2018，45(4)：598-607.

[9] LIU X L, ZHA W S, QI Z K, et al. Automatic Reservoir Model Identification Method based on Convolutional Neural Network Automatic Reservoir Model[J]. Jorunal of Energy Resources Technology, 2021, 144(4): 1-11.

[10] 李道伦，刘旭亮，查文舒，等．基于卷积神经网络的径向复合油藏自动试井解释方法[J]. 石油勘探与开发，2020，47(3)：583-591.

小修作业自动化配套技术的研究与应用

周恒仓　樊春波　陈　聪

（大庆油田有限责任公司试油试采分公司）

摘　要：通过项目研究，取得多功能自动化平台装置、分体式油管移送机械臂及抓手装置、随车式管柱起下自动上卸扣装置、随车式钻孔绷绳锚定装置4项成果。该系列装置配置有液压动力系统、电气控制系统，能够模拟人工修井作业方式，实现从油管上管→油管自动抓取→油管自动对扣→油管上扣/卸扣→提出/放入井口，修井全过程作业自动化，实现井口无人起下油管。该随车式小修智能自动化作业施工系列配套装置的特点是：(1)实现了平台及举升系统随修井车搬运；(2)封闭接液污油污水导流收集无死角；(3)对井场的要求小，适应性强；(4)实现油管起下转运、举升下降及前后输送自动化；(5)各项连接模块化，组装便捷；(6)油水接液收集面积大；(7)无须增加搬运车辆，无须增加动力源；(8)可实现井口无人化操作。实现岗位员工重体力劳动向智能化机械劳动转化，解决井下作业施工中安全、环保、提效等诸多难题。

关键词：井下作业；井口无人化；机械自动化；操作平台

井下作业是石油系统最艰苦专业之一，工作现场存在诸多难题。(1)小修井作业井口操作台控制收集溢流效果差，易污染井场及周边环境；员工井口操作时，稳固防滑效果差、安全隐患大，员工劳动强度大。(2)作业管桥及滑道工艺技术落后，功能单一，机械自动化低，员工劳动强度大，损害身体健康。(3)作业管柱液压钳上卸扣，需人工拉拽，员工劳动强度大，且存在一定的安全隐患。(4)作业施工准备绷绳锚定时，多采用专用打桩车辆及采用穿眼式拆装钢丝绳卡子方式，缺点是：地锚附着力小、桩眼低，需反复丈量调整桩距，单井拆装绳卡64次，拆装过程耗时长；钢丝绳套及钢丝绳卡子更换频率大；打桩时易损坏地下管线及物件，安全隐患大，易造成人员伤害。

为此，研究小修作业自动化配套技术是解决行业难题的有效途径。通过研制多功能自动化平台技术、分体式油管移送机械臂及抓手技术、管柱起下自动化上卸扣技术及新型绷绳锚定技术，实现小修井自动化，以井口无人化施工为目标。

1　井下作业自动化国内外技术现状

目前，国内外作业环保自动化工艺技术主要分两类。

1.1　高度集成多模块自动化工艺技术

包括作业平台系统、自动吊卡系统、自动上卸扣系统、油管扶正推拉系统、油管举升系统、环保地面排管控制等多系统高度集成配套应用。地面一人就可操作，自动化程度高，

作者简介：周恒仓，中国石油天然气集团公司技能专家，1998年毕业于哈尔滨师范大学，从事油气田开发专业井下作业领域，大庆油田试油试采分公司作业四大队。

但由于成本高(一套系统需千万元)，对作业场地平整度要求高，搬运及组装费用高，耗时长，国内油田应用还未普及。

1.2 多模块半自动化工艺技术

包括作业平台系统、管桥滑道举升系统等不同多模块的集成配套应用形式。施工时司钻、井口、地面各一人即可实现管柱顺利起下，工人的劳动强度低，作业安全性高。目前国内油田应用较多，但技术上和实用性上有缺陷，主要表现如下：

(1) 设备笨重，作业搬家时，与常规作业相比增加转运车辆设备；

(2) 安装费用高，需吊车配合安装；

(3) 作业场地要求高，需要场地平整，不平整场地需上机械设备平场地。

目前，国内的井架绷绳锚定主要有打桩(水泥、钢质)方式、预埋置绷绳基石和地面配重拉拽固定等方式，但均存在成本高、安全隐患大的问题。

2 小修作业自动化配套技术的研究方向

2.1 多功能自动化平台装置利用平台来实现接液收集

平台装置安装在自背井架尾部，机械牵引收放应用，立好井架后，可自动化控制与作业井口的台平度及高度，将作业井口套装在多功能环保操作平台的中央，连接好井控设备及井场污油回收设备。作业时产生的污油污水引入装置后，用自吸罐回收处理，即可实现小修井起下管杆安全、环保、自动化高效施工的目的。可达到与作业机一体装配、随作业机一体搬运；机械自动化升降调节作业高度；控制收集作业井口油管溢流的目的。

2.2 分体式油管移送机械臂及抓手装置

实现初始位→猫道→井口位的定点移送。以修井机液压为动力源，采用剪刀式举升实现高度举升下放，用液压缸和滑轮组控制猫道对油管前后输送。利用液压带动四连杆控制推手和钩臂实现管柱自动上下滑道。满足油管起下过程中的作业施工一键自动化，且装置收起时可悬挂在平台背部，转运方便。

2.3 管柱起下自动上卸扣装置

底部为管柱卡紧机构，利用修井机气压实现卡瓦抱卡油管本体。起下油管时减少一个油管吊卡的应用操作，并实现油管对中井口法兰中心，可预防和消除油管起下过程中因油管不对中井口造成油管螺纹损伤；管柱卡紧机构上为管液压上卸扣装置运动的滑轨机构，可实现液压上卸扣装置的进入与退出起下管柱；最上部为油管液压上卸扣装置，收起时置于井架底座中心空隙内一体搬运。吊卡系统使用偏摆机构，采用双缸联动吊卡，利用液压控制模式，可实现液压吊卡的摆动，实现顺利避让油管接箍。液压吊卡具有翻转功能，最大翻转角度90°，具有开门检测、关门检测、油管进入检测功能，起到吊卡安全预警和自动化操作功能互锁。

2.4 随车式钻孔绷绳锚定装置

装置由钻孔旋桩装置、螺旋地锚及固定机构组成。钻孔旋桩装置以修井机的液压动力为动力源，利用液压马达旋转来带动钻头旋转、驱动头升降，以实现钻头钻孔和旋入螺旋地锚的目标；利用固定环套将绷绳和地锚快速连接实现绷绳锚定。

3 小修作业自动化配套技术的研究过程

3.1 装置需要解决的技术问题

（1）驱动力动力源的稳定性；

（2）环保接液作业操作平台的固定和活动的井口游动密封问题；

（3）搬运不占空间，不增加车辆；

（4）前后输送油管时的控制及过载保护；

（5）液压上卸扣的对中及运动轨迹的控制；

（6）钻孔旋桩时防止反向力的控制。

3.2 解决途径

（1）在修井机设备动力源换装双联液压泵；

（2）采用双护板保证游动密封无泄漏；

（3）平台采用折叠收放并与车辆尾部相连固定，采用剪刀式举升并且悬挂在车辆的尾部；

（4）前后输送油管改用液压缸配合滑轮组，实现液压缸单倍行程油管双倍输送距离；

（5）液压钳的自动给进及收回采用轨道式，并使用液压缸驱动自动给进及收回；

（6）钻孔旋桩装置底部加装防止反结构并辅助重力控制。

3.3 集中控制系统

通过总信号线通信，实现液压吊卡系统、井口设备系统、气动卡瓦系统间控制指令和状态信息收集。自动控制时，由集中控制系统通过信号线向各系统发送控制指令，各系统根据指令按内部程序执行动作，并向集中控制系统反馈动作完成状态，集中控制系统通过优化各部件运行参数和动作流程，协调各部件逻辑有序地进行作业，来提高起下油管的整体效率。系统设置各井口部件之间的多重互锁，保证系统运行安全可靠。

3.4 装置主要技术参数简介

3.4.1 多功能自动化平台装置

（1）平台可调节升降高度；

（2）平台允许井口与车辆有偏差度；

（3）平台最大储液量 400L，平台承载质量 2000kg。

3.4.2 分体式油管移送机械臂及抓手装置

（1）实现井口和猫道间油管的移送转接，机械臂伸缩行程较长；

（2）前举升起升质量 500kg，后举升起升质量 400kg；

（3）设有管桥油管自动上下滑道装置；

（4）油管自动上下滑道装置的单向举升力满足现场使用要求；

（5）油管自动上下滑道装置的横向推送力满足现场使用要求；

（6）无线遥控距离 50～100m。

3.4.3 管柱起下自动上卸扣装置

（1）控制方式：电控/液控；

（2）最大扭矩、最高额定转速、最低额定转速均能满足使用要求；

(3) 开口尺寸：180mm；

(4) 系统额定压力大；

(5) 设备质量轻便；

(6) 控制电压：符合安全规定。

3.4.4 钻孔绷绳锚定装置

(1) 设备高度 2m 左右；

(2) 旋转扭矩大；

(3) 钻桩上下行程满足施工要求；

(4) 液压马达转速稳定；

(5) 螺旋地锚高度：2m。

3.5 装置特点

3.5.1 多功能自动化平台装置

满足三个方向起下油管。平台下部设有接污盒，接污盒留有 2½in 和 4in 的油污回收口。平台四个面均设有梯子和逃生滑道安装口，可根据井场实际摆放状况悬挂、调平工作台。(1)与车辆连接固定，随修井机一体搬运；(2)游动密封，污油污水导流收集接液；(3)折叠收起，施工操作空间大；(4)护栏采用钢链挂接，拆卸快速，安全性能好。

3.5.2 油管起下上卸扣装置

自动化智能操作：井口自动设备、液压吊卡，均可实现单键操作，不牵涉游车大钩的连续动作，可实现一键联动，牵涉游车大钩需要确认的，通过确认键来完成。操作室显示屏界面：显示屏实时显示井口自动设备的工况信息；实时系统压力、上扣压力、卸扣压力、上扣圈数、卸扣圈数等关键数据；实时显示起管工位流程、下管工位流程。具备设备参数设置和设备信息查询功能。(1)油管气动锁紧机构卡紧油管；(2)液压滑轨机构控制进退；(3)采用电磁控制机构。

3.5.3 油管移送机械臂及抓手装置

移送机械臂及抓手：实现井口和猫道间油管的移送转接。机械臂伸缩行程可满足施工要求，液压钳移送臂：实现初始位→防溅盒位→井口位的定点移送。机械臂伸缩行程满足施工要求：(1)油管举升前后输送系统悬挂在平台上，随车搬运；(2)举升系统前部与油管滑道固定行走，后举升与滑道滑动固定；(3)液压缸与滑轮组配合实现液压缸单倍行走，输送双倍距离；(4)连接模块化组装，井场适应性强。

3.5.4 随车式钻孔绷绳锚定装置

液压系统配用专用的传感器和比例阀块，可精确控制上扣扭矩和圈数及动作平稳。控制系统具备遥控、司钻两种方式操作设备的功能，确保设备运行顺畅，动作高效连贯；具备单键操作的自动运行模式。

装置适用于井下中小修井作业施工，多功能自动化平台装置、分体式油管移送机械臂及抓手装置、管柱起下自动上卸扣装置、随车式钻孔绷绳锚定装置，通过配置集中控制系统，满足集中控制与各设备独立控制之间选择；可实现机械手柄有线自动、遥控自动、一键自动三种运行模式的自由切换。系统设置各部件之间的多重互锁，包括但不限于机械手与游车大钩、吊卡与卡瓦的互锁保护。

4 小修作业自动化配套技术应用前景

井下作业环保自动化施工配套装置推广应用后，取得较好效果。例如在某常规检泵作业井施工中应用小修自动化配套技术后，施工效率得到了显著提高。通过自动化设备的使用，减少了人工操作环节，降低了误操作风险，提高了检泵作业的安全性和可靠性。由传统的四人一机模式，转化为一人起下操作、一人远程遥控操作模式。

具体来说，以下几个方面的优势尤为突出：

（1）提高施工效率：自动化设备可实现快速、准确地对检泵作业井进行检查和维修，减少了等待时间和人力投入，从而提高了施工效率。

（2）降低劳动强度：自动化设备的使用降低了施工人员的工作强度，减轻了施工人员的劳动负担。

（3）提高检泵质量：通过自动化设备的检查和维修，能够更准确地发现并解决问题，从而提高了检泵质量，减少了因设备故障导致的停工损失。

（4）降低设备故障率：自动化设备的应用可以更加科学地维护和保养设备，降低设备故障率，延长设备使用寿命。

（5）提高企业竞争力：自动化设备的应用有助于提高企业的施工效率，降低人工成本，从而提高企业的市场竞争力。

（6）节能环保：自动化设备的使用减少了施工过程中的资源浪费，提高了能源利用率，有利于环境保护和可持续发展。

总之，在常规检泵作业井施工中应用小修自动化配套技术，能够在很大程度上提高施工效率、降低成本、提高检泵质量，为企业带来显著的经济效益和社会效益。

作业环保自动化施工配套设备研发使用，促进井下作业施工工艺技术的机械自动化发展进程，该成果推广应用后，单井可减少作业辅助车辆使用、实现井口无人化作业，创经济效益 2777.5 万元，科技成果直接经济效益为 1361 万元。实现小修井经济、安全、环保、自动化高效施工的目的。

未来通过数字化技术，这些设备可以实时监测井下作业环境的各种参数，以便及时采取相应的措施。同时，这些设备可以与数据管理系统连接，将采集到的数据上传至云端进行分析和处理，有助于提高资源利用效率，降低生产成本，并为井下作业提供更多的数据支持和智能化决策能力。

5 结论

随着科技的不断进步，人们生活中的很多领域都有了极大的改变，对于井下作业行业而言，更是如此。很多传统的工作模式已经无法满足现代石油工程技术行业对于安全和效率的高要求，而且这也不符合我国对于节能减排的相关要求。因此，要想满足这些要求，就需要在井下作业行业进行一系列的革新，为该行业的持续发展提供不竭动力。在这个背景下，小修作业自动化配套技术的研究与应用就显得尤为重要。本文通过介绍小修作业自动化配套技术的主要研究内容及应用情况，探讨了其在井下作业行业中的优势和未来发展趋势，为井下作业行业的持续发展提供了全新的思路。

参 考 文 献

[1] 王洪卫，刘崇江，姚飞，等. 大庆油田井下作业清洁化与自动化技术研究与应用[J]. 石油科技论坛，

2022，41(3)：8.
[2] 张凤飞．石油地质勘探及储层的评价分析[J]．西部探矿工程，2020(7)：37-38.
[3] 赵华，杨来武，高守华，等．作业自动化装备发展及应用分析[J]．中国设备工程，2021(S1)：188-191.
[4] 苏秋涵．撬装式机械化排管装置设计研发[D]．济南：山东大学，2019.
[5] 崔海朋．钻修井作业自动化装备技术研究及发展方向[J]．机电工程技术，2019(4)：45-46.

全自动修井作业系统的研制与应用

高天彪　王敬平　杨　博　宋艳春

（大庆石油管理局有限公司装备制造集团）

摘　要：开展全自动修井作业系统研究，进行电驱动修井机、井口操作自动化装置、多功能环保作业平台、集中控制系统等部件技术攻关，解决传统修井作业设备能耗高、排放量大问题，实现修井作业井口无人化、智能化控制，降低劳动强度、减少安全环保隐患。带有储能装置的电驱修井机动力解决方案、直驱传动系统结构设计技术等特色创新技术的应用提升了设备的整体性能。能够有效助力油田公司降本增效，实现清洁生产和低碳发展。

关键词：电驱修井机；井口自动化；集成化控制；降本增效；低碳发展

在石油与天然气勘探开发的各项施工过程中，油(水)井修井作业是油田生产的重要环节。传统的修井设备一般采用柴油机驱动，其作业效率低、能耗高、排放量大；修井作业方式一般采用频繁的人工重复操作，自动化程度低，劳动强度大，井口操作现场为风险密集区，具有不可避免的安全、环保隐患。传统的修井设备及作业方式越来越难以适应现代修井作业智能、节能、环保的需求。

大庆石油管理局有限公司装备制造集团按照大庆油田修井作业设备“电驱化、集成化、自动化、清洁化”发展要求，开展电驱动修井机动力方案设计、井口操作自动化模块设计、井口溢出液回收功能完善、控制系统集成化设计等技术攻关，研发了全新一代全自动修井作业系统。

1　研发思路及需要解决的技术问题

1.1　加强修井设备动力与绿电融合研究，实现清洁替代、低碳发展

2020年国家提出“双碳”目标以来，中国石油以“双碳”目标为引领加快布局清洁生产和绿色发展，发布了《中国石油绿色低碳发展行动计划3.0》。明确“清洁替代、战略接替、绿色转型”三步走总体部署，其中“清洁替代”阶段要求“以生产用能清洁替代为抓手快速起步，产业化发展地热和清洁电力业务”。电力作为一种清洁能源，其成本低、能源利用率高、噪声低等优点已使其成为新型修井设备动力首选，并且早在2019年6月中国石油集团就已决定推广电驱动修井机应用，并责成大庆油田牵头6家单位进行先期调研及开展推广工作。为此，全自动修井作业设备拟采用全电驱动力方案，解决传统柴驱能耗高、排放量大等问题。

作者简介：高天彪(1972—)，1994年毕业于承德石油高等专科学校机械制造工艺及设备专业，现任大庆石油管理局有限公司装备制造集团吉林分公司研究所所长，从事机械设计专业等方面研究工作，中级工程师。通讯地址：吉林省松原市大庆石油管理局有限公司装备制造集团吉林分公司。E-mail：rainps@qq.com。

1.2 攻关解决修井井口自动化操作装置，向少人化、无人化现场作业发展，实现降低劳动强度、减员增效

国内修井作业设备作业水平基本停留在半机械化的阶段，操作复杂、劳动强度大。以油田修井作业中最常见和最频繁的小修作业为例，管杆起下、管杆上卸扣、甩管作业等环节需要操作工人密切协作，属于人机联合作业方式。完成一口 1500m 井深的修井作业，仅倒换吊卡一项工作就相当于装卸 30 多吨重物的工作量。工人由于长期在恶劣环境中高强度劳动，极易发生安全事故；此外近年来内部作业队伍减员加快，以大庆油田为例，每年自然减员 5000 人以上，人工成本不断增高。开展井口自动化操作装置研究，实现井口无人化操作，符合生产实际需求，可有效降低操作人员劳动强度、减少安全隐患。

1.3 创新研发修井机主机及自动化装置集成化控制技术，向数智化发展，实现修井作业逻辑智能控制、杜绝安全隐患

近年来国内各石油装备制造企业分别在电驱动修井机及井口操作自动化装置两方面取得了一定的技术突破，但两者液压系统、电控系统多处于独立控制阶段，操作复杂、人机协同性不好，影响效率。针对这一问题，将两者控制系统进行集成化设计，优化子系统控制时序流程，达到彼此协调工作；系统预设自动操作模式，底层实现逻辑互锁、不响应错误操作，以实现修井作业集中、高效、便利的控制。

2 技术方案及参数

2.1 整体技术方案

全自动修井作业系统由电驱动修井机、井口操作自动化装置、管杆转运系统、多功能环保作业平台、集中控制系统等部件组成(图 1)。电驱动修井机由盘式直驱伺服电机直接驱动滚筒，取消减速箱等机械传动部件，由 PLC 变频控制绞车提升速度；井口自动化操作装置由液压动力吊卡、气动卡瓦、快速动力猫道、摆臂式液压钳、扶正及转运机械手等模块组成，与管杆转运系统配合能够实现井口快速准确定位、油管转运、上卸扣等全部自动化控制；多功能环保作业平台具有溢出液回收功能，避免环境污染。

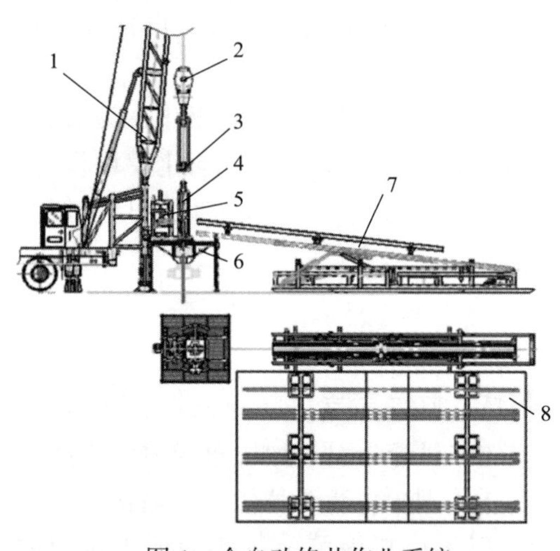

图 1 全自动修井作业系统

1—电驱动修井机；2—悬吊系统；3—动力吊卡；4—扶正机械手；5—自动上卸扣装置；6—多功能环保平台；7—管杆移运系统；8—管排架

2.2 技术参数

设备适应井场变压器容量：≥30kVA；液压吊卡载荷：700kN；主电机额定功率：75kW；液压卡盘载荷：850kN；主电机额定电压：380V；液压系统额定压力：16MPa；最大提升载荷：700kN；气控系统额定压力：0.8MPa；大钩提升速度：0.2~1.4m/s；电控系统电压：24V；设备起下油管速度：≥40 根/h；防护等级：IP55；适应油管管径：2⅜in。

3 创新特色技术

3.1 创新研发了低压配电模式下的带有储能装置的电驱修井机动力方案及直驱传动系统结构

解决了修井机井场配电容量不足、电机载荷提升能力弱、传动效率低等瓶颈问题，提升了设备的井场适应性。

大庆油田电网变压器容量一般在30~50kVA之间，以应用范围最广的XJ700DB型电驱修井机为例，其装机功率最小为90kW，井场变压器容量不足极大地限制了电驱修井机的作业能力，作业范围有很大局限性。针对上述问题，创新研发的特制低速大扭矩变频电机+超级电容储能装置联合供电方案，解决了电驱修井机功率不足、修井作业提升能力弱、作业效率低等问题。

技术特征：

(1) 电机+储能装置联合动力输入技术。

通过对井场配电情况及修井机动力系统的工作特性研究发现，修井机作业具有起下作业频繁、周期性强等特点，且负载随着作业周期不断进行阶梯性变化，按照单周期内操作顺序，修井机典型作业工况可分为起升油管、上卸扣及油管转运、下放油管三个阶段，其中起升油管阶段需求功率大，存在井场变压器容量不足问题。而另一方面油管下放阶段，释放大量势能，存在能量浪费问题。针对这一问题，确定了电机+超级电容组储能装置供电的动力方案。超级电容具有功率密度大、充放电效率高等特点，将超级电容应用到修井机作业系统中，可充分利用自身优点，在油管下放及其他作业时间进行能量回收及充电，在提升阶段放电实现功率补偿，与修井机工况匹配特性好，解决供电容量不足及能量损失问题。

(2) 盘式异步电机直驱传动系统部件结构设计技术。

根据直驱传动系统结构及车上空间布局，合作研发的特种异步盘式电机具有低转速大扭矩输出特性、宽恒功率和高过载能力，可以在额定转速以上5倍转速范围内恒功率输出，电动机短时最大过载倍数高，解决了电动修井机的提升能力弱、不能满负载下施工的硬伤。另一方面，修井作业系统动力源更换为电动机后，调速性能大幅提高，通过变频调速控制电机转速，取消机械变速箱、链条、离合器等部件，电机通过球笼式万向等速联轴节与滚筒轴直连，机械结构简单，传动效率高。

3.2 创新研发了悬吊装置、交剪增程式动力猫道、油管扶正及自动上卸扣装置等自动化操作装置，实现了修井作业井口无人化操作

技术特征：

(1) 悬吊装置的设计制造技术。

悬吊装置主要由液压动力吊卡及气动卡瓦组成，配合工作可以完成油管的自动卡紧、起升和下放动作，通过接箍检测实现卡瓦的自动定位卡紧及吊卡的悬浮定位，并能依靠控制回路的集成触发系统实现卡瓦及吊卡的动作自锁，确保起升系统协同工作的安全性。

液压动力吊卡具有自动开合、翻转、倒摆、避让接箍等功能，能够完全代替传统吊卡实现油管起升功能。

气动卡瓦采用大通径卡盘，不拆卸即可快速通过各种井下工具，提升修井效率。

（2）交剪增程式动力猫道设计制造技术。

交剪增程式动力猫道采用多连杆增程机构，采用单液缸驱动，能够快速起升、移运油管。

（3）扶正机械手设计制造技术。

扶正机械手在起升油管过程中，可以将油管尾端推送至动力猫道的滑道上，在下放油管过程中，接引油管尾端至井口，起到缓冲作用。并且在上卸扣过程中起到初步对扣功能。

（4）自动上卸扣装置的设计制造技术。

自动上卸扣装置采用摆臂式动力钳，通过液缸驱动液压钳往复运动，加装检测装置实现管柱自动对中、液压钳自动定位、自动换挡及开口钳自动对缺口。配有智能微损伤液压钳，能够精确控制扭矩、转动速度、钳牙自动复位位置等参数，保证油管螺纹连接质量、上卸扣质量符合修井作业标准。

3.3 创新研发了修井机主机及自动化装置集成化控制技术

动力系统调速、换向、油管转运、上卸扣等所有动作可在主车控制，可实现一键式智能控制。

技术特征：

（1）分时负载控制技术。

液压系统采用比例控制，设备错峰使用液压系统动力输出、优化液压系统的压力流量占用，减少系统整体负载，实现修井机液压系统与自动化模块共用一套动力系统，不增加额外动力源，便于集成控制。

（2）动力系统控制技术。

动力控制系统采用变频控制，根据修井机动力系统的工作特性、单周期作业功率需求特点，结合油田井场低压配电条件，精确进行动力配电、变频调速控制、功率补偿等关键参数匹配。绞车直驱电机控制采用变频器高性能矢量控制技术，控制和调节三相交流同步电机的速度和转矩，实现低转速高转矩输出，具有良好的动态特性、超强的过载能力。

（3）智能逻辑控制技术。

修井机与自动化设备由司钻统一操作，井口自动化设备设计有安全逻辑智能管理系统，根据修井作业工艺特点，合理安排修井作业的时序流程，如游车的升降与上卸扣、油管排放同时进行，达到彼此协调工作。系统预设自动操作模式，操作过程可按预置工序自动顺序运行，实现自动化作业，亦可在特殊工况下立即切换至人工操作。安全逻辑智能管理系统设计有多重安全传感器，设备底层实现逻辑互锁、不响应错误操作，完全杜绝安全隐患。

4 应用情况及下步重点工作

4.1 试验应用情况

大庆石油管理局有限公司装备制造集团研制的首台套全自动修井作业系统已在大庆油田采油三厂完成现场应用性试验，其提升载荷及提升速度满足设计指标。直驱电机动力性能良好，启动力矩大，调速性能好，以井深 1500m 测算，单井修井动力费用较采油机驱动降低 852.5 元；在减少排放方面，每年可减少 CO_2 排放 14t。能耗制动及液压盘刹组合式刹车机构制动可靠，能够实现快速平稳起放，精确控制大钩位置及零转速悬停；自动化装置动作准确，衔接合理，并且具备自动检测、安全互锁等功能。能够将每班作业人数减少到 2

人，每年节省人力成本 30 万元，工人劳动强度降低 60%。

4.2 存在的问题及下步重点工作

在应用试验过程中，存在设备移运及准备工作时间较长、作业成本较高等问题。此外抽油杆的自动起下技术瓶颈仍有待突破。

下步重点攻关工作：自动化作业设备研制将沿着两个方向发展，一是开展“一体化、轻量化、低成本”研究；二是开展抽油杆吊卡、卡盘、管杆悬挂器、智能动力钳等部件攻关，实现抽油杆的自动起下。

5 结论

全自动修井作业系统采用全电驱动，加强了修井作业装备动力与绿电的融合，从源头解决柴油机能耗高、污染严重问题，实现了清洁替代、节能降耗效果；动力猫道、机械手、自动上卸扣装置等部件的模块化设计及组合配置，实现了小修作业井口无人化操作，降低了操作人员劳动强度、减少安全隐患，减员增效效果显著；一体化控制系统实现了修井机及井口自动化操作装置一键式智能控制；多功能环保作业平台具有溢出液回收功能，避免环境污染。新装备的研发符合油田钻采设备自动化、智能化发展方向，符合油田公司减员增效生产需求，能够促进修井作业施工作业方式转变，实现清洁生产和绿色发展；能够有效助力油田公司提质增效，实现高质量发展。

参考文献

[1] 丁国栋．电动储能修井机超级电容配套技术的研究[J]．科技与创新，2017(7)：73-74.

[2] 王岩．新型修井作业油管移运自动化系统设计与仿真[D]．大庆：东北石油大学，2011.

[3] 杨明月，常玉连，高胜，等．井口起下油管作业自动化装置试验与液压控制系统仿真[J]．石油矿场机械，2013，42(5)：8-11.

大修井起下作业自动化设备的研发与应用

高望祺　刘兴东　王　鹏　吴　江　王长江

（大庆油田有限责任公司井下作业分公司）

摘　要：大庆油田经过六十余年的勘探开发，修井施工作为措施增油的主要方式愈发重要。面对传统施工中野外作业环境恶劣、安全风险高、劳动强度大、人工成本高的问题，从实际出发，通过研发配套修井机二层台排管系统、地面自动送管系统、自动上卸扣系统、司钻集成智能控制系统，将传统的体力劳作转变为机械控制，使工人由体力劳动者向技术型工人升级，带动生产模式和劳动方式的重大变革，进而实现“减员降劳、提速增效、安全施工”的目标，为提高修井队伍在国内外市场的竞争力，油田稳产、高产提供技术支持。

关键词：大庆油田；修井施工；二层台排管系统；地面自动送管系统；自动上卸扣系统；智能控制

随着大庆油田勘探开发的不断深入，油田地质情况愈发复杂，修井作为措施增油的一种工艺方式，在油田开发的中后期显得尤为重要。修井施工是大庆油田的主营业务，大庆油田现拥有修井队伍百余支。由于延续传统的生产方式，修井施工过程中普遍存在以下问题：一是野外作业环境恶劣，修井施工现场普遍存在“冬天一身冰、夏天一身泥、常年一身油”，员工饱经严寒酷暑、风吹日晒。二是安全风险高，要求工人精力高度集中，动作配合灵活准确，施工存在机械伤人、高空坠落等人身伤害风险。三是劳动强度大，主要依靠人工摘挂吊卡、上卸扣、摆放钻具，动作频繁单调，体力作业繁重。四是人工成本高，采用多人协同、人工作业、倒班轮换的工作方式，操作岗位配置人数多。特别是近年来，在国际油价持续低迷，国内劳动力成本升高，劳动力短缺，企业减员增效的大形势下，如何改变传统修井的人工作业方式，实现修井机械化、自动化、智能化施工，具有广阔的应用前景和极为重要的意义。

1　大修井起下作业自动化技术进展

从国内修井起下作业依靠人工操作，存在施工环境恶劣、安全风险高、劳动强度大、人工成本高的实际情况出发，通过对机械仿真施工、智能控制、物联网技术的攻关研究，研发配套了修井机二层台排管系统、地面自动送管系统、自动上卸扣系统、司钻集成智能控制系统。形成了地面动力猫道自动送管、钻杆自动回盒，以及管杆的模块化集成转运，钻台面铁钻工自动上卸、冲紧扣，高空机械手替代人工开关吊卡、排摆钻杆、摘挂防护链，集成控制系统辅助司钻高效快捷操作的修井施工模式，实现了“减员降劳、提速增效、安全

作者简介：高望祺（1986—），2009年毕业于哈尔滨理工大学机械制造及其自动化专业，获学士学位，现任大庆油田有限责任公司井下作业分公司工程师，从事自动化智能化修井等方面研究工作，中级工程师。通讯地址：中国石油大庆油田井下作业分公司。E-mail：jx_gaowq@ petrochina. com. cn。

施工”的目标。

实现修井施工自动化，需要考虑修井过程中钻杆起下作业相关流程，从机械上卸扣、钻杆的自动输送排放、司钻远程集成控制等方向出发，增加相应的地面、井口、二层平台、司钻控制设备，改进传统作业方式。

1.1 修井机二层台排管系统

研发应用二层平台机械手、自动指梁及可视摄像头代替井架工人工接、送和摆放管柱，实现修井机高空无人值守。

1.2 自动旋扣系统

研发应用修井铁钻工代替液压大钳、“B”形大钳、管钳，实现机械上卸扣的作业方式。

1.3 地面自动送管系统

研发应用电磁式动力猫道与钻杆盒配合，实现钻杆单根自动上、下钻台，改变地面单根上、下钻台时需用液压绞车吊装和人工拉放的接送方式。

1.4 司钻集成智能控制系统

研发应用集成控制司钻房、司钻智能控制软件，实现司钻单人对整套修井机及自动化设备控制，提高整套设备操作效率和安全性。

2 修井机二层台排管系统

目前，国内外石油勘探开发领域主要的钻机、海洋平台装备制造商推出了钻井自动化管柱处理设备，但在油水井修井作业领域还处于起步阶段。修井二层台排管系统技术攻关研究主要存在三方面难点：一是系统设计难，修井作业相比钻井作业工期短，装备性能、结构差别较大，现有技术难以移植应用，需自主创新；二是结构布局难，受修井小井场、小钻台、伸缩桅杆式井架空间限制，高空排管系统小型化、轻量化设计难度大；三是集成控制难，高空、钻台、地面“三位一体”设备设施交叉运行，安全防护兼顾高效运行设计存在难点。

2.1 基本原理

开发高空智能排管系统替代现有二层台和井架工，高空智能排管系统主要由二层平台、夹持机构、旋转部分、手臂等几部分组成，伺服电机分别控制机械臂行走、旋转、机械臂变幅、抓手抓合(图1)。操作人员通过司钻房远程控制机械手、液压吊卡协同作业，完成管柱从二层台指梁到井口中心的往复移动，实现二层台作业无人化，从而消除高空作业安全隐患，提升作业效率。

图1 修井机二层台排管系统现场应用

2.2 结构组成

2.2.1 手臂部分

手臂部分由大臂与小臂铰接，安装在旋转盘上，实现手臂伸缩动作。

2.2.2 旋转盘部分

旋转盘是由伺服电机作为动力源驱动齿轮转动，实现整个机械手臂的360°旋转运动；

旋转盘安装在二层平台猴道下方轨道中，实现机械手沿丝杠直线滑动运动。

2.2.3 夹持部分

管柱夹持部分是夹持管柱的直接作用件，安装在小臂前端，实现管杆的抓握。

2.2.4 可视系统

二层台机械手配备两台可视摄像头，一台固定安装在二层平台后端，另一台随机械手臂移动，分别用于观察游车大钩及液压吊卡、机械手臂及抓手的工作情况。

2.2.5 二层平台

指梁安装独立电机，通过控制指梁锁电机开合，确保钻杆在指梁内安全整齐排放。

2.3 主要技术创新

2.3.1 多自由度设计

采用4组伺服电机，精准完成手臂旋转、行进、伸缩、抓放动作，30s内完成目标管柱锁定、抓取、排放流程。

2.3.2 免拆卸设计

机械手随修井机井架收缩伸展，在井架起升过程中不发生干涉，机械手臂架自动折叠，无须拆卸，单井节省5h以上的安装、拆卸时间。

2.3.3 无障碍设计

机械手安装于修井机二层台下方，不影响修井机运输高度，便于司钻目视观察，特殊情况下兼容人工应急作业。

3 地面自动送管系统

地面自动送管系统由电磁式动力猫道(图2)、钻杆盒、行车等部分组成，通过行车电磁铁磁吸钻杆的方式，实现地面钻杆的抓取、运送、释放，并通过四连杆举升式动力猫道实现修井钻杆上下钻台面与回收作业，适用于油田1000~3100m井深，4.5m、3.7m和2.7m不同高度钻台使用。与动力吊卡、铁钻工和高空自动排管系统配合使用，可极大地提高修井作业自动化水平，减轻场地工劳动强度。

图2 电磁式动力猫道现场应用

3.1 动力猫道

动力猫道主要用于完成地面与钻台面之间修井钻杆的自动输送与回收作业。主要由云梁、举升连杆、起升油缸、辅助连杆、尾部连杆与猫道支座等零部件组成(图3)。通过液压控制举升油缸和推杆油缸举送或回收钻杆作业。猫道底盘上设置方钻杆存储支架，借助行车上的背负机构，可将方钻杆举送上钻台面；回程可将方钻杆从钻台面上接回至猫道底盘上的方钻杆存储支架。

3.2 钻杆盒

钻杆盒主要用于钻杆的规范化存储，主要由钻杆盒焊接总成、转臂架、螺杆支撑、滑道等组成(图4)，螺杆支撑用于支撑行车行走的折叠导轨，支起滑道可用于特殊油管。

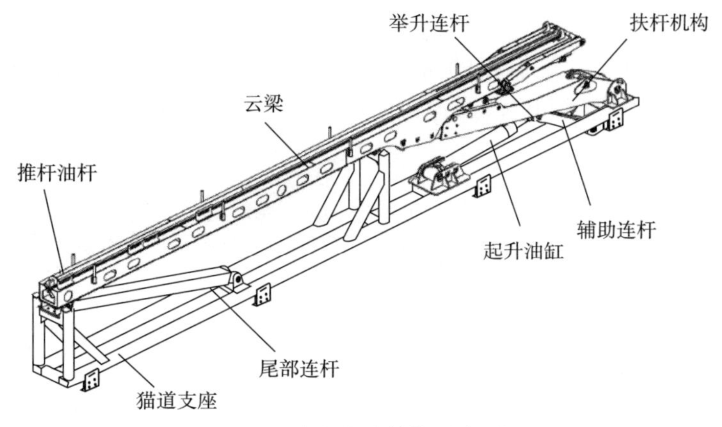

图 3　动力猫道结构示意图

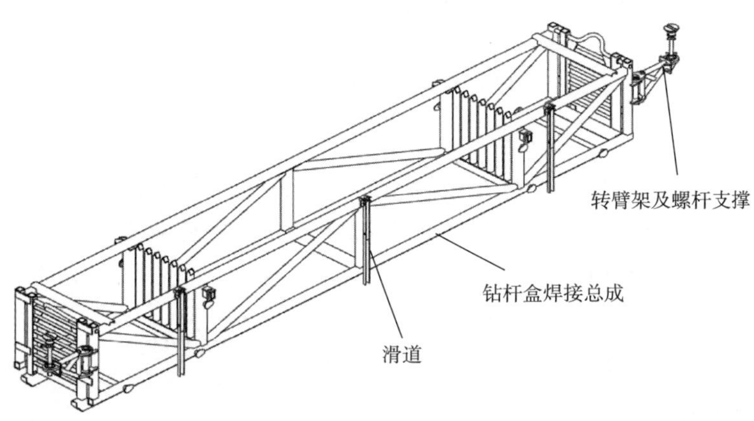

图 4　钻杆盒结构示意图

3.3　行车

行车主要用于钻杆盒与猫道之间钻杆的存取与输送，主要由行车横梁、左支撑、伸缩机构、方钻杆提升装置、减速机及齿轮组件等组成(图 5)。行车通过齿轮齿条行走机构，实现钻杆的精准抓取；通过液压油缸驱动的"X"形伸缩支架升降电永磁式抓手，实现钻杆的抓取与释放。

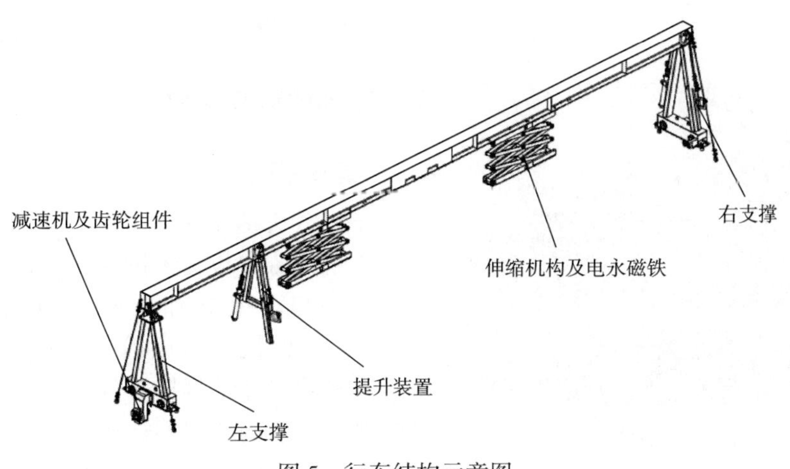

图 5　行车结构示意图

3.4 轨道底座

轨道底座用于支撑行车，是行车的行走通道，主要由底座框架、折叠轨、活动轨、拖链、托盘组件、齿条等组成(图6)。通过齿轮齿条啮合，由电机驱动行车行走。

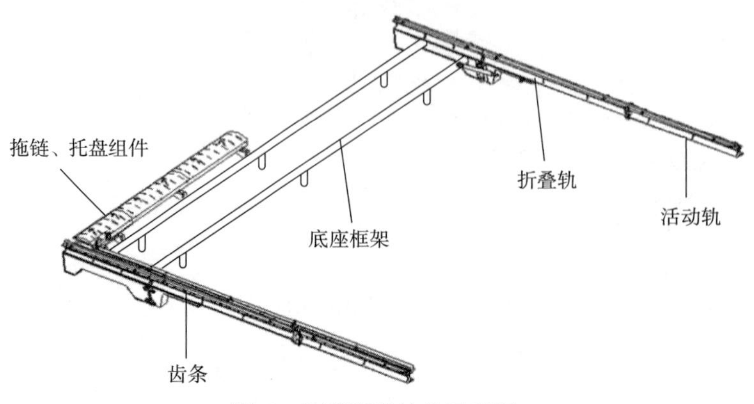

图6 轨道底座结构示意图

3.5 半挂底盘

半挂底盘是动力猫道、抓手、行车及轨道的安装基础，是改制加长的可独立拖行的单桥半挂底盘。底盘改制部件主要包括平台护栏总成、方钻杆存放架、斜梯与滑轨、动力和液控元件的安装支架等(图7)。

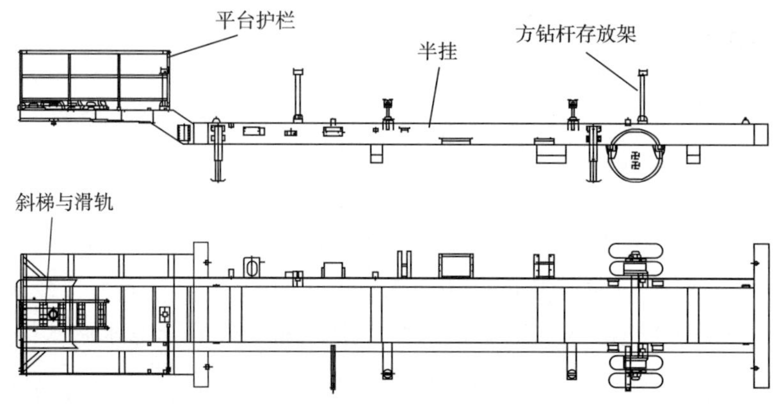

图7 半挂底盘结构示意图

4 自动旋扣系统

4.1 基本原理

图8 修井铁钻工现场应用

修井用铁钻工采用液压驱动，固定在钻台上，伸缩臂结构与旋转机构使铁钻工能够将工作机构在井口、鼠洞和待机位置之间自由旋转(图8)。工作机构可以沿导轨在垂直方向移动，以适应不同修井钻具接头的高度。限位开关分别对应井口、鼠洞和缩回待机的伸缩限位，能保证铁钻工工作机构在待机位置和工作位置准确伸缩定位。旋扣器工作时，能够自动补偿钻杆接头的轴向位移。液压大钳总成由主钳和背钳组成，主钳、背钳各有一套夹紧机构，主钳能相对背钳旋转一定的角度，从而完成管柱接头螺纹的紧扣或松扣。

4.2 主要技术创新

4.2.1 快速定位设计

采用圆形底座加定位销与圆形插筒加限位槽定位，使得铁钻工在修井机钻台上的安装更加快速、稳定、准确。

4.2.2 无障碍旋转设计

增加油管托架总成，进油、回油、泄油管线均从导轨总成、底座总成的中间通过，使得铁钻工可以进行180°回转，减少液压管路旋转造成的磨损。

4.2.3 双油缸结构

采用双油缸结构进行紧扣和松扣作业，增大主钳相对于背钳单次旋转的角度，单次旋转角度可达60°，减少紧扣、松扣次数。

4.2.4 螺旋补偿装置

采用长行程螺旋压缩弹簧进行螺旋补偿，有效保护钻具连接螺纹。

4.2.5 旋扣器升降机构

针对修井作业使用多种尺寸结构工具，增加旋扣器升降机构，使得旋扣器工作高度调整650mm，满足特殊长度钻具的旋进、旋出。

4.2.6 旋扣器支撑调节

旋扣器的支撑机构可调整其前后位置，确保旋扣器的夹紧中心与背钳的夹紧中心重合后再浮动。

4.2.7 旋扣器结构

新型旋扣器结构确保旋扣器液压马达的回转轴只传递回转扭矩，不承受其他力的作用，更换滚轮时无须拆卸旋扣器支架和液压马达，仅需要拆卸下端螺栓。

4.2.8 可拆分颚板座

针对修井施工涉及的不同特点油管、钻杆，根据油管管壁比较薄的特点，采用了圆弧颚板座，可以按管柱的管径尺寸更换特定直径的圆弧颚板，从而保护管杆，提高旋扣的效率。

4.2.9 正反扣工况切换

采用PLC控制，能够实现正、反扣工况的快速自由切换，适用于修井作业使用的正扣、反扣钻杆。

5 司钻集成智能控制系统

开发修井机司钻集成智能控制系统，构建修井设备“物联网络”，控制系统由集成控制司钻房、司钻智能控制软件两部分组成，可实现修井机、高空排管系统、铁钻工、液压吊卡等多种设备间数字通信、协同作业、精准控制、安全互锁（图9）。

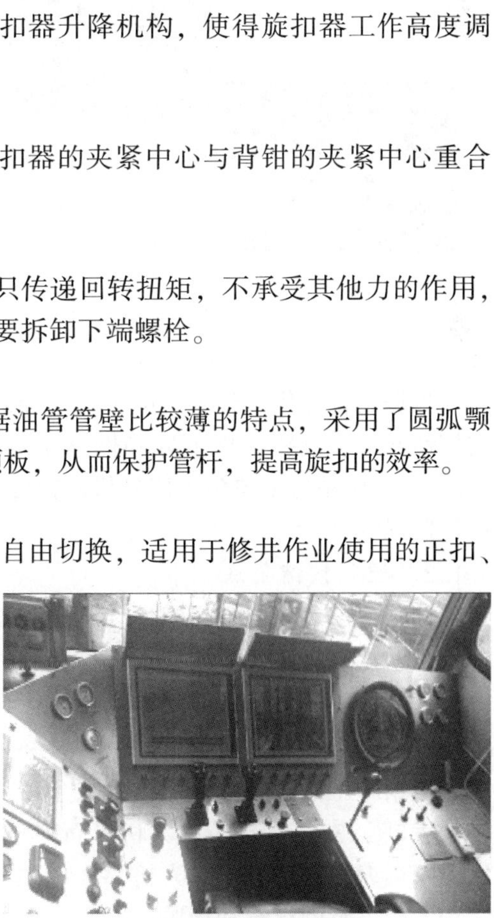

图9 司钻集成智能控制系统

5.1 集成控制司钻房

设计集成控制司钻房(图 10)，高度整合设备控制、数据反馈、视频监控模块，100 余个各类设备操作单元，游车高度、悬重钻压、立管压力、转盘扭矩等施工参数实时显示。大幅缩减按键、仪表数量，简化操作步骤。司钻通过控制 2 个多功能操作手柄、少量开关按键和数字按键即可完成设备运行。

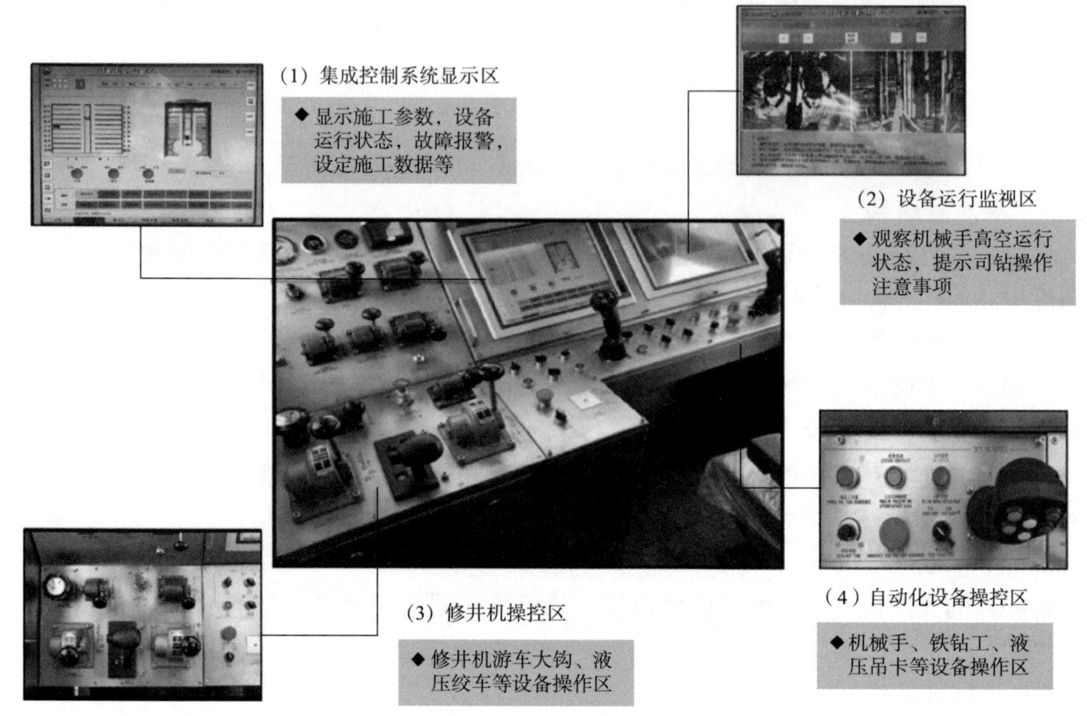

图 10 集成控制司钻房结构示意图

5.1.1 集成控制司钻房设计

根据设备操作流程及人体工程学原理，设计集成控制司钻房，对自动化设备控制区域的旋钮开关、按钮、指示灯和操作手柄进行合理布置，对不同设备的操作部分进行分区(图 11)。司钻房主要包含修井机操控区、自动化设备操控区、集成控制系统显示区、设备运行监视区。

5.1.2 控制按键集成

控制按键集成包括司钻操作台开关简化集成、人机界面按键集成和手柄按键集成三部分。自动化设备系统采用双手柄控制，左手柄用于控制铁钻工，右手柄用于控制二层平台机械手，左右手柄分工明确，操作简捷、高效(图 12)。

5.1.3 一体化数字仪表设计

根据施工需求，整合司钻房六参仪和水温流量报警仪，改造为集成控制系统一体化数字仪表(图 13)。在上位机人机界面中开发指重表、六参仪、水温流量报警仪，系统将采集到的绞车编码器信号，在人机界面中显示游车大钩的高度和速度信息，同时可以进行游车大钩上碰、下砸设置和报警。

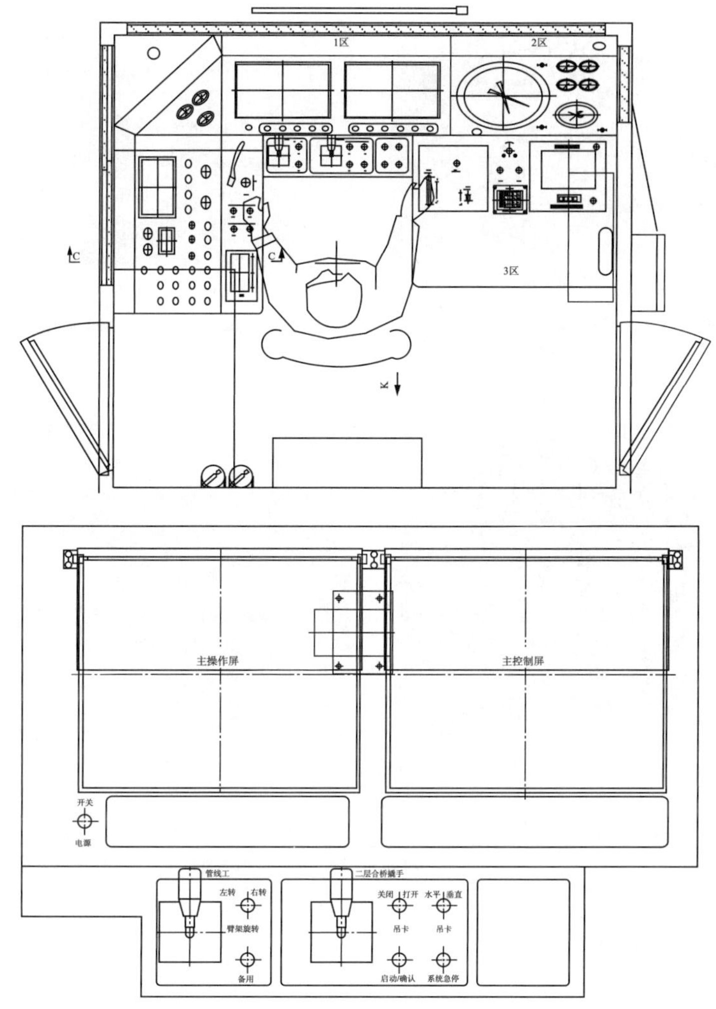

图 11　集成控制司钻房结构布局设计

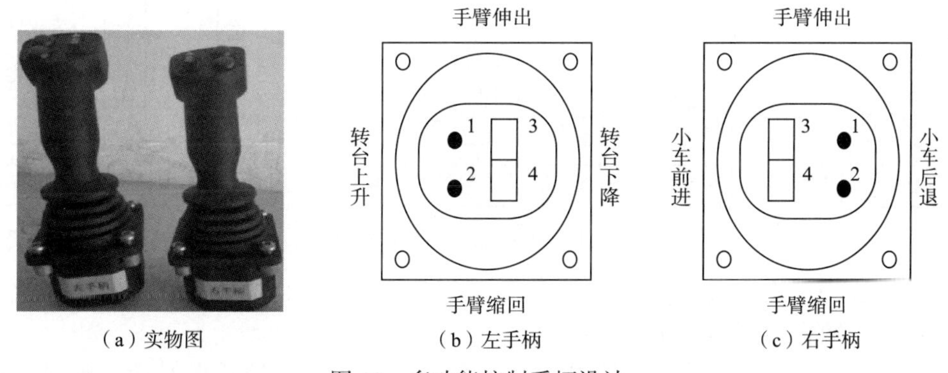

（a）实物图　　（b）左手柄　　（c）右手柄

图 12　多功能控制手柄设计

5.2　司钻智能控制系统程序开发

5.2.1　司钻智能控制系统程序

根据修井施工工艺流程，进行司钻智能控制系统的程序开发，主要包括系统程序开发、故障诊断、安全互锁设计 3 个板块(图 14)。

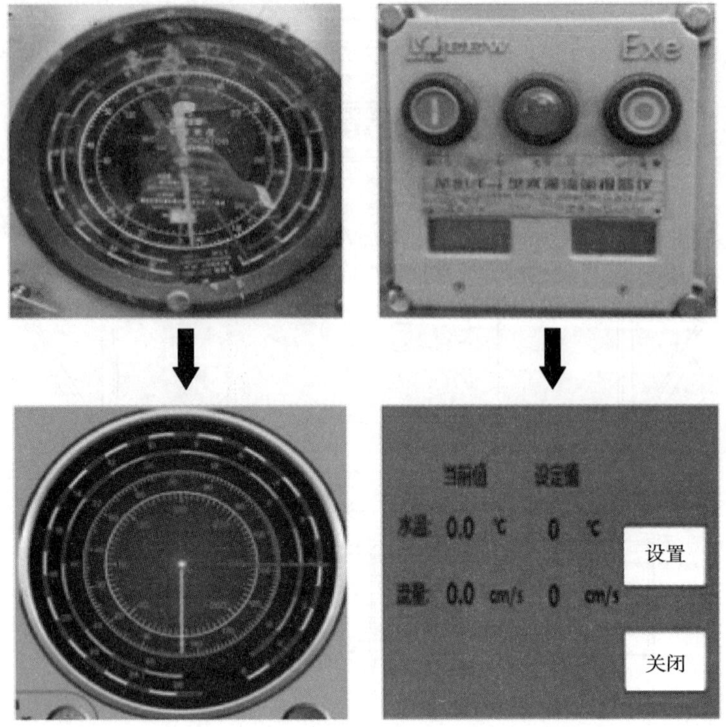

图 13　一体化数字仪表设计

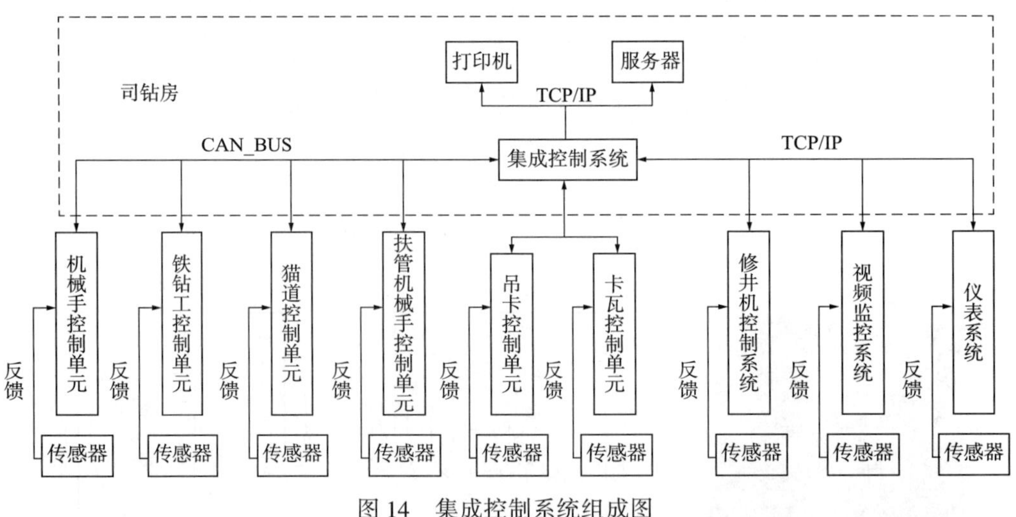

图 14　集成控制系统组成图

（1）系统程序开发：编写机械手、吊卡、铁钻工集成控制的程序，开发一体化仪器仪表的信号传输、数据处理与显示功能。

（2）故障诊断：编写故障诊断功能模块，包含设备故障位置诊断功能、通信故障诊断功能、故障代码与文本显示功能三个功能组。

（3）安全互锁：编写设备互锁保护功能模块，包括机械手与吊卡互锁、机械手与绞车互锁、铁钻工与绞车互锁、机械手与铁钻工互锁等。

以机械手与绞车互锁为例：当机械手到达井口干涉区域内，机械手控制器给出锁机信号使得主机系统利用盘刹锁住大钩；当机械手离开井口干涉区域后，机械手控制器复位锁机信号，大钩能正常上下；当大钩上下运动时，禁止机械手行进至井口干涉区域。

司钻智能控制系统原理主要有如下内容：

(1) 根据修井机和井口自动化设备的系统需求分析，结合现有确定的二层台机械手、液压吊卡、铁钻工的使用情况，确定输入、输出的设备类型和数量。

(2) 根据自动化设备和仪表的输入、输出类型(AI、DI、PI 和 DO 共四种类型)和数量，确定控制器的 I/O 点数，并选择相应机型。

(3) 合理分配 I/O 点数，确定集成控制系统的输入、输出接线方式。

5.2.2 人机界面开发

设计人机交互界面(图 15)，主要包括修井机、机械手、吊卡、铁钻工等设备实时工况信息及二维动画显示，游车大钩指重、吊钳扭矩、立管压力、转盘扭矩、转盘转速和泵冲等参数仪表设置，二层台位置吊卡视频信息和手臂位置视频信息显示等。

(1) 主界面显示内容。

① 游车大钩高度、速度，放置在井架模型旁侧，通过采集传感器数据实时刷新。

② 悬重和钻压以数码方式显示在页面正中，实时刷新。

③ 多参仪，包括悬重、立管压力、钻压、转盘扭矩、吊钳扭矩、转盘转速和泵冲，在主页面左侧上部显示。

④ 数据曲线，包括悬重和转盘扭矩曲线，在页面左侧下部显示。

⑤ 主机控制开关、钻压复位开关用于对大钩钻压进行复位，水温流量开关用于显示和设置水温流量值。

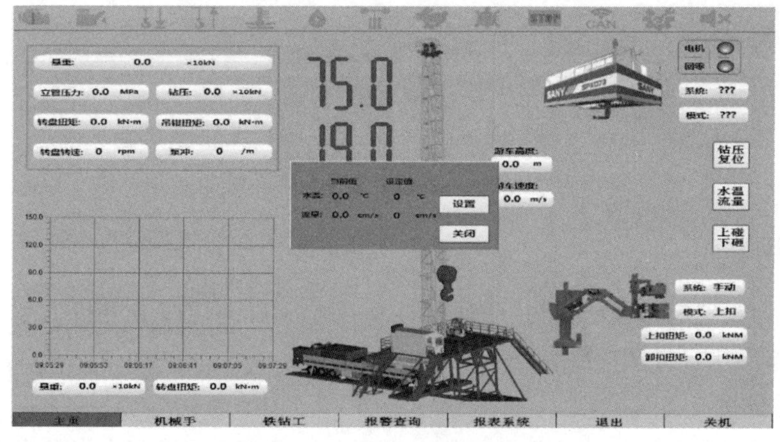

图 15 人机交互系统主界面

(2) 集成控制中机械手界面。

机械手人机交互系统主界面(图 16)，主要包括状态显示、功能开关、动画和报警提示等内容。在机械手主界面中，可以进行系统手动、自动切换，排管、送杆模式切换，指梁锁打开、关闭操作。以上功能应用数字虚拟开关后，由纯软件处理，响应速度快，摈弃了物理开关和接线，更加稳定可靠。

(3) 集成控制中铁钻工界面。

铁钻工人机交互系统主界面主要包括设备状态显示、功能开关、数据曲线和报警提示等内容(图 17)。在铁钻工主界面中，可以进行系统手动、自动切换，上扣、卸扣模式切换，远程、近控操作切换，井口、待机工位切换。

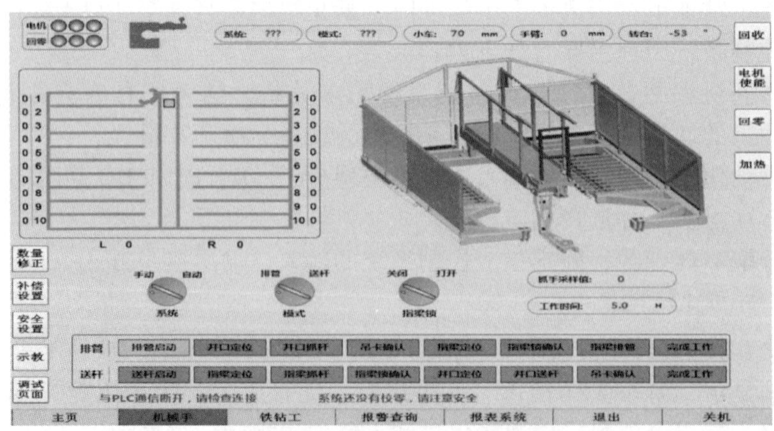

图 16　机械手人机交互系统界面

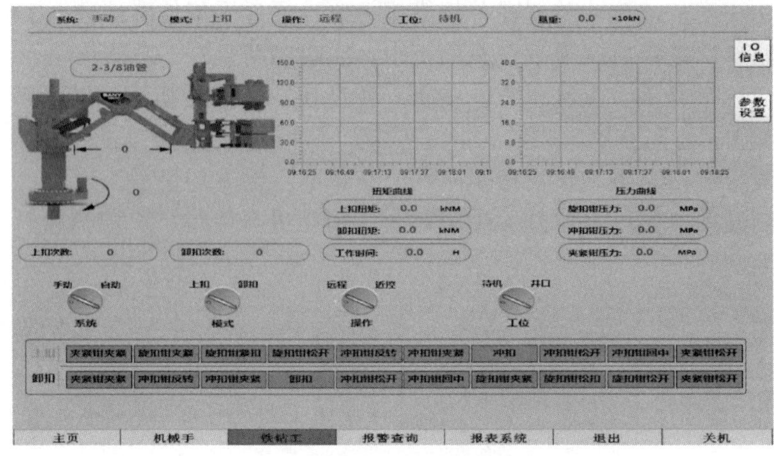

图 17　铁钻工人机交互系统界面

6　现场应用

自 2015 年起，已有近 40 支修井队通过该项目完成自动化改造并投入生产，累计完成各类油水井大修施工任务 2000 余口。

6.1　经济效益分析

以 2015 年首批应用修井自动化设备的 A 队为例，应用自动化设备的修井队班组减少井架工、井口工各 1 名，该队操作岗位员工总量由 2015 年的 18 人减少至 2022 年的 12 人，单支队伍年节省人工成本上百万元。油田大修队全部应用自动化设备后，预计每年可节省人工成本超过 1 亿元。

6.2　社会效益分析

施工安全方面：应用修井机二层平台机械手，规避了高空施工风险；应用液压猫道，可降低地面施工风险；应用铁钻工及自动悬吊系统，为降低井口作业风险创造了技术条件。修井自动化设备使高风险施工区域、高强度作业流程改为机械施工，规避可能造成的劳动伤害，安全得到更好保障(表 1)。

表 1 施工风险对比表

作业区域	非自动化大修施工	自动化大修施工
高空施工区域	井架工高空坠落风险	高空无人作业
井口施工区域	物体打击风险、高空落物风险	施工人员远离井口区域
地面施工区域	钻杆吊装风险	地面机械化上下钻杆

劳动强度方面：通过研发配套二层台排管系统、修井地面自动送管系统、自动上卸扣系统、司钻集成智能控制系统，取代人工上卸管具、拉放管杆上下钻台、摆放钻杆，修井工由体力工作者转变为技术型工人，员工劳动强度降低 60%以上，彻底改善一线工人苦脏累的局面。

施工效率分析：在施工效率方面，分别选取 3 支非自动化修井队和 3 支自动化修井队开展施工写实，自动化队伍钻杆起下效率提升 14. 96%，磨铣钻杆等蹦扣起下工况时效提升 106. 27%。通过对比分析得出，自动化设备施工与传统效率基本持平，但人工作业因长时间体力劳动造成施工效率大幅降低，而应用自动化设备可保持长时间匀速施工。时效对比情况如图 18 所示。

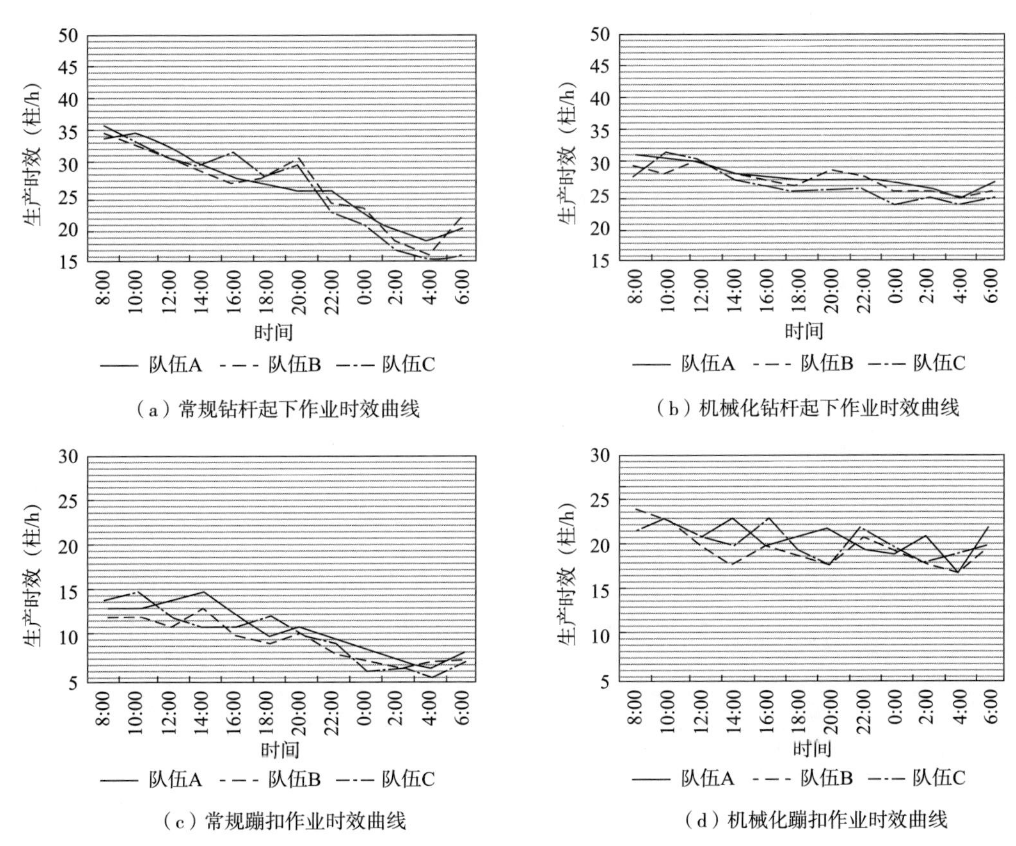

（a）常规钻杆起下作业时效曲线

（b）机械化钻杆起下作业时效曲线

（c）常规蹦扣作业时效曲线

（d）机械化蹦扣作业时效曲线

图 18 施工作业时效对比图

7 结论

修井起下作业自动化设备项目研发了地面管柱集成输送、快速旋扣、高空管柱一体化处理、智能集成控制等修井施工技术，实现了修井施工中劳动强度最大、重复率最高的“上管、旋扣、开关吊卡、摆放立柱”环节机械化施工，使工人由体力劳动者向技术型工人升级，带动生产模式和劳动方式的重大变革。该项目的成功实施，减少一线用工数量，实现了减员增效；使高风险施工区域、高强度作业流程改为机械施工，规避作业人员高空坠落、物体打击、机械伤害、管具吊装等常规作业施工风险，促进了安全生产；降低了一线劳动强度，改善员工的作业环境。该项目可在石油勘探开发领域大修井队伍进行推广，提高修井队伍在国内外市场的竞争力，为油田稳产、高产提供支持，拥有广泛的应用前景。

磁性定位井下工具智能识别方法

龚 华 冯 逾 王 倩 裴建亚 朱晓萌

(大庆油田有限责任公司测试技术服务分公司)

摘 要：生产测井中，用磁性定位曲线解释井下工具，本文应用S-H-ESD异常点检测算法识别出井下工具(接箍、封隔器、配水器及短套)的异常点位置信息，对异常点数据通过差值聚类、特征值提取等处理手段，应用计算机程序和数据库，实现对磁性定位曲线井下工具的批量化智能识别及标注，实时返回井下工具的种类和位置信息，极大提高了资料解释质量和工作效率。

关键词：磁性定位；工具智能识别；异常点检测；特征值提取

在油田开发过程中，生产测井是油藏动态监测的重要手段，注产剖面、试井压力信息结合油藏静态信息，可综合评价油水井产能状况，为油田及时调整油水井生产参数及措施方案提供可靠依据，保障油田生产。注产剖面测井是大庆油田注水开发以来占据主导地位的动态监测手段，同时，随着油田开发的深入，平面及层间的矛盾也日益突出，因此，资料解释评价面临着解释任务繁重和评价难度加大的双重挑战。

目前，注产剖面的测井资料解释，仍然依靠解释软件完成，智能化程度低，大量工作需要人工完成。基于磁性定位曲线的工具识别及标注是资料解释的重要环节，主要依靠解释人员的专业识别技能，手动标注来完成，不仅工作效率低、人工成本高，且无法保证解释质量。在同位素吸水剖面测井解释中，接箍、短套、配水器、封隔器等不同的井下工具上放射性沾污不同，识别错误势必会影响同位素吸水剖面的解释精度。

近年来，计算机领域的大数据挖掘、机器学习、人工智能等技术得到前所未有的迅猛发展，为井下工具识别向智能化发展提供了技术保障。借助智能算法可以识别在磁性定位曲线中的工具特征，由计算机代替人工精准识别并自动标注，极大地提高了工具识别的精度和工作效率。

1 井下工具识别的方法研究

1.1 磁性定位曲线形态

磁性定位曲线是井下工具识别的依据，对油套管柱结构及工具的位置能够提供准确解释，为射孔、大修、压裂等精准定位，为调整井下工具位置提供指导性建议。磁性定位器是由系统中的线圈及同极性相对排列的两个磁感组成，磁钢会在系统周围建立磁场，当仪

作者简介：龚华(1986—)，2011年毕业于成都理工大学构造地质学专业，获硕士学位，现任大庆油田有限责任公司测试技术服务分公司工程师，主要从事生产测井解释技术及资料应用方面的研究，中级工程师。通讯地址：黑龙江省大庆市西柳街四号监测信息解释评价中心。E-mail：dlts_gonghua@petrochina.com.cn。

器沿井筒移动时，由于井筒内油套管接箍、封隔器、配水器等内径和管壁厚度的变化，导致仪器周围介质磁阻的变化，从而使测量线圈中的磁力线重新分布[1]，磁通量发生变化，在线圈两端产生感应电动势(图 1)。磁通变化率越大，测量线圈中产生的感应电动势就越大。

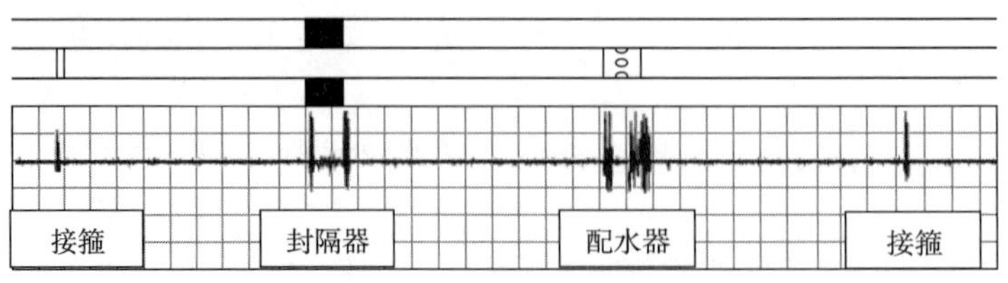

图 1　磁性定位井下工具成果图

井下工具对应的磁性定位曲线段具有明显的形态特征[2]。封隔器、配水器等工具对应的形态特征主要表现在波峰组数量、波峰间的距离，以及整个特征段的长度。但从整体上来看，接箍一般存在一个波峰，短套存在两个较近波峰，封隔器存在两个分离较远的波峰，而配水器的波峰个数较多且较为集中(图 2 和图 3)。

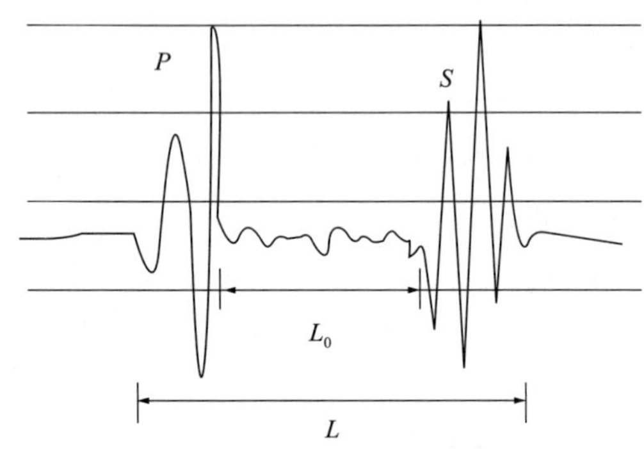

图 2　某型号封隔器曲线形态

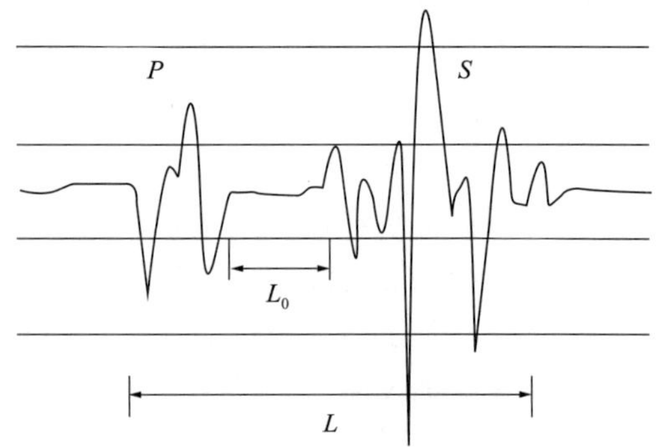

图 3　某型号配水器曲线形态

1.2　井下工具识别基本原理

时间序列分析技术一直是算法技术研究的热门方向，已经产生了很多极有应用价值的成果。大多数的测井曲线都是深度等间隔采样的数据序列，在测井速度稳定的情况下，等同于时间等间隔采样。因此，完全可以把测井曲线看作时间序列，从而可以将时间序列分析技术应用于测井数据处理过程中。本文基于磁性定位曲线的井下工具自动识别方法，借助了时间序列分析中的 S-H-ESD 异常点检测方法[3]，将磁性定位曲线中的井下工具信号作为异常点检测出来，对异常点出现的位置信息进行一系列处理，进而提取出不同工具的信号特征，最终实现了井下工具的自动识别。

Grubbs 检验法[4-5]是一种常见的检验单个异常点的方法。如果序列中有异常点，则这个单独的异常点必定是这个序列中的极大点或极小点。但在实际的序列中，经常会出现多个异常点。S-H-ESD 方法是在 Grubbs 检验法的基础上，对序列中的多个异常点进行探测的一种方法。ESD 算法是推广版本的 Grubbs 检验法，因为时间序列数据存在着明显的序列特征，所以在进行异常检测的时候，不能将其视为孤立的样本点来处理。所以，Hochenbaum 等[6]在 2017 年提出了 S-ESD 算法与 S-H-ESD 算法，将 ESD 拓展到了时间序列数据。S-

H-ESD 算法首先运用 STL 算法将时间序列数据分解为趋势量、周期量和余项量，再将 ESD 算法运用于 STL 分解后的余项分量中，从而获得到时间序列上的异常点。S-H-ESD 算法用中位数替换掉趋势量，且采用了更具鲁棒性的中位数与绝对中位差替换公式中的均值与标准差[2]。

1.3 井下工具识别具体方案

井下工具识别是一种基于曲线异常点检测的井下工具智能识别方法，可以通过计算及程序批量实现基于磁性定位曲线(CCL)的井下工具自动识别，是实现同位素注入剖面测井自动化解释的基础，有助于提高测井资料解释的质量和工作效率，具体采用的技术方案如下：应用异常点检测算法(S-H-ESD)检测出包含井下工具(封隔器、配水器及短套)的异常点位置信息，对异常点位置数据采用差值聚类、特征值提取等数据处理手段，通过计算机程序和数据库实现对磁性定位曲线井下工具的精确识别，可实时返回井下工具的种类和位置信息(图 4)。

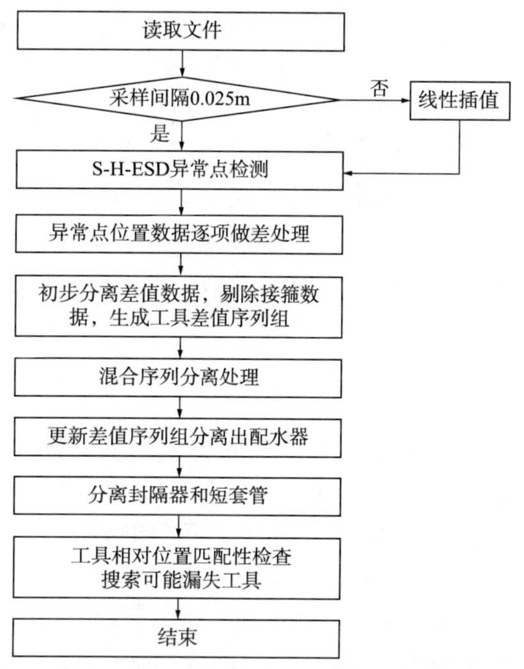

图 4　磁性定位曲线井下工具自动识别流程图

1.3.1 数据预处理

数据预处理阶段，通过小波滤波消除曲线中的部分干扰噪声[7-8]，可以在一定程度上改善识别环境。统一测井曲线的采样间隔，要统一使用油田测井采用的最小采样间隔 0.025m。不满足时，要进行插值。

1.3.2 异常点识别

利用时间序列异常检测算法 S-H-ESD 可以将工具信号作为异常点检测出来，形成由索引值表示的异常点序列，记为 Y。

1.3.3 工具的初步分离

对异常点位置序列 Y 向前逐项做差处理，可以得到差值序列 ΔY，通过设定门限(序列中所有大于等于 60 的点作为分段点，不包含分段点)，将 ΔY 进一步分离成多段数据，由于接箍位置的数值大，且段内异常点数目少，首先将其从 ΔY 排除出去，最后形成多组数据，记为 $\Delta X=(\Delta X_1, \Delta X_2, \Delta X_3, \cdots \Delta X_n)$。其中 $\Delta X_i=(a_1, a_2, a_3, \cdots, a_m)(i=1, 2, \cdots, n)$ 为一组有序差值数据，此时，ΔX_i 分别指示封隔器(fg)、配水器(ps)、短套(dt)，以及三者以不同方式组合在一起的暂时无法区分的差分序列，称为混合序列(ΔX_{H})，完成工具的初步聚类。

1.3.4 特征值提取

对每个差值序列 ΔX_i 分别提取工具长度 L_i、序列异常点数目 Num_i 及序列异常点特征间距 MK_i，形成三个特征序列 $Len=(L_1, L_2, L_3, \cdots, L_n)$，$Num=(Num_1, Num_2, Num_3, \cdots, Num_n)$，$MK=(MK_1, MK_2, MK_3, \cdots, MK_n)$，其中，$L_i=\sum(\Delta X_i)$，$Num_i$ 为序列中数据的数量，MK_i 为序列中数值大于等于 10 的数据。

1.3.5 混合序列分离处理

特征序列 Len 中 L_i 值大于 80 所对应的 ΔX_i 为混合序列 ΔX_{Hi}。对 ΔX_{Hi} 以其 MK_{Hi} 值为分割点(包括分割点)，将其分为多个序列，然后按顺序以最终组合为 2~4 段为目标，穷举全部组合，对每种组合包含的序列分别求和，形成和值序列，求和值序列的变异系数($CV=\sigma/\mu$)，比较所有 CV，当 CV 取得 $CV_{\min}$ 时，即得到最优分离组合。

利用混合序列分离结果更新 ΔX 序列组，对每个差值序列 ΔX_i，重复以上步骤，取得更新的特征序列 Len 和 Num 序列。

1.3.6 识别配水器

将 Num 序列重新定义为数集，$Num=\{Num_1, Num_2, Num_3, \cdots, Num_n\}$，从中分离出 $Num_1=\{a\in Num \mid Q_1\leqslant a\leqslant Q_2\}$ 和 $Num_2=\{b\in Num \mid b\geqslant Q_3\}$，其中，$Q_1$ 为下四分位数，Q_2 为中位数，Q_3 为上四分位数，则得到封隔器和配水器的最优分割参数为 SP_{num}，见公式(1)：

$$SP_{num}=\frac{\overline{Num_1}+\overline{Num_2}}{2} \tag{1}$$

利用 SP_{num} 可以首先将配水器分离出来，Num 序列中的值与 SP_{num} 比较，如果 $Num_i>SP_{num}$，则判断 Num_i 对应的 ΔX_i 是配水器，同时 Num 序列被分成两部分，即配水器序列 Num_{ps} 和其他序列 Num_{qt}。相应的 Len 序列也对应分成两部分，Len_{ps} 和 Len_{qt}。

1.3.7 识别封隔器和短套

对 1.3.6 节所述两个序列 Len_{ps} 和 Len_{qt} 分别应用公式(2)进行计算可以求得本曲线中最精确的封隔器和配水器长度值，记为 $PsLen$ 和 $FgLen$，在序列 Len_{qt} 中搜索满足 $|FgLen-L_i|\leqslant 5$ 的值，判断与其下标对应的 ΔX_i 是封隔器(图 5)。序列 Len_{qt} 中剩余的元素对应的 ΔX_i 判断为短套。

$$\min_{1\leqslant j\leqslant p}\sum_{i=1}^{p}|d_i-d_j| \tag{2}$$

1.3.8 工具相对位置匹配性检查

进行工具相对位置匹配性检查，同时在存在严重干扰井段，综合应用 SP_{num}、$PsLen$ 和 $FgLen$ 三个参数查找遗漏的封隔器或配水器，完成全井管柱工具的自动识别(图 6)。

2 应用效果

为了验证该方法的可靠性，利用同位素注入剖面五参数组合测井的实际测井资料，开展了数百口井的验证实验，取得了 100%的成功率。图 7 给出了三口井磁性定位曲线井下工具自动识别的结果，左图 1021m 附近有一个封隔器与短套的混合工具，中图 1101m 附近是封隔器与配水器混合工具，工具自动识别程序均可准确地将混合工具分离并识别出来。右图是存在较强干扰情况下的工具自动识别情况，工具也得到了准确识别。从应用效果来看，井下工具自动识别方法是稳定可靠的，可以在实际测井解释中推广应用，它的出现解放了繁重的人工劳动，提高了解释效率和质量，为实现同位素注入剖面测井解释的智能化奠定了基础。

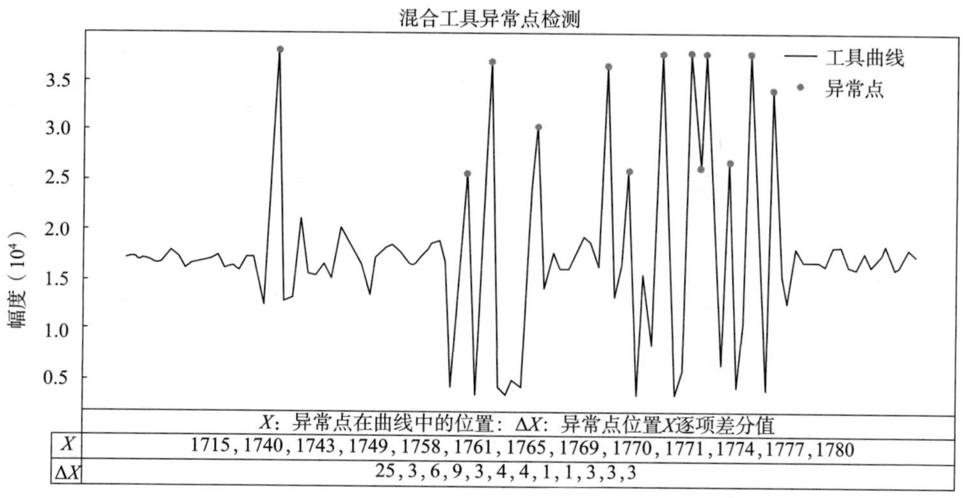

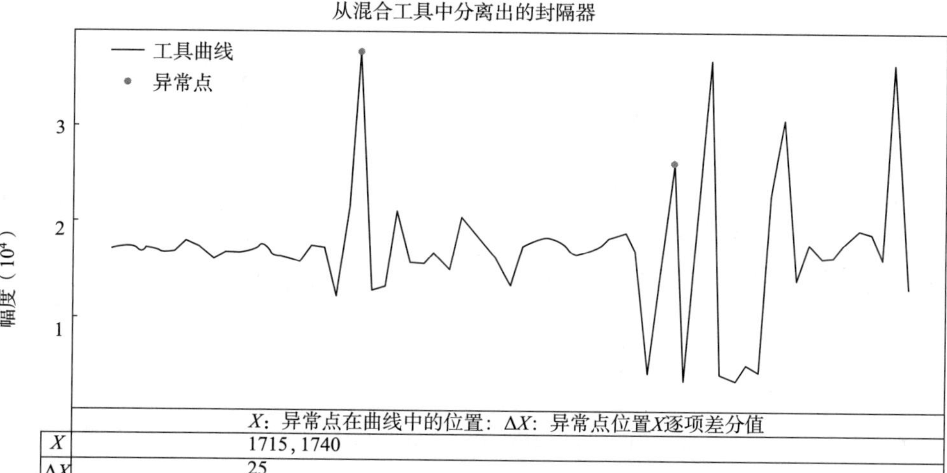

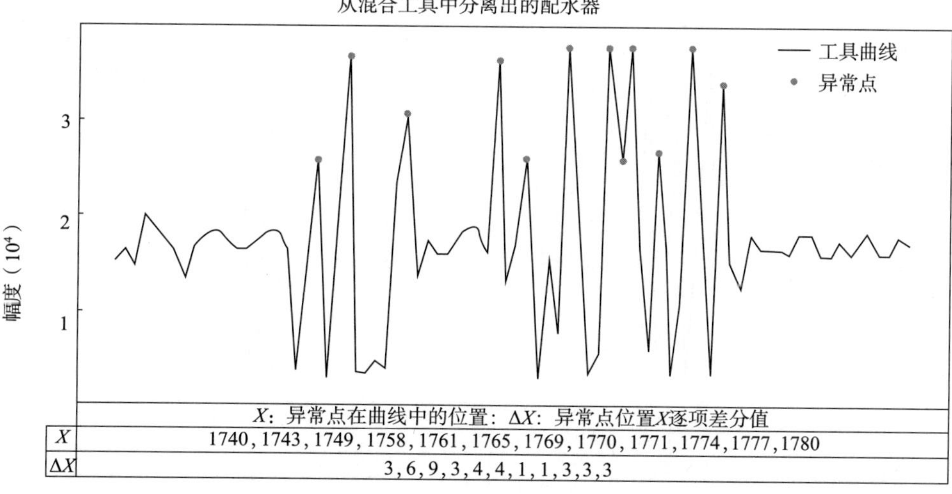

图 5　封隔器与配水器混合工具分离结果图

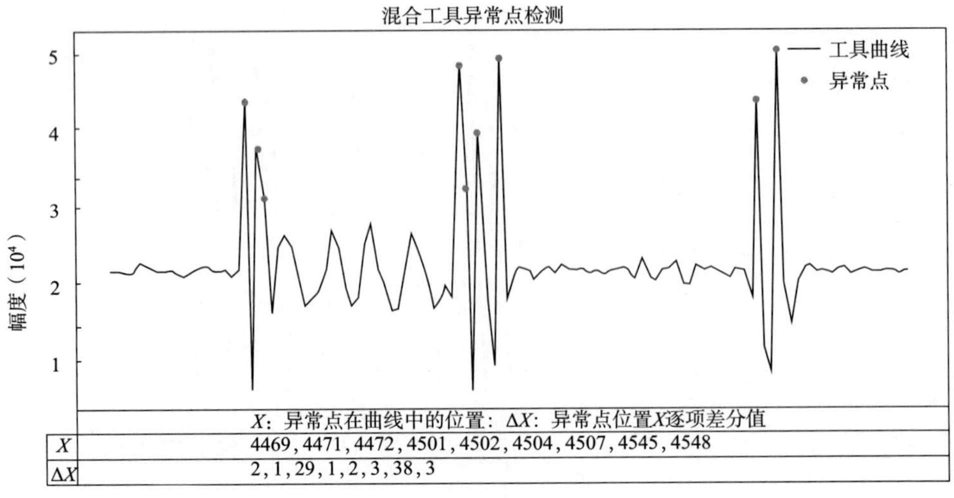

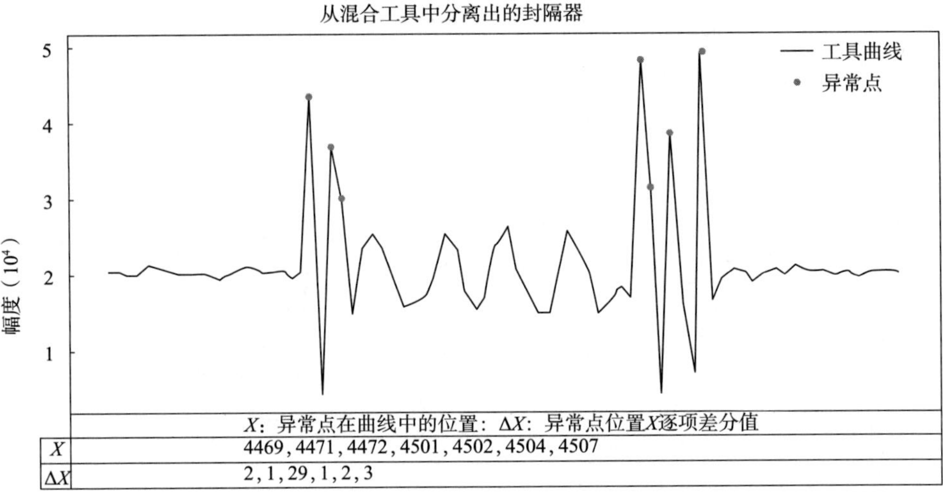

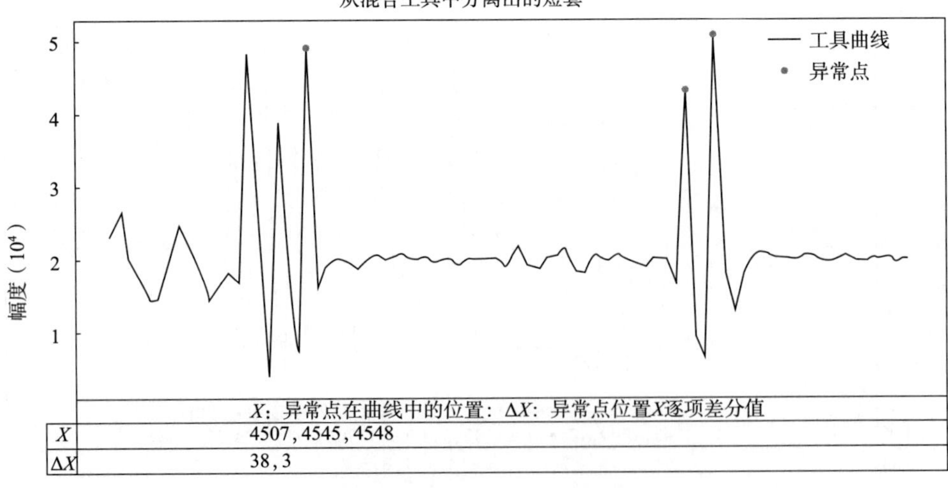

图 6　封隔器和短套混合工具分离结果图

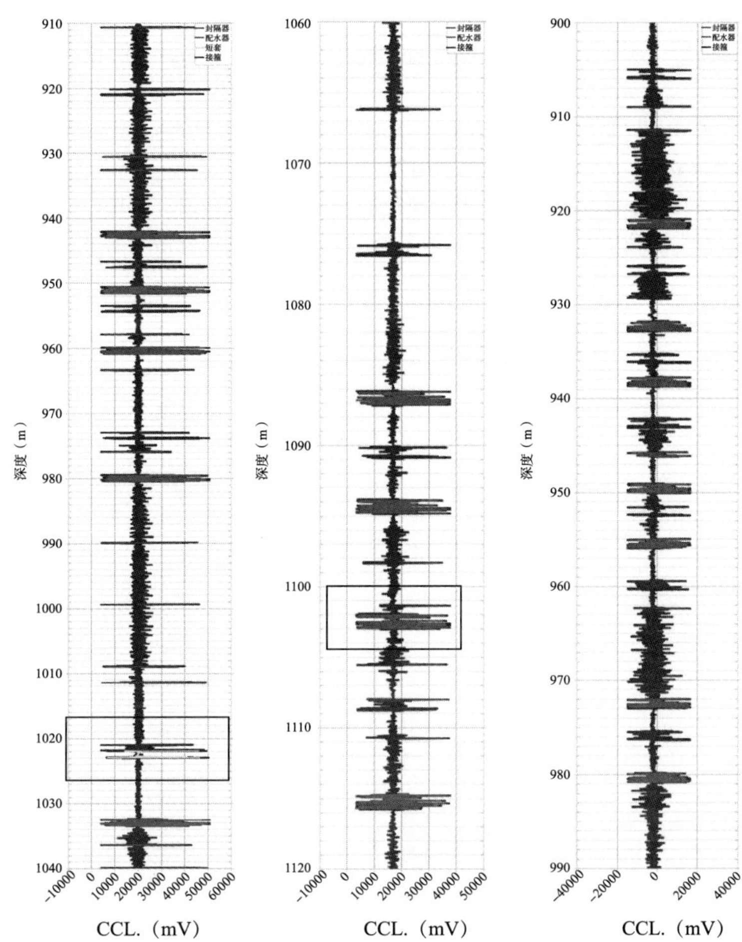

图7　磁性定位曲线井下工具自动识别曲线图

3　结论

井下工具智能识别方法通过磁性定位曲线异常点检测，将识别井下工具信号过程转换为分析异常点位置差值序列的特征，无需复杂的曲线形态识别，经简单的数据处理和分离运算，在一维数据维度下，就可对井下工具信号实现聚类识别。从应用效果来看，采用的方法符合磁性定位测井曲线的特点，简单而可靠。在算法程序方面，采用了模块化设计方案，具有计算速度快、占用资源少、易于移植的特点。与传统的井下工具人工标注相比整个工具识别过程都由计算机程序智能完成，无须人工干预，工作效率和解释质量都得到了极大提高。

参　考　文　献

[1] 刘登元．磁性定位在不同测井方法中工具深度误差原因分析[J]．石化技术，2017(10)：255-256.

[2] 尚福华，赵擎华．基于形态-变长夹角链码的测井曲线识别[J]．计算机与数字工程，2014，42(9)：1589-1590.

[3] 师世健．大型椭球类复杂曲面逆向工程加工关键技术研究[D]．北京：北京交通大学，2020.

[4] GRUBBS F E. Procedures for Detecting Outlying Observations in Samples[J]. Technometrics，1974，11(1)：

52-53.
[5] GRUBBS F E. Sample Criteria for Testing Outlying Observations[J]. Annals of Mathematical Statistics, 1950, 21(1): 26-58.
[6] HOCHENBAUM J, VALLIS O S, ARUN K. Automatic Anomaly Detection in the Cloud Via Statistical Learning[J]. ArXiv preprint: 1704.07706, 2017.
[7] 马建鹏，王召巴. 基于小波变换的信号去噪研究[J]. 机械管理开发，2010，25(1)：195-196.
[8] 刘亮，叶进. 基于小波理论的动平衡信号滤波方法研究[J]. 机械制造与研究，2010，40(1)：51-54.

超深井自动化修井技术探索与实践

李　军　董　涛　李　勇　刘燕平

（中国石化西北油田分公司）

摘　要：针对塔河工区油井井深超深、井况复杂、管柱负荷高、作业工人劳动强度大、作业环境恶劣等难题，从修井设备改进升级、作业远程在线监控方面开展了自动化修井技术攻关工作，提升作业效率，提高本质安全，推动修井作业信息化建设，从而实现“安全生产、清洁生产、高效作业、降本创效”目标，取得了超深井自动化修井技术突破性进展，为修井作业“以机替人”设想奠定了基础，为高质量发展提供了技术支撑。

关键词：超深井；自动化；修井；信息化

塔河工区位于塔里木盆地，作业井井深6000m以上，存在单井修井作业费用高、劳动强度大、安全系数低等问题。为降低作业劳动强度，提升作业经济效益，确保高效、安全、稳定，从修井设备自动化改造集成技术、电磁涡流刹车技术和管柱防提断装置方面进行改进，通过自动起下钻、自动传送单根、自动上卸扣、配合电磁涡流刹车和增加防提断装置等机械自动化实施，将井下作业井口操作的流程程序化，实现操作简单化、效益化和控制精准化的有机统一，实现起下油管作业井口无人化要求，同时避免了作业过程中因误操作造成的次生事故。

1　修井设备自动化改进

针对修井作业费用高、安全风险高、工人劳动强度大，结合工区修井作业设备配套标准，开展修井设备自动化改进集成研究工作，将修井设备进行优化集成，配置一体化作业平台、自动上卸扣液压钳、井口扶正臂、自动对中装置、轻便型动力猫道、电磁涡流刹车。满足不同井口高度、不同井深作业要求，设备实现模块化运输、快速安拆的要求，如图1所示。

1.1　一体化作业平台

针对起下管柱过程中，油水滴溅后穿落网格平台，最终在地面形成大量危废，危废形成后均需采用危废转移、处置工艺流程，在此过程中产生转运和危废处置费用问题，且该传统技术已不满足日益严格的环保管理形势，改进一体化作业平台，该装置高1.5~2.5m可调，台面最大承重3000kg，通过法兰连接，安全性高。只需将设备吊装到井口，连接法兰后，通过调节支腿销轴位置，调整机械手、液压钳位置从而实现作业，结构简易、轻便，适应多种井口。

作者简介：李军（1983—），男，四川南充人，高级工程师，2006毕业于成都理工大学资源勘查工程专业，现任中国石化西北油田分公司采油气工程高级专家，采油三厂副厂长、总工程师、HSE总监。E-mail：lijun.xbsj@sinopec.com。

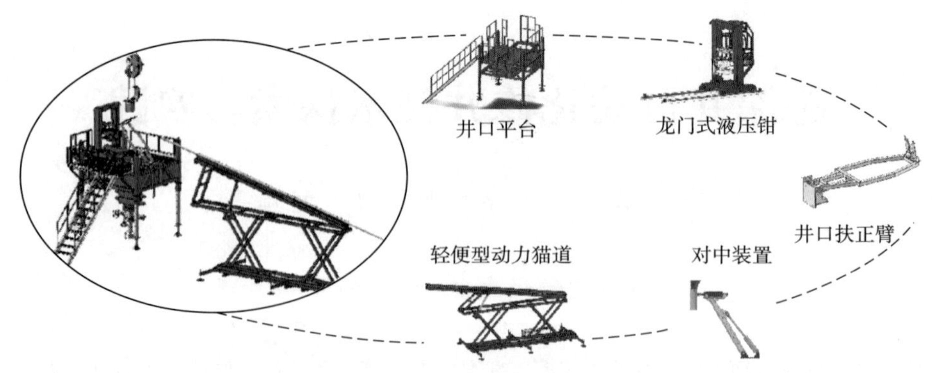

图 1　修井自动化集成系统主要设备

一体化平台配置接污盒，井口废液可收集在内部，减少落地污染，方便处理回收，通过管线与橇装返排液集输罐密闭连接，井口返排出的液体进入罐体，罐体由一个仓组成，收集井口返排液。集成总电气控制柜及总液压阀，大幅优化搬运安装时间。

1.2　油管自动悬吊装置

该装置由液压吊卡、翻转机构、侧摆机构等组成。液压吊卡替代了人工锁定吊卡工作，采用液压驱动，悬吊管柱进行起下管柱作业。通过液压控制，可实现吊卡自动开合、翻转，减轻人工工作量，配套侧摆装置和让开井口位置相互作用，与卡盘互锁，避免误操作，可更换多种规格管柱衬套，操作简单，效率高。主要技术参数见表 1。

表 1　油管自动悬吊装置

序号	参数	
1	型式	侧开式
2	最大载荷	150t(短吨)
3	额定工作压力	14MPa
4	适用管径	工区常用管柱衬套规格

1.3　油管自动扶正装置

该装置由机械臂、油管卡持机构、驱动油缸等组成，非工作状态可收纳在井口平台内，不影响人工操作。吊卡从猫道提拉油管时，接住油管尾部进行缓冲，并扶住油管下部进行对扣。吊卡往猫道下放油管时，可将油管推至动力猫道。主要技术参数见表 2。

表 2　油管自动扶正装置

序号	参数	
1	最大扶正力	2kN
2	井口前推行程	1200mm
3	额定工作压力	14MPa
4	控制方式	手动/自动
5	设备净重	95kg
6	尺寸	1890mm×660mm×650mm

1.4 油管自动旋扣装置

针对人工上卸扣作业劳动强度大、作业效率低，同时安全事故发生的概率大问题，采用油管自动旋扣装置有效解决了人工上卸扣作业的不足。该装置由自动旋扣钳、龙门钳架、导轨、液压系统等组成，配置有液压扭矩传感系统，具备上、卸扣扭矩可调等功能。采用液压驱动，可实现自动开合卡持井内管柱，可直接下放包括悬挂器在内的所有工具。同时司钻远程控制、信号反馈、可与液压吊卡互锁。主要技术参数见表3。

表3 油管自动旋扣装置

序号	参数	
1	适用管径	工区常用管柱
2	液压钳额定系统压力	14MPa
3	液压钳额定扭矩	12kN·m，可调

1.5 管柱自动对中装置

针对油管不居中导致上偏扣、上错扣和上扣扭矩不达标问题，采用管柱自动对中装置，该装置由对中漏斗机构、前推机构、翻转机构等组成。在完成管柱上卸扣后，可沿轨道前后移动或使钳体升降，可自动行走至井口，不需要人工推拉液压钳。高度可根据不同的井口自动调整，配置扭矩仪能实现精确上扣，防止过载损伤管柱，有效监测上偏扣、上错扣。设备内集成液压阀岛及电气柜，便于拆装搬运。主要技术参数见表4。

表4 管柱自动对中装置

序号	参数	
1	适用管径	工区常用管柱
2	额定工作压力	0.4MPa
3	设备净重	70kg
4	控制方式	手动/自动

1.6 轻便修井动力猫道

前期起下油管至井场码放全部采用人工牵引、人工排管作业。针对存在安全风险大、人劳动强度大、工作效率低、油管损伤大等问题，改进加工轻便修井动力猫道，采用液压驱动，将管柱自动送上平台和下放到地面，实现管柱在地面与平台间的双向输送。液压系统采用齿轮泵、油箱、电机动力系统集成在猫道主体上。最轻便的动力猫道，尺寸小、重量轻，随车吊可直接运输，不额外占用运输车辆，举升范围大，一套猫道可适应多种高度井口。主要技术参数见表5。

1.7 修井集成液压气动系统

该系统由主控液压阀组、液压工作单元阀组、气动控制阀组、管线、接头等组成。主控液压阀组液压源采用车载液压源驱动，控制修井油管自动悬吊装置、修井油管自动扶正装置、修井油管自动旋扣装置，共两个电动机和两个液压缸。气动控制阀组采用车载气源驱动，控制修井油管自动对中装置及管柱卡管装置。具有机械结构简单稳定，执行机构为气动，安全高效，可更换多种规格管柱衬套，适应多种工况环境等工作特点。

表 5　轻便修井动力猫道参数

序号	参数	
1	举升高度	适应平台高度 1.5~2.5m
2	额定输出压力	16MPa
3	适应管柱	6~10m
4	举升管柱质量	≤300kg
5	控制方式	司控箱有线/无线遥控器控制

1.8　电磁涡流刹车和防提断装置应用

常规修井机刹车由刹车主体、水循环冷却系统、控制系统组成，其中刹车主体由四组摩擦盘组成。在实际运行中发现，摩擦盘动摩擦损耗，长时间使用影响刹车效果，需频繁更换易损件；作业发热量大，需配备大型水循环冷却系统，维护工作量大；防冻液循环管线老化，频繁发生滴漏，治理耗时费力，安全及环保风险大。针对以上问题，调研改进电磁涡流刹车，由刹车主体、电源控制装置及司钻开关三部分组成，主体由静止部分(定子)和转动部分(转子)组成。通过定子线圈通直流电，线圈变成电磁铁，产生固定磁场。下钻时，轴带动转子，切割固定磁场磁力线，产生涡电流，从而产生与固定磁场方向相反的磁场。固定磁场和反磁场之间彼此相吸的磁力，阻止转子转动，产生阻力矩。

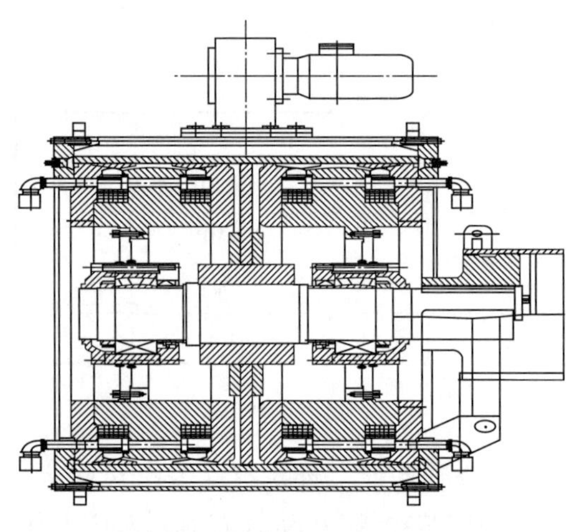

图 2　电磁涡流刹车剖面图

该电磁涡流刹车最高承载 75t，较水刹车高 30t。具有不存在接触摩擦、工作可靠、维护简单、产生温度低、制动功能强的特点。具体如图 2所示。

针对在井控设备半封闸板防喷器关闭后未打开情况下，司钻就上提钻具使钻具拔断事件，为防止半封闸板未开上提钻具，使钻具断裂给修井安全生产带来不良影响，安装防提断装置，防止发生钻具安全事故。通过连接在半封闸板防喷器关闭管线上，靠关闭防喷器时液压油的压力将供气阀门顶开，从而在司钻或远程控制台关井后能够切断动力，即使防喷器没有打开情况下操作刹把，也不会发生拔断钻具安全事故，可以有效起到保护作用。

2　井下作业信息化建设

针对作业参数不能实时远传，生产异常发现滞后；现场视频监控不能远传，违章作业不能及时发现；井下作业数据不能集成应用，人工统计分析工作量大等问题，组织完成调研工作，论证了可行性，需继续推进井下作业信息化建设工作。下步从三个方面加快推进修井信息化自动化建设，一是完善现场参数、视频监控远传功能，信息实时传输至在线平台，及时发现和处置作业异常及违章作业。二是做好信息集成功能，实现从方案设计、现场施工记录到作业完工等全业务线上运行，报表自动生成。三是加快设备更新和自动化设备配套工作。

3 现场应用情况

以上技术首先在 TPX1 井及 TPX2 井两口井成功试验。目前共配置 24 套，累计应用 138 井次，取得较好效果。一是搬迁安装便捷，采用模块化设计，主机就位后 1h 内可完成自动化作业平台装置的安装。二是劳动强度降低，由司钻及场地工共 2 人完成作业，现场劳动强度降低 75%以上。三是安全风险大大降低，实现起、下管柱井口无人化作业，轻便修井动力猫道起下钻速度由 25 根/h 上升至 30 根/h，单井提高时效 5. 3h。四是满足绿色环保，一体化操作平台实现了油污不落地，保障了绿色清洁生产，减少危废产生量 4. 8t/井次；船型围堰实现了原井管柱附着油污的集中收集，减少油泥污染 2. 1t/井次。同时在应用过程中针对吊卡机械锁弹簧无法复位现象；吊卡左右配重不一致导致吊卡倾斜，影响抓管情况；油管油泥过多及腐蚀严重，导致卡盘卡不住、油管容易下滑情况，通过加装配重机构、增加传感器等手段进行了优化改进。

4 取得成果成效

通过探索实践，仅需司钻及场地工 2 人配合即可完成起下钻作业，应用效果良好。与传统作业方式相比，在人员优化、油管磕碰、危废处理、时效提升等方面创造经济效益 115 万元/年，经济效益明显。

配套轻便修井动力猫道实现管具自动上下钻台，避免了传统作业使用牵引绳拉吊管具时存在的磕碰风险。配套井口扶正臂和井口对中装置实现自动取送油管并自动对扣，规避了因对扣不准导致的偏扣、错扣问题，避免了传统作业钻台上工人存在的磕碰伤、跌落、高空落物砸伤等风险。液压钳自动上卸扣，且配套扭矩仪，实现了标准化上扣，降低油管损伤率，同时避免了管具甩动及管具内高压喷射物等带来的安全风险。避免了倒换吊卡和卡瓦时带来的挤砸伤风险。

对钻台进行改造，扩大钻台面积，同时在钻台上配有集成环保装置，实现油污不落地清洁作业，为绿色企业建设加油助力。配套使用船型围堰，不需使用防渗膜，实现油污集中收集，现场油污不落地，实现清洁生产。

5 结论与建议

（1）为修井自动化提供了实践支撑，取得了很好的效果。研究出了适用于塔河工区的修井自动化技术，提升了工作衔接紧密性，优化了接单根、起下钻速度，减少人工劳动强度 75%，单套设备优化 6 人，且安全可靠，经济效益显著，有效提升油田开采经济效益，实现自动化修井设备高效、安全、可靠运行，达到了预期效果。

（2）论证在线信息自动化可行，下步将修井井口作业及其自动化设备运行情况进行实时监控，并同步传送至远程控制处理平台。实现对作业信息和数据的全方位把握，及时掌握作业过程中的异常情况，找准问题所在，高效解决存在问题，保障作业安全和质量。

（3）超深井自动化修井设备完成了塔河修井“以机替人”的设想，自动作业工作模式大大降低了劳动强度、降低了用工量及用工成本，经济效益显著，与油田高质量发展规划相匹配，应用前景广阔，可在油田持续推广。

参 考 文 献

[1] 常玉连，肖易萍，高胜，等. 修井井口机械化自动化装置的研究进展[J]. 石油矿场机械，2008，37(5)：62-67.

[2] 高胜，庞伶伶，常玉连，等. 修井井口机械自动化技术现状分析与展望[J]. 石油机械，2012(2)：80-85.

[3] 孟森林. 自动化修井机现状及发展趋势[J]. 石化技术，2019(7)：4-5.

[4] 耿玉广，谷全福，王树义，等. 修井作业井口无人操作起下油管装置[J]. 石油钻采工艺，2014(6)：116-121.

[5] 高望祺. 修井井口机械自动化技术应用现状及前景展望[J]. 设备管理与维修，2019(13)：111-113.

[6] 李明浩. 修井作业井口自动化装置设计研究与仿真[D]. 大庆：东北石油大学，2014.

TCP 无线声波起爆技术研究与应用

于秋来　刘　刚　蔡　山

（大庆油田有限责任公司试油试采分公司）

摘　要：目前，TCP 射孔施工主要通过机械撞击或井口加压两种方式起爆，但因起爆装置本体为一次性消耗品，且配套的火工品数量多，导致 TCP 射孔起爆成本远高于电缆射孔。针对这一问题，开发了 TCP 无线声波起爆技术。利用地面系统发出特定编码声波信号，通过油管向井下传输，井下接收装置接收信号并匹配后，即可向外输出发火电流，控制雷管及射孔枪串起爆。该技术在大庆油田累计试验 27 口井，有效降低射孔成本，是射孔施工更加安全、可靠的技术保障。

关键词：射孔；起爆；无线；声波；控制

油管输送式射孔简称 TCP，是把一口井所要射开油气层的射孔器串接在油管柱的尾端，形成一个硬连接的管串下入井中[1]，通过投棒撞击或者井口加压两种方式引爆射孔器[2-4]，对目的层进行射孔。该工艺在大斜度井、水平井、高压井、气井具有其他射孔方法所不具备的优势[5]。目前，油管输送式射孔常用的起爆装置、延时装置和安全传爆装置及配套火工品均为一次性消耗品，导致油管输送射孔起爆成本较高。此外，现有的投棒和压力起爆方式还存在一些不足，无法完全满足施工需求。如射孔—测试联作施工中，地面泵车加压起爆时导致联作封隔器失封，影响后续求产测试[6]；部分老井油管输送补孔时，由于管内沉积油泥，导致无法起爆[7]。为此，开发了油管输送射孔无线声波起爆技术，在降低管输射孔起爆成本的同时，也为现场施工提供更加安全、可靠的技术保障。

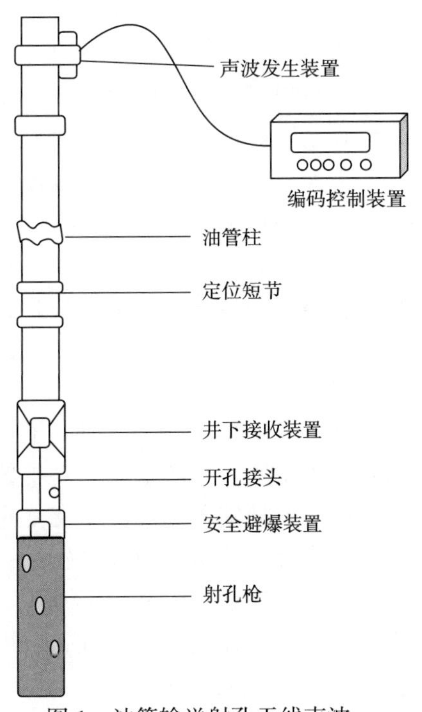

图 1　油管输送射孔无线声波起爆技术管柱示意图

1　工艺技术原理及特点

1.1　工艺管柱及技术原理

油管输送射孔无线声波起爆技术工艺管柱主要由地面控制箱、声波发射器装置、油管柱、定位短节、井下接收装置、安全避爆发火装置、射孔枪串等组成(图 1)。

作者简介：于秋来(1985—)，2008 年毕业于大庆石油学院石油工程专业，现就职于大庆油田有限责任公司试油试采分公司，主要从事射孔完井工艺技术研发和方案设计工作，高级工程师。通讯地址：黑龙江省大庆市让胡路区乘南十八街十八号。E-mail：boaixiaoyuer@ 126. com。

该技术工艺原理为管柱下入至射孔层位后，将声波发射器安装在井口油管短节上，并与地面控制装置连接，然后地面编码控制装置控制声波发生装置发出特定编码的声波信号，这种特定的声码信号沿油管柱向下无线传输[8-10]，井下接收装置检测接收到信号后，进行滤波、解调等处理，当接收的信号与预设的信息吻合后，发出点火指令，控制电源向雷管放电，击发电雷管，进而起爆射孔器。

1.2 技术特点

（1）声波沿油管柱无线传输距离最远达到2000m；

（2）可以实现井下多级射孔枪串的起爆控制；

（3）仅有电雷管为一次性消耗品，起爆成本较低；

（4）可满足射孔—测试联作等特殊工艺起爆需求。

2 关键技术

结合射孔施工安全要求高的特点，为实现油管输送射孔无线声波起爆，需解决声波无线传输和施工安全控制两项技术难题，从而确保油管输送射孔施工过程中声波信号稳定传输、安全受控。

2.1 扭力波无线传输技术

为实现井下声波长距离传输，通过声波传输模式优选、声波发生、接收技术和系统结构优化研究，开发了声波发生和接收技术，解决了声波发不出、传不远、收不准等难题，实现单级传输突破2000m。

2.1.1 声波发射技术

声波属于一种机械波，以横波、纵波、扭力波三种形式在介质中传播，横波介质粒子振动方向与传播方向垂直；纵波介质粒子振动方向与传播方向平行；扭力波介质粒子振动方向与传播方向扭转。结合井下环境及管柱，横波粒子垂直运动，在接箍位置能量衰减特别大；纵波除接箍处能量损失外，还会发散到井筒流体中；扭力波只能在固体中传播，在井下环境中，能量衰减最小。因此，该技术声波传输采用扭力波传输模式，确保声波振动传得稳。

基于压电换能原理，研制了声波发射装置，其为环形对称式结构。该装置主要由主机信号输入单元、半圆形声波发生器、发生器外壳等组成(图2和图3)。当对声波发生装置的压电陶瓷换能器施加一个交变电场，陶瓷片时而变厚时而变薄，同时产生振动，从而发出高频声波，该声波对油管施加一个扭转振动，从而声波以扭力波模式沿油管壁向下传输。结合井下传输试验，进一步优化了压电圆片直径、发射器结构，增强油管耦合性，同时，增大控制装置输出电压，进一步提高声波能量，从而实现长距离传输。

2.1.2 井下声波接收技术

利用声电换能原理，研制了井下声波接收装置。该装置主要包括接收器、电池组、控制电路和信号输出端口等(图4和图5)。上部有圆形声波接收器，接收器中包括一个电容器(“电容式”)麦克风，其振膜很薄，可以响应宽频率范围声波。振动膜和紧密间隔的背板之间的电场变化将声音信号转换为电流，可以将其放大并转为输出电信号。当接收地面通过管柱传过来的扭力波信号，利用声电换能原理输出电信号，经过滤波、解调处理，当与预设的声波信号匹配后，控制电源向雷管输出发火电流。

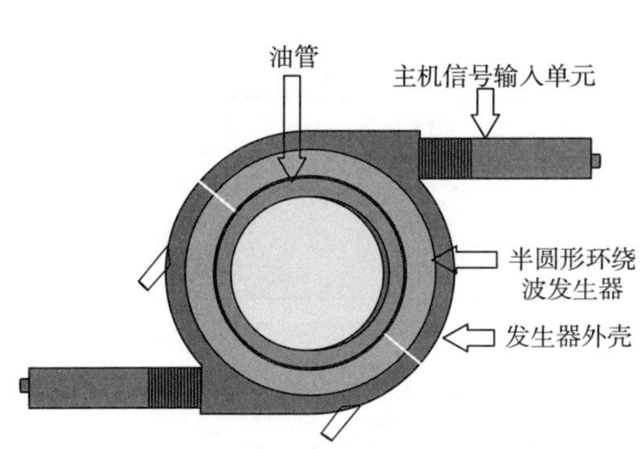

图 2　声波发生装置结构示意图

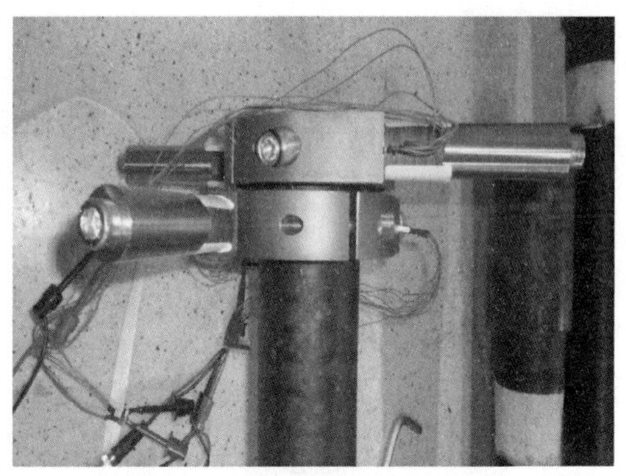

图 3　声波发生装置样机实物照片

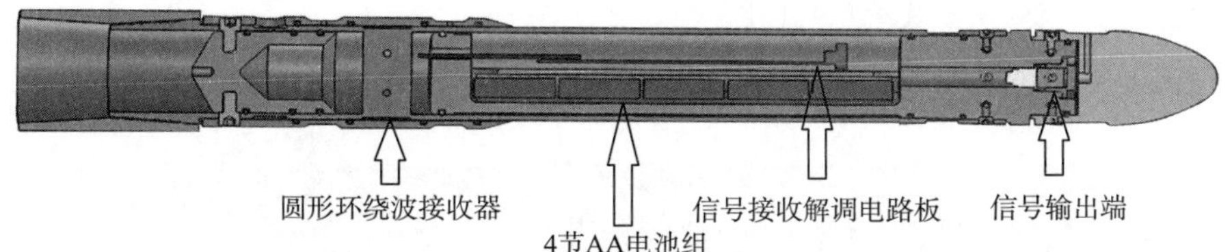

图 4　井下接收装置结构示意图

图 5　井下接收装置样机实物图

2.2　无线起爆安全控制技术

井下接收装置内置电源，其与安全避爆发火装置地面连接和下井过程中，安全性尤为关键。为此，开发了编码控制和电路控制两项安全技术，形成了从软件到硬件、从地面到井下的全过程、全方位无线起爆安全控制技术，确保射孔施工万无一失。

2.2.1　安全编码控制技术

借鉴摩斯编码原理，以声波作为信息承载介质，一个完整的标准序列由五个信号组组成，信号组间隔时间不同并确定编码(图 6)，从而实现多组信号的独特、唯一组合，可避免信号误识别，提高施工安全性和分级起爆控制可靠性。

2.2.2　安全程序控制技术

唤醒功能：井下接收装置的控制程序设计了延时唤醒功能(图 7)，装置工作启动时间可调范围 0~300min。因此，在地面连接井下接收装置和工具串下管过程中，井下接收装置处于休眠状态，不会监测和处理各种声波信号，可降低下管过程中的误起爆风险，也节约电池电量。

门槛功能：井下声波接收装置设计了温度、压力传感器，可实时测量井下数据，程序中设置了点火门槛，只有时间、温度、压力、声波信号等条件全部符合时，才会输出发火电流。

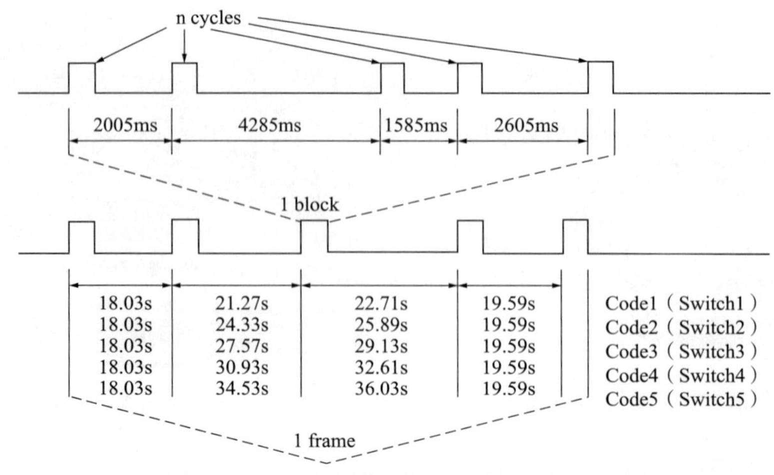

图 6　编码设计方案

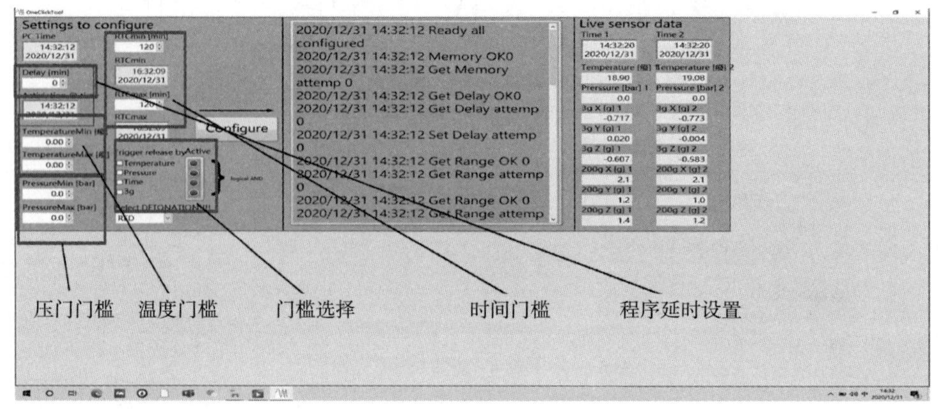

图 7　安全程序控制设置示意图

图 8　地面编码控制传输试验管柱

3　现场试验与应用

3.1　地面传输控制试验

为验证声波信号编码的可靠性及稳定性，在室内连接油管及相关工具，进行编码信号传输模拟试验。试验管柱从上到下包括声波发生装置、三根油管、两根枪管、接收装置、发光盒(图 8)。通过编码控制装置控制声波发生装置先后分别发射三种特定编码声波信号，信号沿管柱和枪身向下传输至接收装置，先后点亮发光盒三种不同颜色的 LED 灯(图 9)，表明信号输出正常，分级控制功能可靠。

3.2　地面声波控制发火试验

试验管柱从上到下包括声波发生装置、三根油管、声波接收装置、继电器、发光盒、电源、雷管(图 10)。通过编码控制装置控制声波发生装置发出一种特定的声波信号，信号沿三根油管向下传输至接收装置，点亮红色的 LED 灯，同时继续输出电流，正常起爆雷管（图 11），表明声波控制雷管起爆功能可靠。

图 9　发光盒上对应三种特定编码信号灯正常点亮

图 10　地面声波控制发火试验管柱

图 11　地面声波控制发火试验雷管正常起爆

3.3　现场射孔试验

4XF4-31-B611 井为一口油管输送射孔井，该井射孔井段 1745.3～1856.6m，采用 YD89 枪装 DP41RDX-1 射孔弹，分两级射孔枪串起爆。井下管柱从上至下主要包括短节、油管柱、定位短节、两根油管、井下接收装置 1、射孔枪串 1、夹层油管、井下接收装置 2、射孔枪串 2 等(图 12)。其中，井下接收装置 1 和 2 分别设置 S1 和 S2 声波起爆信号。射孔管柱下至设计深度后，地面控制装置控制声波发射装置先发射 S2 信号，经一短延时后射孔枪串 2 正常起爆；地面控制装置控制声波发射装置再发射 S1 信号，经一短延时后射孔枪串 1 和雷管正常起爆(图 13)。

4　结论

（1）基于声波无线传输原理实现了油管输送式射孔的起爆控制，为射孔起爆控制提供了新方法。

（2）通过编码控制传输试验和现场试验得出，编码控制装置和井下接收装置的编码和解码功能配合良好，可满足多级起爆控制需求，同时为现场施工安全提供保障。

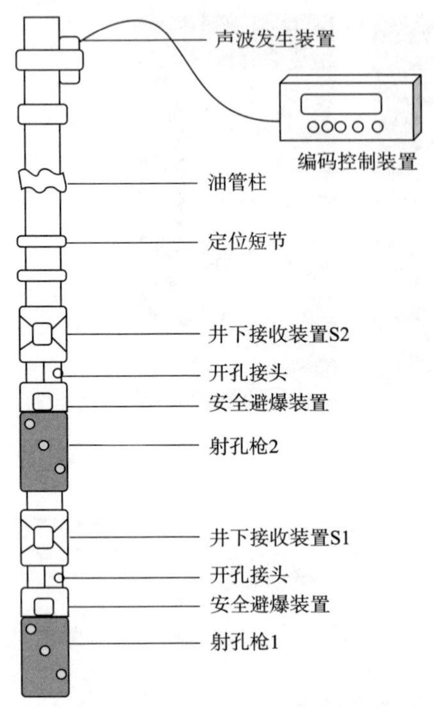

图 12　4XF4-31-B611 井井下管柱示意图

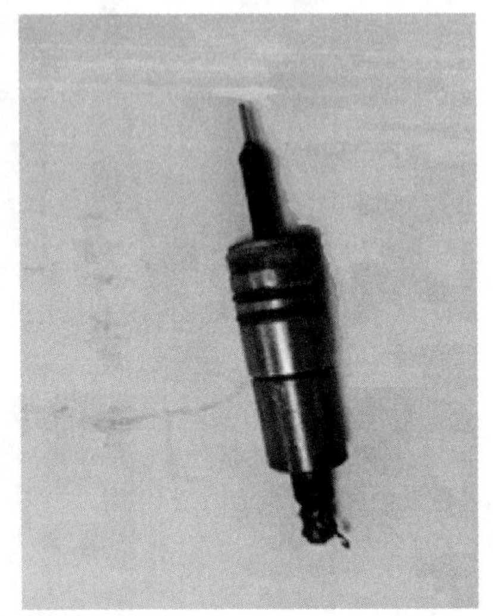

图 13　射孔枪串 2 的雷管起爆后实物图

参 考 文 献

[1] 温德芳，姜福成．油管输送式射孔的应用与发展[J]．石油物探，1996(S1)：78-81.

[2] 郭希明，蒋宏伟，郭庆丰，等．油管输送式射孔技术起爆方式的设计与应用分析[J]．重庆科技学院学报(自然科学版)，2011，13(3)：96-99.

[3] 王成振．油管输送射孔多级起爆技术分析[J]．中国石油和化工标准与质量，2013，33(15)：84.

[4] 肖伟，申潜玲，李鹏，等．油管输送多级投棒射孔工艺分析[J]．内江科技，2014，35(12)：64-65.

[5] 罗佳瑞．油田井射孔方式选择分析[J]．中国石油和化工标准与质量，2013，33(7)：106，143.

[6] 潘迎德，范新明．油管输送射孔—测试技术与射孔优化设计[J]．油气井测试，1990(3)：59-66.

[7] 唐洪宇．油管输送式射孔返工原因分析[J]．中国石油和化工标准与质量，2017，37(18)：84-85.

[8] 田家兴．地层测试实时监控井下无线通信系统的研究与设计[D]．北京：中国石油大学(北京)，2016.

[9] 徐飞．井下声波双向无线传输中继系统研究[D]．西安：西安石油大学，2020.

[10] 李铭钧．钻杆声波传输模型的有限元分析[D]．西安：西安石油大学，2020.

LoRa技术在大牛地气田的应用分析

陈荣耀

（中国石化华北油气分公司采气一厂）

摘　要：《华北油气分公司绿色企业创建行动计划》要求采气厂做好自用气计量升级改造，实现自用气数据准确计量。采气一厂在自用气计量提升项目实施过程中，对如何高效利用无线局域网技术，实现计量仪表和采集终端之间数据的无线传输和采集，开展了深入研究和应用试验，验证了LoRa技术在站场组建无线局域网技术的可行性和适用性。为大牛地气田远距离生产数据采集、监控做出了重要技术储备贡献。

关键词：无线局域网技术；LoRa技术；自用气计量

大牛地气田主要通过就地采集和有线传输的方式，对生产数据进行采集、监控，并将数据传回集气站、管理区或生产指挥中心，然后对数据进行分析处理，实现对气井的管理。线路铺设成本高、路线长、维护难，增加了管理成本，管理效率有待提高。应用成本低廉、可维护性好的无线传输技术成为必然选择。

1　主要做法及成果

1.1　技术调研

目前物联网应用中无线技术有很多种，从大的方向分为两种，一种是广域网，另外一种是局域网。广域网是基于电信公司提供的网络通信无线技术，如2G，3G，4G，5G，NB-Iot等，广域网工作的频段是属于商业的，需要国家授权购买，才能正常使用；局域网无线技术，包括蓝牙，ZigBee，Z-Wave，LoRa，6LoWPAN等。综合考虑安装、运行成本、网络安全及保密要求，采用局域网无线技术组建站场仪控系统实现无线传输系统。

通过查阅相关文献及市场调研，蓝牙，ZigBee，Z-Wave，LoRa，6LoWPAN，NB-IoT等无线传输技术的技术特点可概括为表1。

表1　物联网无线技术应用版图

名称	Bluetooth	Wi-Fi	ZigBee	Z-Wave	LoRa	6LoWPAN	NB-IoT
中文名称	蓝牙	无线网络通信技术	紫蜂协议	z-wave	罗拉	6LoWPAN	窄带物联网
技术特点	短距离无线通信技术	终端以无线方式互相连接	低速短距离传输的无线网上协议	低速短距离传输的无线网上协议	基于扩频调制技术的超远距离无线传输	基于IPv6的低速无线个域网标准	支持低功耗设备在广域网的蜂窝数据连接

作者简介：陈荣耀(1987—)，2010年毕业于西安石油大学资源勘查工程专业，获学士学位，现任中国石化华北油气分公司采气一厂信息管理岗，从事气田信息化、自动化方面研究工作，中级工程师。通讯地址：陕西省榆林市榆阳区小壕兔乡采气一厂。E-mail：cqycxxzx@163.com。

续表

名称	Bluetooth	Wi-Fi	ZigBee	Z-Wave	LoRa	6LoWPAN	NB-IoT
频段	2.4~2.485GHz	2.4GHz/5GHz	2.4GHz/868MHz欧洲/915MHz美国	908.42MHz美国/868.42MHz欧洲	433MHz/868MHz/915MHz	—	800MHz/900MHz/1800MHz
通信距离	10m	300m	100m	100m	20000m	电信网络范围内	电信网络覆盖范围内
应用成本	低	低	低	低	低	中等	中等
功耗	中等	高	低	低	低	低	低
安全性	中等	低	高	高	中等	高	高
开源性	半开源	开源	开源	闭源；Sigma Designs	闭源；美国Semtech	开源	开源
优点	成本低，传输大数据，功耗较低，安全性较高	成本低，传输大数据，传输速度高，有效距离长，与802.11DSSS设备兼容	成本低，网络容量大，工作频段灵活	成本低，网络容量大，抗干扰高于ZigBee	抗干扰，穿透力强，超长传输距离	IP网络应用广泛，下一代互联网核心技术	覆盖广、连接多、成本低、功耗低、架构优
缺点	网络节点少，传输速度较慢，易受同频干扰和屏蔽	功耗大，安全性低，易受同频干扰和屏蔽	数据传输速率低，穿墙能力和衍射能力较弱	数据传输率40kb/s，远低于ZigBee，成本高于ZigBee，且频段和标准限制严格	非开源，专利为美国Semtech公司	处于成长期，应用不成熟	速率低、组网则需要运营商介入，有流量成本，时延较大

1.2 国内油气田应用现状

近年来，各油气田根据自身通信建设基础和生产需求，采用不同的技术方案构建站场仪控无线局域网，其中ZigBee、NB-IoT和LoRa技术应用最多、最广泛。

如大庆油田采用ZigBee技术，增大RF发射功率，使无线网络节点通信距离达到3km。通过构建的ZigBee网络，将油井的油压、套压、位移、载荷、电流传感器，电量模块等无线传感器连入网络，实时采集油井参数，实现对区块油井的监控与管理。长庆油田某作业区设计并实现了一套基于LoRa的油田监控系统，利用LoRa网络覆盖整个作业区，结合移动通信联合组网，形成一个从底层末端到顶层业务应用的“融合网”，实现对抽油机的运行状态及油井状态有效监控。采油一厂在气田集输系统提质增效工程中，利用NB-IoT技术，基于LTE 800M基站的硬件基础，采用IPRAN组网方式提供数据传输通道，实现了气井井口数据的采集、上传和传输。

1.3 开展 ZigBee 和 LoRa 现场试验

大牛地气田自用气计量提升项目计划采用无线传输技术，形成无线局域网，实现自用气流量计数据无线传输至中控室 PLC 柜采集终端，采集终端数据通过气田自建光缆传输至位于生产指挥中心的自用气数据存储服务器。无线传输技术要满足表 2 所示，站场生产条件要求。

表 2　自用气计量提升项目站场条件

项目	条件
使用场所	集气站，销售门站，净化处理站，气田处理站
信号覆盖距离	50~200m
障碍物	1~3 栋 1 层混凝土建筑物
现场环境温度	-30~40℃
海拔高度	500~1500m

通过前期充分调研，现场流量计无线传输方式基本限定为 ZigBee 和 LoRa。信息化管理中心根据 GB/T 32420—2015《无线局域网测试规范》办法，对比 ZigBee 和 LoRa 两种设备在不同站场的应用效果，确保在自用气计量站场有效使用。两种设备技术参数及连接方式如图 1 和图 2，表 3 和表 4 所示。

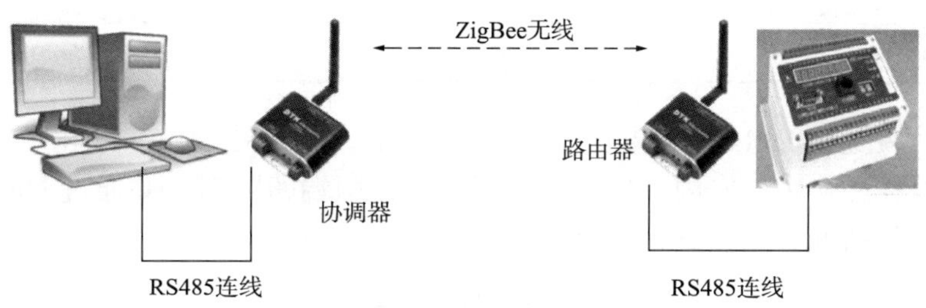

图 1　ZigBee 方式连接示意图

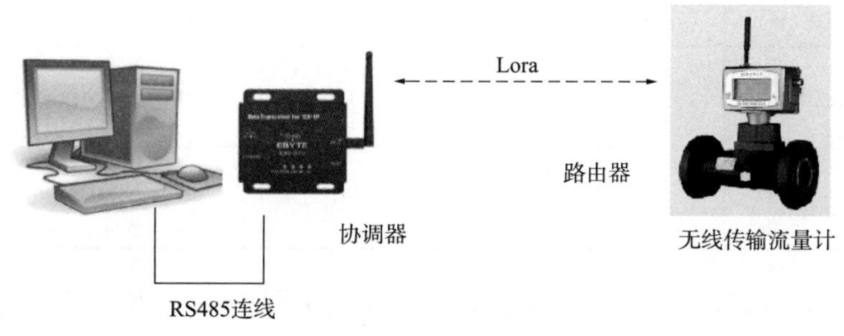

图 2　LoRa 方式连接示意图

表 3　试验设备清单

序号	设备	设备名称	规格型号	数量
1	ZigBee	ZigBee 模块	型号：DRF2659C，RS485 转 ZigBee	1 对
2	LoRa	LoRa 网关	型号：E90-DTU	1 块
3		流量计算机	型号：FC2000，支持 RS485 通信	1 块
4		智能旋进旋涡流量计	型号：CX-25，LoRA 方式传输	1 台

续表

序号	设备	设备名称	规格型号	数量
5	共用设备	蓄电池	DC12V	1块
6		开关电源	明纬，DC24V	1块
7		通信电缆	帝特，USB转RS485通信电缆	1根
8		测试软件	Modbus通信软件	1套

表4　设备型号及参数

设备	ZigBee	LoRa
型号	DRF2659C	E90-DTU
输入电压	DC 5~28V	DC 8~28V
温度范围	-40~85℃	-40~85℃
工作电流	25mA(@5V)	66.5mA(@12V)
载波频率	2.4GHz	410.125~493.125MHz
发射功率	22dBm	22dBm
通信距离	1600m	5000m
接口类型	RS485	RS485；USB

ZigBee通信装置和LoRa通信装置分别在集气站、气田处理站、净化厂处理站进行测试，接收端均放在站场中控室内，通过改变无线设备两端的距离，并通过Modbus软件查看发送和接收数据的情况。测试结果见表5。

表5　测试结果

设备	地点	集气站内	集气站外	净化处理站	气田处理站1	气田处理站2	气田处理站3
	距离(m)	50	100	150	50	100	200
ZigBee(DRF2659C)	丢包率(%)	0	>30	100	0	100	100
LoRa(E90-DTU)	丢包率(%)	0	0	0	0	0	0

测试结果显示，ZigBee测试设备满足集气站场内无线传输要求，但在较复杂的净化处理站和气田处理站，无法满足传输要求。LoRa测试设备满足采油一厂所有站场现场条件。

2　成果应用效果

(1) 在自用气计量提升项目中，均使用LoRa设备实现流量计信号无线传输，累计完成96台带LoRa模块的旋进旋涡流量计升级及安装，安装地点包括63座集气站、1座销售门站、1座气田处理站、4座净化处理站，应用效果良好，信号传输成功率100%。通过现场应用证明，LoRa超远距离无线传输技术较为适合大牛地气田现场工况，可推广使用。

（2）在大牛地气田数字化转型当下，继续在站场、井场开展无线局域网技术的应用分析，尤有现实意义。下步信息化管理中心将继续开展站场仪控系统中无线局域网技术应用分析试验，开展技术储备，以期达到低成本、低功耗、长距离、传输稳定、集约度高、安全等级高等的无线传输技术目标。

参 考 文 献

[1] 李兆泽 . ZigBee 的智慧教室节能系统研究[J]. 计算机测量与控制，2023，31(1)：215-221.
[2] 王磊 . ZigBee 无线传输技术在油田数字化建设中的应用探讨[J]. 中国设备工程，2019(20)：231-232.

井控及高压部件防护技术升级与应用

熊　超　张永春　蒋德山　方纯昌

（大庆油田有限责任公司井下作业分公司）

摘　要：井控风险是中国石油天然气集团公司安全生产八大风险之首，高压部件广泛应用于施工现场且存在种类多、数量大、风险高的特点，针对石油工业发展的新形势，井控和高压部件管理存在部分不适应。通过开展新型井控辅助操作装置、旋塞阀远程电动开关装置、远程自动投球器、地面安全防护系统、套管短节防脱装置、叠加式橡胶基墩、安全防护网等一系列研究，不断改进完善井控及高压部件安全防护技术，为井下作业的安全环保施工提供有力支撑。

关键词：井控试压；套管短节防脱；远程开关；柔性锚定

井控工作是石油与天然气勘探开发过程中的重要环节，是安全生产的重中之重。大庆油田地质情况复杂，作业施工井数多，部分区块含有硫化氢，井控高危井类型多、分布广，极易发生各类井控风险。高压部件广泛应用于修井、常规作业、特种作业及压裂施工等各个领域，是井下作业施工必不可少的重要设施，种类多、数量大、管理难，是作业现场重要风险点源之一，特别是高压部件在持续高压状态下存在很大的不确定性，客观上很难完全避免刺漏、断脱等异常情况的发生，现阶段还无法完全杜绝这类安全风险。

随着近年石油工业的不断发展，高压、大规模、大排量等作业施工越来越普遍，井控和高压部件管理难度越来越大，风险越来越高，部分安全防护技术或管理方式已经不能满足现场需要。为此，通过调研国内外先进技术，研发引进智能化、机械化和自动化的设备设施，开展了系列井控及高压部件安全防护技术升级应用，达到了技术先进、工艺可靠、操作性强及安全环保的效果，极大地促进了施工现场井控及高压部件管理水平的提升，有力地推动了安全和效率的全面保障。

1　实施背景

井控是保障井下作业施工正常开展的一项基础性工作，而井控装置是对油气井实施压力控制，对事故进行预防、检测和控制的重要手段。井控装置安装完成后，必须通过试压检验连接密封性，以确保其在施工过程中正常发挥井口控制作用。近年来，井控现场管理存在一定薄弱环节：现场试压效果差，无记录曲线、增压不稳定、劳动强度大；关闭防喷器效率低，开关圈数记不清，操作不同步，闸板关闭不居中；起抽油杆过程中没有防喷工具，关井程序多，操作烦琐，井控安全隐患大。在高压部件管理上，施工规模和压力不断增加，井口、高压部件等受到冲蚀和长期承压，极易受损，发生事件事故，同时，人员进

作者简介：熊超（1978—），2000 年毕业于江汉石油学院石油工程专业，获学士学位，现任大庆油田有限责任公司井下作业分公司修井三大队副大队长，从事井下作业智能化等方面研究工作，高级工程师。通讯地址：黑龙江省大庆市让胡路区龙南十街井下作业分公司。E-mail：xiongchao0459@ sohu. com。

入高压区开关闸阀或带压操控流程，风险较大。这些现场管理上存在的问题，严重影响各项施工的正常组织，通过将各种智能化、机械化和自动化技术应用到井控及高压部件管理上，能够有效解决目前存在的问题和矛盾，更好地保障施工效率和安全。

2 工作目标

2.1 要解决的难点

(1) 现场试压方式不完善。

(2) 起抽油杆过程中没有防喷工具。

(3) 套管短节连接部位在持续高压状态下易断脱。

(4) 人员进入高压区操控存在风险。

(5) 地面高压管线安全防护采用地锚，劳动强度大、防护效果差。

2.2 要实现的目标

(1) 现场试压采用新型增压方式，实现无泵车试压。

(2) 起抽油杆过程快速控制油管通道。

(3) 套管短节连接部位加固。

(4) 远程操控开关闸阀和自动投球，实现高压区无人操作。

(5) 采用新型锚定方式代替地锚锚定，提高防护强度。

3 主要做法

3.1 系列新型井控辅助操作装置研发

3.1.1 研发现场井控设备试压装置

防喷器试压：双通道现场井控设备试压装置包括试压丝堵、四通、压力表丝堵、外加厚短节、试压外加厚提短、试压连接孔、试压内管、内管丝堵、高压管线、传感器、手动试压泵等(图 1 至图 3)。

井控管线试压：增加灌液排气漏斗，可对井控管线灌液，进行试压。

防喷器试压工作原理：防喷器试压装置连接好后，关闭防喷器闸板，从试压连接孔灌注满试压介质，关闭试压连通孔，在闸板防喷器与试压装置之间形成试压封闭空间，操作手动试压泵，完成防喷器试压工作。内置压力传感器使用蓝牙与手机连接，可现场保留试压记录曲线。

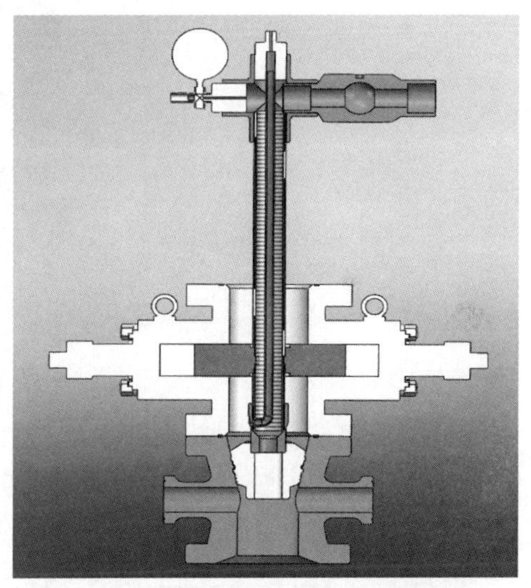

图 1 双通道现场井控设备试压装置内部结构

井控管线试压工作原理：利用连通器的原理，在连接好防喷管线后，打开放喷阀门，在其外侧连接灌液排气接头及手动试压泵。灌液排气漏斗高于防喷管线，管线内灌满试压液体后，关闭灌液通道，使用手动增压泵加压，即可对防喷管线试压，同理对放喷管线进行试压。

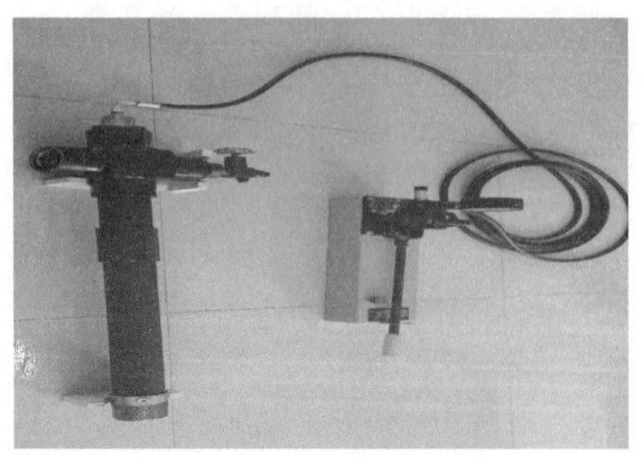

图 2　双通道现场井控设备试压装置实物

图 3　现场井控设备试压装置现场应用情况展示

3.1.2　研发可视计数闸板防喷器扳手

主要构成：可视计数闸板防喷器扳手由 14 型磁性套筒、21 型磁性套筒、连接加力杆、可视计数螺纹(螺纹上有计数刻度)、活动把手套、锁套销钉等组成(图 4)。带有两个套筒头，14 型套筒头可以镶嵌吸附在 21 型套筒头内部，防喷器扳手把手位置设置螺旋把手套，内部刻有对应数字，识别开关防喷器的圈数。

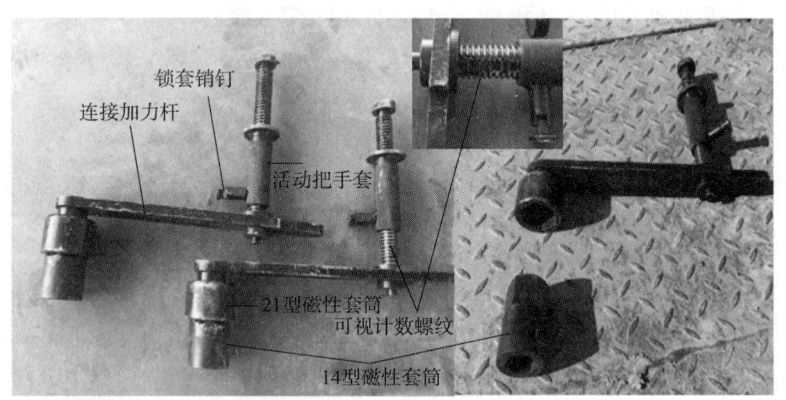

图 4　可视计数闸板防喷器扳手部件

工作原理：制作宽螺纹把手旋转杆，为对应旋转圈数标记数字，把手套内部带有配套螺纹，在给扳手安装把手便于开关的同时，还能通过把手旋转圈数记录防喷器开关圈数，达到了方便快速开关和旋转圈数计数的效果(图 5)。

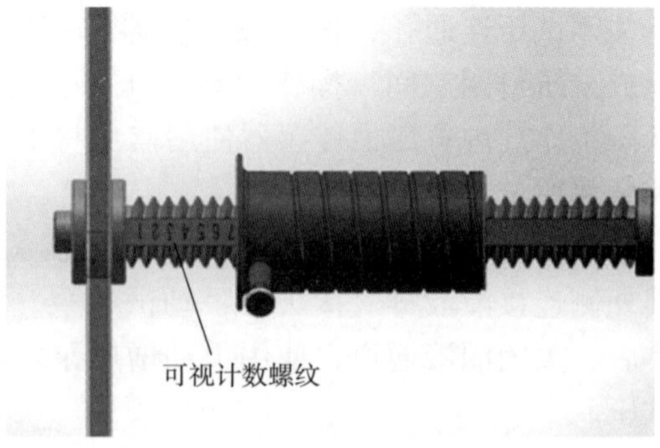

图 5　可视计数闸板防喷器扳手工作原理演示

3.1.3　研发起下抽油杆快速控制井口装置

主要构成：起下抽油杆快速控制井口装置由上接头、吊装短节、防上顶压盖、内嵌式活动插板、底座组成(图 6)。底座内部台阶外螺纹长度大于等于油管螺纹长度，保证悬挂强度，内嵌式插板外径与内径尺寸满足悬挂尺寸，上接头顶部螺纹与井口旋塞阀螺纹一致。

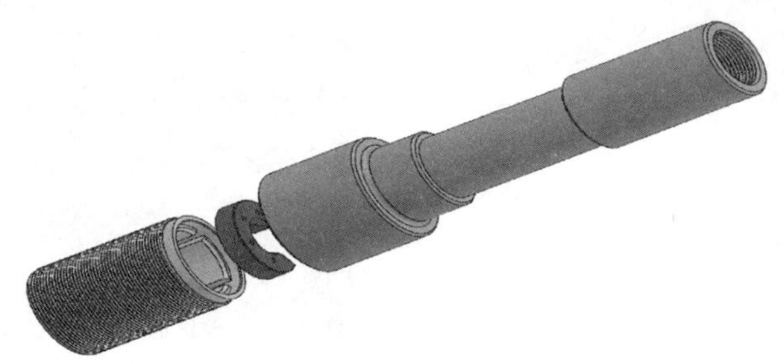

图 6　起下抽油杆快速控制井口装置结构

工作原理：为了达到快速控制井口的目的，在起抽油杆之前，将底座与井口连接，正常起杆时抽油杆插板垫在底座之上进行抽油杆起下作业，当发生井喷、抽油杆缓慢上顶和临时控制井口时，把插板换成专用无手柄插板坐在底座内部台阶上。直接安装筒体即可达到防喷防上顶的目的(图 7)。

正常起杆

控制井口状态

控制井口完毕

图 7　起下抽油杆快速控制井口装置应用情况展示

3.2　套管短节防脱装置研发

针对套管短节在压裂过程中抗内压强度最为薄弱，长时间承压易发生短节与井控装置部位脱离，带来井口失控和安全风险，为此，组织研发了套管短节防脱装置，由特制绳索、调绳器、卡瓦及卡瓦座组成(图 8)。

套管短节防脱装置通过分体式卡瓦座卡在井口套管接箍下缘部位，再利用 2 根索具螺旋扣和高强度吊带组合绕过防喷器本体紧固在分体式固定座上，实现防脱作用。针对每口井套管短节和井口高度不同，吊带上设计有 4 个绳环粗调长度，再利用调绳器进行精调，能够满足 3~5m 的工作长度(图 9)。

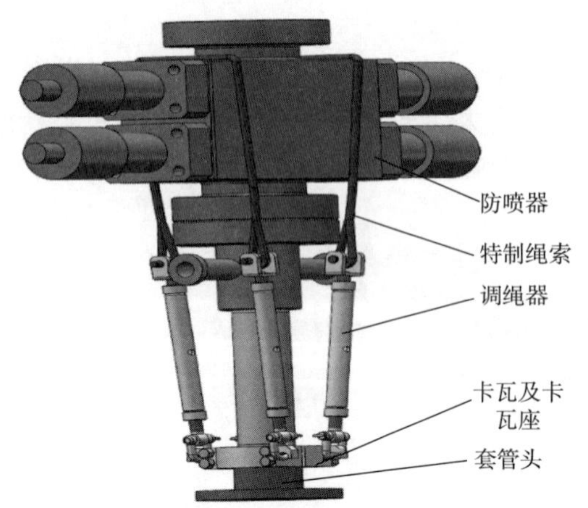

图 8　套管短节防脱装置结构

图 9　套管短节防脱装置现场应用情况展示

3.3　远程控制装置研发

3.3.1　设计研发单体式旋塞阀电动开关装置

单体式旋塞阀电动开关装置采用一套控制系统分别控制 2 个旋塞阀的打开和关闭。控制箱有电源线和信号线 2 条线缆，分别连接 2 台旋塞阀的执行器。电源线为电动执行器提供电源，信号线从控制箱传递指令和反馈阀门开关状态。电动执行器和旋塞阀之间通过专用联轴器进行连接和传动(图 10 和图 11)。

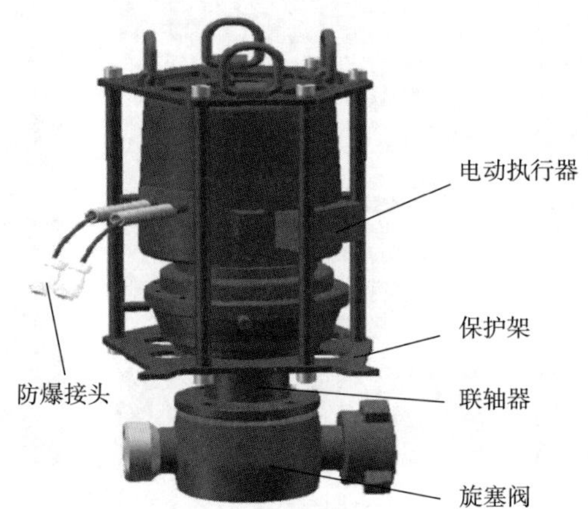

图 10　单体式旋塞阀电动开关装置结构

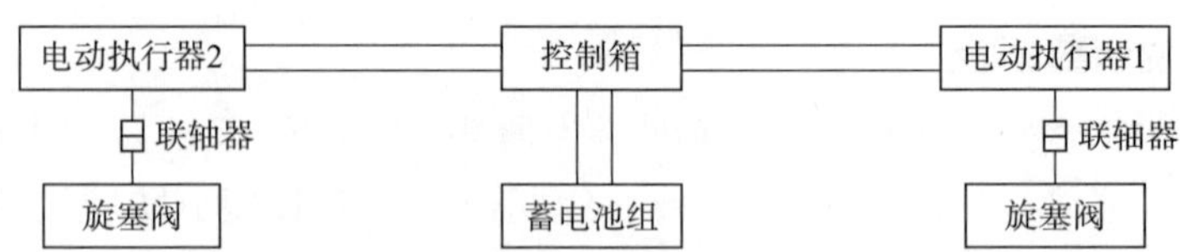

图 11　单体式旋塞阀电动开关装置工作原理

单体式旋塞阀电动开关控制箱内有远程控制装置，可通过有线和无线遥控器进行操作。控制箱上有指示灯显示每个阀门的开关状态，红灯闪烁表示处在关闭状态，绿灯表示打开状态，在打开和关闭过程中有进度灯指示阀门开度。三个按钮分别对应开启、关闭和停止操作。控制箱内有无线通信模块，能够实时和遥控器进行通信，遥控器可以执行的动作和显示的信息与控制箱同步(图 12)。

3.3.2 设计研发集成式压裂管汇电动开关装置

集成式压裂管汇电动开关装置采用模块化设计，各单元之间按功能划分，由远程控制箱、低压电源箱、阀间连接管线、旋塞阀执行器四个部分组成(图 13 和图 14)。

图 12 单体式旋塞阀电动开关装置现场应用情况展示

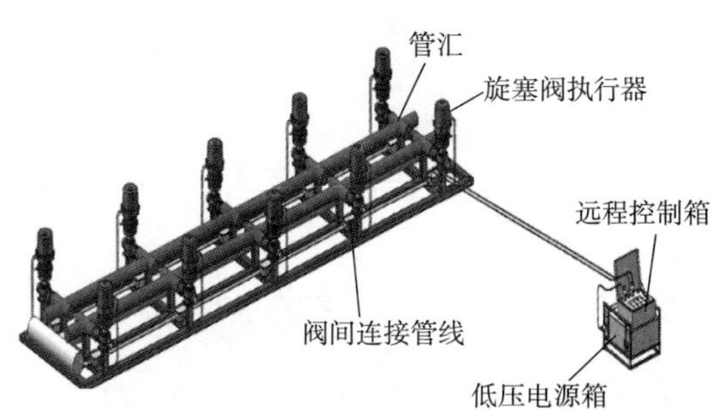

图 13 集成式压裂管汇电动开关装置结构

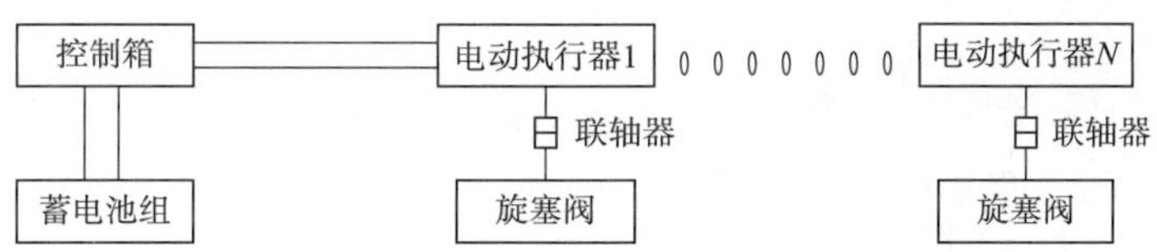

图 14 集成式压裂管汇电动开关装置工作原理

集成式压裂管汇电动开关装置控制箱有电源线和信号线 2 条线缆，分别连接 8～12 台旋塞阀的执行器。电源线为电动执行器提供电源，信号线从控制箱传递指令和反馈阀门开关状态。控制箱电源由一组蓄电池提供。远程控制箱可直接通过按钮对各闸阀进行开关操作，也可通过手持遥控器对闸阀进行开关(图 15)。

图 15 集成式压裂管汇电动开关装置现场应用情况展示

3.3.3 设计研发远程自动投球器

远程自动投球器由上端堵、投球器主体、转轴、连接法兰、单向离合器、连接盘、电动执行器、导向块、弹簧、侧端堵、密封圈等组成，投球器从顶端装入钢球，电动执行机构带动转轴旋转 360°，完成一次投球操作(图 16)。

工作时，打开上端堵，放入多个钢球，拧紧上端堵，按下控制箱按钮，转轴旋转 360°，投入 1 个钢球。电动执行器内有多个位置开关进行控制，保证转轴每次旋转 360°。在转轴旋转过程中导向块在弹簧的作用下会保证较小规格的钢球不会被卡住，且每次只能有一个钢球通过。转轴的另一端可进行手动操作，单向离合器能够保证在不使用电动控制投球时，可以直接手动操作(图 17)。

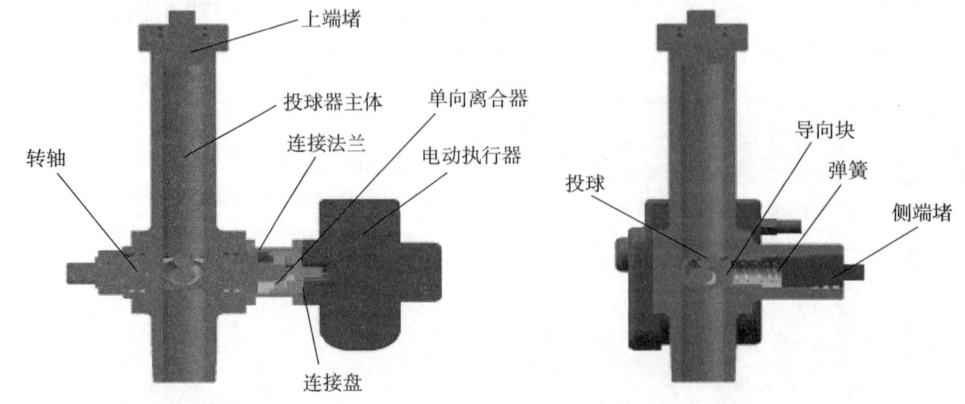

图 16　远程自动投球器构造

图 17　远程自动投球器现场应用情况展示

3.4　地面安全防护装置研发

3.4.1　创新应用了高强度柔性绳索代替地锚锚定地面高压管线

以往作业压裂施工现场高压管线锚定以地锚锚定为主(图 18)，存在季节受限(冬季地表冰冻，夏季多雨松散)、地形受限(积水处、铺木板处、地下情况不明处及硬化地面无法锚定)、装备受限(需要特种车辆配合)的问题。

借鉴国内外地面管线固定先进经验，创新应用绳索进行柔性锚定(图 19)，材质为超高分子量聚乙烯纤维绳索，抗酸、抗碱、耐水、耐油、耐高温，可重复多次使用，绳索直径 22mm，抗拉强度超过 300kN。柔性锚定的关键是绳索与绳索之间的连接紧固牢靠，创新应用了软卸扣技术，既方便连接，又保证强度。

图 18　以往采用地锚锚定地面高压管线

3.4.2 创新应用了安全防护网强化对压裂管汇等防护

针对压裂井口、压裂管汇、分流管汇等部位在施工过程中可能发生部件崩裂、物体打击等，设计引用了强度达到235kN的安全防护网，可实现对压裂井口、组合管汇及其他重点部位的全方位安全防护(图20)。

井口　对接　整体　管汇

图19　高压管线柔性锚定现场应用情况展示

图20　安全防护网对压裂管汇防护

4　现场应用情况

(1) 系列新型井控辅助操作装置应用：加工井控现场试压装置30套，在29支修井队现场试压500井次；加工可视计数闸板防喷器扳手12套，在12支修井队现场应用关井100井次；加工起下抽油杆快速控制井口装置4套，在抽油机井现场应用100井次。

(2) 套管短节防脱应用：加工套管短节防脱装置75套，在51个作业队推广应用540井次。

(3) 远程控制装置应用：加工单体式旋塞阀电动开关装置35套，在35个作业队应用520井次；加工集成式压裂管汇电动开关装置15套，在15个作业队应用160井次；加工远程自动投球器31套，在31个作业队应用210井次。

(4) 地面安全防护装置应用：地面高压管线安全防护绳在51个作业队推广应用2100井次；加工安全防护网2套，在作业队和压裂队试验18井次。

5　结论

(1) 作业现场井控及高压部件安全防护技术的升级与应用，较好地解决了基层单位现场井控及高压部件管理的难点和瓶颈，为现场施工提速提效、减轻劳动强度提供了重要保障。

（2）各项研究充分发挥智能化、机械化优势，充分结合最新研究成果及现场施工经验，体现了技术先进、工艺可靠、安全环保的特点。

（3）通过作业现场井控及高压部件安全防护技术的升级与应用，集成了目前国内领先的井控及高压部件防护体系，更加符合中国石油天然气集团公司和大庆油田相关管理制度和规定要求，促进了井控及高压部件管理水平的全面提升。

（4）作业现场井控及高压部件安全防护技术的升级和应用成果包含大庆油田分公司井控和高压部件管理的各个方面，对提升现场规范管理水平有极大促进作用，应用前景广阔，适合在井下作业领域推广。

参 考 文 献

[1] 韩静静，邓继学，景志明. 连续分层压裂投球器的研制与应用[J]. 石油机械，2016，4(4)：3.

[2] 王旱祥，车家琪，刘延鑫，等. 一种新型多级分段压裂自动投球器[J]. 天然气工业，2019，39(4)：6.

小修机械化、自动化的研究与应用

易春飚　赵　东　苏　江　陈吉森　杨希军
刘　垚　柴寿春　王学佳

（中国石油大港油田公司井下作业公司）

摘　要：本文介绍了国内修井自动化技术现状，大港油田前期在修井机械化、自动化方面的探索，开展"自动化修井作业研究与配套应用"项目研究，对通井机机械化配套方案、修井机自动化配套方案及配套技术三个方面展开介绍，以及大港油田在修井机械化、自动化方面的推广应用情况。

关键词：修井机械化；自动化；数智油田；井控综合技术

在人工智能、大数据、物联网技术大幅发展背景下，数智化将成为未来油田降本增效的有效途径、必由之路。大港油田在"十四五"开局之年提出了建设国内一流数智油田的目标，然而，修井行业依然是传统的"两吊一卡""五人协同"作业模式，工人需要重复搬抬吊卡、摘挂吊环、操作液压钳、拉送管杆等操作，存在劳动强度大、安全隐患多、用工总量多、环保压力大等主要问题[1]。基于数智化转型，打造修井作业机械化、自动化新模式显得越来越重要。

1　国内修井自动化技术现状

近几年，胜利油田、大庆油田、新疆油田、河南油田等各大油田与装备制造企业合作，开展自动化修井设备现场试验，改进优化设备性能，提高现场适应能力，取得了一定的技术进步与认识[2-6]。但都存在无法起下泵杆、制造维护成本高、生产时效低等共性问题，因此实现修井作业自动化还任重道远，需要井下公司与设备制造厂合作，将装备制造与井下生产相结合，才能研发出切实满足生产需求、性价比高、作业效率高的自动化修井设备。

2　大港油田在修井机械化、自动化方面的探索

大港油田井下公司在2014年就提出小修作业现场"六化"建设，拉开小修自动化序幕。历年来，前往华北、胜利等油田，东方先科、胜利胜机、江苏如通等多家设备制造企业调研，开展技术交流，致力于解决制约小修自动化推广使用的难题。

2.1　开展管杆输送机的研究

为了解决人工劳动强度大的问题，2015年4月，大港油田井下公司与相关企业合作研制了管杆输送机并推广使用，如图1所示。该输管机通过遥控操作，液压驱动旋转臂油缸、

作者简介：易春飚(1983—)，2007年毕业于西南石油大学勘察技术与工程专业，获学士学位，现任中国石油大港油田公司井下作业公司物资装备中心工程师，从事小修设备管理工作，中级工程师。通讯地址：天津市滨海新区大港油田港西大道。E-mail：158710368@qq.com。

图 1　自主研发的第一代管杆输送机

抬升和伸缩油缸，达到上下、抬升、拉送油管目的，发展至今，共有各类管杆输送机 48 套。该设备存在体积大、自动化程度低、无法拉送抽油杆的问题。

2.2　开展自动化修井机器人现场试验

为实现井口无人化，自动化，改善修井工人脏、险、累的现状，2019 年 10 月，开展了自动化修井机器人现场试验，该设备设计新颖，机械臂代替输管机，自动液压钳、液压吊卡、卡瓦等协同配合，实现了起下油管井口无人化操作，如图 2 所示。但存在设备庞大、占地面积大、系统复杂、购置费用高、作业效率低等问题，不满足小修现场需要，未推广使用。

2.3　开展一体式自动化修井机现场试验

针对修井作业周期短、环境复杂等问题，轻量、减量、适应性强、可快速安装拆卸是小修自动化未来发展的趋势。2021 年 7 月，大港油田井下公司开展一体式自动化修井机现场试验。该设备将自动液压钳、扶正机械手等集于修井机上，动力猫道可折叠，适合小修频繁搬安的要求，如图 3 所示。但该设备作业效率较低，平均每小时 30 根，购置费用高，冲砂费时费力，还需进一步优化。

图 2　自动化修井机器人

图 3　一体式自动化修井机

2.4　取得的认识

结合大港油田小修设备现状，如果通过产品替代完成自动化升级，存在成本投入大、推广步伐慢等问题，并且现有自动化设备还有部分技术难题尚未解决，如起下泵杆、冲砂、自动抢喷等难题。因此研发出切实满足生产实际需求的自动化配套设备，对现有设备进行升级改造，才符合大港油田井下公司发展需求。2021 年 12 月，大港油田“自动化修井作业研究与配套应用”正式立项。

3　自动化修井作业研究与配套应用

3.1　通井机机械化研究

大港油田现有通井机 96 台，占比 67%。在通井机方面，因设备老旧，在未来发展规划中，将逐步被替代，且通井机又存在操作手视线受阻等问题，所以通井机以轻量减量、适应性强、性价比高为研究目标，形成了一套适合自身特点的通井机机械化配套方案，如图 4 所示。方案组成：新型动力猫道、自背式井口平台、液压钳助推装置及井口卡持系统。

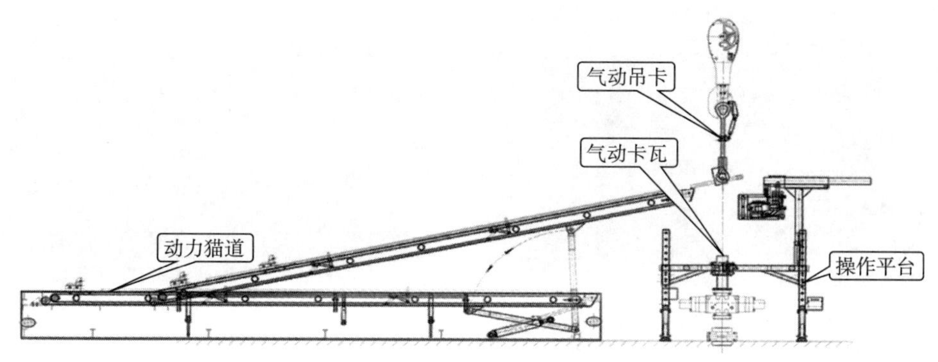

图 4　通井机机械化配套方案

3.1.1　新型动力猫道

该猫道在传统基础上研发改进，猫道安装在油管桥侧面，主要由上下料装置、举升装置和送料装置组成，如图 5 所示。上下料装置设计在猫道底座上，可实现管杆在猫道与管桥间的移动；举升装置由倾斜部分与水平举升部分组成，由动力油缸驱动，将管杆举升或下放至预设位置；送料装置主要由小滑车及液力驱动部分组成，模拟人工拉送管杆，且具有动作灵敏、随动性好等特点，整套设备动力源取自修井设备，节能环保。

3.1.2　自背式井口平台

小修作业频繁搬迁，独立式井口平台安装费时费力，运输不便，影响修井时效。针对这些问题，研究了一种集成于井架上的井口平台，如图 6 所示，该平台具备重量轻、运输方便、高度可调、快速安装等优点。

图 5　新型动力猫道

图 6　自背式井口平台

3.1.3　液压钳推送装置及卡持系统

为减少井口人员工作量，研究了液压钳推送装置，该装置一端固定在井架上，一端与液压钳吊桶连接，操作手柄设计在液压钳上。操控气动阀，可完成液压钳推送。井口卡持系统采用气动卡瓦，技术成熟，成本低，如图 7 和图 8 所示。

3.1.4　现场应用效果

配套后，3 人可完成起下管柱作业，井口工人劳动强度大幅降低，无须搬抬吊卡、摘挂吊环和拉送液压钳。动力猫道体积小、重量轻，搬迁时可与其他设备共同运输；翻转平台安装方便快捷；作业时效高，平均 50 根/h，可拉松抽油杆，满足小修作业要求。同时整套机械化装置适应性强，随着通井机逐步被淘汰，也可与修井机配套使用，降低了成本。

图 7 液压钳推送装置

图 8 气动卡瓦

3.2 修井机自动化研究

在修井机方面，本着智能化、集成化的目标开展研究，形成了修井机自动化配套方案，如图 9 所示。方案组成：智能动力猫道、集成井口平台及集成控制系统。

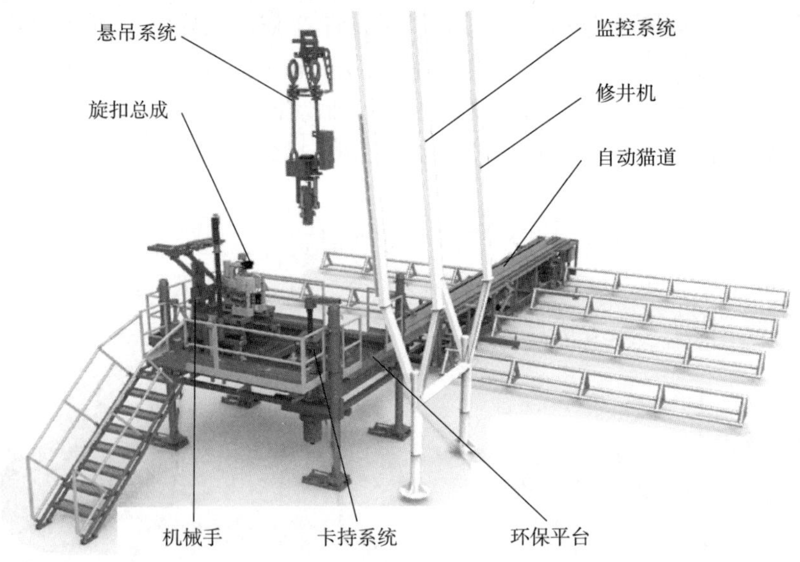

图 9 修井机自动化配套方案

3.2.1 智能动力猫道

该动力猫道由机械部分和动力部分组成，如图 10 所示。机械部分可完成上下、抬升、拉送管杆整套动作；动力部分集成于输管机底部，为猫道及集成平台提供动力源；设备控制可分为两种模式，一是手动遥控，适合起下工具及特殊工况；二是自动控制，设置工况及参数，通过传感器采集数据，由总控 PLC 集成控制，实现自动起下管柱。

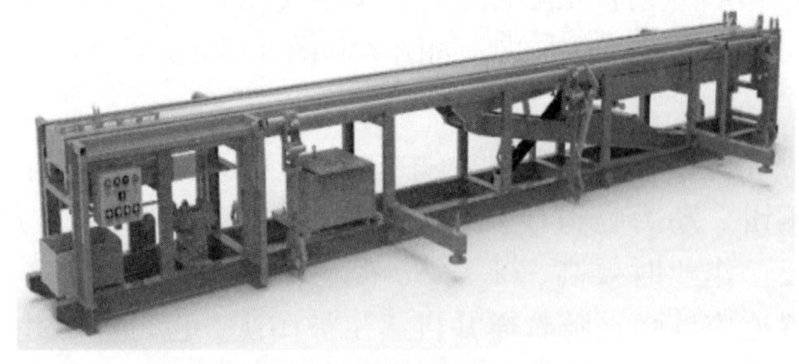
图 10 智能动力猫道设计图

3.2.2 集成井口平台

集成井口平台由井口操作台、自动液压钳、扶正机械手组成，如图 11 所示。平台设计升降装置、扶梯及护栏；自动液压钳由升降座、动力钳、防溅盒与对扣装置组成；扶正机械手由摆动机构、抓管机构及转动机构组成。整套集成井口平台智能化程度高，自动液压钳可探测油管接箍位置，自动调整高度，自动上卸扣，扭矩探测，扶正机械手自动接送管柱等。

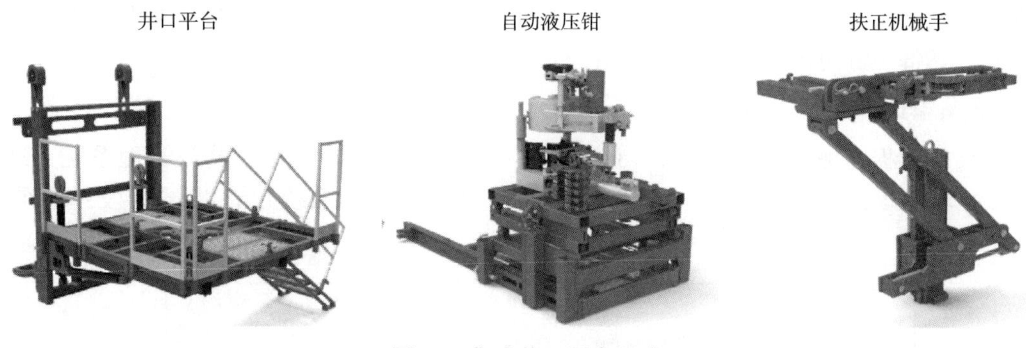

图 11 集成井口平台组成

3.2.3 集成控制系统

数据采集和远程控制系统包括监控计算机、远程终端单元(RTU)、可编程逻辑控制器(PLC)、通信基础设施、人机界面(HMI)。系统通过物联网将小修管柱自动处理系统与网络相连，实现设备状态数据的实时更新及查看，PLC 进行井口生产数据的采集，采集的数据提交至中间层 RTU 进行存储并由 RTU 向上发送至顶层物联网云平台上进行管理。顶层物联网云平台通过大数据分析诊断模块对现场采集的数据进行存储、分析、实时预警和智能预警，提高作业的安全性。

3.2.4 现场应用效果

配套后，2 人可完成起下管柱作业，平均作业时效 42 根/h，具备集成度高、安装方便、噪声小、智能化程度高等优点，满足小修作业要求。

3.3 配套应用

大港油田目前配套通井机机械化设备 43 套，修井机自动化设备 10 套，共计应用 842 井次，其中 2023 年应用 517 井次，试验效果较好，机器代替人工进行输送管杆、搬抬吊卡、摘挂吊环，大幅降低员工劳动强度与现场安全风险，机械化班组实现了 3 人作业，自动化班组实现了 2 人作业。小修机械化、自动化改变了传统作业模式，改善了作业环境，提升了员工幸福值，创造了一定的社会效益。

4 配套机械化、自动化的井控综合技术研究

为满足减员后修井作业井控需求，项目又研究了手动防喷器液压开关技术、自动灌注技术及一键抢喷技术。手动防喷器液压开关是在现有防喷器上，加装动力马达，考虑到特殊情况下需要人工操作，又在变速机构中设计了离合器，可快速转换为手动模式；自动灌注装置可实现定时灌注与遥控灌注两项功能，保证井筒液面高度；一键抢喷装置可完成自动安装并关闭旋塞阀。三项技术均已完成现场试验，配套机械化、自动化，保障了井控安全。

5　大港油田小修作业在数智油田建设方面的研究探索

5.1　网电通井机远程遥控操作

常规通井机、修井机自动化程度低、工人劳动强度大、作业人员多、操作风险高、作业环境恶劣，严重制约行业发展。随着自动化和信息化技术的不断进步，为降低人员劳动强度、减少用工成本、实现设备的远程监控和故障诊断、提高安全保障，研发了一套网电通井机远程控制系统。系统由摇杆控制器、电控系统组成，作业过程中，操作人员可远离设备作业，具备一键急停功能，减少了安全风险。

5.2　云设备管理

对于具备远程监测条件的设备，与相关企业合作，开发了一套云设备管理系统，通过APP，可远程查看设备运转状态、生产数据统计等。目前该系统正在测试阶段，如图12所示。

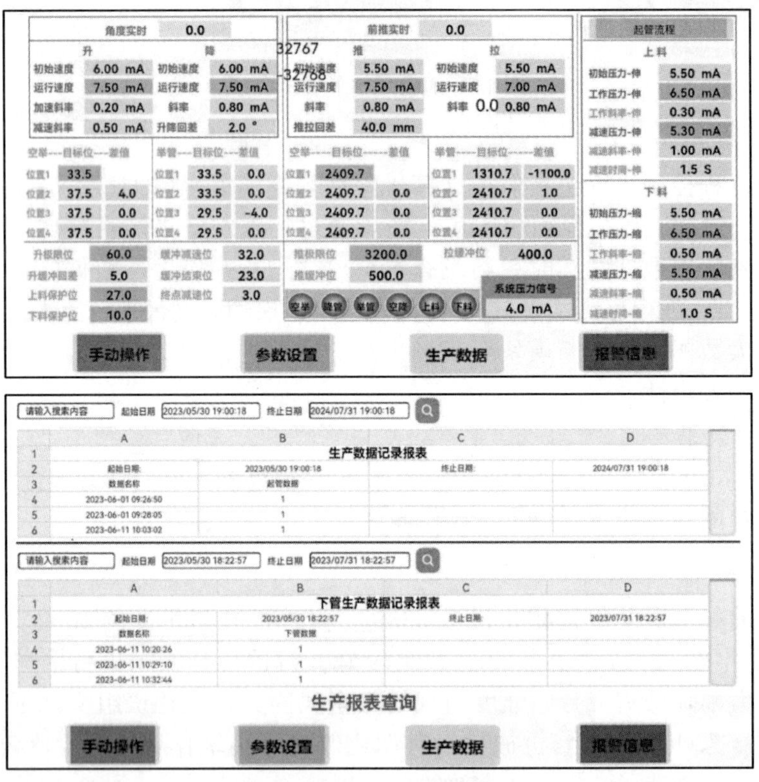

图12　远程监测与报表统计

6　结束语

自动化技术是今后井下作业发展的必由之路，其规模化推广将为数智油田建设增添新动力。大港油田小修作业应紧紧抓住数智转型建设机遇，与机械制造厂家交流合作，对现有修井设备进行升级改造，共同研发适应性强、性价比高、稳定性好的自动化修井设备。在未来的设备更新规划中，要往电气化、数智化方向布局，力争在未来5年内，彻底改变现有装备面貌，打造数智修井新模式。

参 考 文 献

[1] 李勇．油田修井作业机械化配套技术的研究与应用[J]．中国设备工程，2019(3)：2.

[2] 孟森林．自动化修井机现状及发展趋势[J]．石化技术，2019，26(7)：2.

[3] 缪明才，郭子江，范新冉，等．修井作业自动化技术现状及胜利油田的创新[J]．石油矿场机械，2019，48(3)：6.

[4] 李龙．自动化修井机现状及发展趋势分析[J]．设备管理与维修，2020(9)：3.

[5] 张敬，聂永晋，徐连会，等．小修自动化作业设备现状及发展[J]．设备管理与维修，2021(17)：2.

[6] 李庆．SXQ 石油修井机器人在江汉油田的应用探索[J]．江汉石油职工大学学报，2019，32(3)：3.

基于 GDAL 的油田地理信息平台研发与应用

郭小锋　姜　伟　谢祖君　石　强

（中国石油新疆油田公司百口泉采油厂）

摘　要：为深化地理信息数据在油气生产管理中的应用，更有效地辅助油田提升相关业务效率与专业水平，本文围绕 GDAL 地理信息数据处理技术与 REST 系统开发架构思想，创新提出基于栅格数据预切分和矢量数据预渲染的地图发布技术，并基于此开展了油田地理信息平台研发，实现了空间数据统一管理、二维三维地图可视化查询、跨平台数据灵活接入展示、业务专题图层分析等应用能力，为油田地理信息系统优化提升与开发提供借鉴指导。

关键词：地理信息；GDAL；REST；栅格数据预切分；矢量数据预渲染

物联网、大数据、人工智能等技术的飞速发展，不断推动着地理信息技术朝智能化、集成化方向发展。传统的 WebGIS 地图发布技术，存在响应速度慢、占用带宽高、交互能力差等问题，面对海量、异构的数据资源，已日渐不能满足用户频繁的在线服务请求，这也制约了地理信息与其他信息资源的深度融合。

油田生产辖区广，管线、电力线等设备设施较多，历经多年的开发建设，有着较为丰富的空间数据资源。但因其应用更新迭代周期长，数据相对于其他生产运行数据较为独立，导致地理信息成为数据孤岛。本文通过研究 REST（Representational State Transfer，表述性状态转移）架构思想和 GDAL（Geospatial Data Abstraction Library，栅格空间数据转换库）技术，创新提出了基于栅格数据预切分和矢量数据预渲染的地图发布技术，并基于此，实现了多源地理信息数据的共享和集成发布服务。

1　系统概述

油田地理信息平台基于栅格地图预切分技术，设计了地图切分规则、地图切片存储结构，以及地图切片请求与叠加的流程、算法，在实现海量地图切片快速检索、浏览的同时，通过缩短访问路径和减少访问次数来提高系统性能。

通过整合并接入近年的卫星影像、高精航拍矢量图、地理信息等数据，并集成相关生产运行信息，具备空间可视化（区划管理、位置监控、图属查询编辑）、空间分析（井、站、摄像头及作业信息查询）、数据联动分析（油水井日报、月报图表展示分析）三大主要能力。

1.1　系统架构

本平台基于 B/S 架构，采用前后端完全分离模式，以符合 RESTFull 接口规则的

作者简介：郭小锋（1981—），2004 年毕业于新疆大学计算机科学与技术专业，获理学学士学位，现任中国石油新疆油田公司百口泉采油厂工程师，从事应用系统研发、数据管理等相关工作，中级工程师。通讯地址：新疆克拉玛依市昆仑路街道宝石路 256 号科研基地 E 座。E－mail：guoxiaofeng@ petrochina. com. cn。

WebAPI 接口形式，实现前后端的数据交互(图 1)。前端基于 VUE 全家桶(VUE+VUEX+VUE-ROUTER)单页面 SPA 开发，满足高性能、可伸缩、通用性、简易性、可修改性和可扩展性的技术需求。本平台主要包含地图查询、专题应用、三维站场、自动化数据、日月报数据、地图管理、平台管理等功能。

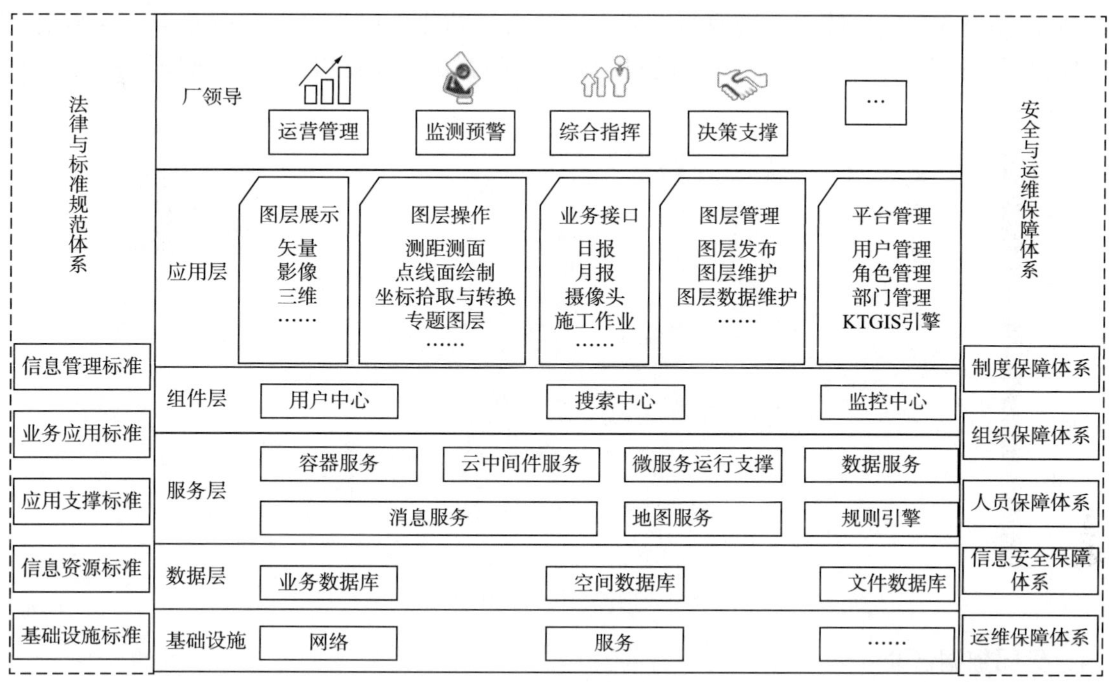

图 1　系统架构

1.2　地图查询

平台支持三种底图(深色和浅色矢量底图、影像图)样式的切换，可进行各类井、站、管线、摄像头等对象的定位(在搜索栏内精确/模糊选定目标查询)、距离和面积的在线测量，以及任意点、线、面、复杂对象的坐标拾取和复制，具备常用的地图功能(图 2)。

图 2　平台应用界面

1.3 专题应用

针对油田现场作业数量多、范围广、管理难度大等问题，提供当日作业实时查询。主要分为许可作业和非许可作业，许可作业又细分为八类，不同类型的作业采用不同图标表示，点击该井可查看详细的作业信息。

同时结合应用高空瞭望、摄像头、电力线分布等功能，用户点击相应图标，在弹出窗口单击“视频播放”按钮后，本平台通过海康威视视频平台接口，接入现场视频并展示(图 3)。

图 3　摄像头可视范围展示

1.4 外部数据管理

提供可视化、易操作的数据维护功能，可将井的日报、月报、自动化等相关数据，通过接口与地图的井位信息相关联，实现数据一体化展示。业务管理人员通过图表的形式，查询油、水井的自动化、日报及月报数据。后期根据业务需要，可继续新增数据接口，添加外部数据并展示(图 4)。

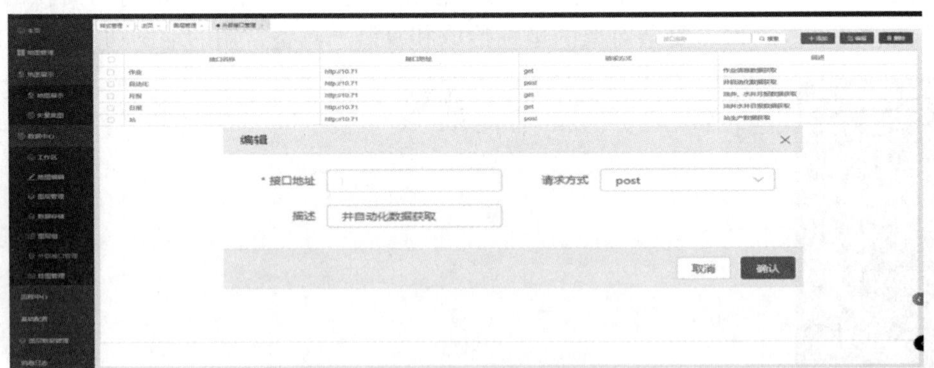

图 4　数据接口维护界面

1.5 地图管理

具有图层数据维护、图层管理、图层组管理、图层发布、图标管理、图层样式管理等功能。用户通过平台，对图层进行点线面样式编辑、坐标修改、坐标转换绘制、图层服务发布等操作后，可以实时预览，如有问题，返回上一步进行修改(图 5)。

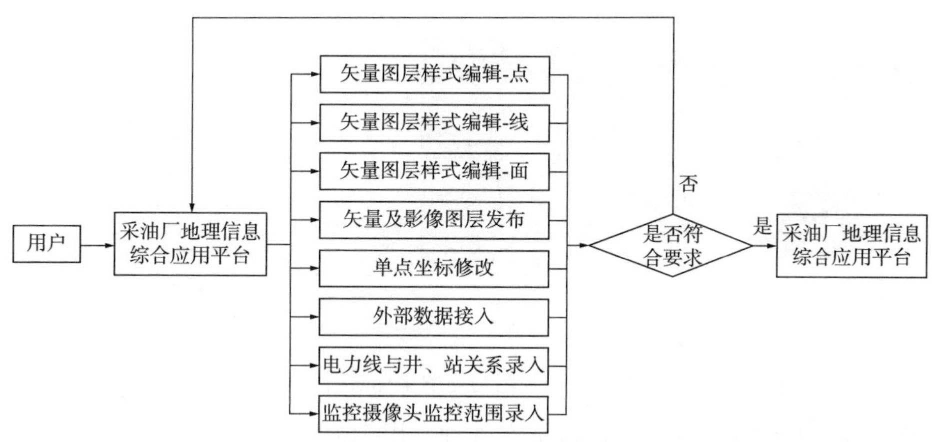

图 5　地图要素发布流程

1.6　平台管理

该模块为基本配置模块，实现用户、角色、部门、模块、图层菜单及日志的管理。在用户管理方面，管理员可先通过平台单向同步用户单位人员信息库数据，再进行相应模块、图层的授权，避免了信息重复建设，简化了系统用户的管理工作(图 6)。

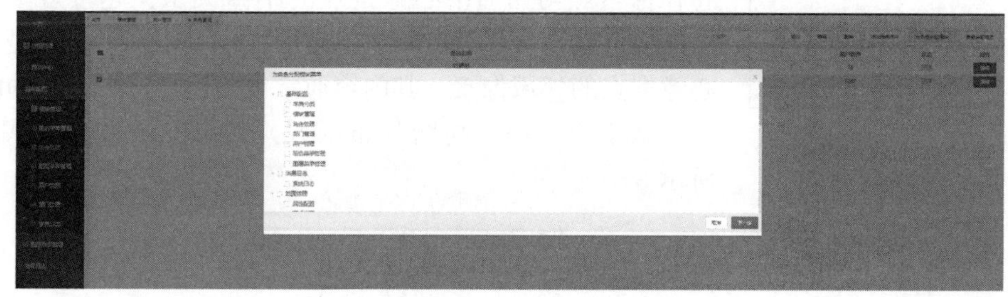
图 6　功能模块授权界面

2　关键技术

2.1　地学栅格数据预切分技术

发布栅格地图之前，需要将整幅图按离散比例划分，即事先对服务器端的要素(集)，按照影像金字塔模型，进行小尺寸的切片分级与缓存。每种比例的地图根据统一的切分规则，分成若干个大小相等、分布均匀、紧密相连的块(切片或瓦片)。切分时，要确定单个块的数据量与总体个数间的平衡关系，各切片按一定的命名规则进行存储，同时建立切片名与地图坐标的映射关系，如图 7 所示。

为保证一组栅格数据能够相互叠合发布，应遵循以下规则：

(1) 按坐标投影，基于统一切图参数，对栅格地图进行分组。

(2) 建立统一的地图切图范围，以便将栅格地图切片在同一坐标范围内叠加发布。

(3) 同组地图缩放级数，要与各级比例尺统一。

(4) 地图切片像素一般应选用 256×256，切片粒度过小，会增加系统的管理难度；粒度太大，受网络传输速度影响，达不到地图切分和缓存的目的。

在处理栅格数据时，通常采用高斯滤波、邻域运算、聚类分析、光谱分析等算法。其

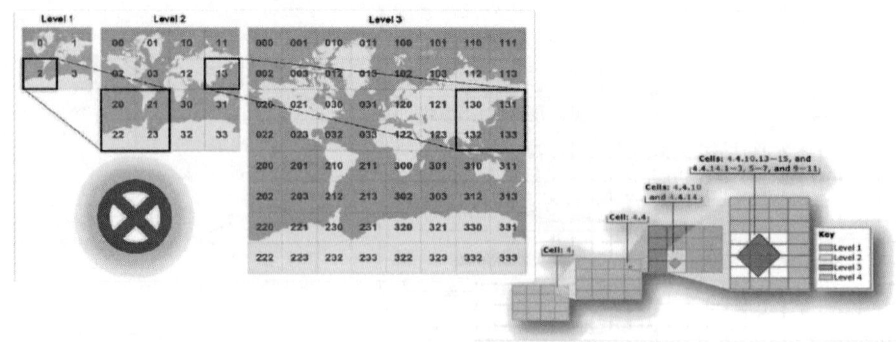

图 7　切片名与地图坐标映射

中高斯滤波通过总面积运算对数据进行平滑处理，用于消除图像噪声，提高图像质量。空间滤波将当前像素与滤波器模板的中心点对应，用周边邻域像素点的颜色值与模板中的权值相乘后进行累加(称为卷积操作)，最终把产生的新颜色值作为特定像素的颜色值。通常情况下，选择 3×3、5×5、7×7 大小的区域作为卷积模板或者滤波器模板。

$\frac{1}{16}$ ×

1	2	1
2	4	2
1	2	1

图 8　高斯卷积模板

图 8 是一个 3×3 的高斯卷积模板。高斯卷积模板考虑了卷积像素点与当前中心像素点的距离关系，越接近中心像素点的权值越高，越远的则权值越低，也可以理解为，越靠近中心像素点的邻域像素，其内容通常也是越接近中心点的内容。

数学上的一维高斯分布函数，其基本函数和公式如图 9 所示。

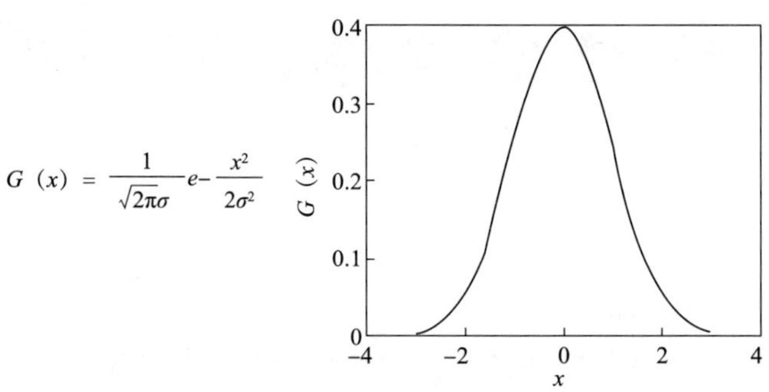

图 9　一维高斯函数及曲线

其中 σ 是标准差，代表数据的离散程度。如果 σ 较小，生成模板的中心系数较大，而周围的系数较小，这样对图像的平滑效果就不是很明显；如果 σ 较大，则生成模板的各个系数相差就不是很大。从函数图像上看(图 10)，σ 越大，则图形越宽，尖峰越小，整体图形较为平缓；σ 越小，则图形越窄，越集中，中间部分也就越尖，图形变化较为剧烈。

对于二维高斯分布函数，也是类似的图形，标准差 σ 同样可以调整概率分布程度，区别仅在于二维高斯函数分布在 3D 空间坐标系中(图 11)。

利用二维高斯分布函数，可以生成高斯卷积模板。其中(x，y)坐标相当于卷积模板的两个方向，高斯坐标原点相当于卷积模板的中心元素，然后将模板中的其他元素作为原点中心的邻域值进行计算。

以上的高斯滤波算法主要针对单通道的灰度图像，彩色图像则需要对 R、G、B 三个通

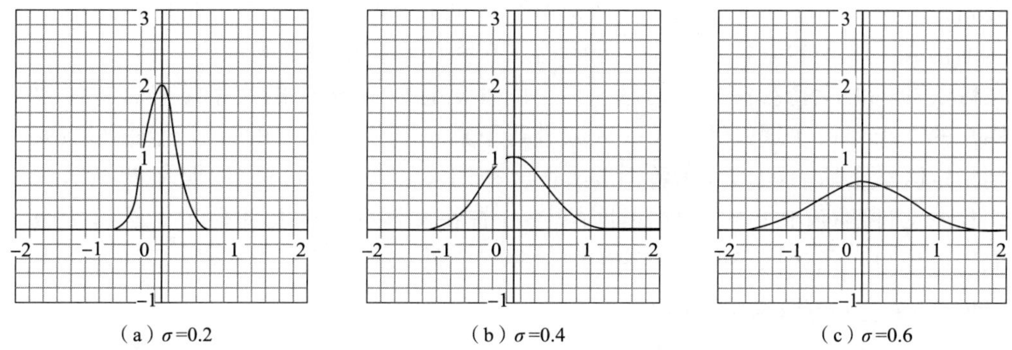

图 10　σ 分别为 0. 2、0. 4、0. 6 时的图像曲线

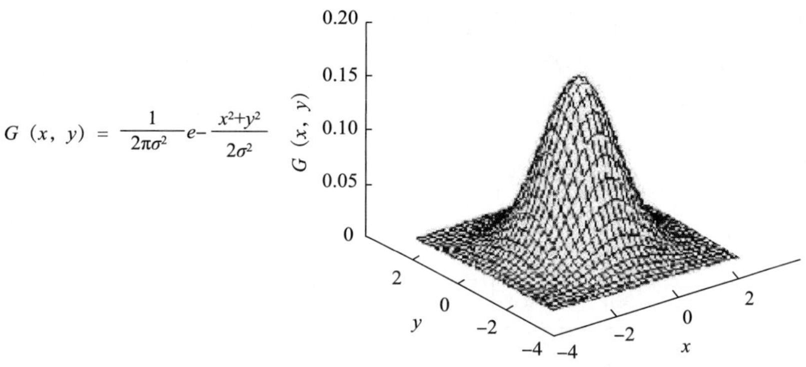

图 11　二维高斯函数及曲线

道，分别进行卷积计算处理，输出由 R、G、B 值组成目标彩色图像的像素值。

2. 2　地图切片存储结构

本平台用到的地图切片分别为：新疆 1m 分辨率影像数据、厂区范围 0. 8m 分辨率影像数据、重点场站 3cm 分辨率影像数据。按照不同的分辨率，划分为 12 个等级，在文件系统的目录结构里，生成对应的 12 个主目录。每一级切片下，又细分出 A、B、C、D 四个子文件夹。在非离线情况下，系统访问地图切片的文件夹管理结构，如图 12 所示。

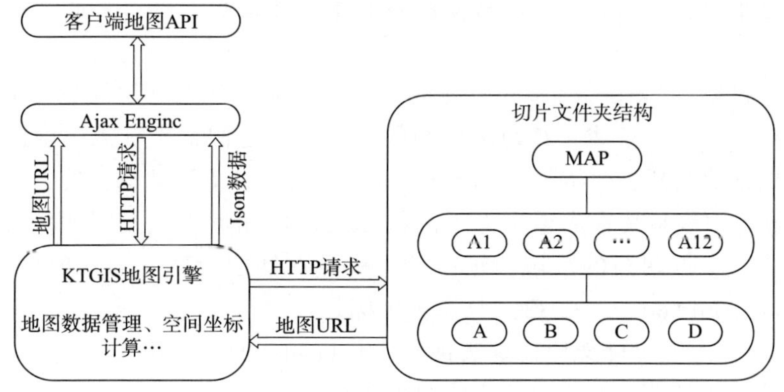

图 12　切片文件夹结构

文件 API 依据特殊管理机制，保存文件前先设定虚拟文件夹结构，用于文件对象的管理。文件对象中的文本信息，遵循严格的编码格式，以防止数据意外泄露。本平台的虚拟

文件夹路径，与真实路径保持统一，从而减少中间转换的计算过程。在具体路径后加上文件名，即构成了唯一的键名，保证了地图信息在离线系统中的准确性。

文件 API 同时支持存储文字信息，单个图片信息以 Base64 的文字编码方式保存。系统根据用户的需求，可实现仅针对某一区域进行下载。利用本平台的自研地图引擎(KTGIS)，查询到指定区域下所有的切片名称(tileName)和切片等级(Level)，按照文件夹结构，计算出该切片的文件路径(Path)。根据返回的 Path 查找文件存放的具体位置，然后按照切片名称提取颜色信息，通过网络向客户端传输，并以文件 API 形式保存。

2.3 地学矢量数据预渲染发布技术

系统基于矢量数据预渲染发布机理，通过数据线程，将从本地或服务器获取的矢量瓦片进行加载后，由数据分析线程进行数据检查，并把这些数据抽取为线、面、建筑物等。渲染线程将数据分析线程中的缓存数据，利用 Leaflet(轻量级前端地图框架)绘制出来，形成矢量数据预渲染底图，同时提高了矢量图形的质量与交互查询的能力(图 13)。

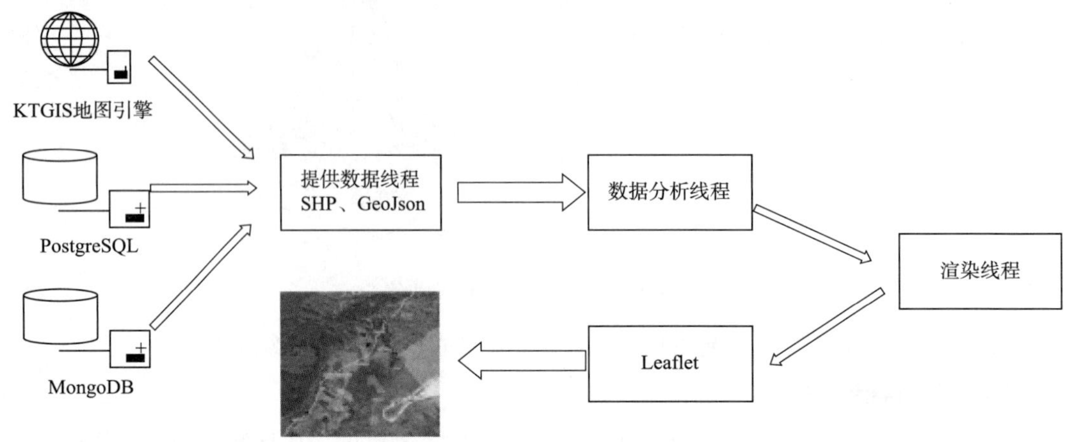

图 13 矢量地图渲染引擎

由于地球近似椭球状，在实际使用中，需要采用椭球模型来模拟地球，但椭球体用经纬度作坐标，单位是角度。目前的地图大多是二维平面，需要将经纬度表示的位置，转换成平面坐标，这个过程称为投影，通常使用球面墨卡托投影，进行平面地图坐标和经纬度的转换。

球面墨卡托投影(等角度投影)的原理是(图 14)，做一个与赤道线相切的圆柱面，从地心向经纬度坐标点射出一条线，其与圆柱面的交点，就是像素坐标点。由此得到经纬度与平面地图坐标的换算公式：$x=R\cdot\lambda$，$y=R\cdot\tan\varphi$。其中，R 为地球半径；λ 为经度在赤道线上的弧度；φ 为射线与其在赤道平面上的投影之间的角度。该投影的优点是，保持方位的不变；缺点是，靠近两极的区域会被拉伸，极点在柱面投影上的 y 值接近无穷。为此，工程上采用 $y=R\cdot\ln[\tan(\pi/4+\varphi/2)]$ 计算 y 坐标。

计算后得到的 x、y 坐标会比地球表面积大，Leaflet 通过转换工具类，将地图转变成 1 个单位大小，然后再把地图扩展成瓦片地图大小(取决于地图瓦片的尺寸及缩放比例)，像素坐标也是按此方法计算。除了球面墨卡托投影外，Leaflet 内部实现了等距柱面投影、椭球面投影等，可以通过 L. map 方法的选项切换坐标系，也可以创建其他 CRS 对象，处理经纬度和像素坐标的相互转换。

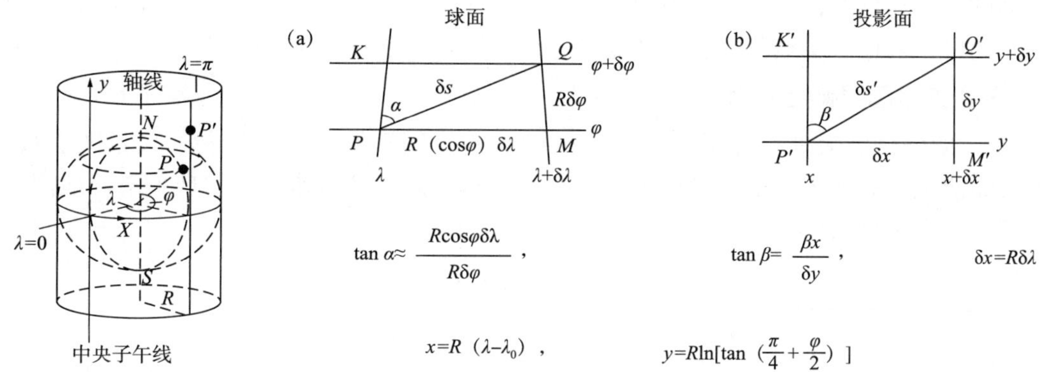

图 14　墨卡托投影原理及公式

2.4 Docker 容器

Docker 是基于 Linux 内核的 cgroup、namespace，以及 AUFS 类的 Union FS 等技术，对进程进行封装隔离，能够自动执行重复性任务的容器平台，它定义了容器的构建、分发、执行，主要由镜像(Image)、容器(Container)、仓库组成。Docker 把应用程序与所需的环境依赖，都打包在 Image 文件中，根据同一个 Image 文件可以启动多个容器(图 15)。

Image 由 Union FS(联合文件系统)组成，将几层目录挂载到一起，即形成一个虚拟文件系统。Docker 通过这些文件，再加上宿主机的内核，提供了一个 Linux 的虚拟环境。每一层文件系统叫作一层 layer，因其是只读的，所以 Image 不可更改。构建镜像时，每个构建的操作相当于修改一层，即增加一层文件系统，上层的修改会覆盖底层的可见性。当从一个镜像启动容器时，Docker 会在镜像最顶层加载一个读写层，文件系统的变化都在这一层体现。通过 Docker 容器的部署，增强了系统的稳定性，提供了更快速的启动时间，方便了系统的迁移及备份。

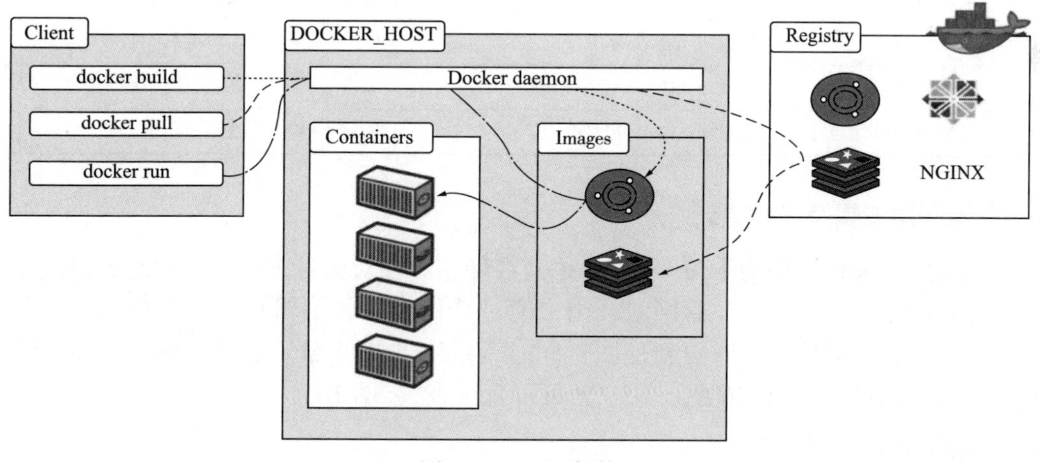

图 15　Docker 架构

3 系统应用

3.1 系统运行情况

平台上线运行以来，完成了包括单井、站库、摄像头、管线、电力线等在内的各类坐标数据的转换与校准，入库数据万余条；同时，根据各专业用户不同业务性质需要，绘制并发布油田、宗地、属地范围、石油储量、矿权线等多个专题应用图层。

3.2 影像矢量图层叠合应用

基于2000国家大地坐标系，对宗地、井、站、管网等40余个影像、矢量图层数据的叠加发布测试，验证了本平台可显著提高海量地学数据的发布速度，实现平滑的地图浏览，提升了数据应用价值(表1)。

表1 图层属性表

序号	图层名称	图层属性	序号	图层名称	图层属性	序号	图层名称	图层属性
1	全疆影像	影像	17	配注站	矢量	33	厂区名称	矢量
2	采油厂辖区影像	影像	18	注入管线	矢量	34	油田名称	矢量
3	联合站	影像	19	站内注入管线	矢量	35	厂区宗地	矢量
4	油区1	影像	20	注入管线标注点	矢量	36	石油储量	矢量
5	油区2	影像	21	站内注入管线标注点	矢量	37	作业区范围	矢量
6	油区3	影像	22	给排水管线	矢量	38	中国石油矿权线	矢量
7	油区4	影像	23	污水管线	矢量	39	厂区范围	矢量
8	油区5	影像	24	污水管线标注点	矢量	40	新疆境界与政区	矢量
9	油站内管线	矢量	25	输电线路	矢量	41	克拉玛依境界与政区	矢量
10	油集输管线	矢量	26	输电线路附件	矢量	42	新疆水系	矢量
11	油站内管线标注点	矢量	27	消防管线	矢量	43	克拉玛依水系	矢量
12	油集输管线标注点	矢量	28	辅助管线	矢量	44	市县境界与政区	矢量
13	气站内管线	矢量	29	油井	矢量	45	克白道路中心线	矢量
14	气集输管线	矢量	30	水井	矢量	46	国道道路中心线	矢量
15	气站内管线标注点	矢量	31	高空瞭望	矢量	47	高速道路中心线	矢量
16	气集输管线标注点	矢量	32	摄像头	矢量	48	铁路道路中心线	矢量

3.3 矢量图层编辑及在线更新

系统内所有矢量图层均采用GeoJson格式存储，方便对矢量图层进行动态编辑及在线更新。例如新增单井、摄像头、管网时，用户通过系统提供的编辑页面，直接录入坐标、样式、属性等，提交后即可实时更新地图；同时，系统支持外部矢量图层导入，导入后再进行相关样式、属性、权限的配置，用户就可以直接查看(图16)。

3.4 坐标系转换

为充分利用现有数据资源，系统提供了坐标转换工具。用户从其他应用或手机定位获取到的坐标，转换成2000国家大地坐标后，可应用于本平台。用户也可从本平台提取相关的地图要素坐标后，按其他系统要求的坐标系进行转换、应用。可转换的坐标系对应关系见表2。

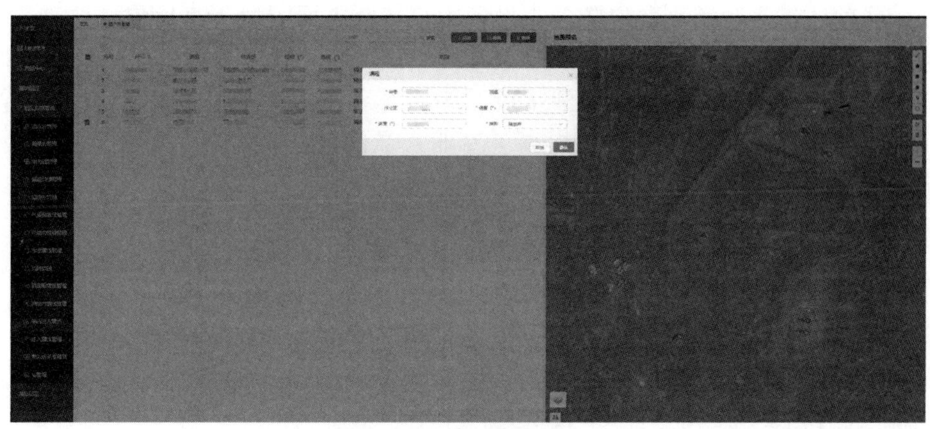

图 16 图层数据管理界面

表 2 坐标转换对应坐标系

序号	转换前	转换后	序号	转换前	转换后
1	北京 54	国家 2000	4	西安 80	国家 2000
2	北京 54	西安 80	5	国家 2000	北京 54
3	西安 80	北京 54	6	国家 2000	西安 80

3.5 指挥决策辅助

系统打通生产数据、道路电力、视频监控等多套应用系统的数据壁垒，在数据层上实现了与外部系统的灵活无缝对接，实现各类数据的统一接入、查询、分析，方便各层级用户利用地图可视化的手段，查看各类生产数据、统计报表等，为油田生产指挥决策提供技术支撑。

摄像头等专题图层的应用，能够为用户提供直观可视的图像，在地图上动态绘制出监控范围，方便根据监控重叠范围，查找信号覆盖、站点管辖等业务存在的盲区，并能实时调取视频监控图像，为 HSE 安全生产管理提供监管窗口。

4 结论

通过地理信息平台的研究与应用，打破了生产数据、视频监控、电力管线等系统间的数据壁垒，实现了“全厂一张图、一图观全厂”的管理能力，辅助油田厂、区、站三级管理者全方位了解生产现状，为生产指挥提供决策支持。

（1）基于地理信息实体模型功能，有机结合生产、自动化、现场作业等外部数据，让各级领导、业务管理人员能可视化地快速定位相关数据，实现以图查文、以文找图的双向互动，为地面地下一体化、监督决策一体化提供坚实的基础服务和参考依据。

（2）将现场作业、高空瞭望、视频监控的数据进行接入和展示，形成的专题应用，方便业务人员及时掌握当日作业数量及分布情况，同时通过播放现场视频，可实时监控现场作业情况，为安全提供便捷技术手段。

（3）电力线的建设存在周期长、段数多、权属复杂等诸多问题，每段电力线与周边井、站、设备的关联关系一直未能梳理清晰。本平台通过建立电力线与井、站之间的关系列表，在地图上不仅能直观显示每段电力线与周边设备、设施的关联关系，同时也方便相关人员在电力线维修前，先进行预判，以防各类设备因突然断电而引发不良后果。

（4）平台以开发工具接口为原则，通过建立“数据接口调用规范”，一方面节约迭代开发成本，另一方面实现应用功能的灵活扩展，为后续各项地理信息应用夯实“底座”。简单易用的个性化定制配图功能，极大地提高了专业人员的工作效率，为油田生产经营过程中持续形成的地理信息数据深化应用需求，提供技术保障。

参 考 文 献

[1] 李向阳，卢遥．遥感栅格数据切分技术的应用研究[J]．江苏科技信息，2014(16)：4.

[2] 石坚，李治洪．基于 B/S 结构的地图切片前端存储技术[J]．微型机与应用，2014，33(19)：4.

[3] 李学东．基于 WEB 的地学数据集成与发布技术研究[D]．北京：中国地质大学(北京)，2009.

[4] 冈萨雷斯．数字图像处理[M]．北京：电子工业出版社，2009.

基于 Matlab 的单标线吸量管测量结果的不确定度评定

吴贝贝

（中国石油新疆油田公司实验检测研究院）

摘　要：针对工作中常见的单标线吸量管容量示值误差测量不确定度的评定问题，以 10mL 单标线吸量管为研究对象，考虑影响容量测量的各种因素，运用 Matlab 编程软件，给出容量示值误差不确定度分析评定的具体过程，实现单标线吸量管测量结果的不确定度的自动评定。

关键词：单标线吸量管；不确定度；示值误差；允许误差

单标线吸量管是常用的玻璃器皿，是微量半微量化学分析中最重要的精密计量器具，在油田的各个方面有广泛的应用。

为确保单标线吸量管测量结果的准确可靠及可使用性，通常在每半年度，都需要进行不确定度的评定，而不确定度评定的计算过程复杂烦琐，人工计算非常容易出错。因此，通过软件编程实现不确定度的自动评定尤为重要。陈艳燕[1]对单标线吸量管容量结果的扩展不确定度采用 Matlab 软件编程，实现了不确定度的快速计算。黄美霞等[2]以 10mL 单标线吸量管容量测量值为例，说明常用玻璃量器不确定来源、评定方法及步骤。徐慧莉和秦静[3]以 20mL 单标线吸量管容量校准为例，逐一分析在校准过程中影响校准结果准确性的因素，对其校准结果的测量不确定度进行评定。李芳红等[4]以单标线吸量管容量偏差不确定评定为例，通过建立数学模型，系统识别、量化各影响量，合理确定灵敏系数，从而得到容量偏差的合成标准不确定度和扩展不确定度。

1　概述

1.1　测量依据

参考 JJG 196—2006《常用玻璃量器检定规程》[5]。

1.2　测量原理

将称量杯放入电了天平中，待天平显示稳定后，按下去皮键使电子天平复零；将单标线吸量管内被测量纯水倒入称量杯中，称得纯水的质量(m)，并测得纯水的温度，读数应准确到 0.1℃，按衡量法计算公式计算出被检单标线吸量管在标准温度 20.0℃时的实际容量。

作者简介：吴贝贝(1994—)，2020 年毕业于新疆大学控制工程专业，获硕士学位，现任中国石油新疆油田公司实验检测研究院工程师，从事计量专业检定/校准等方面研究工作，中级工程师。通讯地址：新疆克拉玛依市克拉玛依区友谊路 100 号。E-mail：2375135979@ qq. com。

1.3 测量环境

实验室温度为(20±5)℃，室内温变化不大于1℃/h，水温与室温之差不应超过±2℃。

1.4 测量仪器

电子天平：电子天平 AE240S(200g/0.1mg、40g/0.01mg)。

1.5 被测对象

10mL 单标线吸量管，准确度等级：A 级，容量允许误差为±0.020mL。

1.6 评定结果的使用

在符合上述条件下的情况下，一般可直接使用本不确定度的评定结果。

2 建立数学模型

2.1 数学模型

$$V_{20}=\frac{m(\rho_B-\rho_A)}{\rho_B(\rho_w-\rho_A)}[1+\beta(20-t)] \tag{1}$$

式中：V_{20}为标准温度20℃时的被检玻璃量器的实际容量，mL；m 为被检玻璃量器内所容纳水的表观质量，g；ρ_B 为砝码密度，取 8.00g/cm^3；ρ_A 为测定时实验室内的空气密度，取 0.0012g/cm^3；ρ_w 为蒸馏水 t℃时的密度，g/cm^3；β 为被检玻璃量器的体胀系数，℃$^{-1}$；t 为检定时蒸馏水的温度，℃。

2.2 灵敏系数

取：$m=10.0000$g；$\rho_B=8.00$g/cm^3；$\rho_A=0.0012$g/cm^3；$\beta=25\times10^{-6}$℃$^{-1}$(钠钙玻璃)；$\rho_w=0.9974$g/cm^3；$t=23.5$℃。

得：

$$c_1=\partial V/\partial m=\frac{(\rho_B-\rho_A)}{\rho_B(\rho_w-\rho_A)}[1+\beta(20-t)]=1.0036\text{cm}^3/\text{g}$$

$$c_2=\partial V/\partial \rho_B=\frac{m\rho_A}{\rho_B^2(\rho_w-\rho_A)}[1+\beta(20-t)]=1.88\times10^{-4}\text{cm}^6/\text{g}$$

$$c_3=\partial V/\partial \rho_A=\frac{m(\rho_B-\rho_w)}{\rho_B\ (\rho_w-\rho_A)^2}[1+\beta(20-t)]=8.8\text{cm}^6/\text{g}$$

$$c_4=\partial V/\partial \rho_w=-\frac{m(\rho_B-\rho_A)}{\rho_B\ (\rho_w-\rho_A)^2}[1+\beta(20-t)]=-10.0\text{cm}^6/\text{g}$$

$$c_5=\partial V/\partial \beta=\frac{m(\rho_B-\rho_A)}{\rho_B(\rho_w-\rho_A)}(20-t)=-35.1\text{cm}^3\cdot℃$$

$$c_6=\partial V/\partial t=-\frac{m(\rho_B-\rho_A)}{\rho_B(\rho_w-\rho_A)}\beta=-2.5\times10^{-4}\text{cm}^3/℃$$

2.3 传播率公式

因输入量 m 与 k(包含因子)彼此独立不相关，所以：

$$[u_c(V)]^2=c_1^2[u(m)]^2+c_2^2[u(\rho_B)]^2+c_3^2[u(\rho_A)]^2+c_4^2[u(\rho_w)]^2+c_5^2[u(\beta)]^2+c_6^2[u(t)]^2$$

$$u_c(V)=\sqrt{c_1^2[u(m)]^2+c_2^2[u(\rho_B)]^2+c_3^2[u(\rho_A)]^2+c_4^2[u(\rho_w)]^2+c_5^2[u(\beta)]^2+c_6^2[u(t)]} \quad (2)$$

3　不确定度来源分析

3.1　输入量 m 的标准不确定度 $u(m)$ 的评定

$u(m)$ 由两个标准不确定度分项构成，即电子天平的标准不确定度 $u(m_1)$ 和被测量器内纯水的质量值的测量重复性引起的标准不确定度 $u(m_2)$。

3.1.1　电子天平的标准不确定度 $u(m_1)$ 的评定

现使用 205g/0.1mg 电子天平，其不确定度可根据电子天平最大允许误差，采用 B 类方法评定。205g/0.1mg 电子天平最大允许误差为±0.5mg($0\leqslant m\leqslant 50$g)，属于均匀分布，包含因子 $k=3$，故标准不确定度分项 $u(m_1)$ 为：

$$u(m_1)=0.0005/\sqrt{3}=2.9\times10^{-4}\text{g}$$

3.1.2　被测量器内纯水质量的测量重复性引起的标准不确定度分项 $u(m_2)$ 的评定

被测量器内纯水质量的测量重复性可以通过连续测量得到的测量列，采用 A 类方法进行评定。

在水温 23.5℃时，用 205g/0.1mg 电子天平测量被测量器内纯水的质量值，在重复性条件下，连续测量 10 次，得到测量列为(单位：g)：9.9657，9.9661，9.9600，9.9573，9.9569，9.9651，9.9646，9.9608，9.9707，9.9720。

实验标准差：

$$s=\sqrt{\frac{\sum(m_i-\overline{m})^2}{n-1}}=5.16\times10^{-3}\text{g}$$

实际测量 2 次，取算术平均值作为测量结果，则：

$$u(m_2)=s/\sqrt{n}=3.65\times10^{-3}\text{g}$$

3.2　砝码密度引起不确定度分量

砝码密度的误差为±0.2mg/cm^3，它服从均匀分布，所以：

$$u(\rho_B)=0.2/\sqrt{3}=0.115\text{mg/cm}^3=1.15\times10^{-4}\text{g/cm}^3$$

3.3　空气密度引起不确定度分量

空气密度的测量误差为±1.73×10^{-7}g/cm^3，它服从均匀分布，所以：

$$u(\rho_A)=1.73\times10^{-7}/\sqrt{3}=1.0\times10^{-7}\text{g/cm}^3$$

3.4　水密度测量引起不确定度分量

因容积的检定介质为去离子水，所以密度采用了国际实用温标水密度值，其误差为±5×10^{-6}g/cm^3，它服从均匀分布，所以：

$$u(\rho_w)=5\times10^{-6}/\sqrt{3}=2.9\times10^{-6}g/cm^3$$

3.5 容器体胀系数引起不确定度分量

容器体胀系数的误差为±2.5×10^{-7}℃$^{-1}$，它服从均匀分布，所以：

$$u(\beta)=2.5\times10^{-7}/\sqrt{3}=1.4\times10^{-7}℃^{-1}$$

3.6 水温度测量引起不确定度分量

温度计最大允许误差为±0.2℃，故半宽为0.2℃，它服从均匀分布，所以：

$$u(t)=0.2/\sqrt{3}=0.12℃$$

4 标准不确定度分量汇总

测量10mL分度吸量管，输入量的标准不确定度分量汇总见表1。

表1 10mL分度吸量管输入量的标准不确定度分量表

标准不确定度分量 $u(x_i)$		不确定度来源	标准不确定度 $u(x_i)$	概率分布	c_i	标准不确定度分量 $c_i\times u(x_i)$(mL)
$u(m)$	$u(m_1)$	天平的准确度	2.9×10^{-4}g	均匀	1.0036cm^3/g	2.9×10^{-4}
	$u(m_2)$	容量测量重复性	3.65×10^{-3}g	正态	1.0036cm^3/g	3.66×10^{-3}
$u(\rho_B)$		砝码密度	$1.15\times10^{-4}g/cm^3$	均匀	$-1.88\times10^{-4}cm^6/g$	-2.2×10^{-8}
$u(\rho_A)$		空气密度	$1.0\times10^{-7}g/cm^3$	均匀	8.8cm^6/g	8.8×10^{-7}
$u(\rho_w)$		水密度测量	$2.9\times10^{-6}g/cm^3$	均匀	$-10.0cm^6/g$	-2.9×10^{-5}
$u(\beta)$		量器体胀系数	1.4×10^{-7}℃$^{-1}$	均匀	35.1cm^3·℃	4.9×10^{-6}
$u(t)$		水温度测量	0.12℃	均匀	$-2.5\times10^{-4}cm^3$/℃	-3×10^{-5}

5 合成标准不确定度评定

由公式(2)可得：

$$[u_c(V)]^2=u[V]^2+c_1^2[u(m)]^2+c_2^2[u(\rho_B)]^2+c_3^2[u(\rho_A)]^2+$$
$$c_4^2[u(\rho_w)]^2+c_5^2[u(\beta)]^2+c_6^2[u(t)]$$

10mL单标线吸量管的合成不确定度：

$$u_c=\sqrt{(2.9\times10^{-4})^2+(3.66\times10^{-3})^2+(-2.2\times10^{-8})^2+(8.8\times10^{-7})^2+(-2.9\times10^{-5})^2+(4.9\times10^{-6})^2+(-3\times10^{-5})^2}$$
$$=3.7\times10^{-3}mL$$

取包含因子 $k=2$，则：

$$U=u_c\times k=2\times3.7\times10^{-3}=7.4\times10^{-3}\approx8\times10^{-3}mL$$

6 采用Matlab软件编程计算单标线吸量管测量结果不确定度

本文运用Matlab编程软件进行不确定度评定，首先根据数学模型编程对各不确定度分项进行灵敏系数的计算；再对各分项的不确定度分量的评定方法进行区分，各分项计算中有需查表的参数可在软件界面上直接输入数据，进而编程计算各分项的标准不确定度值；得到灵敏系数和标准不确定度分量后，通过编程计算合成标准不确定度。实现了单标线吸量管测量结果不确定度的自主计算，其软件编程界面、示值误差曲线图和扩展不确定度评定结果图如图 1 至图 3 所示。

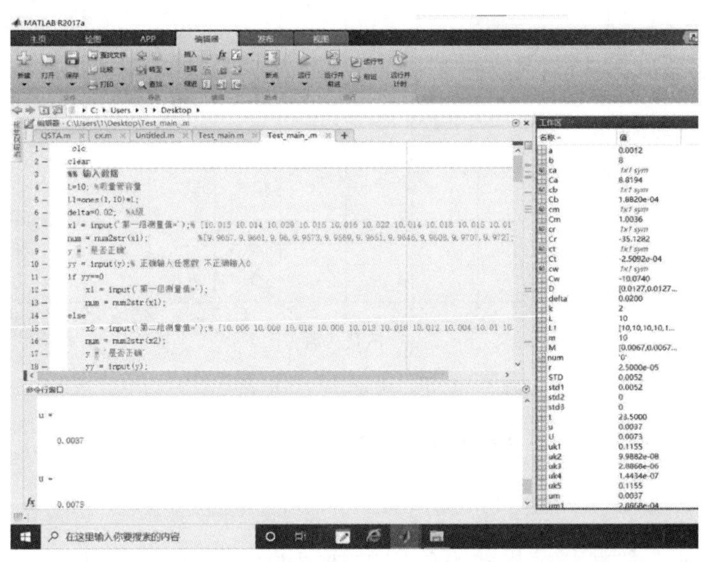

图 1　单标线吸量管测量结果不确定度软件编程界面

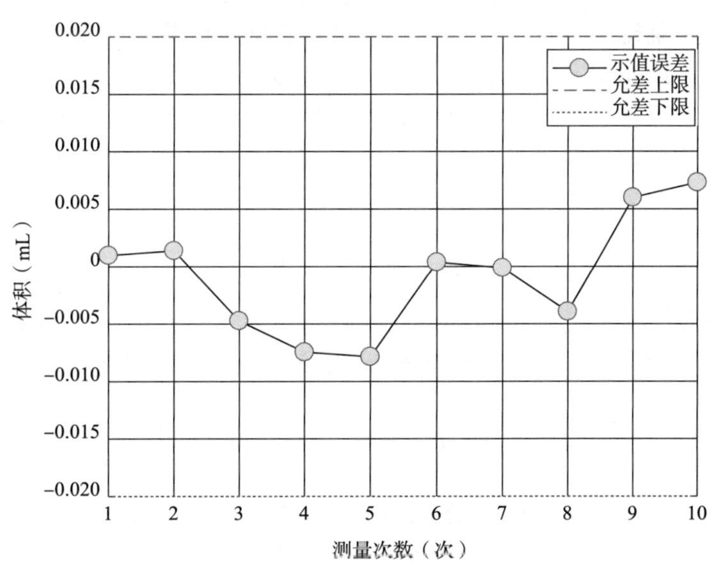

图 2　示值误差曲线图

图 2 为示值误差曲线图，其中：示值误差 = 测量值 − 标准值，允许误差值为 ±0. 02mL，可以直观看出示值误差均未超出允许误差限。图 3 为扩展不确定度评定结果图，其中：扩展不确定度为编程计算得到 $U = 0.0073$mL，合格限值 $\Delta = \mathrm{MPEV} - U = \pm(0.02 - 0.0073)$ mL = ± 0. 0127mL。综上可得，通过 Matlab 软件编程实现单标线吸量管测量结果的不确定度的自动计算，计算结果与手工计算结果一致，且可直观看出测量示值误差及不确定度评定结果是

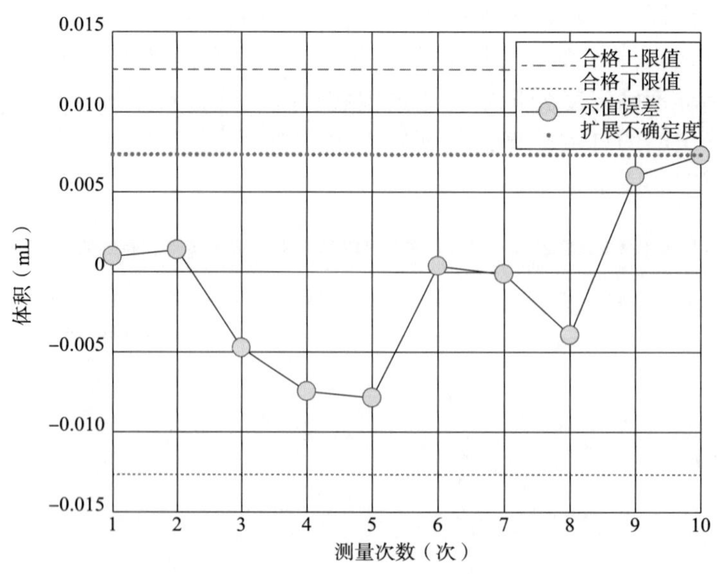

图 3　扩展不确定度评定结果图

否符合允差要求，使计算时间大大缩短，提高了工作时效。

7　结论

通过对单标量吸量管测量结果的不确定度评定的研究发现，可以直接采用 Matlab 编程软件编程实现自动计算，首先对包含的所有不确定度因素进行分析，建立数学模型，通过编程软件写入各类不确定度分量，获得单标线吸量管测量结果的不确定度，供理化专业评定使用。本文采用 Matlab 软件编程，实现了不确定度的快速计算，且结果准确可靠。在不确定度评定过程中，可在软件界面上直接输入数据，使用方便，计算快速准确，同时也可推广应用至其他常用玻璃量器测量结果的不确定度计算，简化了检定员们在检定工作中的数据处理环节，且避免了人工计算出错率。

参　考　文　献

[1] 陈艳燕．基于 Matlab 的吸量管检定装置的测量不确定度评定[J]．中国计量，2014(5)：90-92.

[2] 黄美霞，杨帆，黄俊华，等．单标线吸量管容量测量值的不确定度评定[J]．计量与测试技术，2020，47(2)：90-91.

[3] 徐慧莉，秦静．单标线吸量管校准结果中的测量不确定度评定[J]．全面腐蚀控制，2015，29(5)：34-36.

[4] 李芳红，夏建华，田波．单标线吸量管容量偏差测量结果的不确定度评定[C]//山东计量测试学会．山东省优秀计量学术论文选编(2011 年度)．中国科学技术出版社，2012：4.

[5] 国家质量监督检验检疫总局．常用玻璃量器检定规程：JJG 196—2006[S]．北京：中国计量出版社．

油田安全生产智能可视化研究应用

尹　权　陈亚颐　赵　黎　董　虎　张　乐
谢亚莉　再开日亚·安尼瓦尔

（中国石油新疆油田公司准东采油厂）

摘　要：油田安全生产智能可视化研究通过前端感知层数据自动采集，配合油田生产场景个性化图像的智能识别，打造以生产监控平台为核心、智能图像分析应用为辅的智能化油田监控，为各级管理部门应用提供开放的数据应用平台，使生产和管理人员及时控制和掌握生产动态，为分析、优化、决策提供数据支撑，为进一步深化应用提供数据基础。通过收集油田各生产环节大量的不同类型的视频素材，利用开放的AI平台对大量的素材学习训练，形成基础对应算法模型。在油田生产现场前端部署AI智能识别设备或平台算法服务，对非智能监控设备兼容支持实现现场智能应用。研究结合图像识别入库分析，对油田生产现场监控图像进行分类处理，对现场设备、人员动态状态跟踪分析，并借助人脸识别技术，实现油田生产现场智能化生产监督与管理。

关键词：安全生产；可视化；智能识别；视频监控；边缘计算

油田生产现场主要分布在广袤的戈壁荒漠中，环境恶劣，油区关键设施多，分布零散，需大量人员进行管控。近年来，油田企业对安全生产的要求不断提升，人工管理模式无法24h全天候管控生产现场的环保、安全，重要信息易漏报，无法及时发现、预警安全生产事故、环境污染，事件处理反应滞后，事件发生后人工溯源困难、效率低。视频监控作为安全生产重要辅助措施，分析识别需要人工实现，数据量大、工作强度高且容易出错。

油田的重点要害——油气处理站大多已经安装了视频监控模块，但大多数监控没有智能分析功能，仍然沿用传统人工视频监控模式。油区一般都有数目众多的前端监控摄像机，监控人员面对众多监控画面不能兼顾所有异常及时发现、快速反应。因此，如何应用智能化的视频监控技术对异常情况智能识别、实时推送、联动控制，使监控人员第一时间做出响应已经成为油田智能识别技术的一个重点研究方向。

以智能化识别技术为先导，结合场站的控制系统数据，形成数据共享、智能识别联动控制，可极大提升场站的智能化管理水平。在彩南联合站先行开展了实践，通过智能识别技术与DCS系统数据结合，形成了综合智能监控管理应用，实时掌控站内外安全态势，智能识别违规行为，通过数据融合应用分析，为管理层提供有效监控手段及预测性分析报告，减少安全隐患，以智能技术代替烦琐人工，以智能化推动和服务安全管理与建设。

作者简介：尹权（1969—），2014年毕业于长江大学计算机科学与技术专业，现任中国石油新疆油田公司准东采油厂信息管理（自动化中控）站工程师，从事油田信息自动化规划、建设等方面工作，高级工程师。通讯地址：新疆阜康市准东石油基地信息管理站。E-mail：zdtxyq@petrochina.com.cn。

1 系统总体设计

1.1 智能可视化技术现状

目前主流的智能可视化分析手段主要包括：识别类分析、行为类分析、诊断类分析，以及图像处理类分析。其中，识别类分析与行为类分析是智能分析动作，诊断类与图像处理类分析是提高分析结果准确性的手段。行为类分析基于建模技术，有背景建模（着重于背景模型偏离的变化）和模式建模（着重于已知目标模型的变化）两种形式，主要应用在动态场景；识别类分析基于特征识别技术，通过图像识别、帧间对比等方式实现车牌、人脸识别，主要应用在静态场景；诊断类分析，主要指视频质量诊断，应用在视频终端设备状态监测，当出现雪花、偏色、云台失控等故障时，进行故障分析报警；图像处理分析主要判断采集的图像效果，通过视频增强手段，如降噪、去雾、锐化和矫正等，提高图像质量。

1.2 智能可视化系统架构

智能可视化系统物理结构由前端子系统、传输子系统和后端子系统构成。前端子系统主要包括各类智能摄像机，传输子系统为有线和无线网络传输资源，后端子系统则为 NVR、应用服务器、分析服务器、流媒体服务器及大屏幕系统构成。系统结构如图 1 所示。

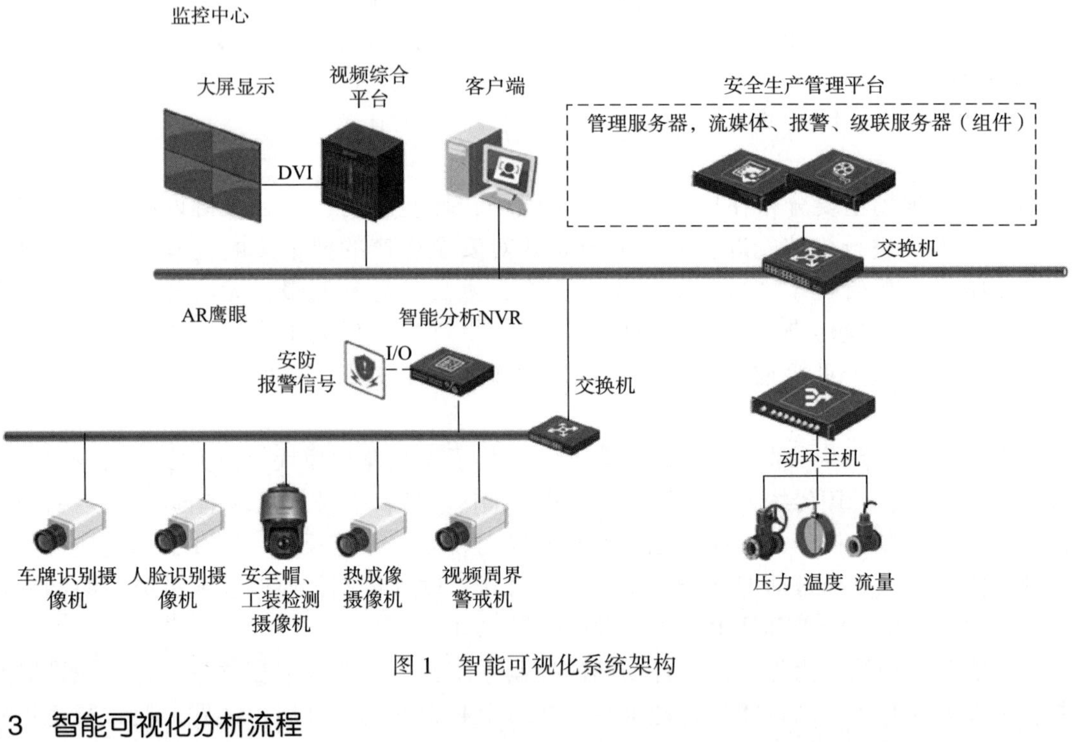

图 1 智能可视化系统架构

1.3 智能可视化分析流程

（1）加载算法过程。系统运行前，对视频分析算法的具体参数进行设置，如分析的模式、覆盖的区域、过滤目标要求等信息加载写入视频分析系统中，系统按照设定的参数运行。

（2）背景建模与更新。视频分析启动后，系统首先开展背景学习，并建立背景模型，完成后系统不断进行自我维护及优化，更新背景图像。

（3）目标提取与跟踪。建模完成后，系统根据设置的参数标准提取并跟踪目标，利用背景减除法即当前图像与背景图像的差分来检测出前景图，它是视频分析的关键和主要环节。

（4）目标分类与识别。系统通过模型培训，利用已知的目标特征进行训练，对之前提取并跟踪的目标进行辨识、比对和匹配，从而对目标进行识别和分类。

（5）行为判断与报警。有了前景建模、目标跟踪、轨迹建立和识别分类等过程，视频分析即可利用以上过程的结果，根据目标出现的时间、地点、速度、大小和停留时间等因素，结合事先设置的行为规则，实现视频分析和报警触发的过程，这也是整个系统的关键过程。

2 系统功能应用

2.1 在重点工艺环节中的应用

（1）油区关键设施生产区域分布广，原井区的抽油机、计量器和缓冲罐等关键设备无任何视频监控设备。日常管理中，需大量人员对井区内设施的生产运行状况等进行巡检。在油区关键位置、制高点建设智能视频监控点位，大范围监控油区生产情况，通过设置预置点，快速定位管汇、缓冲罐，观察现场生产情况(图 2)。通过 AR 全景系统，实现场站全景监控，对场站内的所有监控点进行统一管理，以最快捷的方式调取监控点信息，并对区域内目标跟踪联动，通过标签形式展示区域内视频及其他报警信息，建立油田智能化实景地图展示。选用热成像摄像机，对油井管线、处理站等温度敏感区域测温，发现管线刺漏、大罐溢油等事故，及时处理，辅助生产管理。

图 2　监察现场生产情况

（2）注水泵房、锅炉房内布设监控点，在进水管线与柱塞泵处绘制分析区域，重点监控进水管线刺漏、电机故障停运，视频监控图像分析与自动化监控系统重点参数进行联动，监控图像分析发生异常或数据异常情况报警时，报警信息和实时画面推送到 SCADA 监控系统，监屏人员可第一时间在 SCADA 监控系统报警栏中发现锅炉视频报警信息，可一键启动监控报警程序，根据监控数据和监控画面进行报警信息分析确认，提高监控效率。

（3）在油井、重点站库等生产场所，当有重要措施作业需要事后现场操作复核、验证和检查时，生产复核必不可少。个别关键工艺节点的自控阀门、执行器，由于长期在高温、高压的环境中工作，操作指令下达后，可能出现执行器未执行动作或执行动作不到位的情况。对于油井动设备的启停，在 SCADA 系统指令下发的同时，结合现场图像识别技术及现场的视频回传，进一步复核指令动作的执行情况。在这些自控工艺关键点位布设智能视频监控点位，设置警戒区域，杜绝无关人员闯入，通过 DCS 系统远程下达控制指令，监控画面联动拍摄执行器动作对执行指令结果进行生产复核。

（4）油区集中处理站进出人员、车辆合规管控。在集中处理站前划定监控区域，对进站人员实时合规穿戴进行识别(图 3)，以语音、报警推送方式发出提示，及时纠正不合规行为，通过人脸识别系统对进站人员身份核实、体温监测联锁门禁的开关，车牌识别系统对企业内部车牌准确识别，联动道闸开关，减少安检人员数量和劳动强度，通过数据挖掘，准确把握集中处理站的人员、车辆进出、停留时间。

图 3　监察进站人员穿戴情况

2.2　在高风险施工作业中的应用

施工作业重点管控在于人员和过程。油区每日有日常巡检、修井施工等作业发生，存在作业人员违章作业、未按规定作业等不安全行为。采用智能移动视频监控终端对措施作业区域布控，有效识别作业人员安全穿戴，同时对作业过程进行远程监督(图 4)。

图 4　监察作业人员施工情况

在作业过程中，根据要求实施现场监督；及时纠正或制止违章行为，发现人员、工艺、设备或环境安全条件变化等异常情况及时远程喊话纠正或停止作业并立即报告批准人，同时作业全过程可通过视频回放进行追溯。

3　总结

智能可视化系统随着技术发展与自身自适应学习，系统结构不断优化，功能逐渐完善，将全面参与油田生产安全管理。例如，在油田生产的危险场所，设置人员状态告警；自动巡检在线设备状态并生成工作日志；在特殊作业中，主动监测环境中的危险源，如可燃气体含量、H_2S 含量等。提高安全防护等级。运用人脸识别技术，实现人员准入管理，人脸轨迹跟踪。运用 GPS、射频、雷达等技术，实现车辆准入管理、车辆定位测速。在无人值守的机柜间布设监控点，实时监控关键设备运行状况。完善作业管控，确认施工人员身份，倒地报警，远程指导。完善生产复核，实现自动化设备指令执行情况复核、人员操作复核、报警复核。在油田生产领域，可以针对核心的应用需求制定特定的解决方案，使用专用的产品提高性能，从而达到安全生产的目的。

参 考 文 献

[1] 徐浙君．大型视频监控系统关键技术的分析与研究[J]．信息与电脑，2017(19)：22-26.

[2] 秦海瑞．视频监控智能分析技术在银行数据中心生产运维中的应用[J]．中国金融电脑，2017(5)：67-72.

[3] 王佑卿．基于深度学习的视频质量诊断技术研究[J]．中国安防，2018(6)：81-83.